打造最強 通用演算法 AlphaZero

布留川 英一 著

關於本書提供下載的檔案與書籍資訊

本書介紹的範例程式皆可由旗標網站中的本書專屬頁面或書籍支援網頁下載。

https://www.flag.com.tw/bk/t/f1315

此外，本書專屬頁面上也會提供出版後的增補或勘誤，以及其他更新資訊。讀者們若對本書有任何疑問，建議先前往該頁面確認。

範例程式中使用的 Python 和套件版本

以下是本書所使用到的 Python 套件。套件版本皆為本文執筆時 (2020 年 12 月) 的最新版本：

- Python 3.6.7
- tensorow 2.2.2
- numpy 1.18.5
- matplotlib 3.2.2
- pandas 1.0.5
- Pillow (PIL) 7.0.0
- h5py 2.10.0
- gym 0.17.2

關於各套件使用環境的詳細說明，請參考本書第 2 章與其他相關章節。此外，套件版本更新後，可能會與本書說明有所不同或範例程式無法正常運作之情況，這點還請見諒。

序

本書是一本可在做中學的人工智慧演算法入門書，旨在介紹擊敗圍棋職業棋士的通用式人工智慧 AlphaZero。讀者可在逐步建立程式的同時，學會使用程式語言 Python 並了解深度學習、強化式學習與賽局樹演算法等人工智慧的基礎技術。最後藉由這些知識，建立出縮小版的 AlphaZero，並以其破解井字遊戲、四子棋、黑白棋與動物棋等。

而談到人工智慧演算法，可能浮現的是必須使用高性能個人電腦與伺服器等的印象，由於本書使用的是 Google 所提供的免費雲端服務 Google Colaboratory，因此不需要特地準備上述昂貴的設備。只要擁有個人電腦 (Windows / Mac / Linux) 以及網頁瀏覽器，任何人都可輕鬆開始撰寫人工智慧程式。

適合閱讀本書的讀者如下：

- 想要學習深度學習、強化式學習與賽局樹演算法的讀者
- 想嘗試 AGI 演算法的讀者
- 想了解 AlphaZero 核心技術的讀者

AlphaZero 主要有以下 2 個特色：

1. 它不需要任何人類專家的訓練資料，這種不被人類知識極限所限制的特性，使 AI 擁有更寬廣的發展空間。正因它不需要知道遊戲規則以外的任何專業知識，因此可以應用在所有棋類遊戲，屬於通用式人工智慧 (AGI, Artificial General Intelligence) 的一種。

2. 其演算法架構優雅無比，由於曾經擊敗職業棋士，因此即使它使用的是世界上只有少數人能理解的複雜演算法也不奇怪，但令人驚訝之處就在於，透過結合深度學習、強化式學習與賽局樹演算法的基礎技術，竟可得到如此精簡、聰明又漂亮的演算法。

希望這本書可以幫助到想要嘗試開發人工智慧的讀者，也期盼能讓更多人了解 AlphaZero 演算法的優美。

最後，非常感謝 Born Digital 的佐藤榮一先生、協助繪圖的平澤誠治先生以及其他提供協助的人士。

布留川 英一

本書架構

本書是參考英國 DeepMind 公司於 2017 年 12 月發表的 AlphaZero 論文以及網路上的實作，加以改良演算法所寫成的人工智慧應用教學書籍。書中所介紹的程式皆為作者自行實作而成。由於應用目標並非圍棋或將棋等大型遊戲，而是相對簡單的黑白棋等棋類遊戲，因此請讀者務必跟著實作看看。

開發語言使用的是 Python，如果還不熟悉 Python，建議先閱讀其他入門書籍 (編註：可參考旗標所出版的「Python 技術者們 - 練功！老手帶路教你精通正宗 Python 程式」)。本書為了讓剛接觸機器學習的新手也能進行學習，而在第 1 章整理了機器學習的概要，但由於主要目的仍是講解 AlphaZero 的核心技術，因此不會針對 AI(人工智慧) 及機器學習做詳細的介紹，這部分同樣建議有興趣多了解的讀者，參考其他相關專業書籍。

本書整體架構則會另外呈現於第 8 頁的「本書學習地圖」中，建議搭配閱讀。以下介紹各章概要：

- **第 1 章 AlphaZero 與機器學習概要**

  第 1 章將介紹擊敗圍棋職業棋士而引發話題的 AlphaGo 到 AlphaZero 的發展歷史，以及 AlphaZero 所使用的機器學習演算法之概要。AlphaZero 使用深度學習、強化式學習與賽局樹演算法，做為其機器學習的基本技術。在第 1 章會先針對這 3 類演算法進行簡單的介紹，其詳細內容會在第 3 ～ 5 章中搭配範例程式進行說明。

- **第 2 章 準備 Python 開發環境**

  第 2 章將建立 Python 的開發環境，為接下來各章範例程式做好行前準備。

本書使用的環境是Google 免費提供的雲端服務Google Colaboratory，只需要擁有網頁瀏覽器，便可進行程式開發與建構人工智慧。

此外，因為 Google Colaboratory 無法在雲端環境中執行遊戲 UI，因此必須在本地 PC 上安裝 Anaconda，建構另一個 Python 的開發環境。

- **第 3 章 深度學習**

第 3 章將利用範例，讓讀者在建立程式的同時，逐步了解構成 AlphaZero 的其中一個機器學習演算法 - 深度學習。開頭會先講解如何建立用於分類與迴歸的神經網路，之後再介紹分類模型如何利用卷積神經網路與殘差網路 (Residual Network) 來解決更複雜的問題。

- **第 4 章 強化式學習**

第 4 章將介紹第 2 個構成 AlphaZero 的機器學習演算法 - 強化式學習。一開始會先從多臂拉霸機 (Multi-Armed Bandit) 範例開始，以簡單的題材介紹強化式學習的基本概念。接著以迷宮遊戲為例，介紹策略梯度法 (策略迭代法的一種) 與基於價值迭代法的 2 種演算法，Sarsa 與 Q - Learning。由於 AlphaZero 使用了結合深度學習與強化式學習的 Deep Q - Network (DQN)，這部分也會在建立範例程式時進行解說。

- **第 5 章 賽局樹演算法**

第 5 章將介紹第 3 個構成 AlphaZero 的機器學習演算法 - 賽局樹演算法。此演算法主要用於兩人零和對局。開頭會先介紹構成探索基礎的 Minimax 演算法與 Alpha - beta 剪枝。但由於這些方法無法實際運用在具有大量局勢 (盤面) 的遊戲當中，因此之後會再介紹只建立部分賽局樹的蒙地卡羅法，而 AlphaZero 所使用的則是改良版本蒙地卡羅樹搜尋法。本章將以井字遊戲為例，藉由實作介紹上述各種演算法。

- **第 6 章 AlphaZero 的機制**

第 6 章將運用第 3 ～ 5 章講解的深度學習、強化式學習與賽局樹演算法的知識，以 AlphaZero 的架構實作演算法破解井字遊戲。過程中會先建立各模組的功能，並單獨測試檢查可否正常運作，最後再全部組合起來，完成一個通用式棋類人工智慧 (AI)。由於程式中將出現對偶網路、自我對弈等，由之前累積的知識為基礎提出的新概念，因此建議與之前的章節對照閱讀。

- **第 7 章 人類與 AI 的對戰**

第 7 章將介紹如何建立可使人類與 AI 對戰井字遊戲的遊戲 UI。此外，由於建立遊戲 UI 時使用的是在 Python3 上的標準套件 Tkinter，因此也會介紹其基本使用方法。

- **第 8 章 將 AlphaZero 演算法套用到不同遊戲上**

第 8 章最後將根據之前講解的內容，建立四子棋、黑白棋與動物棋等 3 個遊戲。要製作這類遊戲，只需拿出第 6 章中為了井字遊戲建立的 AlphaZero 程式，修改遊戲規則與 UI，並配合遊戲做小部分的調整即可。雖然訓練時間也會影響結果，但我們仍可藉著讓人類實際與人工智慧對戰，確認所建立的人工智慧實力到底有多強。

本書學習地圖

以下便是本書的學習地圖。一開始將先介紹「AlphaZero 與機器學習之概要」，再來說明如何「準備 Python 開發環境」，接著分別學習「深度學習」、「強化式學習」與「賽局樹演算法」，最後統整知識，建立出各種以 AlphaZero 為基礎的棋類 AI。下圖中各章節的標題有經過修改，以更利於閱讀：

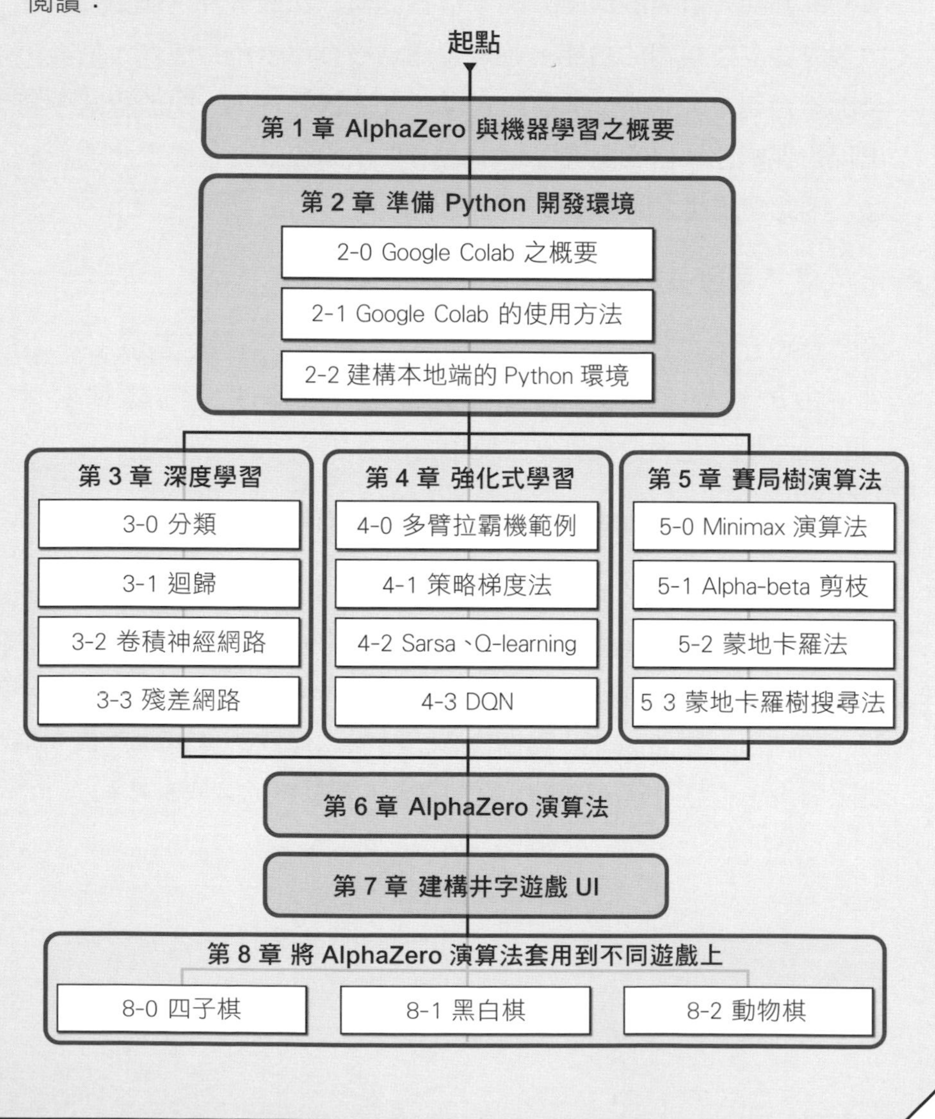

範例程式列表

章	節	檔案名稱 / 資料夾名稱
第 3 章 深度學習	3-0 利用神經網路進行手寫數字辨識 3-1 利用神經網路預測住宅價格 3-2 利用卷積神經網路 (CNN) 進行影像辨識 3-3 利用殘差網路 (ResNet) 進行影像辨識	3_0_classication.ipynb 3_1_regression.ipynb 3_2_convolution.ipynb 3_3_resnet.ipynb
第 4 章 強化式學習	4-0 多臂拉霸機範例 4-1 利用策略梯度法 (Policy Gradient) 進行迷宮遊戲 4-2 利用 Sarsa 與 Q - Learning 進行迷宮遊戲 4-3 利用 Deep Q-Network 遊玩木棒平衡台車	4_0_bandit.ipynb 4_1_policy_gradient.ipynb 4_2_sarsa_q.ipynb 4_3_dqn_cartpole.ipynb
第 5 章 賽局樹演算法	5-0 利用 Minimax 演算法進行井字遊戲 5-1 利用 Alpha-beta 剪枝進行井字遊戲 5-2 利用蒙地卡羅法進行井字遊戲 5-3 利用蒙地卡羅樹搜尋法進行井字遊戲	5_0_mini_max.ipynb 5_1_alpha_beta.ipynb 5_2_mcs.ipynb 5_3_mcts.ipynb
第 6 章 AlphaZero 之機制	6-0 利用 AlphaZero 進行井字遊戲 6-1 建立對偶網路 6-2 建立蒙地卡羅搜尋法 6-3 建立自我對弈部分 6-4 建立參數更新部分 6-5 建立新參數評估部分 6-6 評估最佳玩家 6-7 執行訓練循環	6_7_tictactoe 資料夾
第 7 章 人類與 AI 的對戰	7-1 利用 Tkinter 建立 GUI 7-2 人類與 AI 的對戰	7_tkinter 資料夾 6_7_tictactoe 資料夾
第 8 章 範例遊戲實作	8-0 四子棋 8-1 黑白棋 8-2 動物棋	8_0_connect_four 資料夾 8_1_reversi 資料夾 8_2_Animal_shogi 資料夾

- **範例下載頁面：**

  https://www.flag.com.tw/bk/t/f1315

  請依網頁指示輸入通關密語即可下載檔案或加入旗標的會員。

關於範例程式的使用

本書介紹的範例程式僅為提供本書教學使用而建立，並不保證實用性。請勿使用於學習以外之目的。範例程式中包含的資料等，同樣僅供本書學習使用。本書介紹的範例程式之著作權均歸作者所有。

目錄 CONTENTS

第 1 章 AlphaZero 與機器學習概要

第 2 章 準備 Python 開發環境

第 3 章 深度學習

第 5 章 賽局樹演算法

第 6 章 AlphaZero 的機制

第 7 章 人類與 AI 的對戰

第 8 章 將 AlphaZero 演算法套用到不同遊戲上

CHAPTER

1 AlphaZero 與機器學習概要

AlphaZero 是由英國 DeepMind 公司所開發，用於破解圍棋、西洋棋與將棋的人工智慧，本章將針對 AlphaZero 所使用的各種機器學習方法進行概要說明。我們會由其起源 AlphaGo 開始，介紹其發展歷程，接著會介紹深度學習與強化式學習基本知識與相關術語，此外由於需要使用賽局樹來探索局勢 (盤面)，因此最後也會介紹賽局樹演算法。

COLUMN

DeepMind 公司簡介

DeepMind 是一間研究人工智慧的英國公司，創立於 2010 年，並於 2014 年被 Google 收購。DeepMind 在網站 (https://deepmind.com/) 上宣示其目標為探索新知，並藉此讓世界變得更好，因發表以單一演算法破解各種 Atari 遊戲的 DQN (Deep Q-Network) 以及首次擊敗人類圍棋職業棋士的 AlphaGo 等，而引起高度關注。

本章目的

- 了解 DeepMind 公司開發 AlphaZero 的歷程
- 了解做為 AlphaZero 基礎的深度學習與強化式學習之機制、概要與術語
- 了解探索局勢的賽局樹演算法

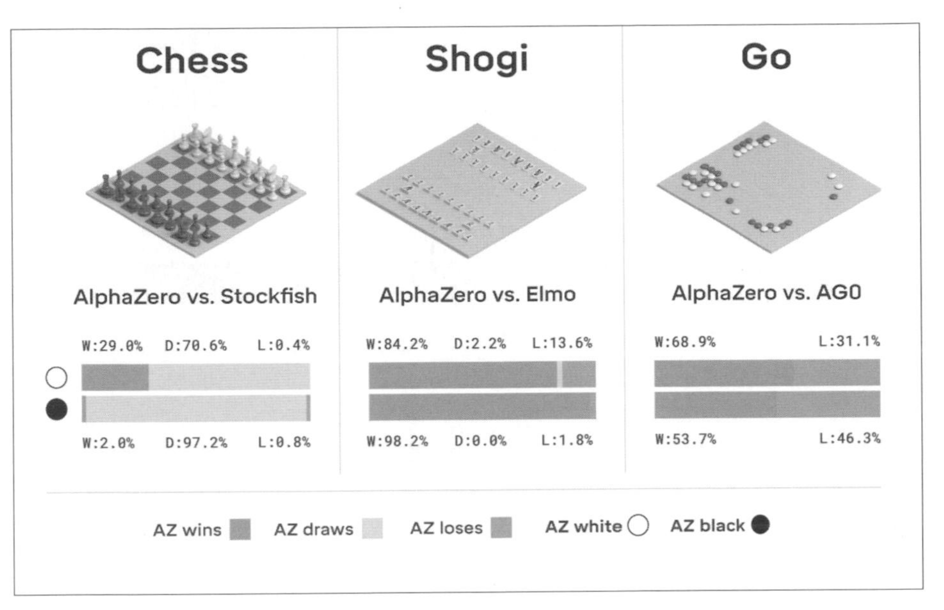

▲ 取自「AlphaZero」官方網站

1-0 AlphaGo、AlphaGo Zero 與 AlphaZero

本書後續的程式都是以 AlphaZero 的架構所建構而成的，所以一開始先針對本書主題 AlphaZero 與其前身 AlphaGo 及 AlphaGo Zero 進行簡單的介紹。

AlphaGo

AlphaGo 是由 Google 旗下英國公司 DeepMind 所開發的電腦圍棋程式，為世界上第一款無需讓子 (編註：圍棋的對弈制度，先讓對手擺幾顆棋子，拉近對弈者之間的實力) 便能擊敗圍棋職業棋士的棋類 AI (人工智慧，Artificial Intelligence)。

圍棋雖然規則簡單但局勢變化多端，被認為是 AI 最難破解的經典棋類，因此當 AI 在圍棋對戰中擊敗世界頂尖棋士時，給全世界帶來了相當大的衝擊。下表為 AlphaGo 的戰績：

▼ AlphaGo 的戰績

時間	戰績
2015 年 10 月	對戰歐洲冠軍樊麾二段，以 5 戰 5 勝的成績取得勝利
2016 年 3 月	對戰曾獲 18 次世界大賽冠軍的李世乭九段，以 4 勝 1 敗的成績取得勝利
2017 年 5 月	對戰被稱為人類最強棋士的柯潔九段，以 3 戰 3 勝的成績取得勝利

AlphaGo 進行對戰時的影片網址如下：

- **Match 3 - Google DeepMind Challenge Match: Lee Sedol vs AlphaGo**

  URL https://www.youtube.com/watch?time_continue=5772&v=qUAmTYHEyM8

▲ 與李世乭九段對戰的第 3 局，影片公開在 YouTube 上

AlphaGo 的演算法以發展多年的蒙地卡羅樹搜尋法做為基礎，透過深度學習擁有從局勢預測最佳棋步 (編註：勝率最高的棋步) 的直覺，又藉由強化式學習的自我對弈獲得經驗，再利用賽局樹演算法得到了預知能力，最後將這些元素組合起來，實現了超越人類的最強 AI。如下圖：

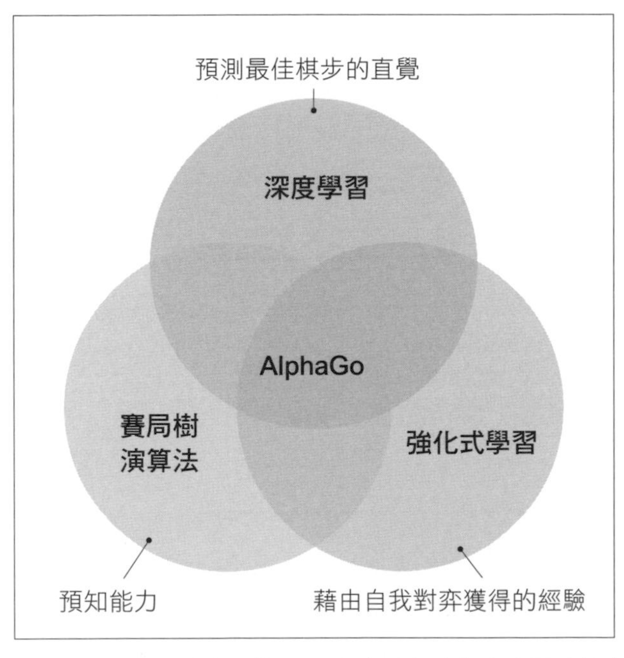

▲ AlphaGo 使用的賽局樹、深度學習與強化式學習演算法

編註 AlphaGo 後續的版本也都是遵循這 3 大演算法！

因篇幅關係無法細講 AlphaGo 運作的邏輯與技術，有興趣的讀者可以參考原始論文：

- **AlphaGo 的論文「Mastering the Game of Go with Deep Neural Networks and Tree Search」**

  URL https://storage.googleapis.com/deepmind-media/alphago/AlphaGoNaturePaper.pdf

AlphaGo Zero

DeepMind 在 2017 年 10 月推出了 AlphaGo 的升級版「AlphaGo Zero」，AlphaGo Zero 在與 AlphaGo 的對戰之中，取得了 **100 勝 0 敗**的壓倒性勝利，但最令人驚訝的是，它完全未使用之前用來訓練 AlphaGo 的職業棋士棋譜，從名稱就可以得知完全是從零 (Zero) 開始，只靠自我對弈 (編註：自己與自己對戰) 來進行訓練。這不僅代表 AI 已經不需要人類專家的資料，也代表 AI 不會再受人類知識的極限所限制，而能擁有更大的發展空間。AlphaGo Zero 的原始論文如下：

- **AlphaGo Zero 的論文「Mastering the Game of Go without Human Knowledge」**

  URL https://deepmind.com/documents/119/agz_unformatted_nature.pdf

AlphaZero

在推出 AlphaGo Zero 的短短 48 天之後，2017 年 12 月，DeepMind 又發表了 AlphaGo Zero 的改良版「AlphaZero」。AlphaZero 不再侷限於訓練圍棋，在加入更多棋類規則的需求後 (例如：和局考量)，可以通用性的訓練各種棋類的 AI。因此在不做太多改變的前提下，AlphaZero 除了圍棋，還能自學西洋棋與將棋，並擊敗了當時分別是圍棋、西洋棋與將棋 AI 世界冠軍的 AlphaGo Zero、StockFish 與 Elmo。由於不需使用人類專家資料即可學習各種任務，因此 AlphaZero 被視為「通用式 AI 演算法 (artificial general intelligence，AGI)」。Alpha Zero 的原始論文如下：

- **AlphaZero 的論文「A general reinforcement learning algorithm that masters chess, shogi and Go through self-play」**

  URL https://deepmind.com/documents/260/alphazero_preprint.pdf

COLUMN

DeepMind 公司最新發布的「AlphaFold」與「AlphaStar」

AlphaFold 與 AlphaStar 為 DeepMind 在 AlphaZero 之後推出的 AI。

- **AlphaFold**

  AlphaFold 發表於 2018 年 12 月，是一種透過基因序列預測蛋白質 3D 結構的技術，曾在國際蛋白質 3D 結構預測競賽 (CASP)，以前所未有的高分奪得冠軍，為當時的一大新聞。(編註：2020 年 12 月，DeepMind 開發的最新版本 AlphaFold，能夠在短時間之內，準確預測出蛋白質折疊結構，超越了 2018 年的成績。) 目前認為了解正確的蛋白質 3D 結構，可為阿茲海默症與帕金森氏症的新藥開發帶來極大幫助。這顯示 AI 技術也可應用於新藥開發。詳細介紹可以參考下面的網址：

  - **AlphaFold: Using AI for scientic discovery**
    URL https://deepmind.com/blog/alphafold/

- **AlphaStar**

  AlphaStar 是一款用來破解即時戰略遊戲星海爭霸 II 的 AI，曾於 2019 年 1 月對戰星海爭霸 II 的頂尖職業電競選手，並以 10 勝 1 敗的成績取勝，星海爭霸 II 是一款依靠採集資源與生產單位來擴展勢力以攻克敵軍的遊戲，從系列遊戲的第一部星海爭霸推出至今，已有 20 多年的歷史，是廣受全球歡迎的遊戲。相較於圍棋是「輪流下手」且動作數為 361 (19 路棋盤) 的**完全情報遊戲** (編註：資訊對雙方是公開的)，星海爭霸 II 則是「即時」且動作數約達 1026 的**不完全情報遊戲**，因此複雜度遠比圍棋要高出許多。由於星海爭霸 II 的遊戲戰略與製造、銷售商品等企業策略類似，因此 AI 技術也有望應用於商業領域。詳細介紹可以參考下面的網址：

  - **AlphaStar: Mastering the Real-Time Strategy Game StarCraft II**
    URL https://deepmind.com/blog/alphastar-mastering-real-time-strategy-game-starcraft-ii/

1-1 深度學習基礎

深度學習 (Deep Learning) 是一種機器學習的方法，除了 AlphaZero 以外，也應用於影像辨識與自然語言處理等多種領域當中，本節將針對深度學習核心技術所使用的神經網路，以及學習種類與訓練過程來進行概要說明。

深度學習 (Deep Learning)

首先我們來認識一下什麼是深度學習，深度學習是機器學習的一部分，是一種從大量資料中進行學習的方法，當機器從資料中學到規則之後，即可利用這些規則來預測同類型的問題，而機器學習則是人工智慧的研究領域之一，三者的關係如下圖：

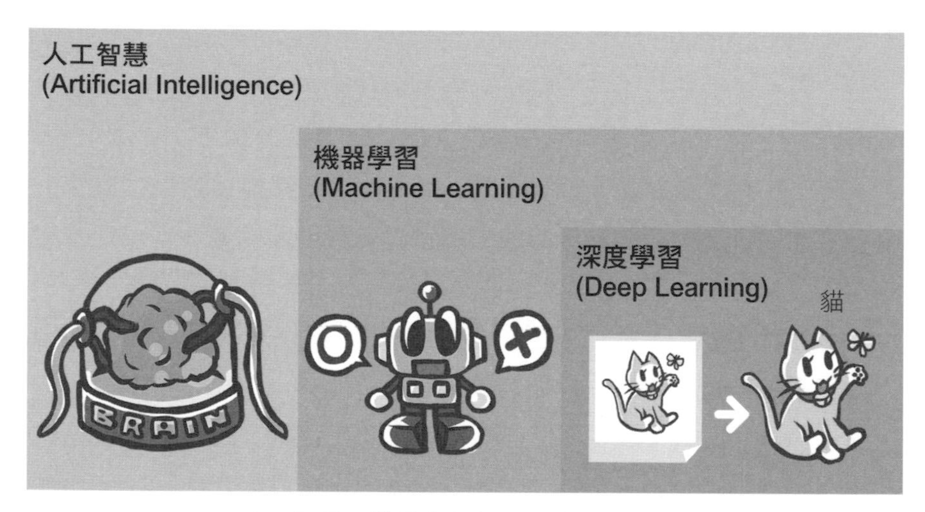

▲ 人工智慧、機器學習與深度學習之間的關係

在機器學習普及以前，要用電腦進行預測與判斷，全都必須由人類先制定好規則，但負責制定規則的人不一定是該領域的專家，即便是專家也很難正確地將自己的知識轉換成規則，這種**基於規則 (rule-based)** 的方法，光要讓電腦完全理解規則就是一件不可能的任務。

規則
資料
傳統程式
答案

▲ 基於規則的做法必須由人類制定規則

反觀機器學習則是利用電腦分析大量資料，自行找出潛藏其中的規律性、關連性與導出答案所需的規則。機器學習所靠的不是明確的程式，而是反覆的學習，只要給予大量資料與答案，機器學習便可從中提取統計結構，最終生成可自動執行任務的規則。

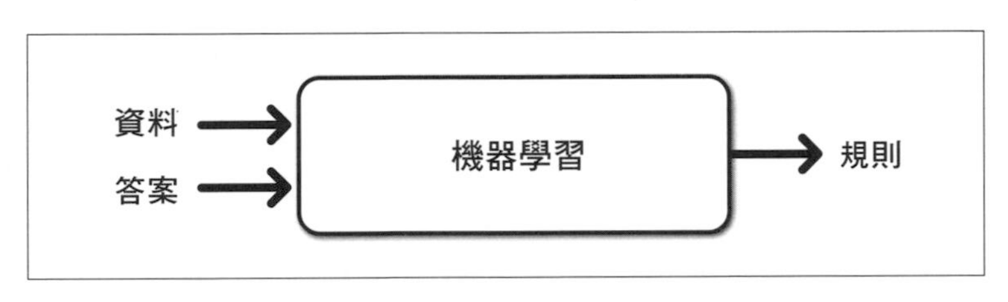

▲ 機器學習的做法是由資料與答案導出規則

而深度學習是機器學習的其中一種方法，主要是使用**神經網路** (Neural Network) 模型，此模型是參考人類大腦中的運作，藉由一個個人工的**神經元** (Neuron) 連接而成，並藉此來學習資料中的規則。

神經元與神經網路

接下來我們將從最基本的神經元 (Neuron) 開始，來介紹整個神經網路架構。

神經元 (Neuron)

人類腦中的神經細胞稱為神經元，下圖是以模型方式呈現的人工神經元：

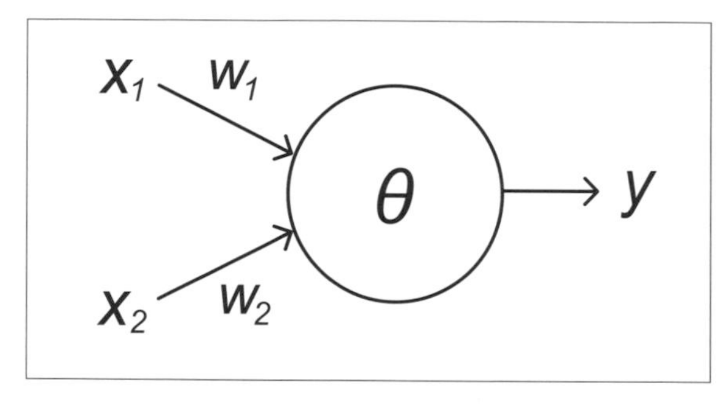

▲ 人工神經元的基本構造

接著來解釋上圖的人工神經元，x_1 與 x_2 為輸入這個神經元的資料、w_1 與 w_2 為權重參數，每個輸入都會有一個相對應的權重參數，代表神經元之間連接的強度，舉例來說，當 w_1 越大時，輸入值 x_1 對輸出值 y 的影響力會越大、θ 為閾值 (threshold)，是模仿生物神經細胞的一個構造，可以把閾值想像是一個門檻，當輸入資料的加權乘積和大於閾值，才能被傳輸至下一個人工神經元，y 為這個神經元的輸出。舉例來說：當輸入資料為 x_1 與 x_2 時，若「$x_1 \times w_1 + x_2 \times w_2$」大於閾值，則神經元輸出為「1」，否則為「0」。

為了讓您更清楚，我們實際帶數字進去看看，以下範例將權重參數與閾值設定為「$w_1 = 1.0$、$w_2 = 1.0$、$\theta = 1.5$」，由試算結果可知，只要調整神經元模型的權重參數與閾值，便能呈現 AND 函數 (只有當 x_1 和 x_2 均為 1 時才為 1) 的規則。如下圖：

▲ 代表 AND 函數的神經元

AND 函數的輸入與輸出如下表：

▼ AND 函數的輸入與輸出

x_1	x_2	y
0	0	0
1	0	0
0	1	0
1	1	1

實際計算「$x_1 \times w_1 + x_2 \times w_2$」的結果如下：

- 當輸入資料為「$x_1 = 0.0$、$x_2 = 0.0$」時，由於「$0.0 \times 1.0 + 0.0 \times 1.0 = 0.0$」(小於閾值 1.5)，因此輸出為「0」
- 當輸入資料為「$x_1 = 1.0$、$x_2 = 0.0$」時，由於「$1.0 \times 1.0 + 0.0 \times 1.0 = 1.0$」(小於閾值 1.5)，因此輸出為「0」
- 當輸入資料為「$x_1 = 0.0$、$x_2 = 1.0$」時，由於「$0.0 \times 1.0 + 1.0 \times 1.0 = 1.0$」(小於閾值 1.5)，因此輸出為「0」
- 當輸入資料為「$x_1 = 1.0$、$x_2 = 1.0$」時，由於「$1.0 \times 1.0 + 1.0 \times 1.0 = 2.0$」(大於閾值 1.5)，因此輸出為「1」

小編補充 **閾值**

神經網路的輸出以表達式呈現的話如下：

$$\text{output} = \begin{cases} 0 \text{ if } \sum_i w_i x_i < \text{ threshold} \\ 1 \text{ if } \sum_i w_i x_i \geq \text{ threshold} \end{cases}$$

為了計算方便，將閾值 (threshold) 搬移到符號的另一邊 (+b 的原因是 b 是實數，可以為負，例如：+(-b))，這個時候會稱呼閾值為偏值 (bias)，神經網路中的 bias 和 threshold 是相同的概念，只是使用了兩個不同名稱。表達式如下：

$$\text{output} = \begin{cases} 0 \text{ if } \sum_i w_i x_i + b < 0 \\ 1 \text{ if } \sum_i w_i x_i + b \geq 0 \end{cases}$$

經實例證實這樣的搬移有助於神經網路的訓練。

神經網路 (Neural Network)

神經元若只有單一個體，是無法解決複雜的問題，因此必須如下頁的圖一樣，將神經元排列成「層」，再將層堆疊成神經網路，其中每一個神經元都可接受上一層神經元傳來的多個資料，經過加權運算及轉換後，再輸出到下一層的神經元，這樣才能解決更複雜的問題，而神經網路的各層中，在最前方接收輸入的稱為**輸入層**，在最後方進行輸出的稱為**輸出層**，而位於輸入層與輸出層之間的則稱為**隱藏層**，輸入層的神經元數量為輸入 (資料) 的數量，輸出層的神經元數量則為輸出 (答案) 的數量。

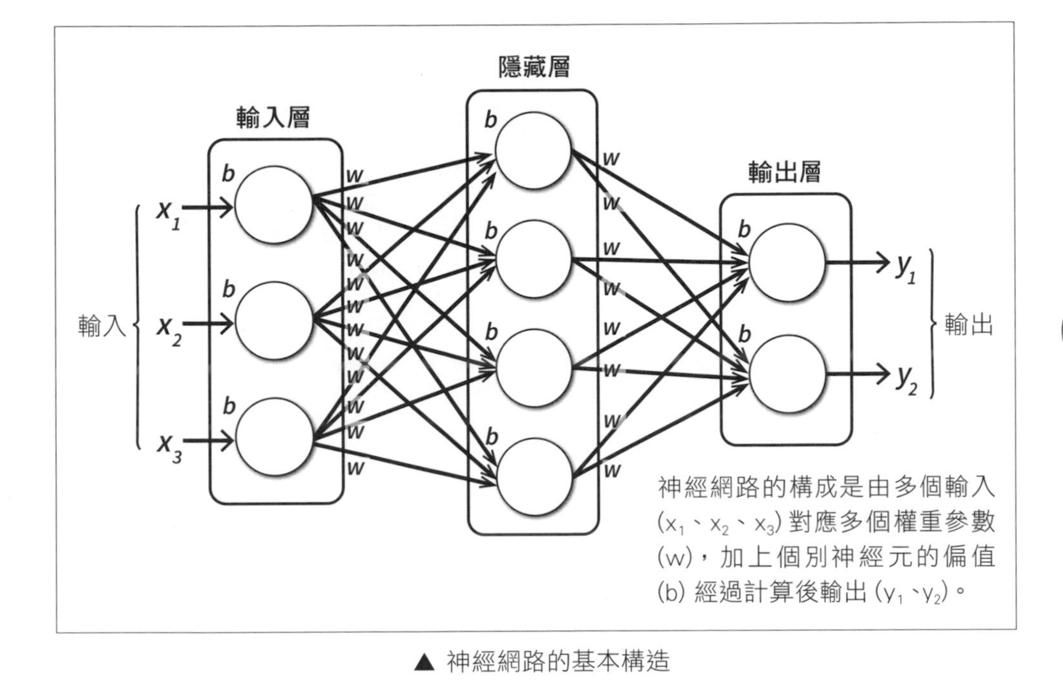

▲ 神經網路的基本構造

神經網路可以疊加多個隱藏層，當層數(輸入層、多個隱藏層、輸出層)達到 4 層以上時，稱為**深度神經網路 (Deep Neural Network, DNN)**，近年來各種訓練深度神經網路的方法接連問世加上電腦計算能力提升，網路普及得以收集到足夠的資料進行訓練，使得深度學習迅速蓬勃發展起來。

訓練神經網路模型的流程

了解完深度學習的發展後，接下來要講解如何進行深度學習，深度學習主要包含 4 個流程，準備資料集、建構與編譯模型、訓練模型以及評估與預測。如下圖：

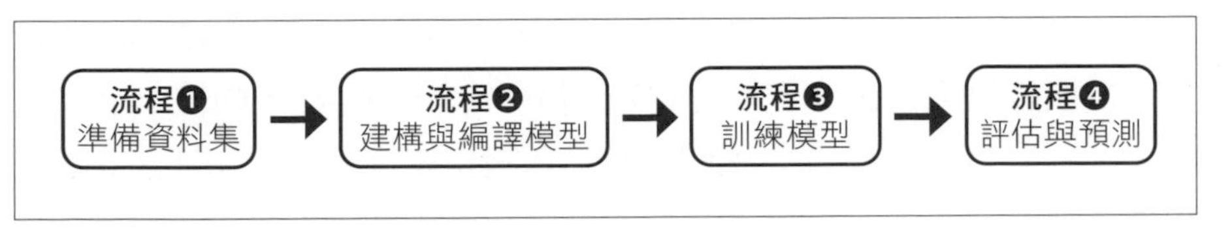

▲ 訓練神經網路模型的流程

準備資料集

第 1 個流程就是準備資料集，深度學習是從大量的資料中找出潛藏其中的規則，但是大量的資料得來不易，所幸 TensorFlow、Keras、PyTorch 等深度學習框架就內建了許多不同類型的資料集，讓我們可以直接用來學習建構神經網路，但是這些資料不是一味的丟到神經網路裡面就好了，在訓練前必須先對資料進行資料預處理 (Preprocess)，也就是將資料轉換成適合輸入神經網路的形式，不同的資料集有不同的處理方式，詳細的部份我們等到第 3 章再說明。

建構與編譯模型

建構與編譯模型是建構深度神經網路之架構的過程，需根據使用目的與問題來設計輸入層的神經元數量、輸出層的神經元數量、隱藏層的層數以及層的種類等，由於在開始訓練之前，神經元還不知道正確的權重參數與偏值 (bias)，因此會初始化為 0 或亂數等，之後才會一步步進行優化。

訓練模型

訓練模型指的是優化模型的過程，也就是**不斷調整模型裡面的權重參數與偏值 (bias)**，神經網路模型會依據輸入資料一層層地運算及由上往下傳遞 (前向傳播，Forward pass)，然後輸出**預測值 (Prediction)**，此過程需使用大量成對的資料與答案，我們稱為訓練資料集。

以下我們舉例說明，當要訓練一個模型根據動物照片分類貓與狗時，輸入的資料為動物照片，答案則為貓或狗。開始訓練時，將照片輸入模型，使其輸出預測值，預測值為**屬於某個類別的機率**，最理想的情況當然希望輸出正確類別的預測值為 1.0 (100%)。若有一筆資料對應的答案是貓，然後模型預測「貓的機率：40%、狗的機率：60%」，則輸出預測值為「貓：0.4、狗：0.6」，再比較此預測值 0.4 與正確答案 1.0 之間的**誤差**，就可以嘗試進行修正。

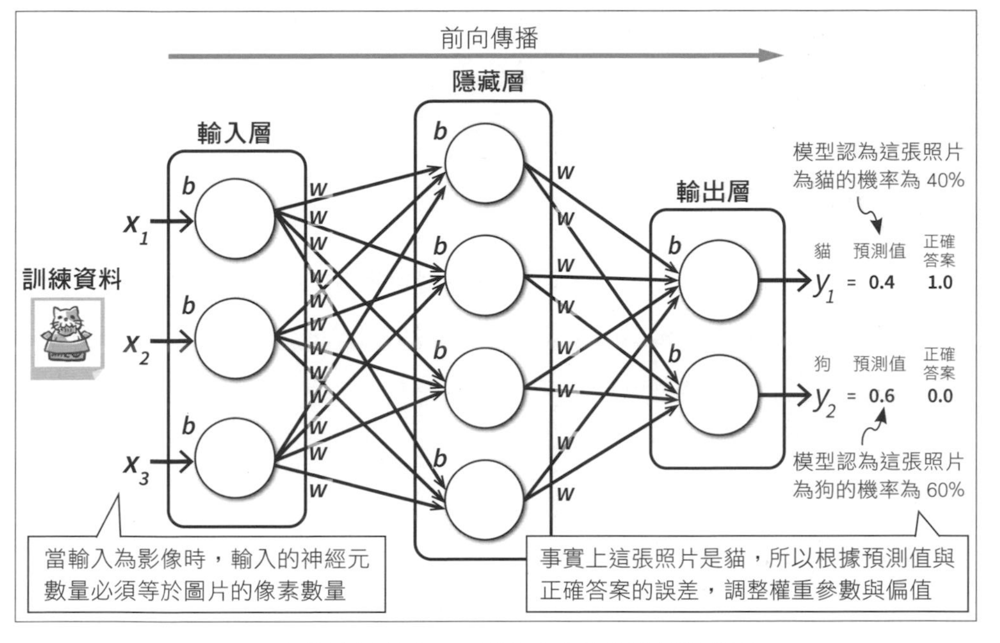

▲ 在訓練過程中，一開始先比較預測值與答案

計算出誤差後，接下來，利用一種稱為**反向傳播**的方法更新權重參數與偏值，以**縮小預測值與答案之間的誤差**。示意圖如下：

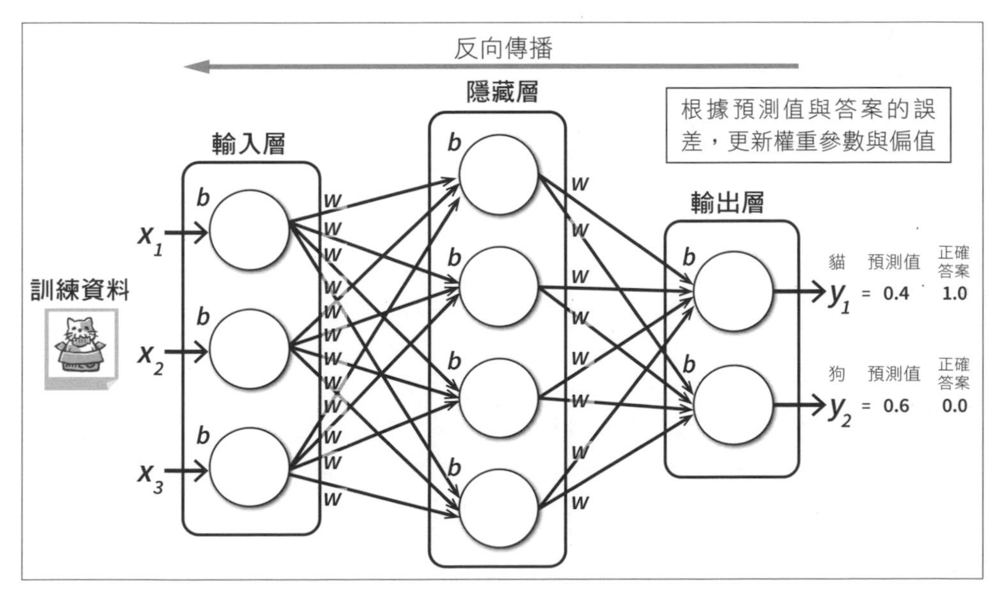

▲ 在訓練過程中，進行優化與參數更新

之後重複此過程，便可逐漸縮小預測值與答案的誤差，最終獲得可根據輸入的資料，輸出預測值 (預測值會接近 1) 的模型 (編註：簡單來說訓練模型的目的是要找出**最佳的權重參數組合**)。

評估與預測

深度學習的最終目的，是要訓練出能夠**普遍適用** (generalized) 的模型，也就是在預測其未見過的資料時也能有很好的表現。因此模型訓練結束後，還要利用「測試資料集」讓模型來做預測，並且以此預測結果做為評估模型好壞的依據。示意圖如下：

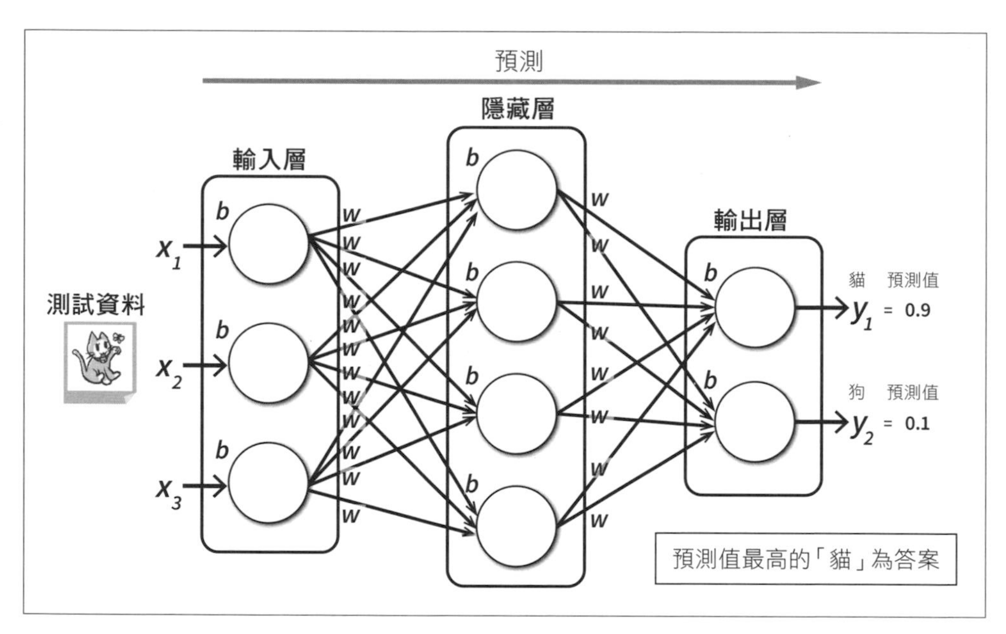

▲ 利用預測來評估訓練完的模型

編註 訓練資料集、測試資料集會在第 3 章詳細說明。

監督式學習、非監督式學習與強化式學習

接下來要介紹深度學習中不同的學習方法，大致上可分成監督式學習、非監督式學習與強化式學習。

監督式學習 (Supervised learning)

監督式學習是一種學習輸入與輸出之關係的方法，透過訓練資料集找出潛藏於資料與答案間的規則，產生可以根據輸入資料進行預測的模型，監督式學習主要解決兩種問題，**分類**與**迴歸**。

分類 (Classification)

分類是一種根據多筆資料來**預測類別**的問題，當要預測的類別數量為 2 時，稱為二元分類；當要預測的類別數量大於 2 時，則稱為多元分類。

舉例來說，查看照片並預測照片中是貓還是狗的問題，便屬於分類問題，由於類別只有貓與狗兩種，因此為二元分類。示意圖如下：

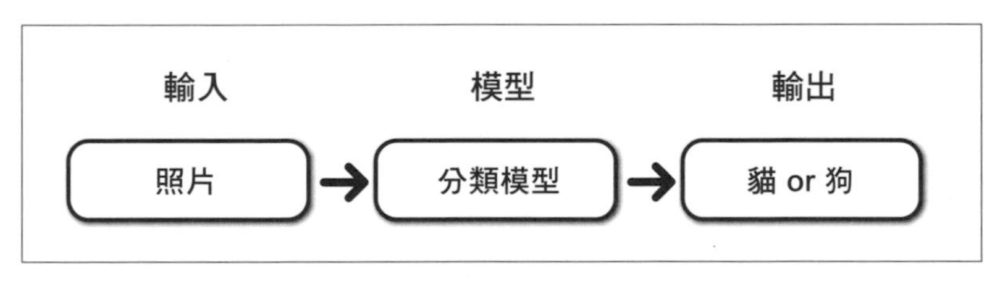

▲ 分類模型

迴歸 (Regression)

迴歸是一種根據多筆資料來**預測數值** (如銷售額、次數等) 的問題。舉例來說，預測增加廣告預算可以增加多少商品銷售額，便屬於迴歸問題。示意圖如下：

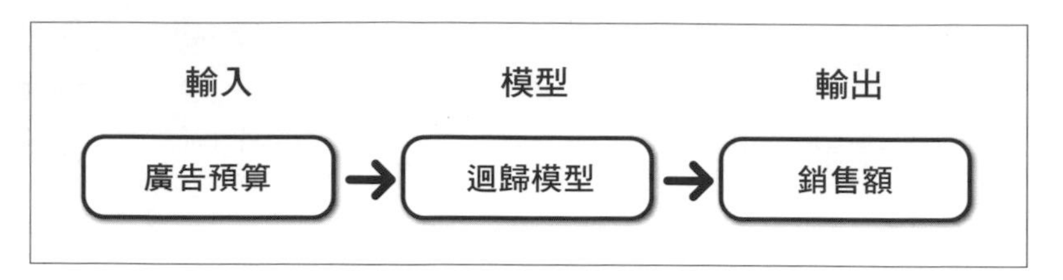

▲ 迴歸模型

分類與迴歸的差別在於，分類可以用來判斷消費者喜不喜歡餐廳這種類別的預測 (喜歡、不喜歡)，而迴歸則可以判斷消費者一個月會去幾次餐廳這種數值的預測 (0 次、1 次、2 次 ......)。

編註 分類與迴歸，將會在第 3 章探討的更深入，讀者只要先記得這 2 個詞就好。

非監督式學習 (Unsupervised learning)

接下來介紹第 2 種，非監督式學習，它是單獨使用輸入資料來學習 (不需要答案)，讓機器自行從資料中找出潛藏的模式或規則。最常見的非監督式學習就是**分群**。

分群 (Clustering)

顧名思義就是機器自行將資料分成不同的群組，群組內的資料都會具有某些相似的屬性，例如針對網購類似消費者所進行的分組 (grouping)。示意圖如下：

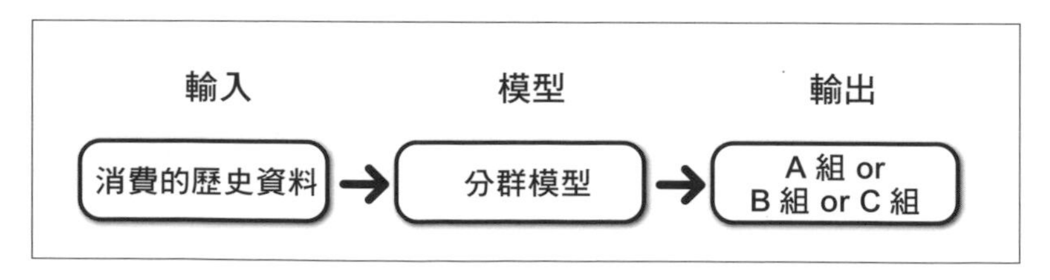

▲ 分群模型

編註 由於 AlphaZero 使用的是監督式學習和強化式學習，因此本書後續並不會使用到非監督式學習。

強化式學習 (Reinforcement learning)

第 3 種學習方法為強化式學習，可以訓練 AI 根據環境改變、採取一連串適當的動作或決策，以獲取最大利益。此學習方法與監督式學習和非監督式學習不同，不須依靠大量資料，而是讓 AI 透過試誤法進行學習。關於強化式學習會在下一節「1-2 強化式學習基礎」做更詳細的說明。示意圖如下：

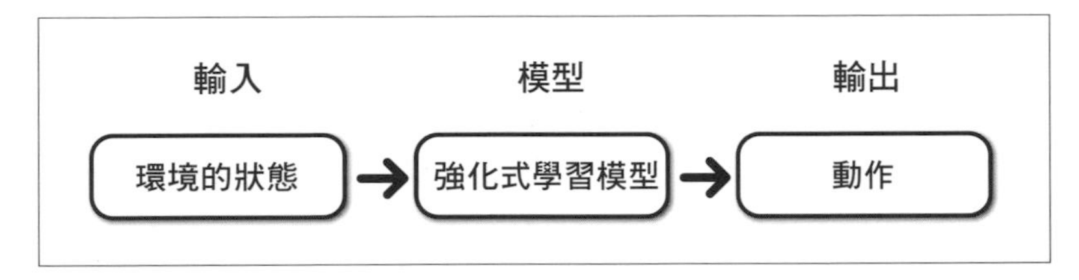

▲ 強化式學習模型

COLUMN

相關章節

本節至此已完成深度學習的概要說明，但接下來第 3 章還會再進一步實作深度學習中較具代表性的分類與迴歸問題，此外，也會針對簡單的卷積神經網路與強大的殘差網路 (ResNet) 另做詳細介紹。

本書第 3 章將介紹的深度學習模型：

- 分類模型 (神經網路)
- 迴歸模型 (神經網路)
- 卷積神經網路
- 殘差網路

1-2 強化式學習基礎

強化式學習 (Reinforcement learning) 和以大量資料為基礎的監督式學習與非監督式學習不同，其目的是為了**在特定環境中採取適當的動作**。舉例來說用 AlphaZero 選擇棋步，還有自動駕駛、自動化機器人等都是強化式學習的應用。

強化式學習 (Reinforcement learning) 是透過**代理人根據環境的狀態採取動作以獲得更多回饋值的方法**，此方法與監督式學習和非監督式學習不同，其特色在於不依靠訓練資料，只靠代理人本身以試誤法進行學習。

強化式學習的術語

在強化式學習中有許多專業的術語，在了解強化式學習的演算法之前，必須把這些術語讀的滾瓜爛熟。接下來就以「漂流到無人島的人」為例子來講解這些術語。

代理人 (agent) 與環境 (environment)

在強化式學習中，採取動作的主體稱為**代理人 (agent)**，代理人所處的世界則稱為**環境 (environment)**。以本例來說，漂流到島上的人便是代理人，無人島則是環境，代理人會以到處走動及喝水等方式與環境互動，一邊探索一邊尋找生存方法。

動作 (action) 與狀態 (state)

代理人對環境進行的互動稱為**動作 (action)**，代理人可以採取各式各樣的動作，但採取的動作會影響到之後出現的狀況，例如往高處走，便會影響到可以看到的事物和可以做的事情，隨著代理人的動作產生變化的環境元素，稱為**狀態 (state)**。以本例來說，代理人從事的行為，如移動或休息等稱為動作，代理人目前的所在位置等則稱為狀態。

回饋值 (reward)

回饋值 (reward) 是指代理人在某個狀態下做某個動作得到的回饋，但要注意！即便是相同的動作，根據**執行動作時的狀態不同**，也會產生相當大的差異，例如同樣是喝水的動作，在溪邊喝泉水可以恢復體力，在海岸邊喝海水則會出現脫水症狀。所以在強化式學習中使用**回饋值**做為衡量動作好壞程度的指標。以本例來說，代理人喝泉水可得到正面的回饋值，喝海水則會得到負面的回饋值。

> **編註** 您可能會在其他的地方看到 reward 這個詞被翻譯成**獎勵**，可是在中文來說獎勵是一個正向的詞彙，不會有「負面的獎勵」這種說法。故本書將 reward 這個詞翻譯成較為中性的「回饋值」。

策略 (policy)

在強化式學習中代理人會根據目前的狀態決定下一個動作，而用來決定下一個動作的方針稱為**策略 (policy)**，具體來說策略就是**在某個狀態下採取某個動作的機率** (編註：在當前狀態下，哪個動作的機率越大，代理人就採取哪個動作)，強化式學習的最終目的就是找到一個可以獲得最多回饋值的策略。以本例來說，代理人在無人島上遇到下雨這個狀態，決定採取去山洞避雨而且生火取暖這個策略。

回報值 (return)

在強化式學習追求最大化的是回報值 (return)，回報值就是將每次動作後得到的回饋值做加總，相對於回饋值是由環境給予，回報值則是由代理人自行設定為其追求回饋值最大化的目標，因此計算回報值的公式也會隨著代理人的思考方式而有所不同。例如折扣回報值是先將較遠的未來所獲得的回饋值打上折扣後再計算總和。關於回報值與折扣回報值會在第 4 章做詳細的說明。

價值 (value)

由於回報值包含了尚未發生的未來事件，具有不確定性，所以我們需要一個指標去衡量代理人做這個動作接收到回饋值時的好與壞，好讓我們得到最多的回報值，這個指標就稱為**價值 (value)**，價值越高就意味著回報值越大。最大化價值除了有助於最大化回報值，也有助於達成強化式學習的目的，即找到「可獲得大量回饋值的策略」。

> **小編補充　價值與回饋值**
>
> 看到這裡您是否心裡會產生一個疑問，價值跟回饋值差在哪裡？回饋值是由環境所提供的，代理人**不能任意改變回饋值**；而價值是代理人「做這個動作接收到回饋值時」的一個衡量標準 (滿足或不滿足)，價值會根據所做的動作、接收到的狀態不同去做更新，代理人依照更新後的價值去決定下個策略。

以上就是本書會用到的強化式學習術語，這邊小編再幫大家做個總整理，強化式學習的目的如下圖：

▲ 強化式學習的目的

下表整理了目前為止所介紹的術語：

▼ 強化式學習的術語

術語	說明	漂流到無人島的人的例子
代理人	對環境採取動作的主體	漂流到無人島的人
環境	代理人所處的世界	無人島
動作	代理人在某個狀態下可採取的動作	移動及休息等
狀態	隨著代理人的動作產生變化的環境元素	此人目前的所在位置等
回饋值	環境根據代理人的動作給予的評價	會隨著生存機率增加而上升的評價
策略	代理人決定動作的原則	此人決策用的方針
回報值	每個動作後的回饋值做加總	一連串的決策與動作預期會取得 3 天份的食物
價值	衡量代理人做這個動作（或處在這個狀態）的指標	很餓的狀態任何食物都很有價值；不餓的狀態愛吃的食物才有價值

強化式學習的訓練循環

了解完強化式學習的術語之後，來講解一下強化式學習如何進行訓練，強化式學習的訓練流程是一個循環。如下圖所示：

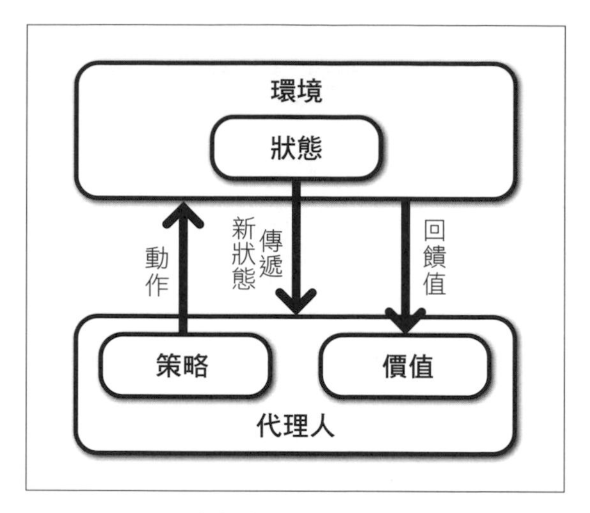

▲ 強化式學習的訓練循環

流程如下：

01 由於代理人一開始無法判斷該採取什麼動作，因此先從可採取的動作當中以隨機方式決定要採取的動作。

02 代理人若能獲得回饋值，便會將這段經驗記錄下來，經驗包含了在何種狀態下採取何種動作才可獲得多少回饋值。

03 根據價值衡量經驗的好壞，採取好的經驗作為下一次的策略。

04 一邊保留採取隨機動作 (去發掘更好的策略)，一邊利用策略決定動作。

05 重複步驟 02 ～ 04 直到結束為止，尋找未來可獲得更多回饋值的策略。

以上的訓練循環稱為**馬可夫決策過程** (Markov decision process)，馬可夫決策過程指的是一種由**當前狀態與採取的動作來決定下一個狀態**的系統。其中當前狀態不受先前決策的影響，而且每個動作的結果含有不可預期的隨機性。此外，強化式學習從循環開始到結束為止的一次訓練稱為**一回合**，一個動作則稱為**一步**。

編註 所有的強化式學習演算法都是基於馬可夫決策過程。

尋找策略的方法

接著講解強化式學習尋找策略的方法，主要分為 2 種：「策略迭代法」與「價值迭代法」。示意圖如下：

▲ 尋找策略的方法種類

1
2
3
4
5
6
7
8

策略迭代法 (Policy iteration)

策略迭代法是一種更新策略的方法，它會在根據策略採取動作之後，強調成功時的動作，並於更新下一次的策略時盡量多採取這種動作，策略梯度法就是基於策略迭代法的演算法。

價值迭代法 (Value iteration)

價值迭代法會在每次採取某個動作時，都計算出做動作前與做動作後的價值，並且計算出兩者之間的誤差值，並將其增加至當前動作的價值，接著利用更新完的價值去決定下一個策略，Sarsa 與 Q-Learning 都是基於價值迭代法的演算法。

COLUMN

相關章節

本節至此已完成強化式學習的概要說明，在本書第 4 章會進一步實作強化式學習的模型，我們會先介紹多臂拉霸機讓讀者小試身手，此環境因為沒有狀態，適合當作入門的問題來打好強化式學習的基礎，接著再介紹 4 種強化式學習的演算法：策略梯度法、Sarsa、Q-Learning 及 DQN (Deep Q-Network)。

本書第 4 章將介紹的強化式學習模型：

- 多臂拉霸機範例 (ε -greedy、UCB1)
- 策略梯度法
- Sarsa
- Q-Learning
- DQN (deep Q-network)

1-3 賽局樹演算法基礎

圍棋、西洋棋與將棋皆為兩人零和對局競賽 (two-person zero-sum game)，這種競賽的特色是賽局內所有資訊都會以局勢 (盤面) 的形式提供，並由雙方輪流下子來推動賽局進行，為了在賽局中找到最佳棋步 (勝率最大的棋步)，就必須**探索**未來局勢並加以推估，而以下要介紹的，就是做為探索的基礎 - 賽局樹。

小編補充 兩人零和對局競賽 (two-person zero-sum game)

兩人零和對局競賽的定義是參賽者為利益完全對立的兩個人，由雙方輪流下子推進局面，且不含隨機元素（編註：例如丟擲骰子等）的競賽。AlphaZero 所挑戰的棋類（例如圍棋與西洋棋），皆符合上述條件。

某些棋類在規則上會有平局的情況出現（例如：井字遊戲），在賽局中，平局對雙方的利益都是沒獲利也沒損失，故平局不會影響零和的定義。

1 2 3 4 5 6 7 8

探索

首先，介紹一下如何在賽局樹中進行探索，探索是以當前局勢（盤面）為起點（編註：不一定是從第一步棋開始），預測往後數手的盤面，並推估每個狀況，選擇對當前局勢最佳的「下一步棋」。進行探索時，為了表示推估後的局勢，會將賽局樹展開成像下圖一樣：

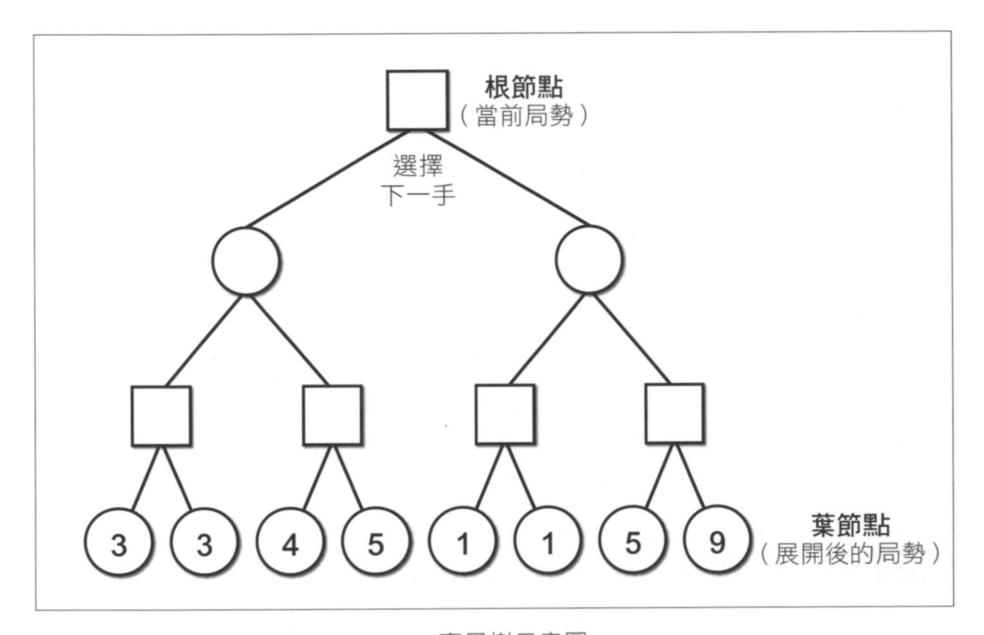

▲ 賽局樹示意圖

賽局樹是一種樹型結構，以節點 (圖中的圓形與方形) 表示局勢 (盤面)、弧線 (連接圓形與方形的線) 表示棋步、方形節點是輪到我方下子的局勢 (我方局勢)，圓形節點則是輪到對方下子的局勢 (對方局勢)。

最上方的節點稱為根節點，表示當前的狀態，最下方的節點稱為葉節點，表示展開後的狀態，而在葉節點中寫入的數字，則是該局勢採用某種方法為自己計算出的局勢價值 (詳情會在第 5 章說明)。

此外，賽局樹採用家族稱謂來稱呼節點之間的關係，上一層節點稱為父節點，下一層節點稱為子節點，而由父節點往下看，除了自己以外的子節點 (同一層) 稱為兄弟節點。

這裡幫大家整理一下賽局樹的術語：

▼ 賽局樹的術語

術語	說明
賽局樹	一種樹型結構，用來推估賽局中的局勢 (盤面)
節點	在賽局樹中表示某一個局勢 (盤面)
弧線	連接節點與節點間的線，用來表示棋步
方形節點	輪到我方下子的局勢 (我方局勢)
圓形節點	輪到對方下子的局勢 (對方局勢)
根節點	表示當前的局勢
葉節點	表示賽局展開後的局勢
葉節點中的數字	局勢價值 (詳情會在第 5 章說明)
父節點	上一層節點
子節點	下一層節點
兄弟節點	同一個父節點之下 (同一層)，除了自己以外的其他子節點

編註 務必要把這些術語都讀熟，不然會看不懂後續章節的內容！

試著探索 1-27 頁的賽局樹，我們為處最上層的根節點位置，要判斷下一手選左側或右側的棋步：

- 若因為想要得到 9 分而選擇右側的棋步，將會被對方在下一個局勢選擇第 3 層左側的棋步，導致最後只能獲得 1 分。
- 若選擇左側的棋步，不管對手怎麼選擇，至少也能獲得 3 分。

1
2
3
4
5
6
7
8

完整賽局樹 (complete game tree) 與部分賽局樹 (partial game tree)

接著來介紹賽局樹的種類，主要分為 2 種，從賽局開始到結束展開所有的棋步與局勢，這種形式的賽局樹稱為**完整賽局樹** (complete game tree)；**部分賽局樹** (partial game tree) 只包含從當前局勢開始，在有限時間內能夠探索得到的賽局樹，其中被判斷為有用的節點會盡可能地深入探索，被認為沒用的節點時則會中途停止探索。

這 2 種賽局樹有不同的優缺點，完整賽局樹能制定出絕對不會失敗的策略 (編註：因為你把所有的結果都推估出來了，所以不會失敗)，但由於完整賽局樹所含的節點數量過於龐大，在許多問題上都是不太可能計算得出來。

以西洋棋來說，任意局勢的棋步平均為 35 手，而平均 80 手便能決定勝負，也就是說，賽局流程 (從開始到結束所選擇的路線) 的數量為 35^{80}，相當於 101^{20}，因此即使假設計算一個賽局流程只需要「1e-10」秒 (0.0000000001 秒)，要算完西洋棋完整賽局樹也必須花費「3.17e+102」年 (3170000000000.... 總共有 100 個 0)。

由於完整賽局樹不可能計算出來，因此次佳方案便是使用部分賽局樹來制定策略，棋類 AI 的強度便是取決於部分賽局樹的品質。

COLUMN

相關章節

本節至此已完成賽局樹演算法的概要說明，本書第 5 章將介紹 Minimax 演算法、Alpha-beta 剪枝、蒙地卡羅法與蒙地卡羅樹搜尋法等 4 種演算法。

本書第 5 章將介紹的賽局樹演算法：

- Minimax 演算法
- Alpha-beta 剪枝
- 蒙地卡羅法
- 蒙地卡羅樹搜尋法

COLUMN

賽局樹演算法在棋類 AI 的應用

1997 年，由 IBM 開發的西洋棋專用超級電腦深藍 (Deep Blue)，以 2 勝 1 敗 3 和的成績擊敗了當時的西洋棋世界冠軍加里‧基莫維奇‧卡斯帕洛夫，這次勝利靠的是 Alpha-beta 剪枝、自定義評估函數與超級電腦的計算能力，由於圍棋的規則較複雜，較難建立評估函數，因此深藍的圍棋實力只停留在初段的程度。

2006 年，出現了利用蒙地卡羅樹搜尋法進行探索的棋類 AI「Crazy Stone」，蒙地卡羅樹搜尋法是一種先進行大量的隨機模擬，再從中選擇較佳棋步的方法，其特色是不需使用評估函數即可進行局勢評估，2012 年，其實力增強，被評估已達到圍棋五段的程度。

2015 年，以蒙地卡羅樹搜尋法的預知能力與深度學習預測最佳棋步的直覺，加上由強化式學習獲得的經驗組合而成的棋類 AI，AlphaGo 正式登場了。AlphaGo 為世界上第一個擊敗圍棋職業棋士的棋類 AI。棋類 AI 的歷史整理成下表：

▼ 棋類 AI 的歷史

年分	AI	戰績	演算法
1997 年	深藍	以 2 勝 1 敗 3 和擊敗當時的西洋棋世界冠軍加里·基莫維奇・卡斯帕洛夫	・Alpha-beta 剪枝 ・自定義評估函數
2012 年	Crazy Stone	實力被評估為圍棋五段	・蒙地卡羅樹搜尋法
2016 年	AlphaGo	世界上第一個擊敗圍棋職業棋士的棋類 AI	・蒙地卡羅樹搜尋法 ・深度學習 ・強化式學習

MEMO

CHAPTER

2 準備 Python 開發環境

本章將先設定 Python 的開發環境，以便在後續的章節實作機器學習的演算法，本書主要使用的開發環境為 Google 於 2017 年底所發布的「Google Colab」，其最大的特色為雲端線上服務，因此在使用前不需要安裝或設定 Python 與各種機器學習套件，只要有網頁瀏覽器，即可立刻開始使用，由於 Google Colab 的介面與 Jupyter Notebook 相似，因此使用過 Jupyter Notebook 的讀者應該會更容易了解其操作。

本章將會介紹 Google Colab 以及其使用方法，已熟悉的讀者可以跳過，沒使用過的讀者則請務必詳讀，再繼續閱讀下一章。此外，因應後續章節的需求，會使用到本地端的 Python 環境，這部份也將會利用 Anaconda 建構開發環境。

本章目的

- 了解本書使用的開發環境 Google Colab
- 利用範例進行實際操作，以掌握 Google Colab 具體的使用方法
- 利用 Anaconda 建立本地端的 Python 開發環境

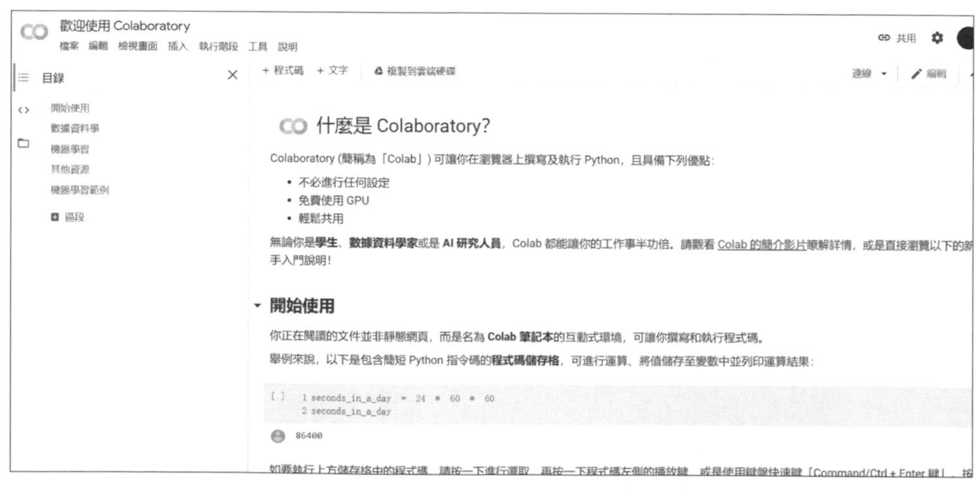

▲ Google Colab 官方網站提供的線上教學課程

2-0 Google Colab 之概要

開發環境為學習機器學習的必備條件之一，在開始建構演算法之前，我們先來了解一下本書所使用的開發環境。Python 有許多種開發環境，這裡使用的是 Google Colab，其正式名稱為「Google Colaboratory」，後續章節統一簡稱為 Google Colab，Google Colab 為 Google 提供的線上服務，它打破了人工智慧程式設計一定要使用高性能電腦工作站與伺服器的印象，透過 Google Colab，只要使用網頁瀏覽器，任何平台 (Windows / Mac / Linux) 都可以輕鬆開發人工智慧應用。

Google Colab 的優點

首先來介紹一下使用 Google Colab 做為 Python 的開發環境有甚麼好處，Google Colab 具有以下 3 種優點：

不需要自行建構環境

對於初學者來說，要自行準備 Python 環境與機器學習相關的套件會稍微有點困難，但在 Google Colab 中已內建環境以及機器學習常用的套件，因此可立即開始使用，若有其他需要的套件，也可以自行在 Google Colab 上進行安裝。

操作方式類似 Jupyter Notebook

Jupyter Notebook 是一種能夠同時記錄程式與執行結果並進行資料分析的工具，其程式的檔案格式皆為「筆記本」(存放程式碼的檔案，副檔名為「*.ipynb」)，Jupyter Notebook 操作難度低、易上手的特性受到許多工程師和資料科學家的青睞，是相當熱門的開發工具，由於 Google Colab 是以 Jupyter Notebook 為基礎開發而成，因此兩者的「筆記本」可以通用，而在操作上也幾乎完全相同。

可使用 GPU

GPU (圖形處理器，Graphics Processing Unit) 是專門用於即時執行繪圖運算工作的算術邏輯處理器，在執行速度上 GPU 的速度大約會是 CPU (中央處理器，Central Processing Unit) 的 3 倍，以往要使用 GPU 進行機器學習的運算，必須購買昂貴的 GPU 機器或使用付費的雲端服務，但利用 Google Colab，便可免費使用 GPU，可大幅縮減機器學習的訓練時間。

筆記本與雲端環境

Google Colab 的筆記本是儲存在 Google 雲端硬碟上，只要在 Google Colab 建立筆記本，就會自行開啟**雲端開發環境**，這時你輸入的 Python 程式就會在雲端環境中執行，執行結果則會輸出至筆記本。筆記本與雲端環境的關係如下：

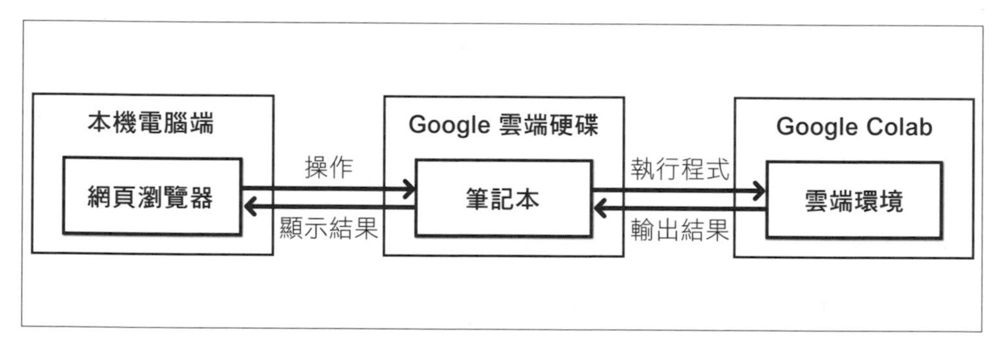

▲ 筆記本與雲端環境之間的關係

Google Colab 的限制

Google Colab 雖然擁有很多優點，但也有一些限制，Google Colab 具有以下幾項限制：

- 儲存空間：無 GPU 時 40 GB；有 GPU 時 360 GB
- 主記憶體：13 GB RAM
- GPU 記憶體：12 GB
- 筆記本的單一檔案大小：最大 20 MB
- 雲端環境閒置超過 90 分鐘便會重置 (以下簡稱為 90 分鐘限制)
- 雲端環境啟動 12 小時後會重置 (以下簡稱為 12 小時限制)

其中特別重要的是「90 分鐘限制」與「12 小時限制」，只要觸發了這 2 項條件，即使程式正在執行，雲端環境也會被重置，一旦被重置，執行中的程式就會中斷，自行安裝的套件與雲端環境中儲存的資料也都會消失，但 Google 雲端硬碟中的筆記本不會消失。

「90 分鐘限制」的解決方法

90 分鐘限制的解決方法是在雲端環境閒置超過 90 分鐘之前按下瀏覽器的重新載入，更新筆記本，在 Google Colab 中，重新載入瀏覽器並不會中斷執行中的程式。

「12 小時限制」的解決方法

12 小時限制的解決方法是在雲端環境啟動超過 12 小時之前，將雲端環境中儲存的資料下載到個人電腦或 Google 雲端硬碟上，等到雲端環境重置後，重新載入剛剛下載的資料即可重啟訓練。

編註 重新載入瀏覽器的方法沒辦法解決「12 小時限制」。

COLUMN

代管執行階段與本機執行階段

Google Colab 有**代管執行階段**與**本機執行階段** 2 種連接方式，代管執行階段 (host runtime) 的做法就是本節所介紹的方法，而本機執行階段 (local runtime) 則是從 Google Colab 連接到指定的 Jupyter Notebook 伺服器來執行，使用此方法不會受限於 90 分鐘限制及 12 小時限制等規定。本機執行階段的關係圖如下：

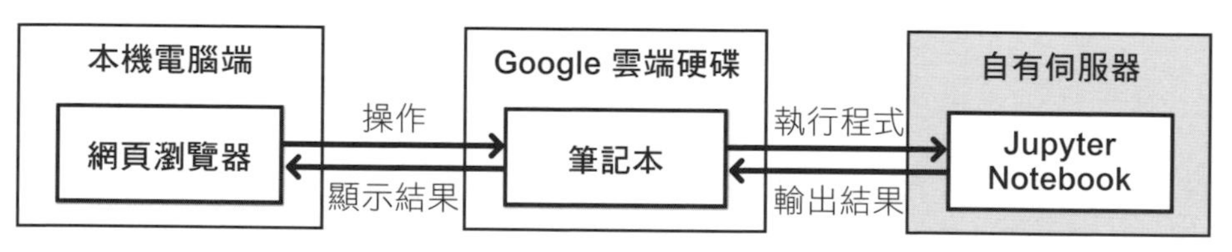

▲ 筆記本與 Jupyter Notebook 在利用本機執行階段時的關係

代管執行階段與本機執行階段可由 Google Colab 筆記本的工具列中，連接狀態的 ▼ 選單進行切換。如下圖：

▲ 可在代管執行階段與本機執行階段之間切換的選單

因本書篇幅關係無法詳細說明，想了解更多的請參考以下網站：

- **Colaboratory – Google 本機執行階段**

  URL https://research.google.com/colaboratory/intl/zh-TW/local-runtimes.html

2-1 Google Colab 的使用方法

在上一節中已經簡單的介紹了 Google Colab，在本節將說明大致的操作方法。

編註 關於 Google Colab 的詳細安裝與操作步驟，可參考本書線上更新的 Bonus 內容。

1
2
3
4
5
6
7
8

開始使用 Google Colab

首先，我們利用以下的步驟說明如何開始使用「Google Colab」：

01 進入 Google Colab 的官方網站

在搜尋引擎的輸入欄中輸入「Google Colab」並點進官方網站或是直接輸入以下網址：

- **Google Colab 官方網站**

  URL https://colab.research.google.com/notebooks/intro.ipynb

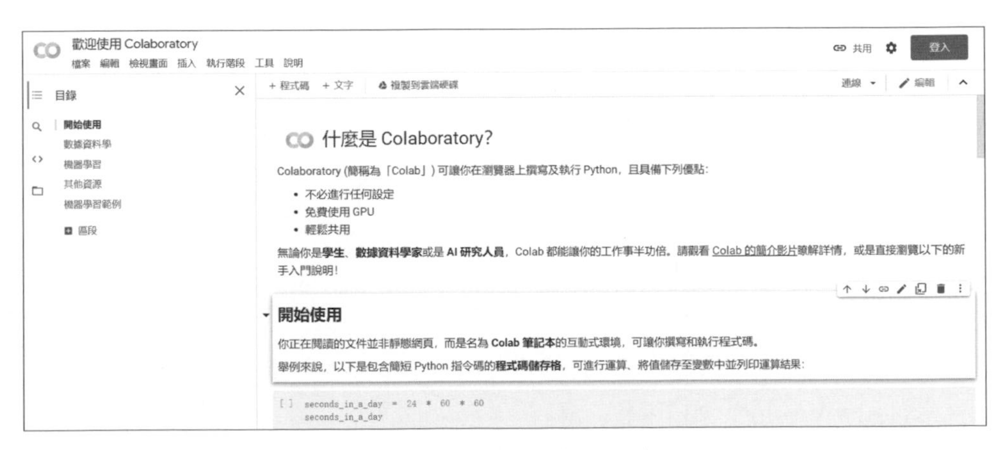

▲ Google Colab 官方網站

02 使用 Google 帳戶登入

使用 Google 帳戶登入 Google Colab，若沒有 Google 帳戶，請自行建立一個。

03 新增筆記本

登入以後點選左上角的「檔案」並選擇「新增筆記本」。如下圖：

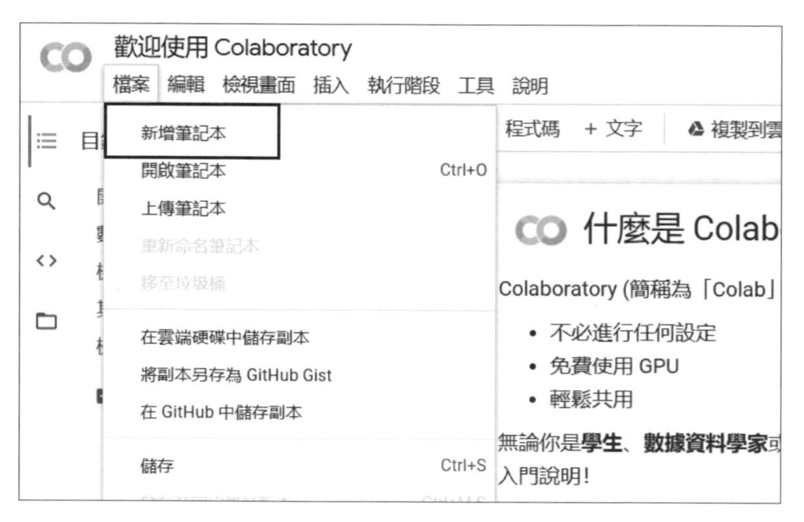

▲ 在 Google Colab 中新增筆記本

執行程式碼

Google Colab 執行程式碼的單位為儲存格，儲存格有「程式碼」與「文字」兩種模式，筆記本的初始狀態是一個程式碼儲存格，使用者可以根據自己的需要新增儲存格。以下示範如何利用程式碼儲存格執行程式碼：

01 在儲存格內編寫程式碼

請在空的程式碼儲存格中輸入以下程式碼，此程式碼將顯示字串 'Hello World'。如下圖：

```
[ ]    1   print('Hello  world')
```

▲ 輸入的程式碼

02 執行儲存格

在選擇儲存格的狀態下，以快捷鍵「Ctrl + Enter」(或選單中的「執行階段 → 執行聚焦的儲存格」) 執行程式碼，儲存格執行後，會在下方顯示輸出結果。結果如下：

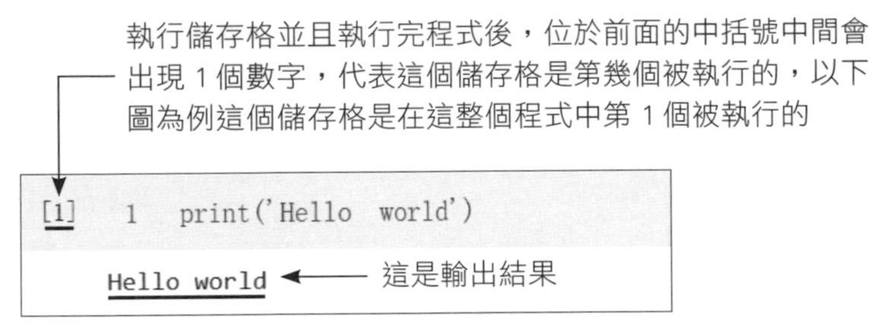

▲ 執行輸入的程式碼

程式碼的執行狀態 (還未執行完程式) 可由儲存格左側的圖標進行確認。主要分成 3 種執行狀態。如右表：

▼ 儲存格左側圖標顯示的狀態

程式碼的執行狀態	說明
	未執行
	等待執行
	執行中

編註 在 Google Colab 中如果程式越寫越多的話可讀性就會變得很差，這時可以藉由不同的儲存格幫助你區隔冗長的程式碼，區隔程式碼沒有一定的規則，通常都是依照寫程式者的習慣與程式規模去決定，但是千萬要注意儲存格裡的程式碼要完整才行 (例如：if...else 敘述要在同一儲存格才能執行，不能隔開)。可以參考後續章節的程式碼範例會比較容易理解。

停止執行程式碼

當儲存格左側顯示為 ◉ 時，表示程式碼正在執行，執行中的程式碼並不會因為瀏覽器關閉而停止，要停止執行程式碼，可在選單中選擇「執行階段 → 中斷執行」。

此外，選單中的「執行階段 → 管理工作階段」可查看目前連接到雲端環境的筆記本，在此畫面中按下「終止」，也可停止正在執行的程式碼。如下圖：

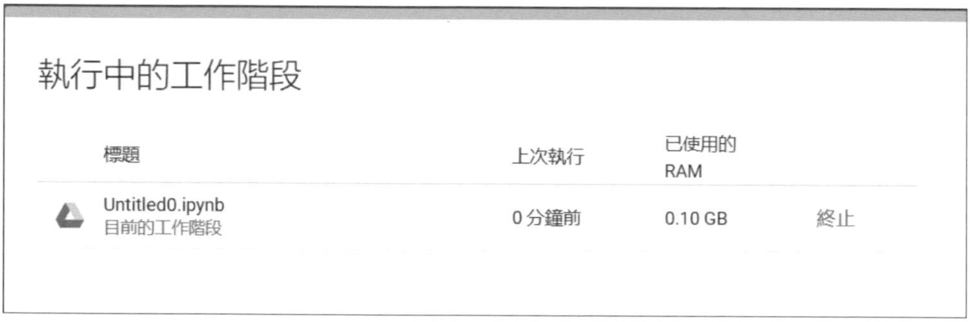

執行中的工作階段

標題	上次執行	已使用的 RAM	
Untitled0.ipynb 目前的工作階段	0 分鐘前	0.10 GB	終止

▲「管理工作階段」操作畫面示意圖

儲存筆記本

如果想要儲存筆記本，可以在選單中選擇「檔案 → 儲存」，便可將筆記本儲存至登入帳號的 Google 雲端硬碟中。

重置所有執行階段

在選單中選擇「執行階段 → 重新啟動執行階段」，便可重置雲端環境，可使用在長時間的訓練之前，或想由初始狀態開始重新執行的時候。要注意的是重新啟動時，雲端環境的資料並不會自動儲存，請先儲存好必要資料再進行。

使用 GPU

如果要使用 GPU 進行訓練時，請由選單的「編輯 → 筆記本設定」開啟設定畫面，在硬體加速器選擇「GPU」，再按「儲存」，改變 GPU 的設定，會重新啟動雲端環境。如下圖所示：

▲ 在筆記本中設定要使用 GPU

使用 GPU 可在深度學習中發揮極佳的效能，執行第 3 章深度學習、第 4 章強化式學習、第 6 章 AlphaZero 的機制與第 8 章範例遊戲實作時，請選用 GPU。

編註 除了 GPU 以外，還有 TPU 可以使用，不過目前 Google Colab 所提供的 TPU 還有許多限制以及問題，例如程式碼必須改寫成支援 TPU 的語法、部分超參數必須符合 TPU 的核心數，而且在資料量小的情況下，GPU 的執行速度較 TPU 快，所以小編建議在後續的章節使用 GPU 即可。

上傳檔案

接著要介紹，如何上傳檔案到 Google Colab 當中，做法是在儲存格中執行以下程式碼，便可將檔案從本機電腦上傳至 Google Colab 的雲端環境。程式碼如下：

IN

```
from google.colab import files
uploaded = files.upload()
```

執行後，會出現下圖中的「選擇檔案」按鈕，按下按鈕並選擇要上傳的檔案。以下示範上傳一個名為 test.txt 的文字檔，請注意，多次上傳相同檔名的檔案時，檔案不會被覆蓋，而是會自動以不同檔名儲存下來 (例：test(2).txt)。如下圖所示：

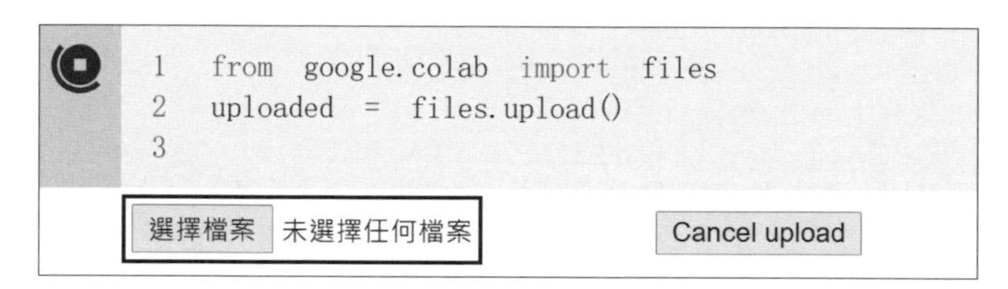

▲ 上傳檔案

上傳後要確認一下檔案是否有上傳成功，做法是執行以下命令便可查看雲端環境中的檔案，由以下的執行結果可確認 test.txt 已上傳成功，其中「sample_data」為預設的範例資料 (編註：本書不會用到)。命令如下：

IN

```
!dir
```

執行結果如下：

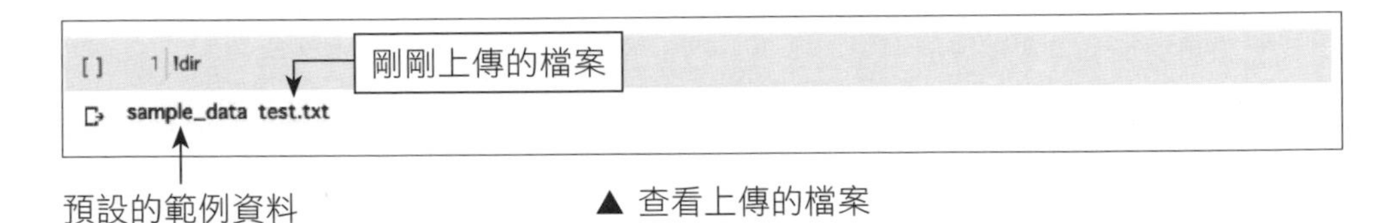

▲ 查看上傳的檔案

下載檔案

緊接著，要教大家如何下載檔案，做法是執行以下程式碼，便可將檔案從 Google Colab 的雲端環境中下載至本機電腦。以下示範下載 test.txt 文字檔：

IN

```
from google.colab import files
files.download('test.txt')
```

套件列表

最後，這個環節要教導如何查看安裝的套件以及其版本，在 Google Colab 中，套件的版本會自動更新，因此有可能因為**套件版本更新**導致本書範例無法正常執行，所以養成查看套件版本是很重要的事情，做法是執行以下命令，便可查看安裝在雲端環境中的套件：

IN

```
!pip list
```

OUT

```
Package Version
------------------------ ---------------------
absl-py 0.7.1
alabaster 0.7.12
```

```
albumentations 0.1.12
（省略）
zict 0.1.4
zmq 0.0.0
```

本書在撰寫範例程式碼時，已經確保可以正常運作，本書使用的主要套件以及對應的版本如下表：

套件	說明	套件版本
TensorFlow	深度學習套件	2.3.0
numpy	高速陣列運算套件	1.18.5
matplotlib	繪圖套件	3.2.2
pandas	進行資料分析所需的套件	1.0.5
Pillow(PIL)	影像處理套件	7.0.0
h5py	用於處理 HDF5 的套件	2.10.0
gym	強化式學習使用的 OpenAI Gym 套件	0.17.2

COLUMN

安裝舊版套件

如果因為版本更新導致本書範例出錯的話，可以指定安裝舊版的套件。安裝的命令如下：

```
格式：!pip install <套件名稱> == <版本>
```

這裡就以 TensorFlow 為例，安裝 TensorFlow「2.3.0」的命令如下，安裝時必須先解除安裝目前的版本，再重新安裝舊版：

IN

```
!pip uninstall tensorflow ← 解除安裝 TensorFlow
!pip install tensorflow==2.3.0 ← 安裝 TensorFlow 並指定
                                 安裝版本為 2.3.0
```

2-2 建構本地端的 Python 開發環境

本書前 6 章的內容將在 Google Colab 上建構 Python 的程式，由於第 7、8 章的內容將會製作棋類 UI 介面與人類對奕，但 Google Colab 上無法執行 UI，因此必須改於個人電腦上實作，本節將講解如何使用 Anaconda 建構本地端的 Python 開發環境。

安裝 Anaconda

Anaconda 是一個包含 Python 與其常用套件的軟體，接下來說明如何安裝與執行 Anaconda。

在 Windows 與 Mac 上安裝

01 下載安裝程式

進到 Anaconda 官方網站的 Download 頁面中，根據電腦系統 (Windows 或 macOS)，選擇 Python 3.x.x，點擊下載安裝程式。Anaconda 官方網址如下：

- **Anaconda**
  URL https://www.anaconda.com/distribution/

下載的示意圖如下：

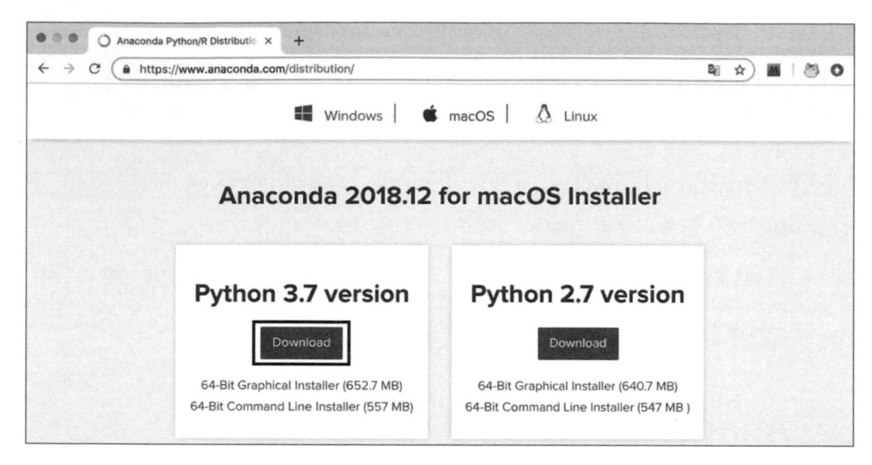

▲ 自 Anaconda 官方網站下載 Python 3.x.x

02 執行安裝程式

點擊剛剛下載的安裝程式，並依照安裝程式的指示進行安裝。

03 啟動 Anaconda Navigator

安裝完成後，要啟動 Anaconda Navigator，在 Windows 中，請由程式清單中的 Anaconda Navigator 啟動；在 Mac 中，請由安裝程式所在資料夾內的 Anaconda-Navigator.app 啟動。啟動完會如下圖所示：

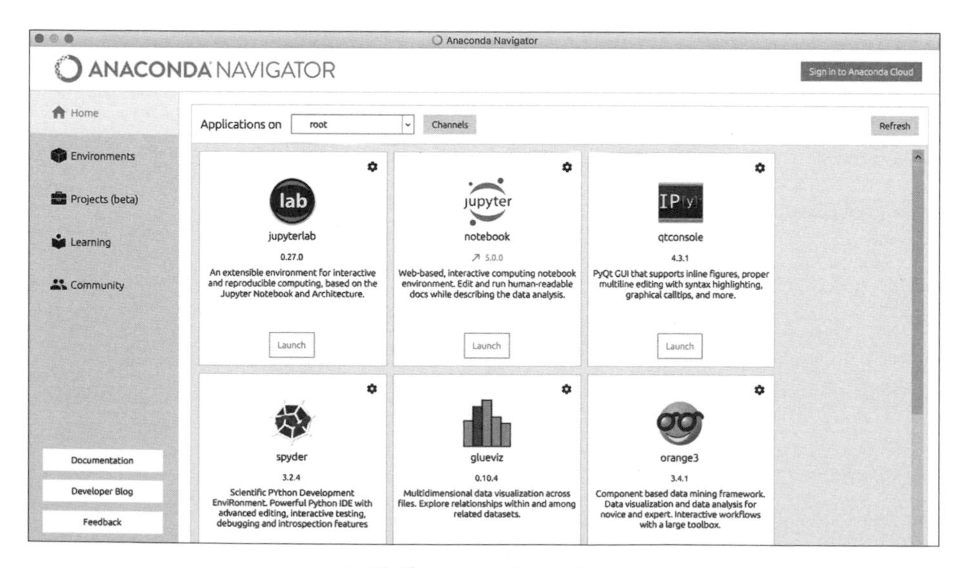

▲ 啟動 Anaconda Navigator

在 Ubuntu（Linux）上安裝

01 下載安裝程式

進到 Anaconda 官方網站的 Download 頁面中，根據電腦系統（Linux），選擇 Python 3.x.x，並下載安裝程式。

- **Anaconda**
  URL https://www.anaconda.com/distribution/

02 執行安裝程式

執行下載的「.sh」檔案，並依照安裝程式的指示進行安裝，基本上只需點擊 yes/no 與 Enter 即可進行。執行的命令如下：

IN
```
$ bash Anaconda3-2018.12-Linux-x86_64.sh
```

剛剛下載下來的檔案名稱

程式碼的編寫到執行

安裝完環境後，試著建立一支 Python 程式碼，這裡就以 Visual Studio Code 為例講解從編寫程式碼到執行的步驟。

Visual Studio Code
Url：https://code.visualstudio.com/
費用：免費
開發者：Microsoft
平台：Windows、macOS、Linux

步驟如下：

1 2 3 4 5 6 7 8

01 選擇編譯器

在 Anaconda 的 home 頁面中選擇「Visual Studio Code」並點選「Launch」執行。如下圖：

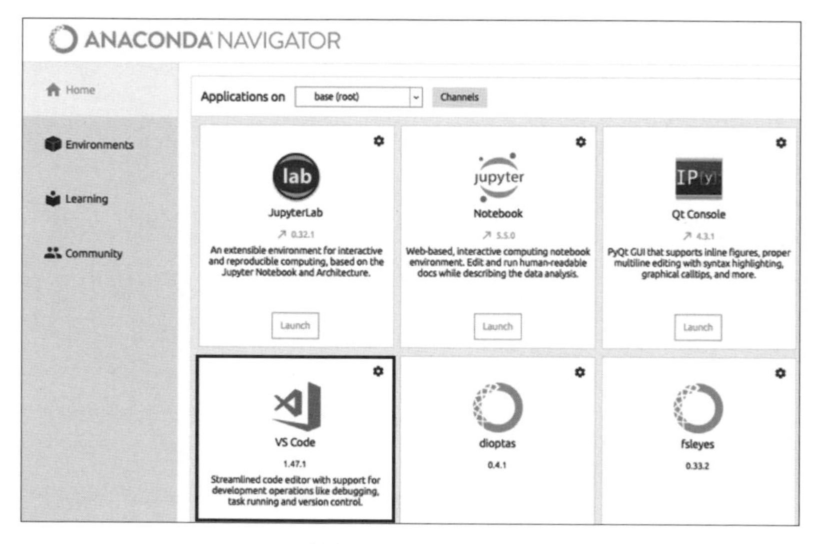

▲ 執行 Visual Studio Code

02 建立新檔案

點選選單的「檔案→新增」等方式建立新檔案。如下圖：

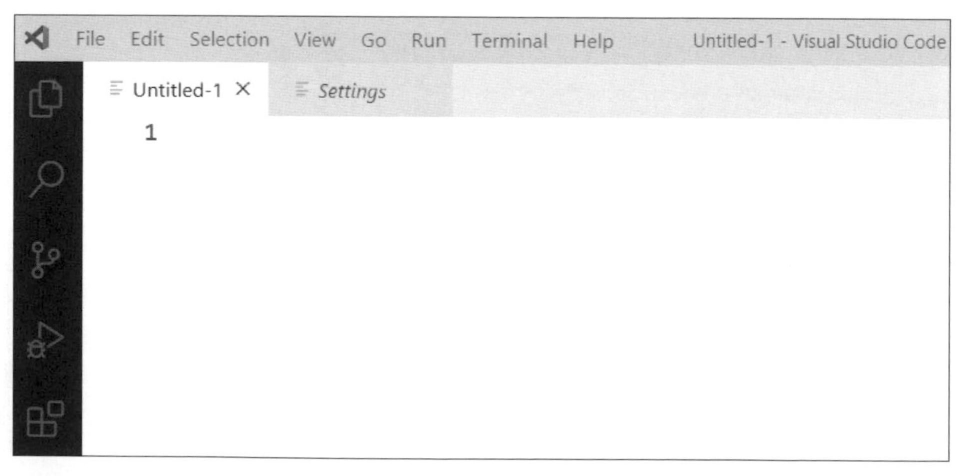

▲ 使用編輯器建立新的檔案

03 編寫程式碼

在空白的檔案內輸入以下的程式碼：

IN

```
print('Hello World!')
```

輸入程式碼的示意圖如下：

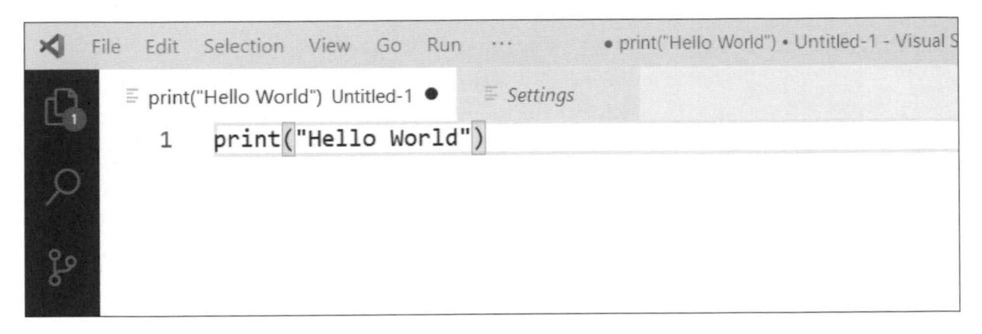

▲ 輸入 Python 的程式碼

04 儲存檔案

利用選單的「檔案→另存為」等方式，將檔案名稱儲存為 hello.py，Python 程式的副檔名請使用「.py」。

05 執行 Python 程式

在 Anaconda 的終端機 (命令提示字元) 中，利用 cd 命令切換到 hello.py 所在的資料夾，並如下利用 Python 編輯器執行 Python 程式：

IN

```
$ python <Python 程式名稱>
```

本次要執行的是「hello.py」，因此輸入如下：

IN

```
$ python hello.py
```

OUT

```
Hello World!
```

執行 Python 程式的示意圖如下：

▲ 執行程式

COLUMN

Python 編譯器

除了 Visual Studio Code 以外，Python 常用的 IDE 還有 Atom 與 Vim，讀者可以根據喜好自行選用。以下是這些 IDE 的簡介：

Atom
Url：https://atom.io/
費用：免費
開發者：GitHub
平台：Windows、macOS、Linux

Vim
Url：http://www.vim.org/
費用：免費
開發者：Bram Moolenaar
平台：Windows、macOS、Linux

CHAPTER

3 深度學習

從本章開始，將陸續介紹各種建構出 AlphaZero 的演算法，這一章先來認識 AlphaZero 會用到的**深度學習** (Deep Learning) 概念，將利用深度學習實作第 1 章所提到的「分類」與「迴歸」問題。

深度學習最核心的工作就是根據大量資料建構出最佳的**神經網路** (Neural Network，簡稱 NN) 模型。本章會先使用簡單的神經網路實作分類與迴歸模型，接著進一步利用**卷積神經網路** (Convolution Neural Network，簡稱 CNN) 與**殘差網路** (Residual Network，簡稱 ResNet) 這兩種模型來建構預測準確率更高的神經網路。

本章目的

- 建構 1 個簡單的神經網路模型，並實作分類與迴歸問題。
- 了解建構模型所需的元素。
- 利用在影像辨識上有較高準確率的卷積神經網路與殘差網路，進行模型的建構與測試。

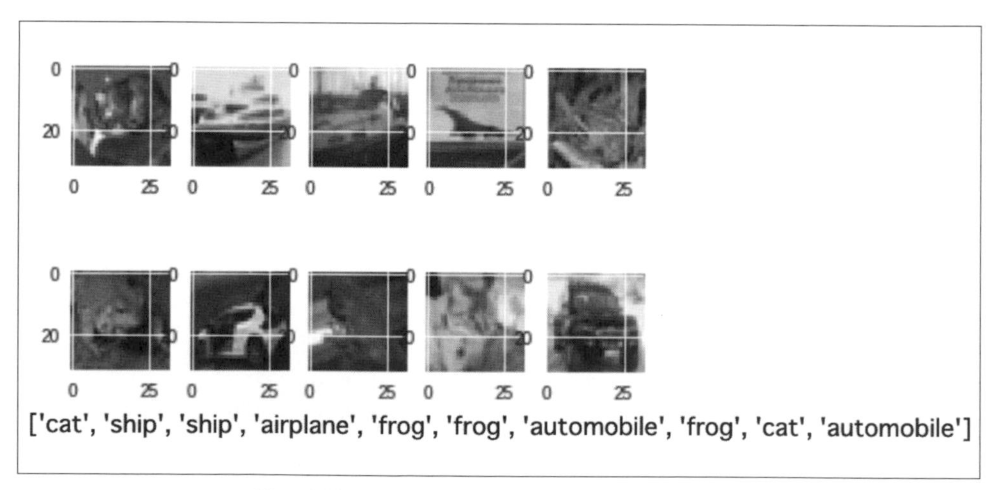

▲ 利用卷積神經網路及殘差網路辨識影像的示意圖

小編補充 **深度學習流程**

本章會按照第 1 章所介紹過的深度學習流程－即「**準備資料集 → 建構與編譯模型 → 訓練模型 → 評估與預測**」這 4 大流程來實作 4 個範例。每個範例的模型架構會依照問題的不同去做調整，不過大方向都是相同的，詳細內容將在各個小節說明。

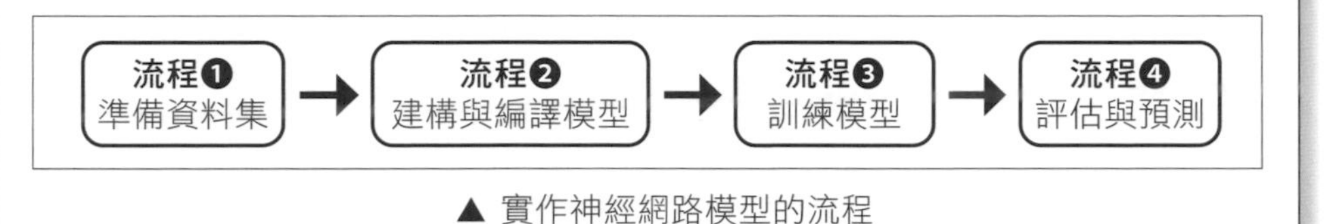

▲ 實作神經網路模型的流程

3-0 利用神經網路進行手寫數字辨識

訓練神經網路通常需要準備大量資料，讓神經網路從資料中學習到某些規則。TensorFlow.Keras 為了方便我們建構與測試神經網路，內建了許多不同類型的資料集供我們使用，本範例要使用的是 MNIST 這個手寫數字影像的資料集。

本節將帶您使用 MNIST 資料集訓練出一個可辨識手寫數字影像的神經網路模型，訓練好的神經網路可以**辨識影像是 0 ~ 9 哪個數字**，以分類的術語來說，就是判斷出該影像要分到 0 ~ 9 這 10 類當中的哪一類。示意圖如下：

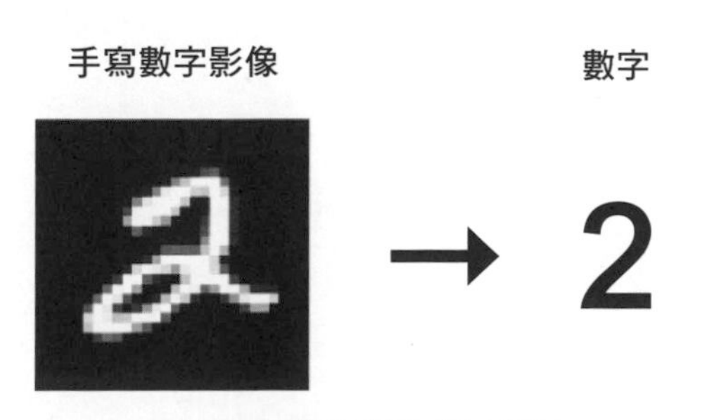

▲ 辨識手寫數字示意圖

神經網路模型架構

本節建構的神經網路包含了 3 層**密集層 (Dense Layer)** 與 1 層稱為 Dropout 的神經層，密集層又被稱為**全連接層** (Fully Connected Layer)，作用是將上 1 層的神經元與下 1 層的所有神經元連接起來 (編註：也就是我們在第 1 章所看到的神經網路架構圖，所有神經元全部連接在一起的樣子)。至於 Dropout 層的用途後續會再說明，整體的神經網路架構如下：

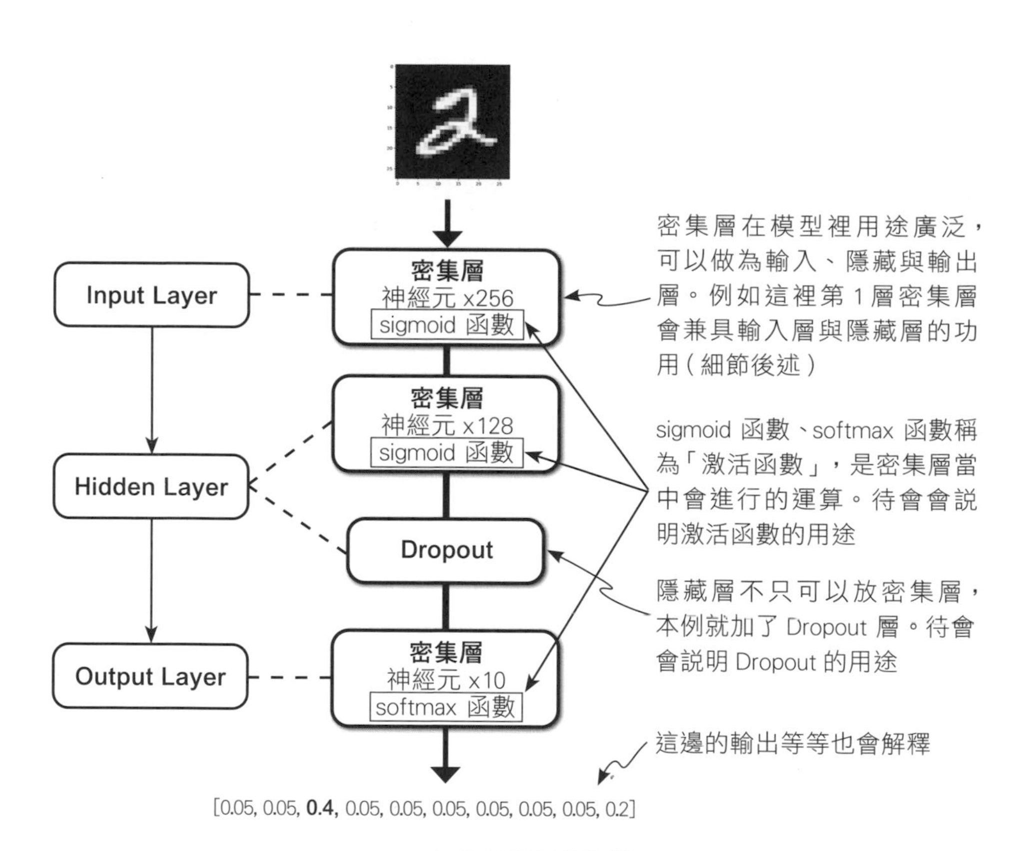

▲ 分類模型的架構

輸入層 (Input Layer)

在建立密集層做為輸入層使用時，所要設定相關的參數為：神經元數量 (本例為 256)、激活函數 (本例是使用 sigmoid)。

隱藏層 (Hidden Layer)

在建立隱藏層時，要設計幾層以及每層要有幾個神經元也是建構者所決定的，一般來說，增加層數與神經元便可捕捉到更複雜的特徵，但層數、神經元增加時，權重參數 (編註：也就是第 1 章提到的 w 跟 b) 也會跟著變多而使訓練所需的時間增加，更可能產生另外一個問題：**過度配適** (overfitting)。

過度配適是指當神經網路的結構很複雜，且您給它的訓練資料沒這麼多時，神經網路會**過度學習訓練資料**，變得無法順利去預測或分辨「新」資料，也就是說神經網路並沒有從資料中學習到通用的規則 (只學到適用於「訓練資料」的規則)，而導致對未看過資料的準確率下降 (編註：簡單來說就是對訓練資料預測能力很好，但對新資料卻預測的很爛)。

> **編註** 過度配適就像學生在準備考試，有些人會死背題庫的答案，但題目稍微一變，他就不會了。因為他只記住了每道題的答案，而沒有理解其中的邏輯。

激活函數 (Activation Function)

激活函數主要應用於神經層當中各神經元的輸出運算。目的在於幫助神經網路從數據中學習複雜 (例如：非線性) 的規則。本例會在輸入層及隱藏層使用 sigmoid 函數，輸出層則使用 softmax 函數。sigmoid 可以將輸出控制於「0~1」之間、softmax 則會將各神經元的輸出值控制在合計為「1」的結果 (例如 3 個神經元的輸出值為 0.1、0.2、0.7，其合計值為 1)。

Dropout

本例為了避免「過度配適」並提升模型預測的準確率，加了 Dropout 在隱藏層中。Dropout 是防止過度配適的方法之一，其做法是透過隨機丟棄上一層的神經元輸出 (編註：將某幾個神經元的輸出設為 0)，以減少神經元 (特徵) 之間的依賴性，進而提升模型的普適能力 (generalization ability)。一般會將丟棄比例設定在 50% 左右，並添加在「密集層」後面。

輸出層 (Output Layer)

模型最後一層的密集層則為輸出層。輸出層要設多少個神經元，取決於分類類別的數量。

小編補充　神經網路的輸出

因為本例是要神經網路預測手寫數字影像是 0~9 這 10 類當中的哪一類，因此在輸出層的神經元數就設為 10 個，這 10 個神經元會依序表示 [數字 0 的機率 , 數字 1 的機率 , ... 數字 9 的機率] 。如下圖：

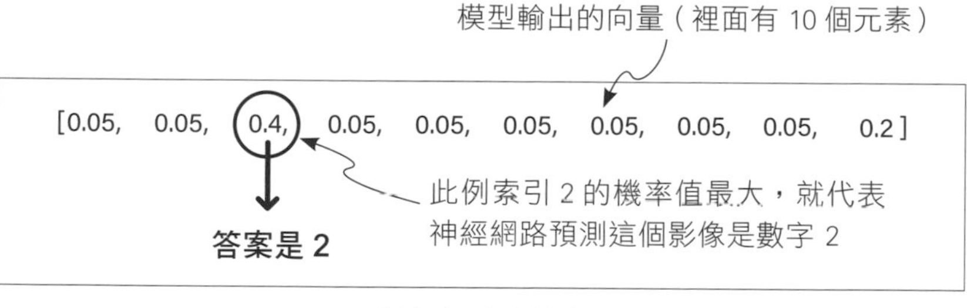

▲ 神經網路的輸出

由於輸出層是使用 softmax 激活函數，因此各機率的總和為 1(100%)。

了解完模型的架構後，我們趕快自己動手用程式碼建構一個模型看看吧！

匯入套件

這裡將使用 TensorFlow、TensorFlow.Keras、NumPy 與 matplotlib 等套件，這些都已內建在第 2 章所介紹的 Google Colab 當中。匯入的套件如下表：

▼匯入的套件

套件	說明
TensorFlow	深度學習套件
TensorFlow.Keras	包含在 TensorFlow 裡面的函式庫
NumPy	陣列高速運算套件
matplotlib	繪圖套件

編註 TensorFlow.Keras 是架構在 TensorFlow 之上的高階套件，讓我們可以使用最少的程式碼及時間，建構神經網路模型，並對模型進行訓練、評估與預測。本書主要就是使用這個套件來建構神經網路。

利用以下的程式碼直接匯入即可：

匯入 Keras 的相關類別，各自用途稍後會說明

IN 匯入套件

```
from tensorflow.keras.datasets import mnist ← 用來下載 mnist 資料集
from tensorflow.keras.layers import Activation, Dense, Dropout
from tensorflow.keras.models import Sequential
from tensorflow.keras.optimizers import SGD
from tensorflow.keras.utils import to_categorical
import numpy as np ← 陣列高速運算套件
import matplotlib.pyplot as plt ← 繪圖套件
%matplotlib inline
```

將 matplotlib 繪製的圖表直接嵌入到 Google Colab 的指令，如果沒有這行程式碼，還要另外使用 plt.show () 把繪製好的圖形輸出

流程 1：準備資料集

匯入套件後，就可以開始進行前面介紹的 4 大流程了。讓我們先從「流程 1：準備資料集」開始吧，其細部的流程如下圖所示：

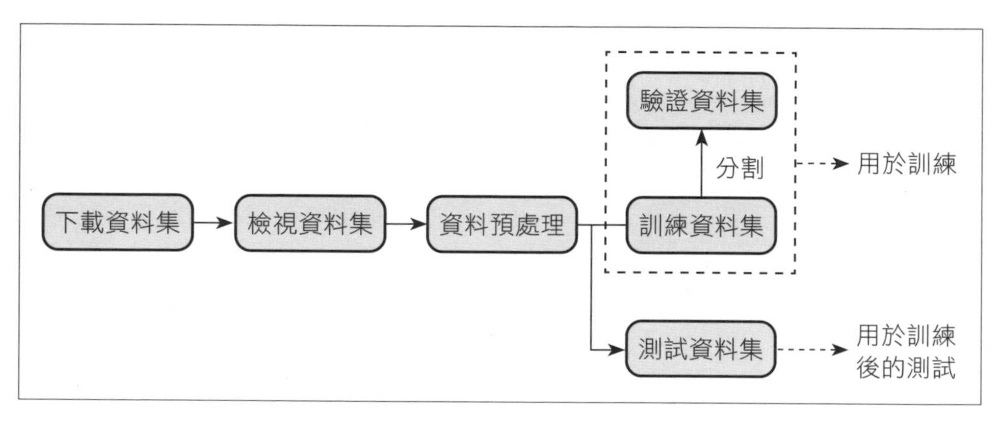

▲「準備資料集」的細部流程

認識手寫數字資料集「MNIST」

MNIST 資料集包含了 70000 組 0～9 的手寫數字影像，以及對應各影像應該是哪一個數字的正確答案。通常，要輸入神經網路的資料 (手寫數字影像)，我們會稱為**樣本 (Samples)**，而對應的正確答案則稱為**標籤 (Labels)**，如下圖：

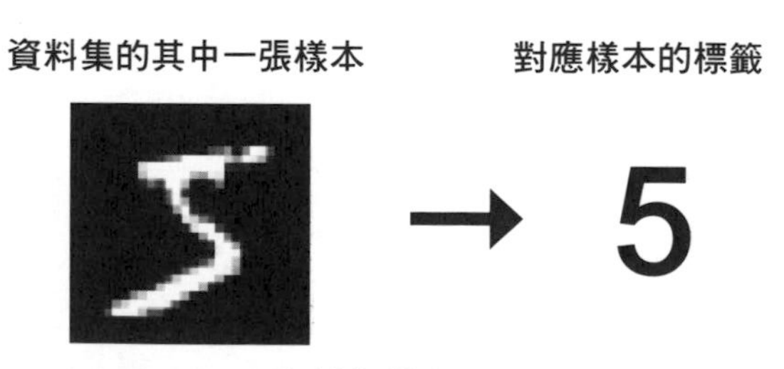

▲ MNIST 資料集樣本、標籤示意圖

下載資料集

首先我們就利用 mnist.load_data() 將 MNIST 資料集下載下來，TensorFlow.Keras 會幫我們把資料集分割成 4 個部份，所以匯入的時候要指派 4 個變數，這 4 個部分如下表所示：

▼ 訓練資料集與測試資料集

	變數名稱	說明
訓練資料集 (training set)	train_images	訓練樣本集 (共 60000 筆 28 像素 × 28 像素的灰階影像
	train_labels	訓練標籤集 (共 60000 筆)
測試資料集 (testing set)	test_images	測試樣本集 (共 10000 筆 28 像素 × 28 像素的灰階影像
	test_labels	測試標籤集 (共 10000 筆)

下載資料集的程式碼如下：

IN 下載資料集

```
(train_images, train_labels), (test_images, test_labels) = 接下行
mnist.load_data()  ← 將 MNIST 資料集分別指派到 4 個變數中
```

編註 第 1 次載入資料集時，TensorFlow.Keras 會從網路將資料下載到本機中，第 2 次以後載入就會使用儲存在本機的檔案。

COLUMN

訓練資料集、驗證資料集與測試資料集

我們來說明一下為什麼要把 MNIST 分成 4 個部份，這就涉及到**訓練資料**以及**測試資料**的概念。一般來說我們不會把整體資料集都用於訓練神經網路，而會分割成**訓練資料集**與**測試資料集**。深度學習的最終目的，是要訓練出能夠**普遍適用** (generalized) 的神經網路模型，也就是在預測其未見過的新資料時也能有很好的表

現，因此我們先用訓練資料集 (training set) 來訓練模型，訓練完成後再用測試資料集 (testing set)，來評估神經網路對新資料的**普適能力** (generalization ability)。以我們所下載的 MNIST 資料集為例，就將整個 70000 筆的資料集分成 60000 筆訓練資料、10000 筆測試資料。

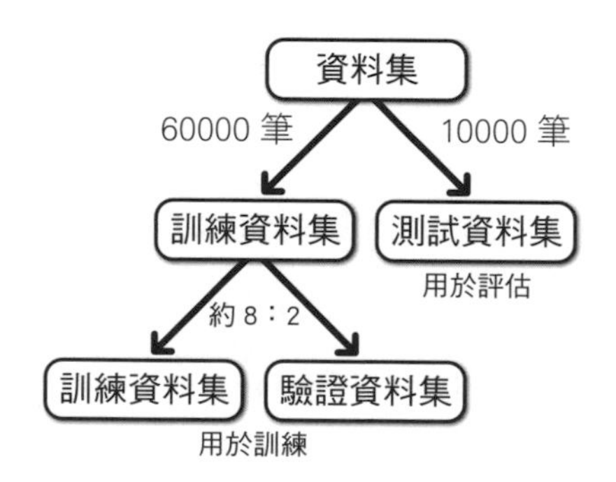

▲ 訓練資料、驗證資料與測試資料的比例

再看到上圖左半部訓練資料集的部份，由於在訓練的過程中，我們希望能夠看出有沒有發生「過度配適」，而 TensorFlow.Keras 提供的方法是程式會依照事先設定的比例再將訓練資料集分割成「訓練資料集」與「驗證資料集」，以便一邊訓練、一邊即時驗證訓練成效，這個比例多以「8：2」左右的比例進行分割。

編註 驗證資料集是用於訓練過程中的**先期測試**，keras 可在訓練時自動做分割，而不需要我們事先手動分割。

檢視資料集

我們帶您多熟悉一下資料集的內容。首先我們用 type() 來查看資料集的型別：

檢視資料集的型別

IN 檢視資料集的型別

```
print(type(train_images))
print(type(train_labels))
print(type(test_images))
print(type(test_labels))
```

OUT

```
<class 'numpy.ndarray'>
<class 'numpy.ndarray'>
<class 'numpy.ndarray'>
<class 'numpy.ndarray'>
```

可以得知四個資料集都不是 Python 的格式，而是 NumPy 的 ndarray 陣列格式

編註 ndarray 是一個能夠進行高速運算且節省空間的多軸陣列。NumPy 還提供許多運算函式，非常適合模型去做大量的運算。如想學習更多 NumPy 的使用技巧，可參考旗標出版的「**NumPy 高速運算徹底解說**」一書。

檢視資料集的 shape

接下來要檢視資料集的形狀，這樣才能知道輸入層的輸入資料參數該如何指定。NumPy 將資料形狀稱為 shape，可以利用 ndarray 的 shape 屬性來查看：

IN 檢視資料集的 shape

```
print(train_images.shape)
print(train_labels.shape)
print(test_images.shape)
print(test_labels.shape)
```

OUT

```
(60000, 28, 28)
(60000,)

(10000, 28, 28)
(10000,)
```

經檢視可得知，訓練樣本集及訓練標籤集各有 60,000 筆

測試樣本集及測試標籤集各有 10,000 筆

以結果來看，訓練樣本集的 shape 是 (60000, 28, 28)，這個 3 軸陣列表示有 60,000 筆 28×28 (單位是像素) 的訓練樣本 (影像資料)。測試樣本集的 shape 是 (10000, 28, 28)，只差在筆數跟訓練樣本集不同。

訓練標籤集的 shape 則是具有 60,000 個元素的 1 軸陣列，也就是對應訓練樣本的標籤 (正確答案)。測試標籤集的 shape 跟訓練標籤集只差在筆數不同。

檢視前 10 筆訓練樣本

看到這邊會不會好奇這 60,000 筆訓練樣本與訓練標籤長什麼樣子呢？我們就先看看第 0 筆訓練樣本的內容吧：

IN

```
print(train_images[0])
```

OUT

```
array([[  0,   0,   0,   0,   0,   0,   0,   0,   0,   0,   0,   0,   0,
          0,   0,   0,   0,   0,   0,   0,   0,   0,   0,   0,   0,   0,
          0,   0],
       [  0,   0,   0,   0,   0,   0,   0,   0,   0,   0,   0,   0,   0,
          0,   0,   0,   0,   0,   0,   0,   0,   0,   0,   0,   0,   0,
          0,   0],...(省略)
```

上面的程式結果總共會有 784 個數字 (28×28)，這些數字代表像素值，每個像素值為 0~255 的整數，代表著筆跡的深淺，顏色越深，數字也就越小；反之顏色越淺，數字越大 (編註：上圖因空間有限，有些非 0 的數字並未顯示出來)。而這 784 個像素值就是樣本中的 784 個「**特徵 (feature)**」，神經網路會從這些特徵中進行學習。

小編補充 怎麼都是一堆數字？不是影像嗎？其實這是 ndarray 的格式！例如左下圖的影像，就是由右側 28 X 28 灰階像素值所排列出來的樣子：

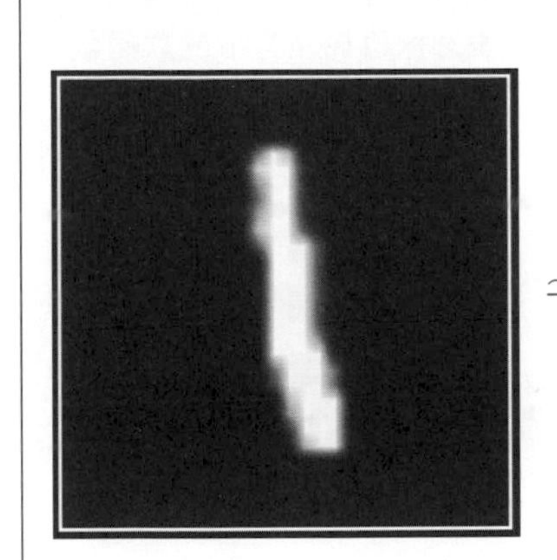

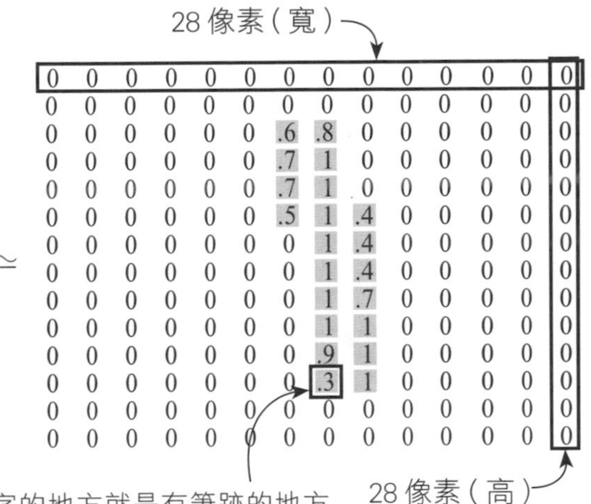

▲ MNIST 樣本示意圖

左上圖是怎麼畫出來的呢？在 Python 中經常使用「matplotlib」套件將資料視覺化。例如想把前 10 筆的訓練樣本還原成影像，首先用 matplotlib 套件的 plt.subplot() 來建立多個影像，接著利用 plt.imshow() 將所有影像顯示出來。語法如下：

▼ 畫圖用的 method

method	說明
subplot(nrows, ncols, index)	建立多個影像。參數為列數、行數及繪製位置
imshow(X, cmap=None)	顯示影像。參數為影像資料及所使用的顏色

程式碼如下：

IN 檢視前 10 筆訓練樣本 (影像資料)

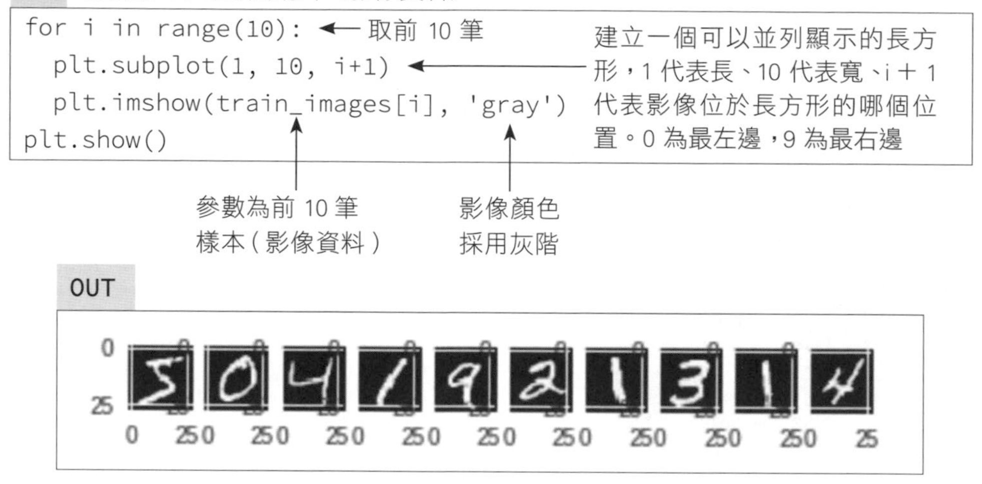

▲ 利用 matplotlib 套件來檢視前十筆訓練樣本的影像

> **編註** 提醒一下，這邊是讓讀者更清楚訓練樣本的樣子，輸入模型時還是使用 ndarray 的格式。

檢視前 10 筆訓練標籤

接著也來看看前 10 筆訓練標籤 (正確答案) 是否有跟訓練樣本 (影像資料) 相互對應。程式碼如下：

IN 檢視訓練樣本對應的標籤 (正確答案)

```
print(train_labels[0:10])
```

OUT

```
[5 0 4 1 9 2 1 3 1 4]
```

← 讀者可與上方的圖做個對照

訓練樣本集、測試樣本集的預處理

在訓練開始之前，必須先將訓練樣本、測試樣本轉換成可以輸入神經網路的形式。

由於密集神經網路的各樣本輸入都是 1 軸的形式，而剛才看到訓練樣本集是 60,000 筆 28 × 28 的 2 軸陣列形式，因此需要將每 1 筆的訓練樣本與測試樣本轉換形狀，由 2 軸陣列 (28 × 28) 轉換成 1 軸陣列 (784 個元素)。我們可以使用 NumPy 的 reshape() method 來幫助我們重塑 ndarray 的 shape。詳細參數如下所示：

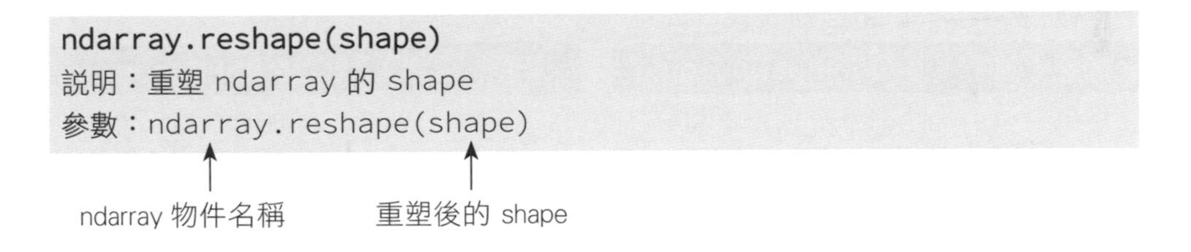

預處理的程式碼如下：

IN

```
train_images = train_images.reshape((train_images.shape[0], 接下行
784)) #(60000, 28, 28) → (60000, 784)
test_images = test_images.reshape((test_images.shape[0], 接下行
784)) #(10000, 28, 28) → (10000, 784)

print(train_images.shape)
print(test_images.shape)
```

進行影像資料的預處理（前四行）；檢視處理後的資料 shape（後兩行）

OUT

```
(60000, 784)
(10000, 784)
```

訓練標籤集、測試標籤集的預處理

除了樣本集需要做處理外，標籤集也要做預處理，目的是變成與模型輸出相符的格式，這裡我們要進行一種稱為「One-hot encoding」的處理，做法是把標籤經由 One-hot Encoding 轉換成 One-hot 形式。One-hot 形式是一種只有某一個元素為「1」，其餘元素皆為「0」的向量。例如：將數字 2 轉換成 [0,0,1,0,0,0,0,0,0,0] 的向量，也就是索引 2 (索引從 0 開始) 的元素為 1，其他均為 0 的向量。我們要將 0~9 這些標籤都做這樣的轉換。如下表：

▼ 標籤 (數字) 與其 One-hot 形式

標籤 (數字)	One-hot Encoding	標籤 (數字)	One-hot Encoding
0	1,0,0,0,0,0,0,0,0,0	5	0,0,0,0,0,1,0,0,0,0
1	0,1,0,0,0,0,0,0,0,0	6	0,0,0,0,0,0,1,0,0,0
2	0,0,1,0,0,0,0,0,0,0	7	0,0,0,0,0,0,0,1,0,0
3	0,0,0,1,0,0,0,0,0,0	8	0,0,0,0,0,0,0,0,1,0
4	0,0,0,0,1,0,0,0,0,0	9	0,0,0,0,0,0,0,0,0,1

這麼做的道理很簡單，因為神經網路的輸出值是 10 個元素的向量，而目前標籤 (正確解答) 還只是一個數字，因此就把每個標籤 (數字) 也轉換成 10 個元素的向量格式，才能與神經網路的輸出比對。這個格式代表著每個數字被預測的機率，機率最高的索引位置即為預測結果。如下圖：

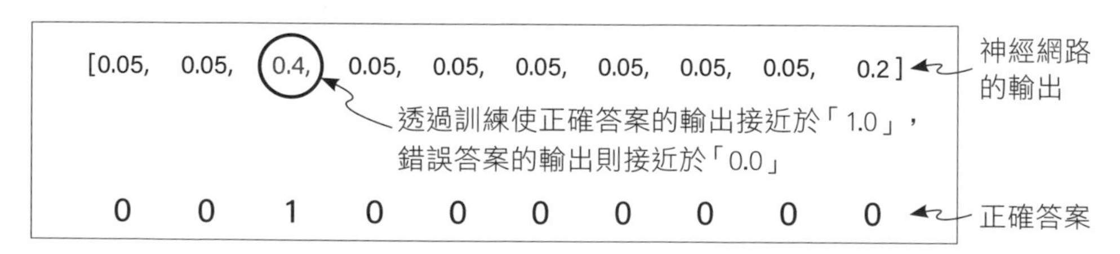

▲ 示意圖

要將代表正確答案的每個數字轉換為 One-hot 形式，可以使用 TensorFlow.Keras 的 to_categorical() 函式。需要轉換的資料集有訓練標籤集與測試標籤集。程式碼如下：

IN

```
print(train_labels[0])  ← 第 0 筆訓練標籤 (轉換前)
print(test_labels[0])   ← 第 0 筆測試標籤 (轉換前)

# 進行標籤資料的 One-hot Encoding
train_labels = to_categorical(train_labels)  ← 轉換訓練標籤集
test_labels = to_categorical(test_labels)    ← 轉換測試標籤集

print(train_labels[0])  ← 第 0 筆訓練標籤 (One-hot 形式)
print(test_labels[0])   ← 第 0 筆測試標籤 (One-hot 形式)

# 檢視經過預處理後標籤資料的 shape
print(train_labels.shape)
print(test_labels.shape)
```

為了讓讀者更清楚，這邊將轉換前與轉換後的樣子一起顯示出來做對照

OUT

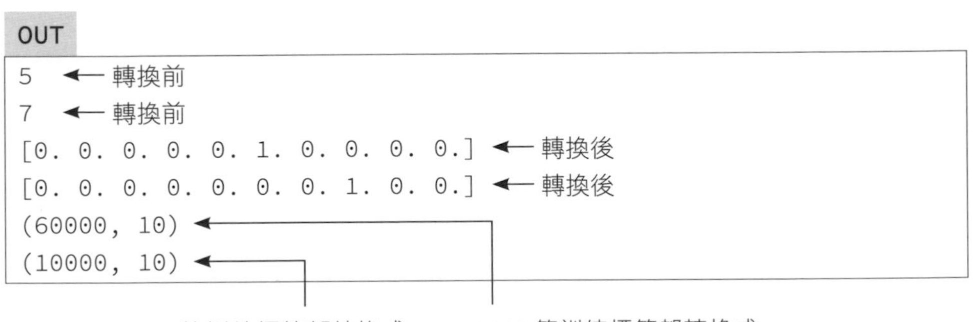

10,000 筆訓練標籤都轉換成 10 個元素的向量，整體來看 shape 就是 (10000,10)

60,000 筆訓練標籤都轉換成 10 個元素的向量，整體來看 shape 就是 (60000,10)

流程 2：建構與編譯模型

完成資料集的準備後，接下來進入到「流程 2：建構與編譯模型」，我們來用 TensorFlow.Keras 建構神經網路模型。回顧一下之前神經網路的架構，如下所示：

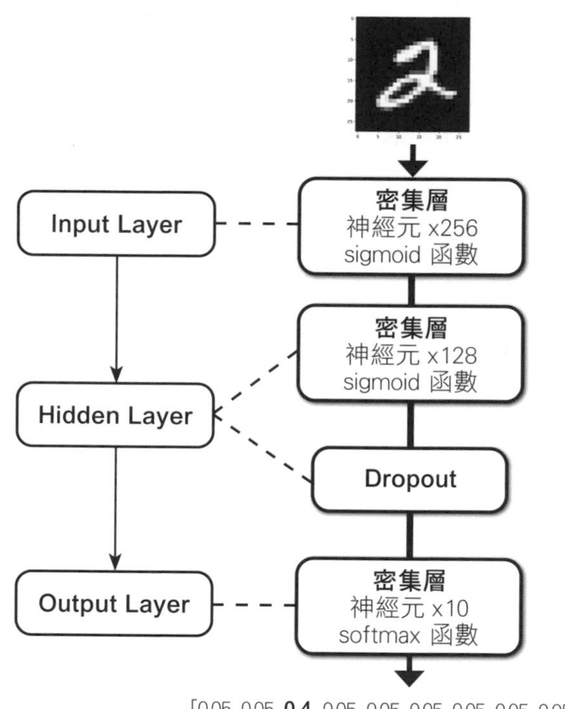

▲ 分類模型的架構

建構模型

在建構模型時，要先利用 TensorFlow.Keras 的 Sequential() API 建立**序列模型**物件，並指定給 model 變數，這時的 model 就是一個神經網路了，不過目前內容還是空的，要再使用 Dense 類別建立密集層、Dropout 類別建立 Dropout 層，然後用 add() method 加到 model 中。詳細說明如下：

▼ Dense 類別與 Dropout 類別

類別	說明
Dense	密集層。參數為神經元數、激活函數以及輸入資料的 shape
Dropout	Dropout 層。參數為神經元的丟棄比例

疊加密集層時必須指定神經元的數量以及激活函數，其中激活函數用 activation 參數來指定。

此外，前面提過神經網路模型的第 1 層密集層兼具輸入層和隱藏層的功能，因此第 1 個加入模型的密集層，參數最後還必須用 input_shape 來指定輸入樣本的形狀。建構模型的程式碼如下：

IN 建構模型

```
model = Sequential()
model.add(Dense(256, activation='sigmoid', input_shape=(784,)))  ← 第 1 層 ( 兼輸入層 )
                ①               ②                       ③
model.add(Dense(128, activation='sigmoid'))  ← 第 2 層 (隱藏層)
model.add(Dropout(rate=0.5))  ← 第 3 層 (Dropout 層)
                    ④
model.add(Dense(10, activation='softmax'))  ← 第 4 層 (輸出層)
                ⑤
```

① 指定神經元個數

② 指定激活函數

③ 指定輸入的樣本形狀 (784,)，只有第 1 層才需要指定，之後的層會自動與上一層搭配，不用指定

④ 神經元的丟棄比例

⑤ 依前面所說的，輸出層設定 10 個神經元

編譯模型

模型需要經過編譯 (compile) 後才能進行訓練，編譯模型時需設定 3 個參數，**損失函數、優化器**及**評估指標**。這幾個參數涉及訓練神經網路的概念，我們先帶您熟悉一下，首先**損失函數**及**優化器**在神經網路訓練流程所扮演的角色如下：

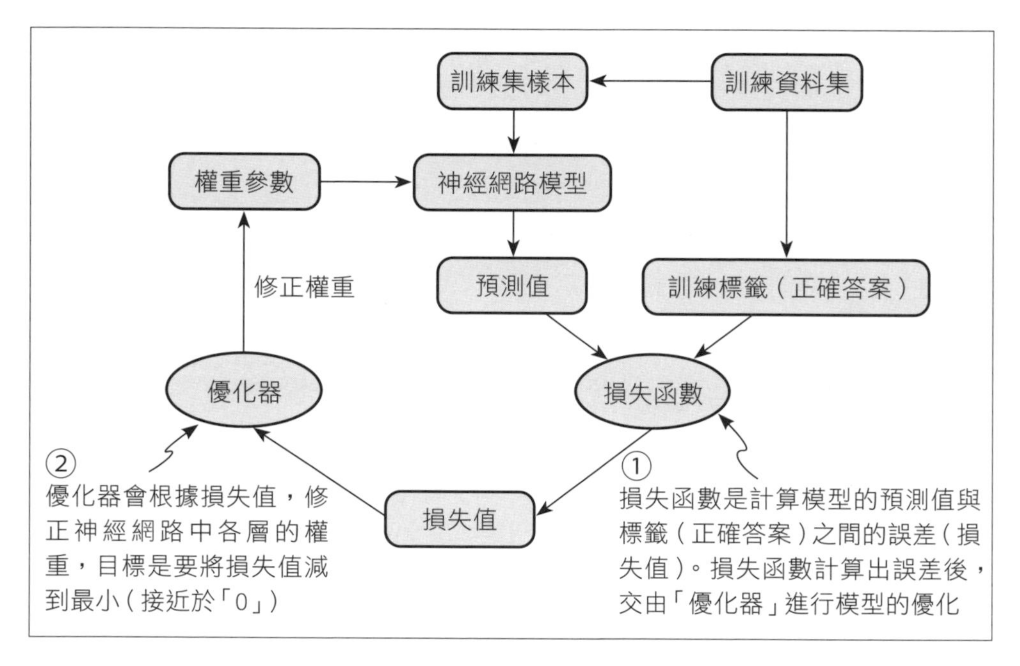

▲ 損失函數與優化器示意圖

> **編註** 這裡所說的優化，就是去修正神經網路各層的 w、b 權重參數（不清楚的話請複習第 1 章的內容）。

第 3 個參數是**評估指標**，主要是用於評估訓練的成效，以供我們在訓練及評估模型時做為參考。評估結果會存入用來進行訓練的 fit() 之傳回值中。

深度學習常用的損失函數、優化器及評估指標如下表所示：

▼ 常用的損失函數、優化器及評估指標

	參數值	名稱	說明
損失函數	binary_crossentropy	二元交叉熵誤差	特別針對二元分類設計，因此主要用於二元分類
	categorical_crossentropy	多類別分類誤差	在多類別分類的評估上表現優異，因此主要用於多類別分類
	mse	均方誤差	在連續值的評估上表現優異，因此主要用於迴歸模型
優化器	SGD	SGD	最傳統的優化器
	Adam	Adam	因整體表現優異而廣受歡迎的優化器
評估指標	acc	Accuracy	準確率。算出來的結果越接近 1 (100%) 越好。常用於分類問題
	mae	Mean Absolute Error	平均絕對誤差。越接近 0 越好。常用於迴歸問題

編譯時所使用的 method 是 model.compile()，由於本例為分類問題，因此指定損失函數為「categorical_crossentropy」、優化器為「SGD」，評估指標則為「acc」。程式碼如下：

IN 編譯模型

```
model.compile(loss='categorical_crossentropy', optimizer= 接下行
SGD(lr=0.1), metrics=['acc']) ← 指定損失函數、優化器、評估指標
```

上面 SGD 有個參數「lr」為學習率 (learning rate)。學習率是決定各層權重每次更新幅度的太小。學習率若太小，訓練速度會相當緩慢；學習率若太大，則不易收斂到最佳結果。

流程 3：訓練模型

接下來進入到「流程 3：訓練模型」，將訓練樣本 (影像資料) 及訓練標籤 (標準答案) 以陣列的格式輸入模型進行訓練。

進行訓練

訓練模型的指令是 model.fit()。詳細參數如下所示：

model.fit()

說明：進行訓練

參數：model.fit(x=None, y=None, batch_size=None, epochs=1, validation_split=0.0)

- x(ndarray 型別) ← 訓練樣本集
- y(ndarray 型別) ← 訓練標籤集
- batch_size(int 型別) ← 每次訓練時所使用的訓練資料筆數
- epochs(int 型別) ← 全部資料被訓練過的次數
- validation_split(float 型別) ← 從訓練資料集中取多少比例出來做為驗證資料集

傳回值：History ← 記錄訓練的歷程

fit() 參數中，針對 batch_size 以及 epochs 的概念需要先了解一下。訓練模型時，不會一次都把訓練資料集「全部」輸入進去模型，主流的做法是分批訓練，而 batch size 就是設定一批的樣本筆數有多少；而當訓練資料集被分批完整使用過 1 次，即計為 1 epoch。

以下頁的圖為例：若全部資料筆數是 1000 筆，batch size 設為 100，需要訓練 10 次完成 1 個 epoch。

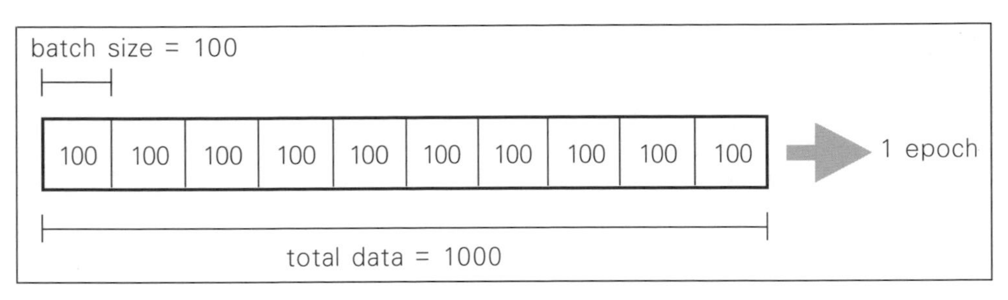

▲ epoch、batch size 關係圖

編註 神經網路跟人類一樣需要重複的訓練才會有好的成效(熟能生巧)，所以 1 份完整的資料會輸入模型好幾次來達到「重複」訓練。而 epoch 就決定了重複訓練的次數。

至於最後的 validation_split 參數，其觀念在前面已經提過了，我們會將訓練資料集再拆分為訓練集、驗證集，例如參數值設 0.2 就是切出 20% 的訓練資料集當作驗證資料集。

有了上面的概念後，接著來看本例各參數的設定值：

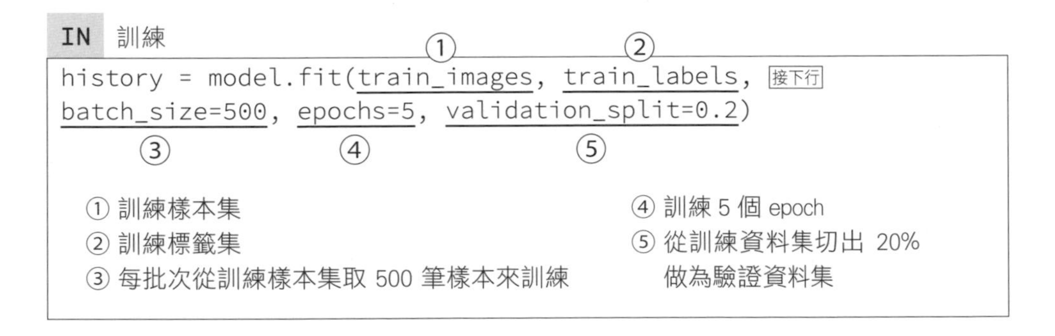

IN 訓練

```
history = model.fit(train_images, train_labels, 接下行
batch_size=500, epochs=5, validation_split=0.2)
```

① 訓練樣本集
② 訓練標籤集
③ 每批次從訓練樣本集取 500 筆樣本來訓練
④ 訓練 5 個 epoch
⑤ 從訓練資料集切出 20% 做為驗證資料集

執行以上程式會輸出以下資訊，顯示訓練過程各週期的訓練情況：

OUT

```
Epoch 1/5①
                                              ③
②96/96 [==============================] - 1s 7ms/step -
loss:
1.7220 - acc: 0.4383 - val_loss: 1.0009 - val_acc: 0.8362
Epoch 2/5
96/96 [==============================] - 0s 5ms/step -
loss: 0.9453 - acc: 0.7367 - val_loss: 0.5946 - val_acc: 0.8845
Epoch 3/5 ④          ⑤                ⑥                  ⑦
96/96 [==============================] - 0s 5ms/step -
loss: 0.6795 - acc: 0.8158 - val_loss: 0.4462 - val_acc: 0.8976
Epoch 4/5
96/96 [==============================] - 0s 5ms/step -
loss: 0.5485 - acc: 0.8534 - val_loss: 0.3699 - val_acc: 0.9093
Epoch 5/5
96/96 [==============================] - 0s 5ms/step -
loss: 0.4836 - acc: 0.8965 - val_loss: 0.3317 - val_acc: 0.9124
```

① 目前訓練的 epoch 數 / 總 epoch 數
② 96 = 48000 / 500 (訓練樣本集的筆數 / batch size)，即一週期的訓練次數
③ 一個 epoch 所花費的時間 (秒數)
④ 訓練樣本的誤差值。越接近 0 越好
⑤ 訓練樣本的預測準確率。越接近 1 (100%) 越好
⑥ 驗證樣本的誤差值。越接近 0 越好
⑦ 驗證樣本的預測準確率。越接近 1 (100%) 越好

繪製圖形

我們把可以 fit() 的傳回值「history」印出來：

IN

```
print(history.history)
```

OUT

```
{'val_loss': [0.3374986480921507, 0.30664731313784915,…],
'val_acc': [0.9132499992847443, 0.9203333308299383,…],
'loss': [0.5038787834346294, 0.45845840654025477, …],
'acc': [0.8641458308945099, 0.875854168087244,…]}
```

雖然從數字隱約可以看出數值的走向，但若畫成圖形可以更清楚，我們以 acc (準確率) 為例，將 acc(訓練樣本的預測準確率) 以及 val_acc (驗證樣本的預測準確率) 的數據畫成圖形。程式碼如下：

IN 繪製圖形

```
plt.plot(history.history['acc'], label='acc') ← 從剛才 fit() 的傳回值 history 當中取得每個 epoch 的 acc，然後傳入 plot() 函式
plt.plot(history.history['val_acc'], label='val_acc') ← 也從 history 當中取得每個 epoch 的 val_acc，然後傳入 plot() 函式
plt.ylabel('accuracy') ← 以 plt.ylabel() 指定 Y 軸的標籤
plt.xlabel('epoch')    ← 以 plt.xlabel() 指定 X 軸的標籤
plt.legend(loc='best') ← 利用 plt.legend() 繪製資料的標籤說明。以 loc='best' 指定要自動顯示在最適合的位置
plt.show() ← 顯示圖形
```

OUT

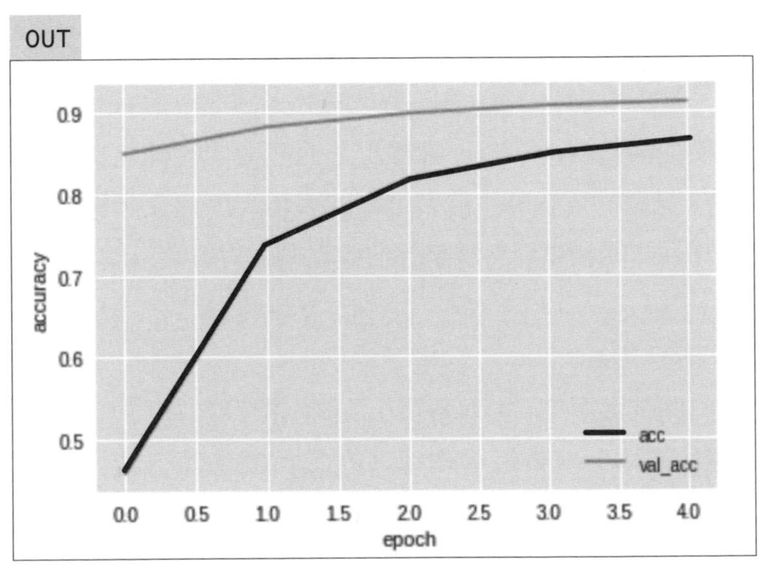

▲ 以圖形輸出模型的訓練過程

以圖形來看，您可以發現，不論訓練集 (acc)、驗證集 (val-acc) 的準確率都越來越高；而且兩條線沒有差距太遠，代表訓練集跟驗證集的準確率並沒有差太多，沒有發生過度配適。

小編補充 以下為發生過度配適時可能會產生的圖形：

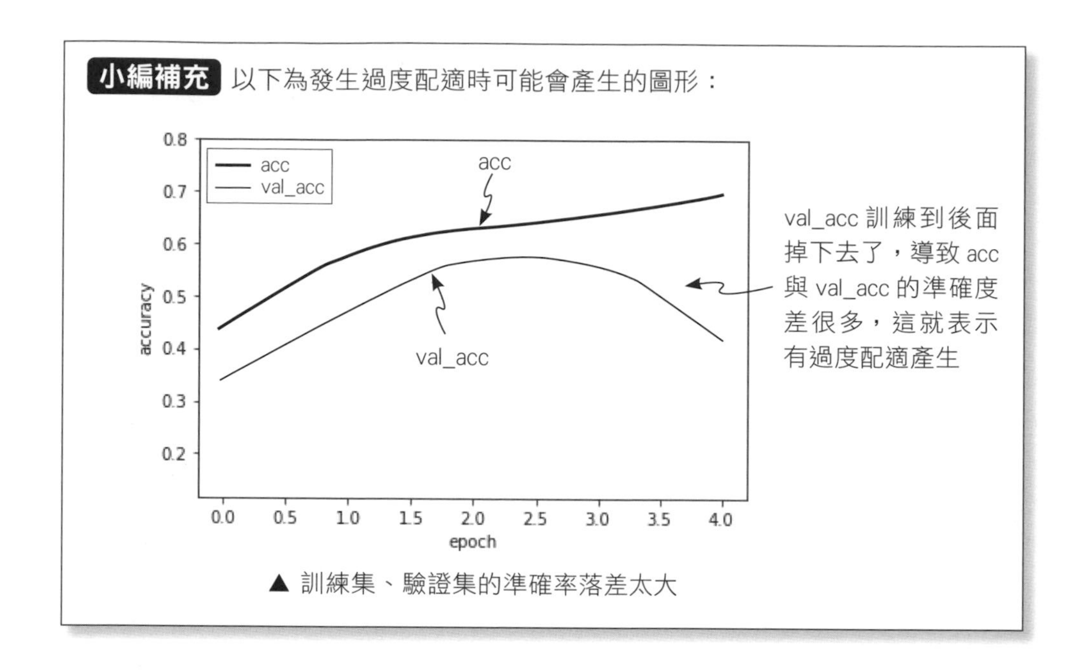

▲ 訓練集、驗證集的準確率落差太大

流程 4：評估與預測

深度學習的最終目的，是要訓練出普適能力佳的神經網路模型，也就是在預測其未見過的資料時也能有很好的表現，因此在訓練好模型之後，還要用之前準備好的測試資料集來評估神經網路對新資料的預測能力。

評估

我們來將測試樣本集 (影像資料) 及測試標籤集 (正確答案) 輸入訓練好的模型進行評估，並查看準確率。在進行評估時，使用的是 model.evaluate()。詳細參數如下所示：

model.evaluate()
說明：進行評估
參數：model.evaluate(x=None, y=None)
- x(ndarray 型別) ← 測試樣本集
- y(ndarray 型別) ← 測試標籤集

傳回值：list ← 評估結果

進行評估的程式碼如下：

IN 評估

```
test_loss, test_acc = model.evaluate(test_images, test_labels)
print('loss: {:.3f}\nacc: {:.3f}'.format(test_loss, test_acc ))
```

驗證完成的 model

將測試集樣本與測試集標籤傳入 model.evaluate()

OUT

```
10000/10000 [==============================] - 0s 36us/step
loss: 0.383
acc: 0.908
```

acc: 0.908 ← 準確率為 90%

進行評估後，得知準確率為 90%，與訓練資料集的準確率 89% 差不多，表示模型的普適能力還不錯。

編註 如果測試資料集的準確率遠低於訓練、驗證資料集，那就代表這個模型還不是太好，必須回頭重新調整參數，重新訓練。

預測

光看上面的 90% 很難了解到模型的威力，這邊我們就直接用測試樣本實際預測，並取得預測結果，印出來對照看看模型的預測能力如何。在進行預測時，使用的是 model.predict()。詳細參數如下所示：

model.predict()

說明：進行預測

參數：model.predict(x=None)

- x(ndarray 型別) ← 輸入資料

傳回值：ndarray ← 預測結果

1 2 3 4 5 6 7 8

這邊我們先印出第 0 筆預測的結果看看：

IN

```
test_predictions = model.predict(test_images[0:1]) ← 預測第 0 筆樣本
print([round(i,4) for i in test_predictions[0].tolist()]) ←
                                         將第 0 筆轉換格式並取到小數點第 4 位
```

OUT

```
# 這是第 0 筆測試樣本經過模型預測的結果,這些數值代表 10 個神經元的輸出
[0.0022, 0.0002, 0.0015, 0.0033, 0.0002, 0.001, 0.0, 0.9822,
 0.0005, 0.0088]
```

每筆影像的傳回值皆是以「ndarray」的形式傳回，裡面的元素分別表示 0~9 各數字的機率，機率值最大的索引位置就是預測結果 (預測值)。但是這樣很難一眼就看出來是多少，可以進一步使用 np.argmax() 將輸出結果直接轉換為陣列中最大值的索引，方便我們對照。詳細參數如下所示：

np.argmax()
說明：傳回成最大值的索引位置
參數：np.argmax(v, axis = None)

- v(ndarray 型別) ← 陣列
- axis(int 型別) ← 指定要比較最大值的軸

傳回值：ndarray or int ← 轉換後會輸出陣列 or 數值型別

轉換的程式碼如下：

IN

```
test_predictions = model.predict(test_images[0:1]) ← 預測第 0 筆樣本
print([round(i,4) for i in test_predictions[0].tolist()]) ←
                                         將第 0 筆轉換格式並取到小數點第 4 位
# 顯示預測結果的標籤
test_predictions = np.argmax(test_predictions, axis=1) ←
print(test_predictions[0])                利用 np.argmax() 轉換預測結果
```

OUT

```
[0.0007, 0.0003, 0.002, 0.0069, 0.0006, 0.001, 0.0, 0.9833,
 0.0002, 0.005]

7
```

（0.9833：陣列中的最大值；整個陣列：神經網路的輸出 (尚未轉換)；7：陣列中機率最大值的索引 (轉換後)）

np.argmax() 會將結果轉換成最大值的索引，以上面為例：0.9833 為最大的機率 (預測值)，經由 np.argmax() 轉換為索引 7，也就代表模型認為這筆樣本是「7」的機會較大。這樣就可以很直觀的看出來模型預測的結果是什麼。

只看一筆是不是覺得還不夠過癮，看看其他樣本預測出來的結果，所以這次試試看 1 次預測 10 筆：

IN

```
for i in range(10):
  plt.subplot(1, 10, i+1)
  plt.imshow(test_images[i].reshape((28, 28)), 'gray')
plt.show()

test_predictions = model.predict(test_images[0:10])

test_predictions = np.argmax(test_predictions, axis=1)

print(test_predictions)
```

（前 4 行：顯示前 10 筆測試樣本跟預測結果做對照；model.predict 一行：預測前 10 筆樣本；np.argmax 一行：利用 np.argmax() 轉換預測結果；print 一行：將前 10 筆預測結果印出來）

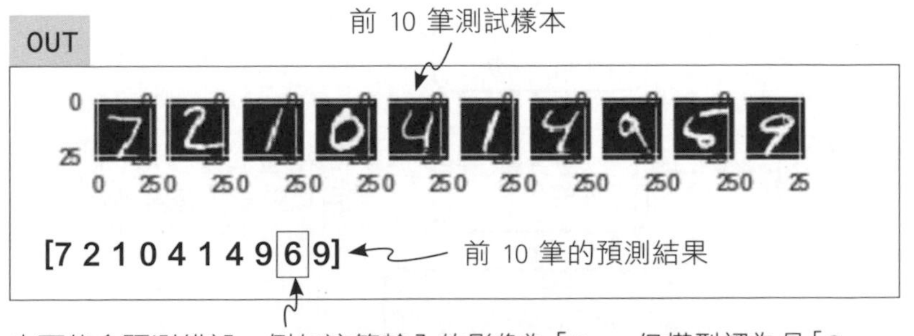

▲ 輸出分類模型的預測結果

編註 到這邊為止就是訓練神經網路的 1 套完整流程：準備資料集、建構與編譯模型、訓練模型、評估與預測。下一節將會介紹利用神經網路進行迴歸分析，流程都是相同的，只是在參數上有些許的改變，讀者可以比較看看差別。

3-1 利用神經網路預測住宅價格

深度學習不但可以解決分類問題，也可以處理迴歸 (Regression) 問題。簡單來說迴歸就是要預測 1 個數值，例如預測薪資、股價等，而本節的實例，則是利用 1 份住宅資訊資料集來訓練模型，希望訓練好的模型能夠依照住宅的房間數、犯罪率、便利程度 ... 等資料去預測出住宅價格。

神經網路模型架構

這次也是要建構一個疊加 3 層「密集層 (Dense Layer)」的簡單模型。模型架構如下：

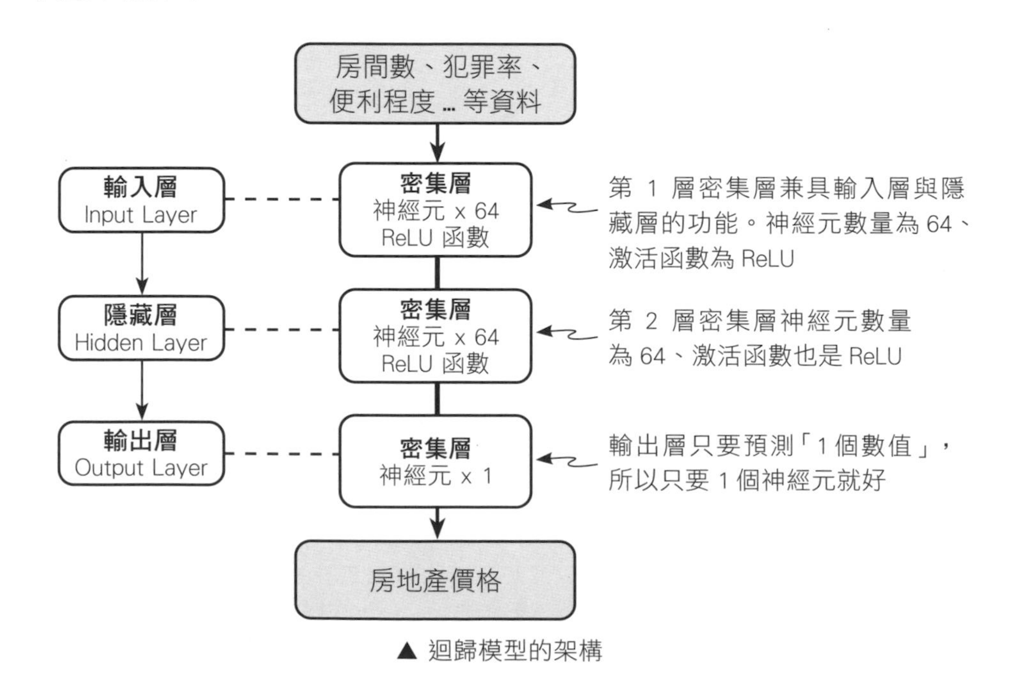

▲ 迴歸模型的架構

編註 與 3-0 節的模型相較，眼尖的讀者會發現上圖中沒有加上 Dropout 層，其實不是每個模型都適合加 Dropout！在本例中不加的原因是這次的資料集筆數算少量 (404 筆訓練資料)，如果再經由 Dropout 丟棄一些神經元訊息的話，依照經驗來說會讓模型的準確率變差 (因為訓練資料變更少)。

匯入套件

一開始，先匯入迴歸模型所需的套件，大部分的套件都跟上一節相同，這邊要加個新套件「pandas」來幫助我們檢視資料。pandas 一樣是內建在 Google Colab 當中，直接匯入即可。匯入套件的程式碼如下：

IN 匯入套件

```
from tensorflow.keras.datasets import boston_housing   ← 用來下載資料集
from tensorflow.keras.layers import Activation, Dense, Dropout
from tensorflow.keras.models import Sequential
from tensorflow.keras.callbacks import EarlyStopping
from tensorflow.keras.optimizers import Adam
import pandas as pd   ← 資料分析所需的套件
import numpy as np
import matplotlib.pyplot as plt
%matplotlib inline
```

匯入 Keras 的相關類別，各自用途稍後會說明

流程 1：準備資料集

匯入套件後就可以開始準備資料集。

認識「Boston house-prices」住宅資訊資料集

「Boston house-prices」資料集包含了 506 筆波士頓市住宅的樣本，以及各住宅的價格 (標籤)。每筆樣本都包含以下 13 個特徵：

▼ 波士頓市住宅資料集的特徵

特徵	說明
CRIM	人均犯罪率
ZN	占地面積達 25,000 平方英尺以上的住宅用地比例
INDUS	非零售業的商業用地所占的面積比例
CHAS	是否在查爾斯河沿岸（1：河的沿岸、0：其他）
NOX	一氧化氮濃度
RM	住宅平均房間數
AGE	1940 年之前建造的物件比例
DIS	與波士頓市 5 個就業機構之間的（加權）距離
RAD	通往環狀高速公路的便利程度
TAX	每 10,000 美元的不動產稅率總計
PTRATIO	各城鎮的兒童與教師比例
B	$1000(Bk - 0.63)^2$，其中 BK 為各城鎮的黑人比例
LSTAT	從事低薪職業的人口百分比（%）

下載資料集

首先我們利用 boston_housing.load_data() 將資料集「Boston house-prices」下載下來，TensorFlow.Keras 已經幫我們把資料集分割成 4 個部份，所以匯入的時候需要指派 4 個變數，如下表所示：

▼ 訓練資料集與測試資料集

	變數名稱	說明
訓練資料集 (training set)	train_data	訓練樣本集（共 404 筆，每筆樣本包含 13 個特徵）
	train_labels	訓練標籤集（共 404 筆）
測試資料集 (testing set)	test_data	測試樣本集（共 102 筆，每筆樣本包含 13 個特徵）
	test_labels	測試標籤集（共 102 筆）

下載資料集的程式碼如下：

IN 下載資料集

```
(train_data, train_labels), (test_data, test_labels) = boston_ 接下行
housing.load_data()  ← 將 boston_housing 資料集分別指派到 4 個變數中
```

檢視資料集

取得資料集後，通常要先查看資料格式，確認完資料後，才能決定預處理的方式。

檢視資料集的型別

首先先用 type() 來檢視資料集的型別：

IN 檢視資料集的型別

```
print(type(train_data))
print(type(train_labels))
print(type(test_data))
print(type(test_labels))
```

OUT

```
<class 'numpy.ndarray'>
<class 'numpy.ndarray'>
<class 'numpy.ndarray'>
<class 'numpy.ndarray'>
```

可以得知 4 個資料集都是 NumPy 的陣列格式 ndarray

檢視資料集的 shape

接下來檢視資料集的 shape，這樣才能知道待會輸入層的輸入資料參數 (input_dim) 該如何指定：

IN 檢視資料集的 shape

```
print(train_data.shape)
print(train_labels.shape)
print(test_data.shape)
print(test_labels.shape)
```

OUT

```
(404, 13) ←— 訓練樣本集是個 2 軸陣列，有 404 筆，
              每筆樣本都有 13 個特徵值
(404,)    ←— 訓練標籤集也是 404 筆
(102, 13) ←— 測試樣本集一樣是個 2 軸陣列，有 102 筆，
              每筆樣本同樣是 13 個特徵值
(102,)    ←— 測試標籤集有 102 筆
```

檢視前 5 筆訓練樣本

接著，我們印出前 5 筆訓練樣本 (特徵資料) 看看：

IN 印出 5 筆訓練樣本

```
print(train_data[0:5])
```

OUT

```
[[1.23247e+00 0.00000e+00 8.14000e+00 0.00000e+00 5.38000e-01 6.14200e+00
  9.17000e+01 3.97690e+00 4.00000e+00 3.07000e+02 2.10000e+01 3.96900e+02
  1.87200e+01]
 [2.17700e-02 8.25000e+01 2.03000e+00 0.00000e+00 4.15000e-01 7.61000e+00
  1.57000e+01 6.27000e+00 2.00000e+00 3.48000e+02 1.47000e+01 3.95380e+02
  3.11000e+00]
 [4.89822e+00 0.00000e+00 1.81000e+01 0.00000e+00 6.31000e-01 4.97000e+00
  1.00000e+02 1.33250e+00 2.40000e+01 6.66000e+02 2.02000e+01 3.75520e+02
  3.26000e+00]
 [3.96100e-02 0.00000e+00 5.19000e+00 0.00000e+00 5.15000e-01 6.03700e+00
  3.45000e+01 5.98530e+00 5.00000e+00 2.24000e+02 2.02000e+01 3.96900e+02
  8.01000e+00]
 [3.69311e+00 0.00000e+00 1.81000e+01 0.00000e+00 7.13000e-01 6.37600e+00
  8.84000e+01 2.56710e+00 2.40000e+01 6.66000e+02 2.02000e+01 3.91430e+02
  1.46500e+01]]
```

COLUMN

建立 DataFrame 查看資料

單看上面的輸出會覺得有點凌亂，當遇到這種多數值結構的資料，可以利用 pandas 幫我們將資料轉換成易讀的格式，pandas 為 python 中做為資料分析的套件，這次我們要使用到 pandas 裡面的 DataFrame 表格結構格式，將資料集內容以「表格」的方式輸出 (編註：就像 Excel 的試算表)。雖然建立 DataFrame 不是本節訓練模型的必要步驟，只是方便我們更認識資料，不過當想要做數據清理或簡單的資料分析時這個技巧就可以派上用場。詳細參數如下所示：

pandas 套件的別名

pd.DataFrame()

說明：建立 DataFrame

參數：pd.DataFrame(data=None, index=None, columns=None)

- data(ndarray 型別 or Iterable 型別 or dict 型別 or DataFrame 型別) ← 要處理的資料
- index(Index 型別 or array-like 型別) ← 表格各列的索引值，沒有指定 pandas 會自動建立
- columns(Index 型別 or array-like 型別) ← 表格上面的欄位名稱

接著就使用 pandas 將資料集的內容及欄位名稱建立 DataFrame，並且印出前 5 筆訓練資料看看吧：

IN 檢視訓練資料

```
column_names = ['CRIM', 'ZN', 'INDUS', 'CHAS', 'NOX', 接下行
'RM', 'AGE', 'DIS', 'RAD',
'TAX', 'PTRATIO', 'B', 'LSTAT']  ← 設定欄位名稱
df = pd.DataFrame(train_data, columns=column_names)  ← 建立 DataFrame
df.head()
```

指定要使用的欄位各稱

使用 DataFrame.head() 可以顯示 5 筆資料，我們也可以自訂要顯示的筆數，只需要在括弧內加上要的數字 (本例 .head() 跟 .head(5) 是一樣的)

由於建立 DataFrame 時沒有指定索引，pandas 會自動依照資料集的筆數建立索引

	CRIM	ZN	INDUS	CHAS	NOX	RM	AGE	DIS	RAD	TAX	PTRATIO	B	LSTAT
0	1.23247	0.0	8.14	0.0	0.538	6.142	91.7	3.9769	4.0	307.0	21.0	396.90	18.72
1	0.02177	82.5	2.03	0.0	0.415	7.610	15.7	6.2700	2.0	348.0	14.7	395.38	3.11
2	4.89822	0.0	18.10	0.0	0.631	4.970	100.0	1.3325	24.0	666.0	20.2	375.52	3.26
3	0.03961	0.0	5.19	0.0	0.515	6.037	34.5	5.9853	5.0	224.0	20.2	396.90	8.01
4	3.69311	0.0	18.10	0.0	0.713	6.376	88.4	2.5671	24.0	666.0	20.2	391.43	14.65

▲ 檢視訓練資料

這樣檢視就清楚多了。

檢視前 5 筆訓練標籤

接著也來看看前 5 筆的訓練標籤 (正確答案)，此處的標籤為住宅的價格：

IN 檢視前 5 筆訓練標籤

```
print(train_labels[0:5])
```

OUT

```
[15.2  42.3  50.  21.1  17.7]
```

← 前 5 筆住宅的真實價格，單位是萬 (美金)

資料預處理

認識完資料，在訓練開始之前，必須先將資料轉換成可以輸入神經網路的形式。這裡我們要做的處理如下：

訓練樣本與訓練標籤的洗牌

在訓練神經網路時，將訓練資料的順序打亂往往能夠獲得更好的訓練效果，這種作法稱為「**洗牌**」。當然，一旦訓練樣本的順序變了，訓練標籤的順序也得跟著改變，總之，每筆樣本與標籤的對應關係還是必須存在。洗牌的程式碼如下所示：

IN 將訓練資料與訓練標籤洗牌

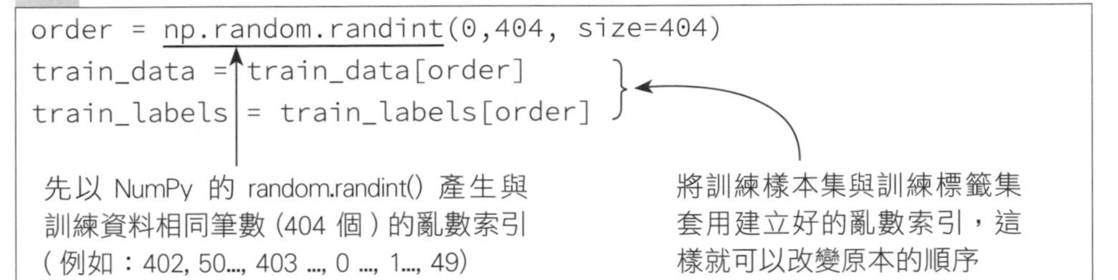

訓練樣本與測試樣本的正規化

第二個要做的預處理是資料的**正規化** (normalization)，簡單來說樣本中每個特徵的計量單位都不同，因此數值大小差很多，如果直接輸入模型進行訓練會有問題 (數值越大對權重的影響也越大)，所以必須先將各特徵的數值做正規化處理 (編註：做法待會就會看到)。已有許多實驗證明正規化後的資料有利於模型訓練。正規化的範例如下：

以本例來說，「CRIM」跟「TAX」的數值大小有明顯差別，CRIM 特徵的值只到個位數，TAX 特徵的值都是 3 位數

	CRIM	ZN	INDUS	CHAS	NOX	RM	AGE	DIS	RAD	TAX	PTRATIO	B	LSTAT
0	1.23247	0.0	8.14	0.0	0.538	6.142	91.7	3.9769	4.0	307.0	21.0	396.90	18.72
1	0.02177	82.5	2.03	0.0	0.415	7.610	15.7	6.2700	2.0	348.0	14.7	395.38	3.11
2	4.89822	0.0	18.10	0.0	0.631	4.970	100.0	1.3325	24.0	666.0	20.2	375.52	3.26
3	0.03961	0.0	5.19	0.0	0.515	6.037	34.5	5.9853	5.0	224.0	20.2	396.90	8.01
4	3.69311	0.0	18.10	0.0	0.713	6.376	88.4	2.5671	24.0	666.0	20.2	391.43	14.65

▲ 正規化前

正規化的方法有許多種，這邊使用的方法是將各欄每種特徵的數值都轉換為「平均值 0、標準差 1」的結果。做法就是針對特徵 0~ 特徵 12 這 13 個特徵，**各特徵的值都先減去該特徵所有值算出來的平均值，減去平均之後，再除以該特徵所有值算出來的標準差。**(編註：不太清楚的話後面會有舉例說明)，以下是正規化的公式：

$$Y = \frac{x - \mu}{\delta}$$

▲ 正規化公式

Y：正規化後的值

x：其中一個特徵的值（例如第 0 個特徵當中的第 3 個值）

μ ：各行 404 個 x 算出來的平均值(例如特徵 0 當中所有 404 個數值算出來的平均值)

δ ：各行 404 個 x 算出來的標準差(例如特徵 0 當中所有 404 個數值算出來的標準差)

小編補充 **正規化範例**

為了讓讀者更清楚上面這個公式的做法，我們舉個簡單的例子來說明，例如某特徵中只有 4 個數值：[1, 6, 8, 9]，那麼將這組特徵 (4 個值) 做正規化的步驟如下：

step1 計算所有數值的平均值 = (1+6+8+9) /4 = 6。

step2 計算所有數值的標準差 = sqrt((($(1-6)^2+(6-6)^2+(8-6)^2+(9-6)^2$)/4) = 3.08。標準差的算法沒有忘記吧！就是先將「每個數值 - 平均值」的平方加總，再取其平均值(就是除以資料筆數)，即可算出變異數，接著再將變異數開根號，即為標準差。

step3 將每個數值減去平均值再除以標準差，即可轉換成「以 0 為中心，並以標準差為單位」的正規化數值了。例如 [1, 6, 8, 9] 正規化後(算式：[(1-6)/3.08, (6-6)/3.08, (8-6)/3.08, (9-6)/3.08])變成 [-1.62, 0., 0.65, 0.97]。

這樣應該清楚正規化在做什麼事了吧。回到我們的住宅資料集範例，住宅的這 13 種特徵的各 404 個數字，都需進行上述的處理喔！

需要做正規化處理的資料集有訓練樣本集與測試樣本集，只要使用 NumPy 的 mean() 及 std() 函式即可輕易計算：

IN 進行資料集的正規化處理

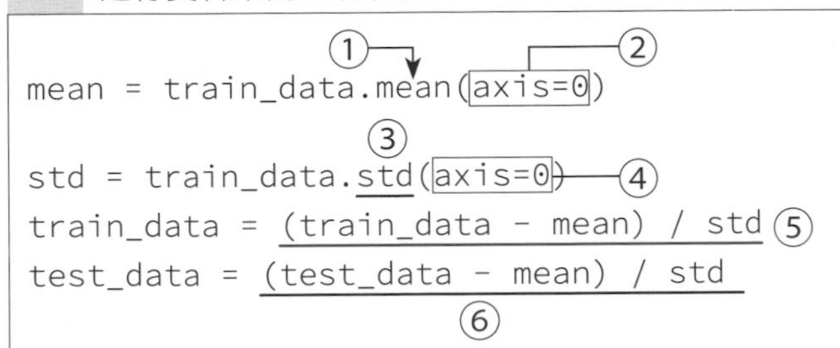

```
mean = train_data.mean(axis=0)

std = train_data.std(axis=0)
train_data = (train_data - mean) / std
test_data = (test_data - mean) / std
```

① 使用 ndarray 的 mean() method 計算平均值

② 沿著樣本第 0 軸將每個數值加總除以總數得到平均，這一行程式會算出[特徵 0 所有 404 個數字的平均值，特徵 1 的平均值，...(省略)...，特徵 11 的平均值，特徵 12 的平均值]

③ 使用 ndarray 的 std() method 計算標準差

④ 沿著樣本第 0 軸對每個特徵算標準差，這一行程式會算出[特徵 0 當中 404 個數字的標準差，特徵 1 的標準差，...(省略)...，特徵 11 的標準差，特徵 12 的標準差]

⑤ 將訓練樣本根據公式進行正規化

⑥ 將測試樣本根據公式進行正規化

小編補充 關於 mean()、std() 當中的 axis=0 參數

上面在 mean()、及 std() 當中都設定了 axis=0，這個 axis 設定在 NumPy 所提供的函式中是相當重要的設定，以此例來說，分別設 axis=0、或 axis=1 的差別如下：

第 0 軸就是沿著這個方向

第 1 軸就是沿著這個方向

	CRIM	ZN	INDUS	CHAS	NOX	RM	AGE	DIS	RAD	TAX	PTRATIO	B	LSTAT
0	1.23247	0.0	8.14	0.0	0.538	6.142	91.7	3.9769	4.0	307.0	21.0	396.90	18.72
1	0.02177	82.5	2.03	0.0	0.415	7.610	15.7	6.2700	2.0	348.0	14.7	395.38	3.11
2	4.89822	0.0	18.10	0.0	0.631	4.970	100.0	1.3325	24.0	666.0	20.2	375.52	3.26
3	0.03961	0.0	5.19	0.0	0.515	6.037	34.5	5.9853	5.0	224.0	20.2	396.90	8.01
4	3.69311	0.0	18.10	0.0	0.713	6.376	88.4	2.5671	24.0	666.0	20.2	391.43	14.65

▲ 正規化前

搞定 axis 的概念對操作 NumPy 是非常重要的，若對此還不熟悉，可以參考旗標所出版的「**NumPy 高速運算徹底解說**」一書。

經過以上的轉換，再次用 pandas 把訓練樣本印出來，檢查看看資料集內的資料是否都已轉換完成：

IN 檢視資料集內經過預處理的資料

```
column_names = ['CRIM', 'ZN', 'INDUS', 'CHAS', 'NOX', 'RM', 接下行
'AGE', 'DIS', 'RAD', 'TAX', 'PTRATIO', 'B', 'LSTAT']
df = pd.DataFrame(train_data, columns=column_names)
df.head()
```

OUT

	CRIM	ZN	INDUS	CHAS	NOX	RM	AGE	DIS	RAD	TAX	PTRATI
0	-0.397253	1.412057	-1.126646	-0.256833	-1.027385	0.726354	-1.000164	0.023834	-0.511142	-0.047533	-1.49067
1	0.087846	-0.483615	1.028326	-0.256833	1.371293	-3.817250	0.676891	-1.049006	1.675886	1.565287	0.78447
2	-0.395379	1.201427	-0.690066	-0.256833	-0.942023	0.827918	-0.939245	0.259915	-0.626249	-0.914123	-0.39860
3	-0.403759	3.097099	-1.022279	-0.256833	-1.095675	0.351129	-1.480347	2.364762	-0.626249	-0.330379	-0.26209
4	-0.348692	-0.483615	-0.720935	-0.256833	-0.455458	3.467186	0.501302	-0.417158	-0.165822	-0.595170	-0.48960

▲ 各數值都經正規化處理好了

流程 2：建構與編譯模型

完成資料集的準備後，接下來進入到「流程 2：建構與編譯模型」，一樣使用 TensorFlow.Keras 建構右圖的迴歸模型：

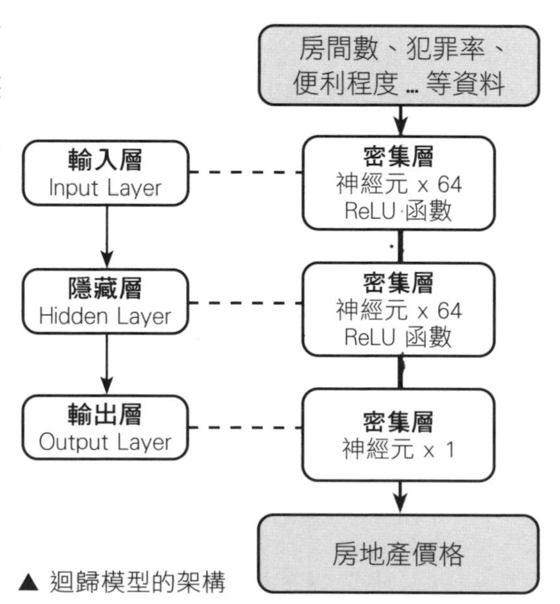

▲ 迴歸模型的架構

建構模型

一樣利用 TensorFlow.Keras 的 Sequential() API 建構層數為 3 層的序列模型，並指定給 model 變數，再用 add() method 加入上圖的密集層。程式碼如下：

IN 建構模型

```
model = Sequential()
model.add(Dense(64, activation='relu', input_shape=(13,)))
model.add(Dense(64, activation='relu'))
model.add(Dense(1))
```

① 指定第 1 層的神經元個數
② 指定激活函數為 relu
③ 指定輸入的特徵大小為 13 (1 筆樣本有 13 個不同的特徵)，只有第 1 層才需要指定，之後的層會自動與上 1 層搭配，不用指定
④ 第 2 層指定激活函數為 relu
⑤ 因為最後出來是預測 1 個住宅價格，所以輸出層只要 1 個神經元就好了，並且不用激活函數，以便輸出一個沒有範圍限制的浮點數，也就是迴歸值

編譯模型

接著要進行神經網路模型的編譯。編譯的程式碼如下：

IN 編譯模型

```
model.compile(loss='mse', optimizer=Adam(lr=0.001), 接下行
metrics=['mae'])  ← 指定優化器、損失函數、評估指標
```

① 指定損失函數為 mse
② 優化器為 Adam
③ 還記得上一節講的嗎？lr 為學習率 (learning rate)
④「評估指標」則為 mae

若對損失函數、優化器、評估指標等參數的用途還不是很熟悉，可以參考 3-0 節的內容。這裡我們直接來看各參數所設定的內容。

首先，損失函數 (loss) 是指定 MSE (Mean Squared Error)，MSE 稱為「均方誤差」，是標籤 (正確答案) 與預測值之間誤差的平方之平均值。MSE 的公式如下圖：

$$MSE = \frac{1}{n}\sum_{i=1}^{n}(f_i - y_i)^2$$

n：資料數量
f_i：第 i 筆樣本的預測值
y_i：第 i 筆標籤 (正確答案)

▲ MSE 公式

接著這邊的優化器是使用 Adam，效果通常會比上一節的 SGD 更佳。再來，評估指標的部分，所使用的是 MAE (Mean Absolute Error)，MAE 也稱為「平均絕對誤差」，是標籤 (正確答案) 和預測值之間誤差的絕對值之平均值。MAE 的公式如下圖：

$$MAE = \frac{1}{n}\sum_{i=1}^{n}|f_i - y_i|$$

n：資料數量
f_i：第 i 筆樣本的預測值
y_i：第 i 筆標籤 (正確答案)

▲ MAE 公式

MSE 與 MAE 算出來越接近 0，便代表模型的預測能力越好 (編註：表示模型的預測結果與正確答案的誤差越小)。

流程 3：訓練模型

這邊開始，要將訓練樣本 (特徵資料) 及訓練標籤 (正確答案) 以陣列的格式輸入模型進行訓練。訓練迴歸模型一樣是使用 model.fit() 來進行。這個例子為了避免訓練時產生過度配適 (Overfitting) 的問題，會加入一種稱為「Early Stopping」的技巧。

> **編註** 解決過度配適的方法有很多種，上一節我們是從架構著手，加入了 Dropout 層，本例則改用 Early Stopping，一起來看怎麼做。

早期停止 (Early Stopping)

Early Stopping 是 Tensorflow.Keras.callbacks 模組當中的一種類別，可以在訓練過程中，監控神經網路的性能評量數據 (例如驗證準確率或是驗證損失值)。當發現這些數據在指定的 epoch 數間停止進步時，就自動中斷訓練，避免浪費時間或是產生過度配適。

> **編註** callbacks 的功用是幫助我們在訓練模型時，進行更多細微的操作，例如：設定在每個 epoch 後保存模型、或控制學習率的大小 ... 等等。

詳細參數如下所示：

callbacks.EarlyStopping()

說明：設定 EarlyStopping

參數：`callbacks.EarlyStopping(monitor='val_loss', patience=0)`

- monitor(str 型別) ← 要監控的值 (可自行設定，例如這裡是監控驗證集的 loss 值變化)
- patience(int 型別) ← 設定多少 epoch 數未有改善，便停止訓練本例設定驗證資料的誤差 (val_loss) 在 20 個訓練週期 (epoch) 內若未改善，便結束訓練。若沒 Early Stopping 機制，一味訓練下去可能會發生過度配適，如此一來用測試集來預測時，模型的預測能力勢必不會太好。

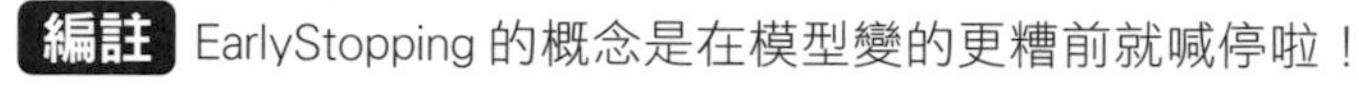

程式碼如下：

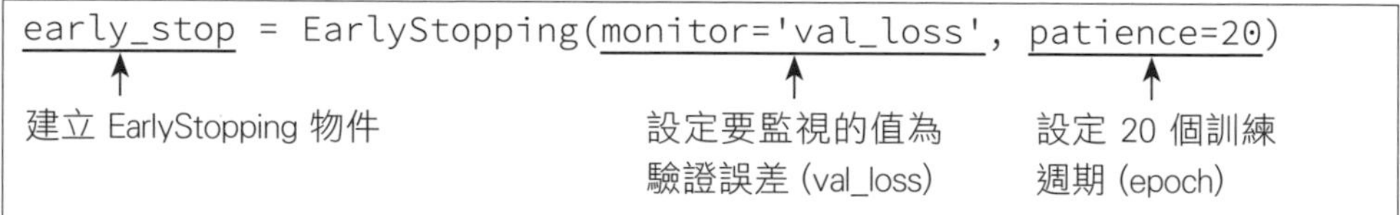

進行訓練

在進行訓練時，callbacks 的使用方法是指定為 fit() 的參數，便可在每個 epoch 過程中進行監控。程式碼如下：

IN 訓練

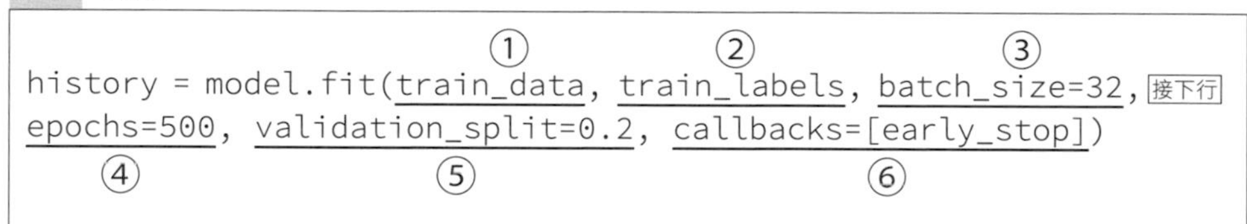

① 訓練樣本集
② 訓練標籤集
③ 每批次從訓練樣本集取 32 個樣本來訓練
④ 訓練 500 個 epoch
⑤ 從訓練資料集切出 20% 做為驗證資料集
⑥ 在 fit() 的 callbacks 參數中加入剛剛設定好的 EarlyStopping 物件

小編補充 您有發現嗎？callbacks 參數所設定的內容是一個 list，這是因為我們可以自行設定好幾個 callbacks，用 list 打包起來傳遞給 fit() 的 callbacks 參數，例如：

IN

```
history = model.fit(train_data, train_labels, pochs=500, 接下行
validation_split=0.2, callbacks=[early_stop, LearningRateScheduler])
```

例如這裡多加了在訓練中改變學習率的模組（3-3 節就會介紹到）

1 2 3 4 5 6 7 8

執行訓練模型的程式會輸出以下資訊，顯示訓練過程各週期的訓練情況：

OUT

```
      ①
Epoch 1/500
11/11 [==============================] - 0s 19ms/step -
loss: 559.8532 - mae: 21.8843 - val_loss: 640.1745 - val_mae: 23.4113
Epoch 2/500                                ③
②11/11 [==============================] - 0s 5ms/step -
loss: 516.1857 - mae: 20.8404 - val_loss: 590.3989 - val_mae: 22.3266
...(省略) ④          ⑤              ⑥                 ⑦
Epoch 246/500⑧
11/11 [==============================] - 0s 5ms/step -
loss: 3.8725 - mae: 1.4454 - val_loss: 9.6615 - val_mae: 2.3346
```

① 目前訓練的週期 / 總週期
② 一週期的訓練次數，11 = 323 / 32（80% 訓練樣本集 (已分割) 的筆數/ batch size）
③ 一個 epoch 所花費的時間 (秒數)
④ 訓練資料的誤差。越接近 0 越好
⑤ 訓練資料的平均絕對誤差。越接近 0 越好
⑥ 驗證資料的誤差。越接近 0 越好
⑦ 驗證資料的平均絕對誤差。越接近 0 越好
⑧ 雖然指定要訓練 500 Epoch ，但 Early Stopping 在 246 Epoch 就喊停了

繪製圖形

光看訓練時輸出的資訊，一時很難看出是否有過度配適，我們以 mae (平均絕對誤差) 為例，將 mae (訓練資料的平均絕對誤差) 以及 val_mae (驗證資料的平均絕對誤差) 的數據畫成圖形，比較看看兩者的訓練結果如何。這裡同樣使用 matplotlib 將訓練過程繪製成圖形。程式碼如下：

IN 繪製圖形

```
plt.plot(history.history['mae'], label='train mae') ← 從剛才 fit() 的傳回值 history 當中取得每個 epoch 的 mae，然後傳入給 plot() 函式
plt.plot(history.history['val_mae'], label='val mae') ← 也從 history 當中取得每個 epoch 的 val_mae，然後傳入給 plot() 函式
plt.xlabel('epoch')  ← 以 plt.xlabel() 指定 X 軸的標籤
plt.ylabel('mae')    ← 以 plt.ylabel() 指定 Y 軸的標籤
plt.legend(loc='best') ← 利用 plt.legend() 繪製在圖形上的標籤說明。以 loc='best' 放置在最適合的位置上
plt.ylim([0,5]) ← 使用 plt.ylim 設定 y 坐標軸範圍為 0 到 5
plt.show() ← 顯示圖形
```

OUT

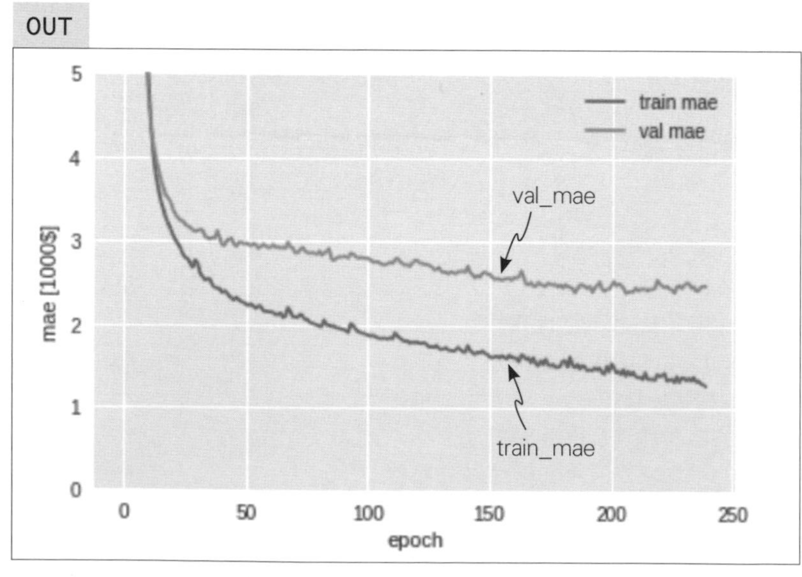

▲ 以圖形輸出 mae 及 val_mae 的走向

以圖形來看，您可以發現不論訓練與驗證的均方誤差 (mae) 都越來越小，且沒有發生過度配適。如果發生下面的圖形就是發生過度配適了。

小編補充 **過度配適的圖形**

相較上頁的圖，要是得到的圖形長的像底下這樣，val_acc 的誤差不減反增就不太理想了：

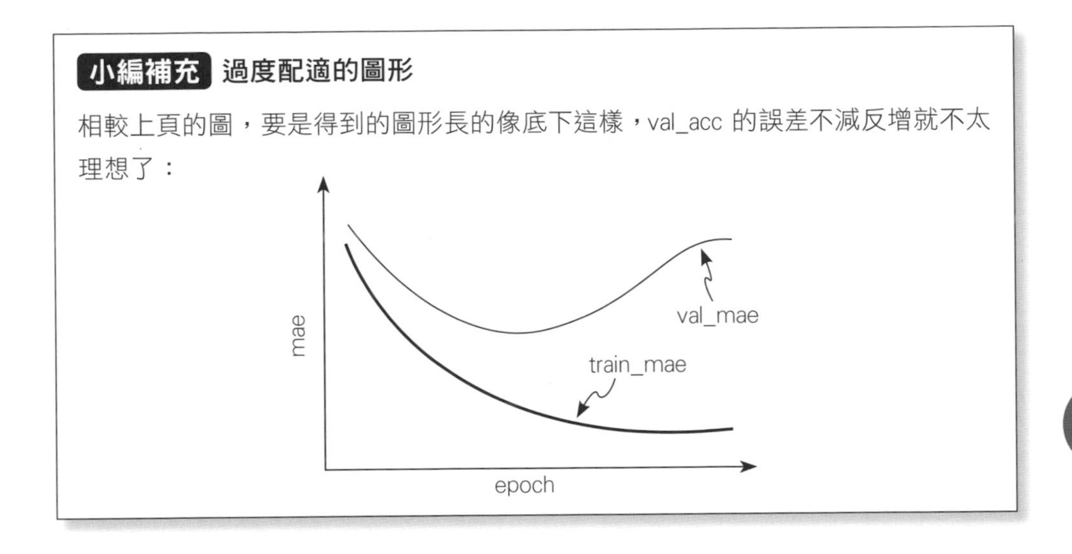

流程 4：評估與預測

訓練完模型後一樣利用測試資料集來評估模型的普適能力，並實際預測前十筆資料看看。

評估

我們來將測試樣本集 (特徵資料) 及測試標籤集 (正確解答) 輸入訓練好的模型進行評估，並查看測試資料的誤差 (loss) 及平均絕對誤差 (MAE)。在進行評估時，使用的是 model.evaluate()。程式碼如下：

IN 評估

```
test_loss, test_mae = model.evaluate(test_data, test_labels)
print('loss:{:.3f}\nmae: {:.3f}'.format(test_loss, test_mae))
```

將測試集樣本與測試集標籤傳入 model.evaluate()

OUT

```
loss:18.873  ← 測試資料的誤差
mae: 2.702   ← 平均絕對誤差 (MAE)
```

由結果可知，平均絕對誤差為 2.7，這結果還可以接受 (終極目標是越接近 0 越好)。

預測

最後，以前 10 筆的測試樣本進行預測，並將預測結果與測試標籤進行比較。程式碼如下：

IN 顯示預測的價格

```
print('前 10 筆測試標籤:',np.round(test_labels[0:10]))  ← 取出前 10 筆測試標籤，為了方便比較只取小數點前兩位
                              ①
# 顯示預測結果的價格
test_predictions = model.predict(test_data[0:10]).flatten()  ← 利用 flatten() 轉換預測結果
                                                     ②
print('前 10 筆預測結果:',np.round(test_predictions))
```

① 利用 np.round() 取小數點前兩位

② 由於目前的輸出是看起來呈現一「直」行的 2 軸陣列，為了與上一行印出來的標籤 (正確解答) 做對照，因此用 flatten() 轉換成「橫」著排列的 1 軸陣列

OUT

```
前 10 筆測試標籤: [ 7. 19. 19. 27. 22. 24. 31. 23. 20. 23.]
前 10 筆預測結果: [ 8. 17. 21. 35. 25. 19. 26. 22. 19. 22.]
                              ↑
                  這 1 筆的預測價格相差的比較多
```

只有少數幾筆差的有點遠 (27 vs 35，31 vs 26...)，但整體來看還算接近。到這邊為止就是訓練迴歸模型的一整個流程。本節也學習到一些新東西，例如：正規化、callbacks 等，這些都是在做深度學習時經常使用到的小技巧，後續的章節也會見到它們的身影。

3-2 利用卷積神經網路(CNN)進行影像辨識

我們在 3-0 節就已經介紹過用神經網路辨識影像做分類，該節所處理的資料是較單純的灰階影像，而在這節要挑戰**尺寸更大、形狀、顏色更複雜的影像** (例如辨識全彩的飛機、汽車、鳥、貓 ... 影像等)。而在處理較複雜的影像時，通常會使用「**卷積神經網路** (Convolutional Neural Network, CNN)」來進行，目的是不希望複雜的影像資料導致神經網路結構變的過於複雜 (極有可能導致過度配適的問題)。依經驗來說，卷積神經網路對於全彩影像的預測能力會比 3-0 節的密集神經網路還要好。一起來看看如何利用「CIFAR-10」資料集訓練卷積神經網路，使其能夠辨識飛機、汽車、鳥、貓 ... 等彩色影像。

本節的目標是訓練卷積神經網路，使其能從這堆影像的內容辨識出飛機、汽車、鳥、貓 ... 等

▲ CIFAR-10 資料集的內容

卷積神經網路 (CNN) 的模型架構

卷積神經網路 (CNN) 是深度學習裡極為重要的一種神經網路，電腦視覺領域便是因為它的關係在近幾年有了許多重大的突破，卷積神經網路的一大特點就是在密集神經網路的結構上多加了用來萃取特徵的「**卷積塊 (Convolutional block)**」，使得卷積神經網路可以從影像中學習到更多資訊，進而提升辨識影像的能力。本例所使用的卷積神經網路架構如下圖：

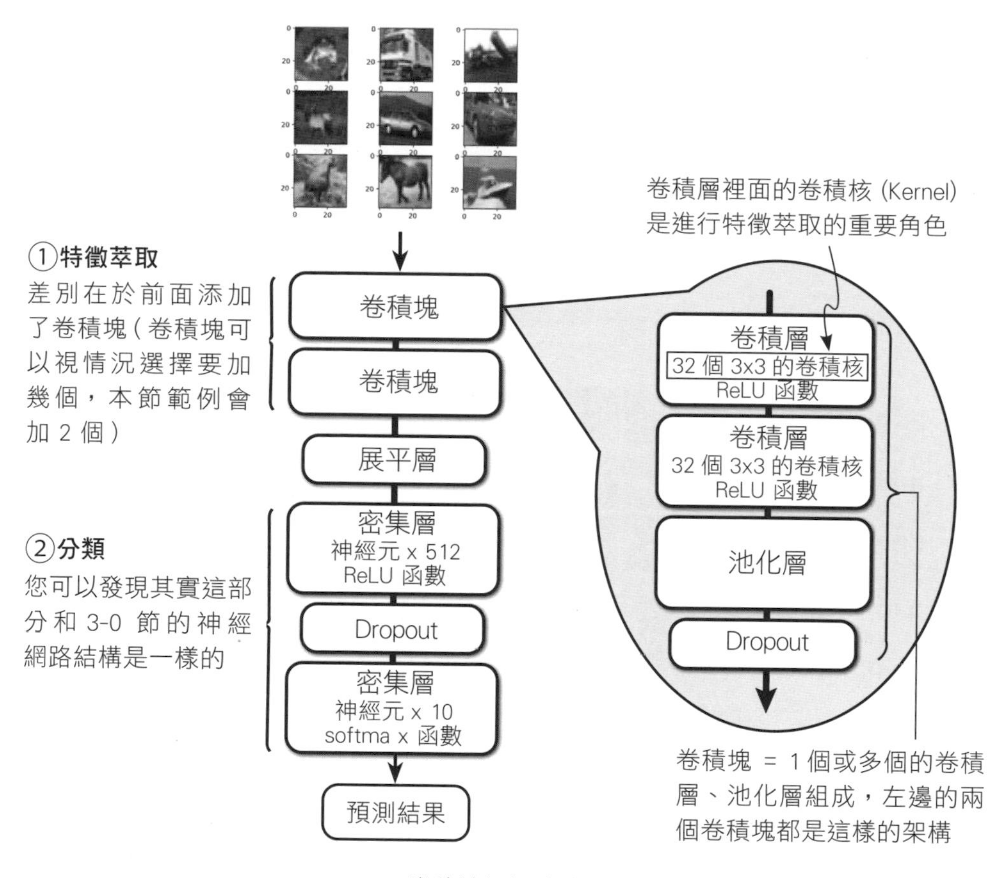

▲ 卷積神經網路的架構

接下來會解釋上圖出現的幾個新名詞，再開始我們的實作。

卷積塊 (Convolutional block)

卷積神經網路 (CNN) 最重要的就是**卷積塊** (Convolutional block) 這個結構，卷積塊是「**卷積層** (Convolutional Layer)」與「**池化層** (Pooling Layer)」的組合 (編註：裡面的層數可以由使用者自訂，例如「2 卷積層 1 池化層」或「1 卷積層 1 池化層 1 卷積層 1 池化層」的組合)。卷積塊的功用是**萃取特徵**，可用來獲取影像中更多資訊以幫助辨識影像。本節的例子是堆疊「卷積層→卷積層→池化層」成為 1 個卷積塊 (此外還會加上 3-0 節介紹過的 Dropout 層)，而這樣的卷積塊會準備 2 個。

卷積層 (Convolutional Layer)

接著來看卷積塊當中的卷積層，卷積層會將輸入的樣本 (影像資料) 透過多個「**卷積核 (Kernel)**」做掃描，不同卷積核各司其職，例如有的卷積核負責掃描形狀、有的負責掃描邊緣特徵 ... 等等，最終將影像轉換為表現其特徵的「**特徵圖 (Feature maps)**」，簡單來說卷積塊就是幫助我們萃取出影像當中更細部的特徵。

我們直接用例子來看卷積的實際做法 (編註：後續用 TensorFlow. Keras 來建立卷積層的話您不會看到卷積運算的細節，但這裡還是簡單提一下讓您更有概念)。請對照下頁的圖來看接下來的說明。下頁的圖是利用尺寸為 3×3 的「卷積核」，對 5×5 的影像進行掃描的例子。左側卷積核上面的數字 [[1,0,1],[0,1,0],[1,0,1]] 就代表權重參數，也就是要神經網路要訓練的目標，會與右側影像資料內的像素值 (0.1、02、0.3、...、0.1、0.4) 做「一一對應相乘後，進行加總」的運算。

卷積核會怎麼掃描呢？由左上角開始，往右邊滑動 1 個「步長 (Stride，每次滑動的格數，可自行設定)」，這邊先以步長 1 格為例。當右滑到盡頭之後就會回到最左側，接著往下「1」格，再繼續往右滑動，如此循環直到把整個影像掃描完為止，掃描的過程中會將卷積核與影像重疊的部

1
2
3
4
5
6
7
8

分做上述提到的相乘運算，並輸出所有乘積的總和，以上操作就稱為卷積運算。本例執行結束將輸出 3×3 的特徵圖，卷積運算的過程如下所示：

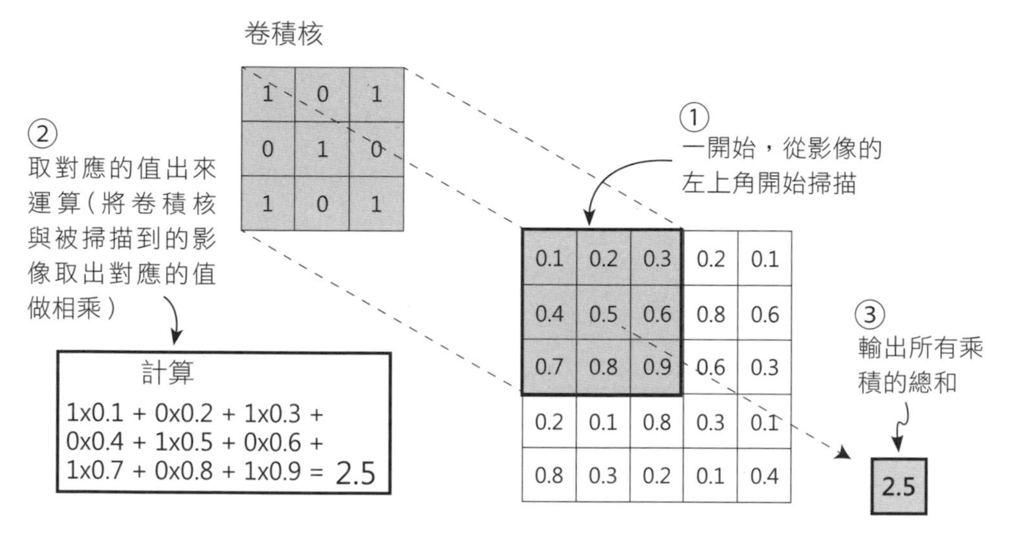

▲ 卷積運算的過程 (1)

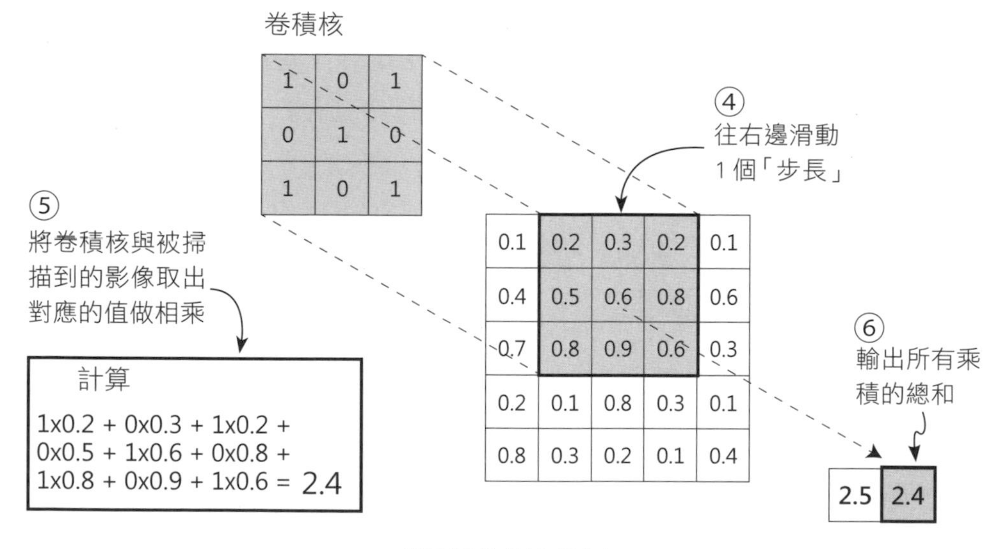

▲ 卷積運算的過程 (2)

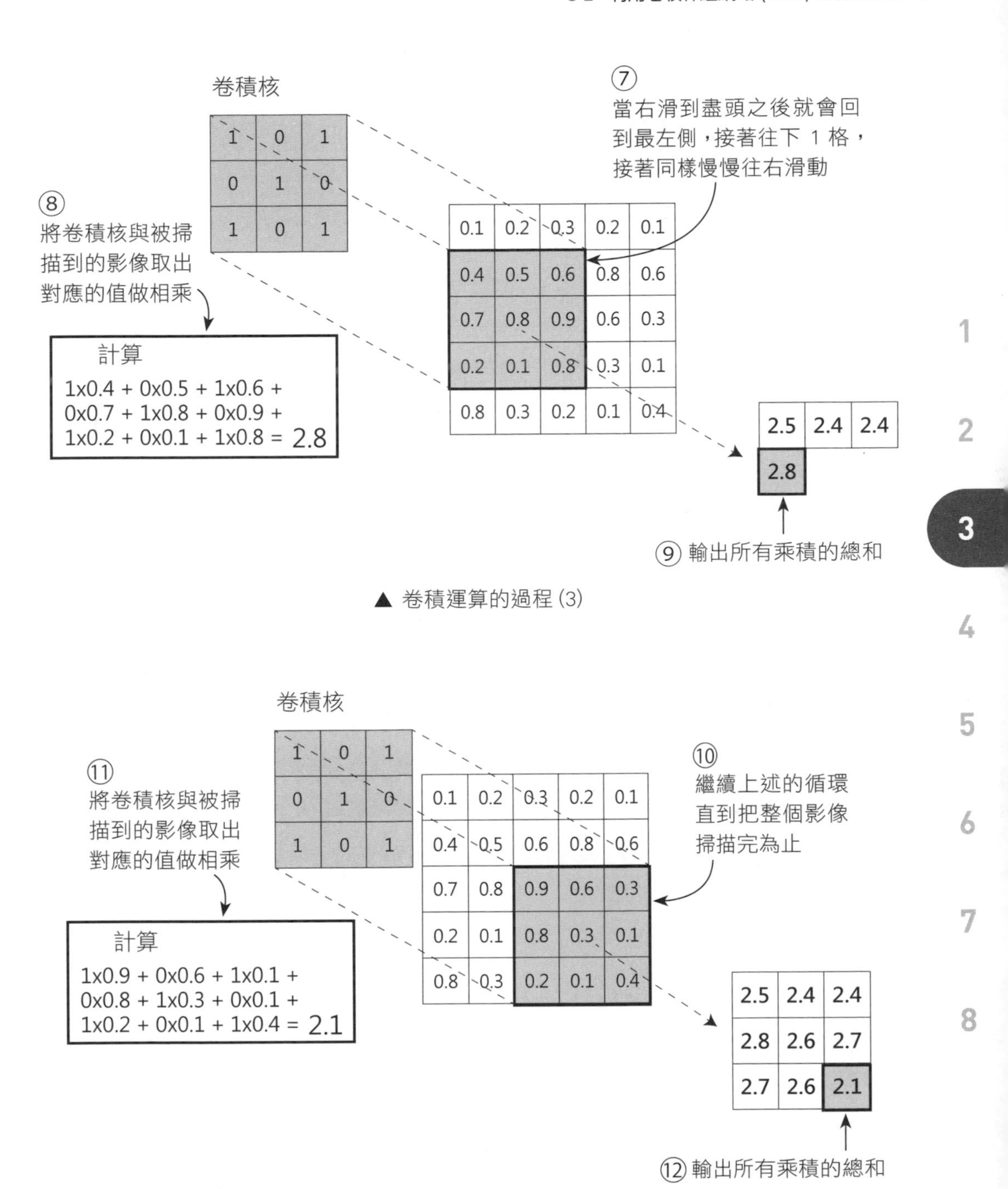

▲ 卷積運算的過程 (3)

▲ 卷積運算的過程 (4)

從上頁最後一張圖可以看到，做完卷積運算後，輸出的特徵圖尺寸會比原來輸入的影像還要小，如果我們不希望做完卷積後改變了形狀。可以在卷積運算前先進行「**填補 (Padding)**」，最常見的做法就是在影像周圍補上 0 再做卷積，這樣就可以避免卷積運算後，特徵圖的尺寸變小的情況。如下圖：

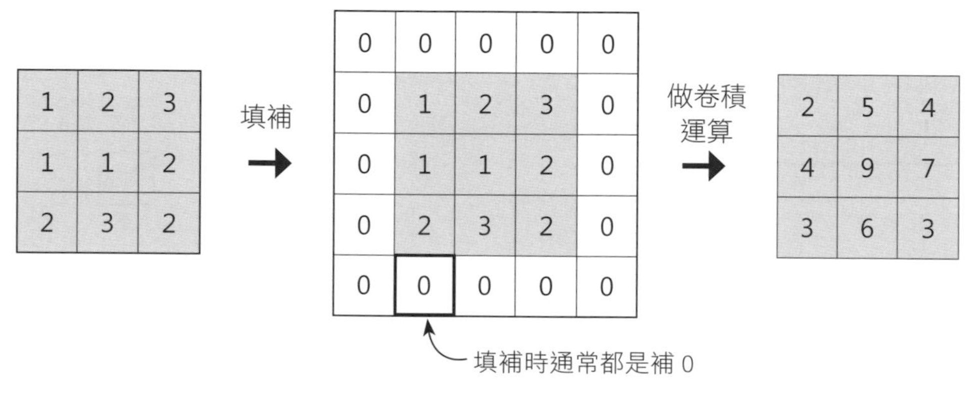

▲ 先填補再進行卷積運算

以上就是卷積層在做卷積運算的整個過程，掌握以上這些知識應該就足以看懂後續的程式碼了。重申一下，以上的過程在用 Keras 建立卷積層時是看不到的，以 Keras 建立卷積層時只需設定一些參數，例如「卷積核要設幾個 ?」、「卷積核尺寸」、「步長 (卷積核一次滑動幾格)」以及「是否進行填補」... 等等。

此外，雖然前面的舉例是 2 維 (灰階) 影像的卷積，但實際上較常進行卷積的是 3 維影像 (RGB 3 顏色通道，以下簡稱 RGB 影像)。而 RGB 影像做卷積運算就更複雜了，做法是將 3 張分別代表 R、G、B 顏色通道的影像依次做卷積，再把 3 張特徵圖相加。這部分因篇幅關係，本書就不提太多，有興趣可以參考旗標出版的「**決心打底！Python 深度學習基礎養成**」的第 7 章節 - 卷積神經網路 (CNN)。

池化層 (Pooling Layer)

卷積塊當中「池化層」的工作就是繼續對卷積層輸出的特徵圖進行**重點挑選**，當特徵圖的特徵 (像素) 還是太多時，我們可以把一些相對不重要的特徵丟棄、或者將多個特徵合併成 1 個，目的就是繼續縮小特徵圖尺寸。池化層厲害的地方是尺寸雖然縮小了，依舊可保留影像中重要的特徵。

池化層會先以類似卷積運算的做法，指定 1 個池化區域，依設定的步長 (也可以不設定) 來滑動，當池化區域滑動到與影像重疊時，就做**挑選**的運算，挑選的話有不同的挑法，常見的有兩種，如果挑選的是區域內的最大值，這稱為**最大池化法** (Max-Pooling)，若是取區域內的平均值，就稱為**平均池化法** (Average-Pooling)。本例所使用的是最大池化。

編註 若您沒有設定步長，TensorFlow.Keras 會根據池化區域的大小自動設定，例如池化區域是 2×2 時，步長就會自動設定成 2。

我們同樣舉個例子看池化的做法，直接帶數字會比較好理解，下頁的圖是利用尺寸為 2×2 的池化區域，對 4×4 的特徵圖進行最大池化的例子。由左上角開始，往右邊滑動池化區域 (這邊設步長為 1 格)，當右滑到盡頭之後就會回到最左側，接著往下 1 格繼續往右滑動，如此循環直到把整個影像做完池化運算為止，最終會輸出池化區域與特徵圖各重疊部分的最大值，此動作就稱為最大池化。本例執行結束將輸出 3×3 的特徵圖。如下圖所示：

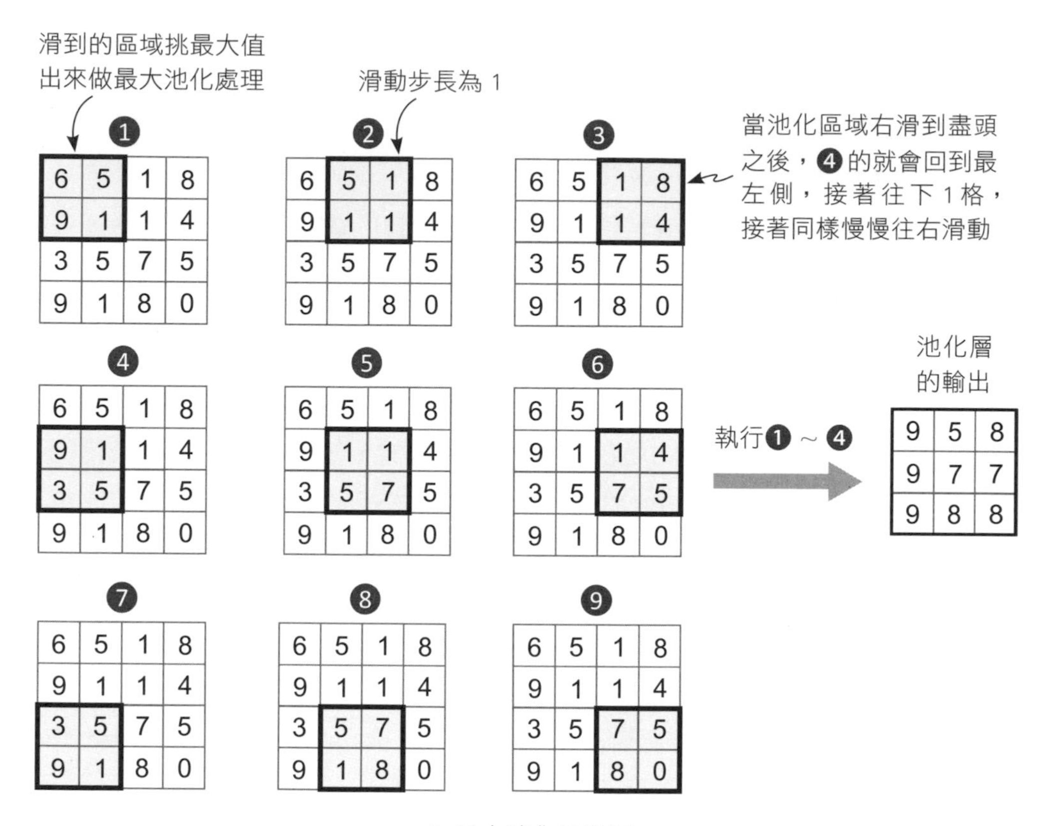

▲ 最大池化示意圖

以上就是池化層在做池化處理的整個過程，以 TensorFlow.Keras 建立池化層時同樣只需設定一些參數，池化層的參數為「池化區域的尺寸」、「步長 (池化區域一次滑動幾格)」... 等等。

展平層 (Flatten)

展平層的工作很簡單，就是將卷積塊的輸出 (特徵圖) 轉換成 1 軸，以傳入密集層中。如右圖：

3	7	2
9	1	3
4	5	8

卷積塊輸出的
特徵圖

flatten →

3
7
2
9
1
3
4
5
8

展平層的輸出

因為「展平層」只是單純的轉換軸數而已，所以 TensorFlow.Keras 在建立展平層時不需要參數。

> **編註** 看到這裡就介紹完 CNN 最核心的部分了，CNN 模型後半的部份就跟 3-0 節的分類模型是一樣的，這邊就不多花額外的篇幅去細講，如果不太熟悉的讀者可以回去 3-0 節複習一下。接下來就趕緊來實作 CNN 模型吧。

匯入套件

如同前幾章的流程一樣，這裡先匯入卷積神經網路所需的套件。匯入套件的程式碼如下：

IN 匯入套件

```
from tensorflow.keras.datasets import cifar10
from tensorflow.keras.layers import Activation, Dense, 接下行
Dropout, Conv2D, Flatten, MaxPool2D
from tensorflow.keras.models import Sequential, load_model
from tensorflow.keras.optimizers import Adam
from tensorflow.keras.utils import to_categorical
import numpy as np
import matplotlib.pyplot as plt
%matplotlib inline
```

用來下載 cifar10 資料集

匯入 Keras 的相關類別，各自用途稍後會說明

流程 1：準備資料集

匯入套件後就可以開始準備取得資料集。

認識「CIFAR-10」影像資料集

這次要用來訓練神經網路的是「CIFAR-10」影像資料集，它的內容包含了 60,000 筆的樣本 (影像資料)，每筆樣本都是 1 張 RGB 3 顏色通道的全彩影像，尺寸為 32×32 像素。而在標籤 (正確答案) 的部分，是將各影像的名稱改用 0~9 的數字來表示，對照表如底下所示：

▼ CIFAR-10 資料集的標籤

標籤 (Labels)	影像名稱
0	airplane (飛機)
1	automobile (汽車)
2	bird (鳥)
3	cat (貓)
4	deer (鹿)
5	dog (狗)
6	frog (青蛙)
7	horse (馬)
8	ship (船)
9	truck (卡車)

下載資料集

首先我們利用 cifar10.load_data() 將 CIFAR-10 資料集下載下來，TensorFlow.Keras 同樣已幫我們把資料集分割成 4 個部份，所以匯入的時候也要指派 4 個變數，如下表所示：

▼ 訓練資料集與測試資料集

	變數名稱	說明
訓練資料集 (training set)	train_images	訓練樣本集 (共 50,000 筆 32 像素 × 32 像素 x 3 (RGB) 的彩色影像)
	train_labels	訓練標籤集 (共 50,000 筆)
測試資料集 (testing set)	test_images	測試樣本集 (共 10,000 筆 32 像素 × 32 像素 x 3 (RGB) 的彩色影像)
	test_labels	測試標籤集 (共 10,000 筆)

下載資料集的程式碼如下：

IN 下載資料集

```
(train_images, train_labels), (test_images, test_labels) = 接下行
cifar10.load_data() ◀— 將 cifar10 資料集分別指派到 4 個變數中
```

檢視資料集

取得資料集後，一樣要先查看資料格式，確認完資料後，才能依據模型的架構來決定預處理的方式。

檢視資料集的型別

首先我們用 type() 來查看資料集的型別：

IN 檢視資料集的型別

```
print(type(train_images))
print(type(train_labels))
print(type(test_images))
print(type(test_labels))
```

OUT

```
<class 'numpy.ndarray'>
<class 'numpy.ndarray'>
<class 'numpy.ndarray'>
<class 'numpy.ndarray'>
```

可以得知 4 個資料集都是「NumPy」的陣列格式「ndarray」

檢視資料集的 shape

接著我們來檢視資料集的 shape，一樣使用 ndarray 的 shape 屬性來查看：

IN 檢視資料集的 shape

```
print(train_images.shape)
print(train_labels.shape)
print(test_images.shape)
print(test_labels.shape)
```

OUT

```
(50000, 32, 32, 3)  ← 訓練樣本集是個 4 軸陣列，代表 50,000 筆 32 像素
                       × 32 像素 × 3 (RGB) 的彩色影像
(50000, 1)  ← 訓練標籤集也是 50,000 筆
(10000, 32, 32, 3)  ← 測試樣本集同樣是個 4 軸陣列，代表 10,000 筆 32 像素
                       × 32 像素 × 3 (RGB) 的彩色影像
(10000, 1)  ← 測試標籤集有 10,000 筆
```

檢視前 10 筆訓練樣本

如果直接印出來前 10 筆訓練樣本的話，會看到各影像的像素值，為了讓大家多熟悉一下樣本的內容，所以將樣本還原成影像的樣子，想到還原影像應該會想到之前所介紹過的 matplotlib 套件，這邊一樣使用 matplotlib 的 plt.subplot() 來看看前 10 筆的訓練樣本長什麼樣子吧！程式碼如下：

IN 檢視前10筆訓練樣本

```
for i in range(10):  ← 取前 10 個
  plt.subplot(2, 5, i+1)  ← 建立一個 2×5 的長方形，2 代表長、
  plt.imshow(train_images[i])    5 代表寬、i+1 代表影像位於長方形的
                                 哪個位置，1 為最左邊，10 為最右邊
             ↑
        畫前 10 筆樣本 (影像資料)出來
plt.show()
```

結果如下：

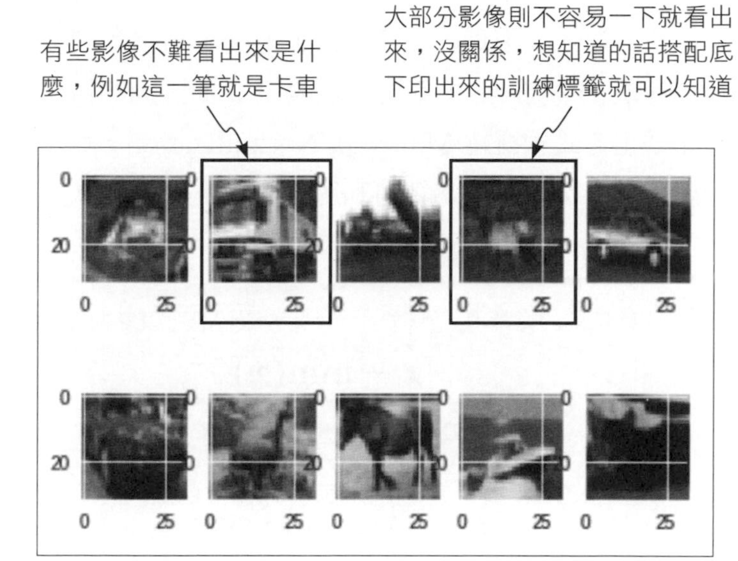

有些影像不難看出來是什麼，例如這一筆就是卡車

大部分影像則不容易一下就看出來，沒關係，想知道的話搭配底下印出來的訓練標籤就可以知道

▲ 利用「matplotlib」套件的 plt method，檢視前 10 筆訓練樣本的內容

檢視前 10 筆訓練標籤

接著就把前 10 筆訓練標籤 (正確答案) 印出來。程式碼如下：

IN 檢視前 10 筆訓練標籤

```
print(train_labels[0:10])
```

OUT

```
[[6]
[9]
[9]
[4]
[1]
[1]
[2]
[7]
[8]
[3]]
```

[4] ← 我們來看看上面不清楚的索引 3 (索引從 0 開始) 的圖片是什麼，對照 3-58 頁的表格可以知道是鹿

訓練樣本集、測試樣本集的正規化

在將影像資料送入卷積神經網路進行訓練前，通常我們會先將影像的像素值進行「正規化」處理，本節將採取與 3-0 節不同的做法，這邊採用的是另一種正規化方式，稱為 Min-Max Normalization，作法是將各像素值等比例縮放到 0~1 之間的小數，可利用下面的公式進行轉換：

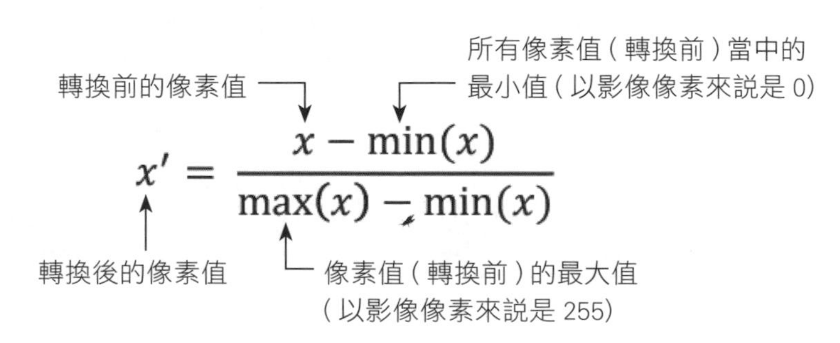

▲ Min-Max Normalization 公式

例如本例中某張圖像的某個像素值為 51，套用上面的公式 (51 - 0) / (255 - 0)，可以得到正規化後的像素值會是 0.2，聰明的讀者一定發現了，由於像素值的最小值都是 0，套公式後其實只要將轉換前的像素值直接除以 255 就好了。做正規化除了可以提升預測的準確率，在訓練時也更有效率。

需要做正規化的資料集有訓練樣本集、測試樣本集。程式碼如下所示：

IN 訓練樣本集、測試樣本集的正規化

```
print("轉換前")
print(train_images[0][0][0]) ← 為了比較差別，這邊將
                                轉換前的資料先印出來

train_images = train_images.astype('float32')/255.0 ←
                    訓練樣本集的正規化，將每個像素值除以 255
test_images = test_images.astype('float32')/255.0 ←
                    測試樣本集的正規化，將每個像素值除以 255
```

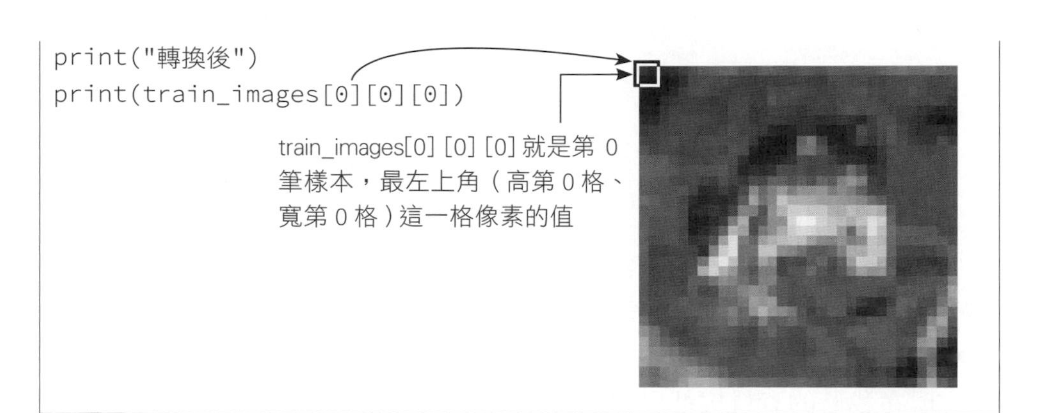

OUT

```
轉換前
[59 62 63] ← 轉換前的像素值 (R、G、B)
轉換後
[0.23137255 0.24313726 0.24705882] ← 轉換後的像素值，可以看
                                      到像素值都被除以 255 了
```

訓練標籤集、測試標籤集的預處理

在 3-58 頁我們可以看到資料集的標籤 (正確答案) 是以 0~9 來代表不同的影像名稱，接著必須將這些數字標籤轉換為 One-hot 編碼 (編註：不清楚這麼做的原因請參考 3-0 節的內容)。一樣透過 TensorFlow.Keras 的 to_categorical() 函式來轉換。程式碼如下：

IN

```
print(train_labels[0]) ← 為了比較差別，這邊先將第 0 筆
                         訓練標籤轉換前的樣子印出來

train_labels = to_categorical(train_labels, 10) ← 將訓練標籤進行
                                                  One-hot 編碼
test_labels = to_categorical(test_labels, 10) ← 將測試標籤進行
                                                One-hot 編碼
print(train_labels [0]) ← 轉換後的第 0 筆訓練標籤
```

OUT

```
[6] ←— 轉換前的標籤 (正確答案)
[0. 0. 0. 0. 0. 0. 1. 0. 0. 0.] ←— 轉換後的標籤 (One-hot 形式)
                  ↑
               索引 6 為 1
```

流程 2：建構與編譯模型

現在我們的資料集都已經完成了預處理，接著就來建構模型。一樣使用 TensorFlow.Keras 建構卷積神經網路模型。先回顧一下架構圖：

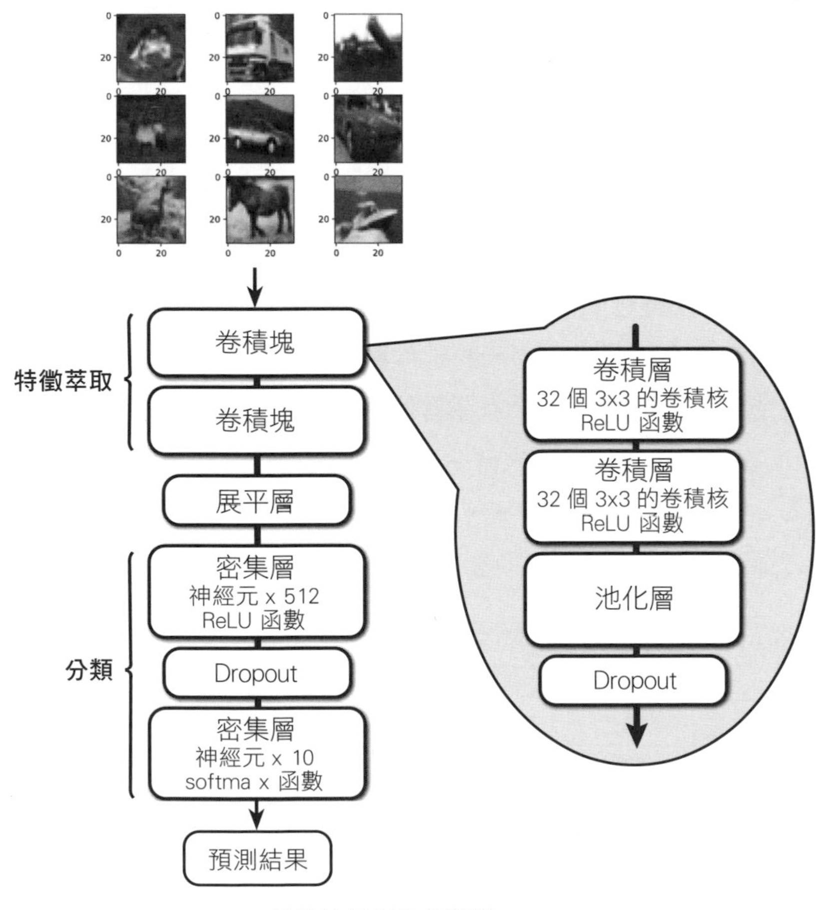

▲ 卷積神經網路的架構

建構模型

一樣利用 TensorFlow.Keras 的 Sequential() API 建構層數為 3 層的序列模型，並指定給 model 變數，再用 add() method 加入上圖的每個類別 (層)，各類別 (層) 的說明如下：

▼ 範例所使用的類別

類別	名稱	說明
Conv2D	卷積層	參數為卷積核數量、卷積核尺寸、激活函數，以及是否要填補
MaxPool2D	池化層 (最大池化)	參數為池化區域的尺寸
Dense	密集層	參數為神經元數及激活函數
Dropout	Dropout	參數為神經元的丟棄比例
Flatten	展平層	將展平層的輸入轉換成 1 軸

建構模型的程式碼如下：

IN 建構模型

```
model = Sequential()

# 第 1 個卷積塊：Conv→Conv→Pool→Dropout

# 第 1 個卷積層 (輸入)          ①
model.add(Conv2D(32, (3, 3), activation='relu', 接下行
padding='same', input_shape=(32, 32, 3)))
      ②                   ③
# 第 2 個卷積層
model.add(Conv2D(32, (3, 3), activation='relu', padding='same'))
```

① 設定卷積核的數量與大小，這裡設定 32 個尺寸為 3×3 的卷積核

② 使用填補法，padding 設為 same，代表卷積後的影像尺寸要跟卷積前的相同

③ 指定輸入樣本的大小，只有第 1 層才需要指定，之後的層會自動與上 1 層搭配，不用指定。這邊傳入卷積層的資料是一個 3 軸的陣列

```
# 池化層                                   ④
model.add(MaxPool2D(pool_size=(2, 2)))
# Dropout                    ⑤
model.add(Dropout(0.25))

# 第 2 個卷積塊：Conv→Conv→Pool→Dropout

# 第 1 個卷積層
model.add(Conv2D(64, (3, 3), activation='relu', padding='same'))
# 第 2 個卷積層                 ←──────設定 64 個尺寸為 3 x 3 的卷積核
model.add(Conv2D(64, (3, 3), activation='relu', padding='same'))

# 池化層
model.add(MaxPool2D(pool_size=(2, 2)))
# Dropout
model.add(Dropout(0.25))

# Flatten→Dense→Dropout→Dense

# 展平層                    ⑥
model.add(Flatten())
# 密集層                                ⑦
model.add(Dense(512, activation='relu'))
model.add(Dropout(0.5))
# 密集層 (輸出分類) 結果
model.add(Dense(10, activation='softmax'))
                 ⑧
```

④ 設定池化區域的尺寸為 2 x 2，這裡沒有設定步長，池化層會根據池化區域的大小自動設定步長 (也就是 2)

⑤ Dropout 丟棄的比例

⑥ 經由展平層將 3 軸的特徵圖展平成 1 軸的向量，才可以送入密集層做分類

⑦ 疊加密集層時必須指定神經元的數量以及激活函數

⑧ 輸出層設定 10 個神經元

編譯模型

以下要進行卷積神經網路模型之編譯。編譯模型的程式碼如下：

IN 編譯模型

```
model.compile(loss='categorical_crossentropy', 接下行
optimizer=Adam(lr=0.001), metrics=['acc'])
```

① 指定損失函數為 categorical_crossentropy
② 優化器為 Adam
③ 學習率為 0.001
④ 評估指標則為 acc

編註 歷經 3-0、3-1 節的操作，針對 complile() 各參數的設定應該都不陌生了，有疑問請翻閱該兩節的內容。

流程 3：訓練模型

這邊開始，要將訓練樣本集 (影像資料) 及訓練標籤集 (標準答案) 輸入模型進行訓練，訓練的指令是 model.fit()。程式碼如下：

編註 由於需要的計算量較大，因此請在筆記本設定中指定使用「GPU」可縮短訓練時間。步驟可以在本書的 2-11 頁找到。

IN 訓練

```
history = model.fit(train_images, train_labels, 接下行
batch_size=128, epochs=20, validation_split=0.1)
```

① 訓練樣本集
② 訓練標籤集
③ 每批次從訓練樣本集取 128 筆樣本來訓練
④ 訓練 20 個 epoch
⑤ 從訓練資料集切出 10% 做為驗證資料集

繪製圖形

訓練結束後，一樣將模型的資訊繪製成圖形來檢查是否有過度配適，我們以 acc (準確率) 為例，將 acc (訓練樣本的預測準確率) 以及 val_acc (驗證樣本的預測準確率) 的數據畫成圖形，這裡同樣使用 matplotlib 來繪圖。程式碼如下：

IN 繪製圖形

```
plt.plot(history.history['acc'], label='acc')  ← 從剛才 fit() 的傳回值 history 當中取得每個 epoch 的 acc，然後傳入給 plot() 函式
plt.plot(history.history['val_acc'], label='val_acc')  ← 也從 history 當中取得每個 epoch 的 val_acc，然後傳入給 plot() 函式
plt.ylabel('accuracy')  ← 以 plt.ylabel() 指定 Y 軸的標籤
plt.xlabel('epoch')     ← 以 plt.ylabel() 指定 X 軸的標籤
plt.legend(loc='best')  ← 利用 plt.legend() 繪製在圖形上的標籤說明。以 loc='best' 放置在最適合的位置上
plt.show()  ← 顯示圖形
```

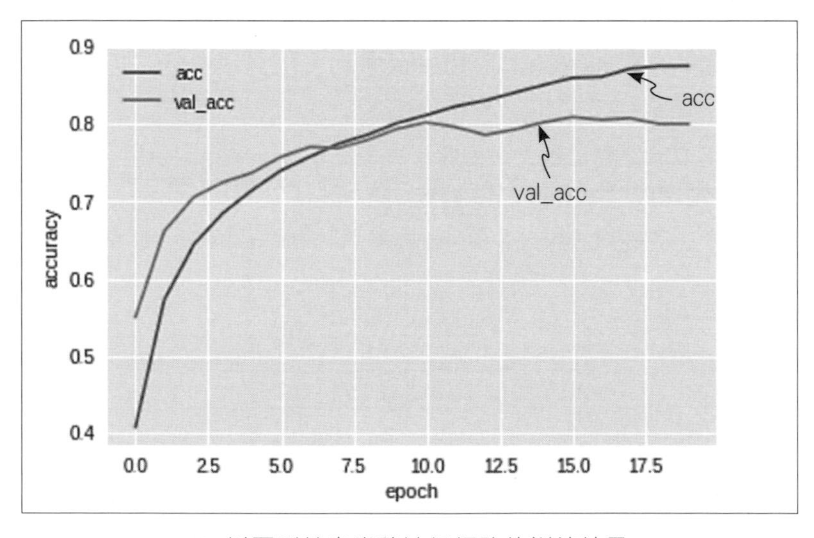

▲ 以圖形輸出卷積神經網路的訓練結果

以圖形來看，您可以發現，不論訓練集 (acc)、驗證集 (val_acc) 的準確率都越來越高；而且兩條線沒有差距太遠，代表訓練跟驗證的準確率並沒有差太多，沒有發生過度配適。

流程 4：評估與預測

訓練完模型後，一樣要利用測試資料集來評估模型的普適能力，並實際預測前 10 筆資料看看。

評估

我們來將測試樣本集 (影像資料) 及測試標籤集 (正確答案) 輸入訓練好的模型進行評估，並查看測試資料的誤差 (loss) 及準確率 (acc)，在進行評估時，使用的是 model.evaluate()。程式碼如下：

IN

將測試集樣本與測試集標籤傳入 model.evaluate()

```
test_loss, test_acc = model.evaluate(test_images, test_labels)
print('loss: {:.3f}\nacc: {:.3f}'.format(test_loss, test_acc ))
```

OUT

```
10000/10000 [==============================] - 0s 48us/step
loss: 0.696
acc: 0.800
```

準確率為 80%

由結果可知，準確率為 80%，不算差，先記得這結果，下節會嘗試換另一個神經網路模型比較看看。

預測

最後，以前 10 筆的測試樣本 (影像資料) 進行預測，取得預測結果，並且把前 10 筆測試標籤 (正確答案) 也印出來做比較。在進行預測時，使用的是 model.predict()。程式碼如下：

IN

```
test_ans = np.argmax(test_labels[:10], axis=1) ← 取出前 10 筆測試標籤
print(test_ans)
test_predictions = model.predict(test_images[0:10]) ← 預測前 10 筆樣本的內容
test_predictions = np.argmax(test_predictions, axis=1)
print(test_predictions)
```

↑ 將上一行的預測結果，用 np.argmax() 取出最大機率值所在的索引位置

OUT

```
[3 8 8 0 6 6 1 6 3 1] ← 測試標籤 (正確答案)
[3 8 8 0 6 5 1 6 3 1] ← 預測結果
```

有 1 筆錯了，其它都正確

根據上面的程式來看，預測結果與測試標籤目前都是數字，如果想進一步知道神經網路把什麼影像給辨識錯了，很難直覺的看出來，因此，為了更容易看比對神經網路的預測結果，最後就把測試標籤與預測結果轉換成相對應的名稱。有時為了進一步分析結果以調校模型，就會像這樣轉換成容易判讀的結果，程式碼如下：

IN

```
labels = ['airplane', 'automobile', 'bird', 'cat', 'deer', 接下行
'dog', 'frog', 'horse', 'ship', 'truck'] ← 設定對應標籤的名稱

test_ans = np.argmax(test_labels[:10], axis=1) ← 取出前 10 筆測試標籤
print('前 10 筆測試標籤:',[labels[n] for n in test_ans]) ←
```

將測試標籤依照索引對應到串列的 10 個名稱，例如 0 → airplane

```
print('前 10 筆預測結果:',[labels[n] for n in test_predictions])
```

也將預測結果依照索引對應到串列的 10 個名稱，例如 0 → airplane

印出來的結果如下：

OUT

```
前 10 筆測試標籤: ['cat', 'ship', 'ship', 'airplane', 'frog', 'frog',
'automobile', 'frog', 'cat', 'automobile']
前 10 筆預測結果: ['cat', 'ship', 'ship', 'airplane', 'frog', 'dog',
'automobile', 'frog', 'cat', 'automobile']
```

可以發現神經網路把第 5 筆樣本的影像 frog 預測成 dog 了！

本例只有少數幾筆預測錯誤，整體來說不算差了。下節將會利用比 CNN 更厲害的模型來幫 CIFAR-10 做影像辨識，挑戰看看能不能有更好的辨識能力。

3-3 利用殘差網路 (ResNet) 進行影像辨識

隨著學者們不斷提出的新架構與理論，卷積神經網路持續在進化，而**殘差網路** (Residual Nets, **簡稱** ResNet) 就是其中的 1 個演算法。

本節將帶大家利用殘差網路進行影像辨識。為了方便讓讀者比較，將使用與上節相同的資料集 CIFAR-10，看看能提高多少辨識準確率。讀者可以藉此比較兩者模型的差別。

> **編註** 殘差網路涉及的知識面很廣，我們會將重點擺在讓你大概知道其架構是如何設計的就好，以看懂後續範例的程式碼，至於細部的理論不會觸及太多。

殘差網路 (ResNet) 模型架構

在神經網路中我們可以透過加深層數來提取更複雜的特徵，但是當神經網路的深度達到某個程度時，訓練資料的準確率會先上升然後達到飽和，然後迅速往下降，就是光訓練資料的成效就很差。

> **編註** 這個層數越多，訓練資料的準確率反而降低的問題被稱為**退化問題** (degradation problem)，關於退化問題因篇幅關係，無法細講，想了解更多的話可以參考 ResNet 原始論文。網址：https://arxiv.org/abs/1512.03385

殘差網路第一次出現是在 2015 年的 ImageNet 影像辨識競賽，初次登場就以超高的準確率獲得了當年度的冠軍。殘差網路的過人之處就是使用了 152 層的網路結構，遠遠超過當時其他的模型好幾倍。超過百層的殘差網路而不會降低準確率的關鍵在於其特殊的**殘差塊** (Residual block) 結構，使得我們可以訓練更深層的神經網路，進而獲得更好的成果。我們先來看看殘差網路怎麼組成的：

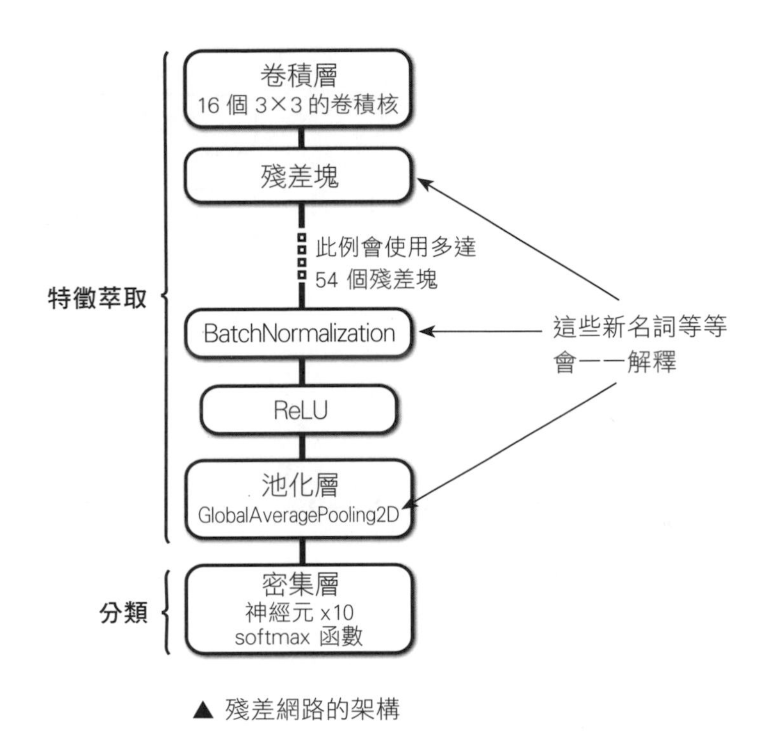

▲ 殘差網路的架構

本例會在開頭先疊加 1 層卷積層，接著後面疊加 54 個「殘差塊」，經過一些處理後，再加上池化層，此部分將進行特徵萃取，最後再疊加 1 個密集層，負責做分類。上圖在密集層之前的「GlobalAveragePooling2D」輸出為 1 軸 (細節後續會介紹)，因此取代了一般會加在密集層前面的展平層。

認識殘差塊 (Residual block)

先來了解一下什麼是**殘差塊**，殘差塊就是在上節所介紹的卷積塊當中，新增了 1 條稱為「**捷徑連接 (shortcut connections)**」的路線。一般卷積神經網路的卷積塊如下圖左所示、殘差神經網路的殘差塊則如下圖右所示：

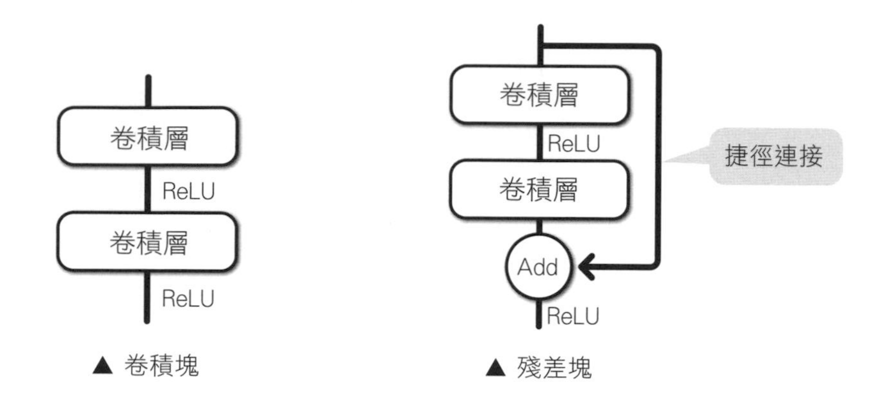

▲ 卷積塊　　▲ 殘差塊

捷徑連接 (shortcut connections)

殘差塊的特色就是加入了捷徑連接，此外也得了解上圖 (右) 這個「Add」功能的用途，如下圖所示，捷徑連接的作用是將準備傳入卷積層的的輸入 (即下圖的 X_B，注意這個 X_B 就等於做卷積運算**前**的 X)「跨層」傳遞，然後與經過卷積運算**後**的輸出 (如下圖經兩個卷積層算完的 X，注意這個 X 是經層層卷積運算後的 X)，兩者 (運算後的 X、運算前的 X_B) 直接「相加」後再送入激活函數之中，如下圖：

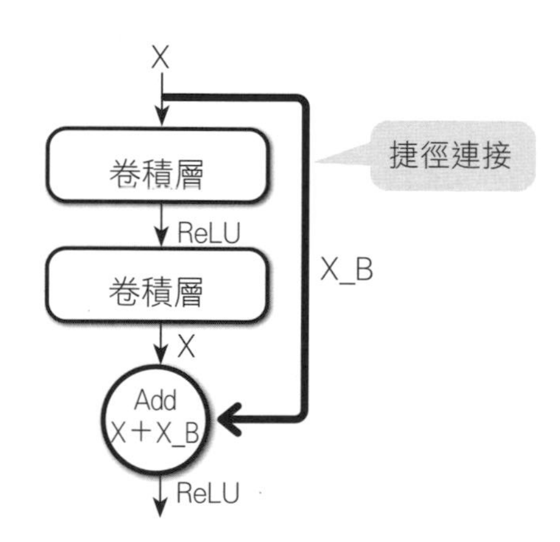

▲ 捷徑連接示意圖，白話來說就是運算後的 X 與運算前的 X (即 X_B) 相加啦！

捷徑連接使得經卷積運算前的輸入 (X_B) 就像是抄捷徑般地快速地向前傳播，而這樣的學習方式也稱為 Residual learning (殘差學習)，這樣的設計最終讓我們能夠在不會降低準確率的情形下訓練超深層的神經網路！

小編補充 這邊簡單的說明一下什麼是殘差 (Residual)，殘差就是「運算後的 X」減去「運算前的 X」。假如神經網路已經在前面的層已經學到很好了，在這層什麼都沒學到，殘差就是 0，這時候，這層輸出等於這層的輸入，因此多這 1 層即使沒學到新的特徵，也不會讓模型退化，簡單來說就是我沒有學到新的，但我也不會把舊的給忘記。這就是殘差學習的概念。

殘差塊結構

了解什麼是殘差塊後，接著要講解殘差塊結構的設計方法，下圖就是一個常見的殘差塊設計方式：

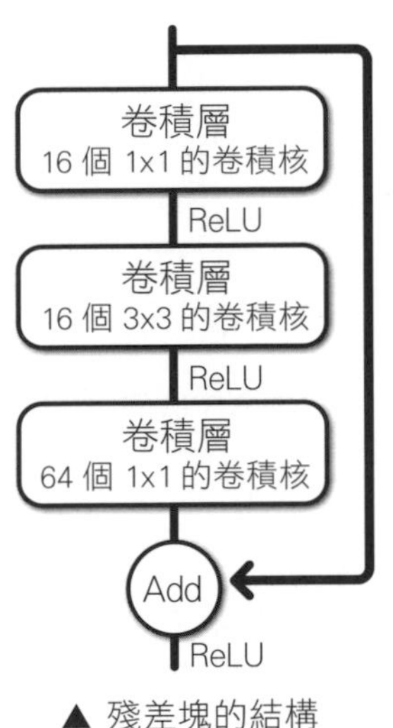

▲ 殘差塊的結構

此架構是疊加 3 層卷積層，前 2 層裡面採用相同個數的卷積核 (各 16 個)，但卷積核尺寸分別為 1×1 及 3×3，第 3 層為尺寸為 1×1，但卷積核數量提升為 4 倍。殘差網路的論文提出這樣的結構可以減少殘差網路的訓練時間。

編註 除了卷積核尺寸、個數外，殘差塊裡面的層數安排也是由使用者自訂，上圖的例子是為了方便說明，用最簡單的例子講解，實際上，在殘差塊裡面的層數會再多一點。

小編補充 常見的殘差塊結構設計

殘差塊的結構設計通常會依殘差網路層數不同而有不同做法，這邊我們直接引用 ResNet 論文的圖片來作說明：

layer name	output size	18-layer	34-layer	50-layer	101-layer	152-layer
conv1	112×112	7×7, 64, stride 2				
conv2_x	56×56	3×3 max pool, stride 2				
		[3×3, 64 3×3, 64] ×2	[3×3, 64 3×3, 64] ×3	[1×1, 64 3×3, 64 1×1, 256] ×3	[1×1, 64 3×3, 64 1×1, 256] ×3	[1×1, 64 3×3, 64 1×1, 256] ×3
conv3_x	28×28	[3×3, 128 3×3, 128] ×2	[3×3, 128 3×3, 128] ×4	[1×1, 128 3×3, 128 1×1, 512] ×4	[1×1, 128 3×3, 128 1×1, 512] ×4	[1×1, 128 3×3, 128 1×1, 512] ×8
conv4_x	14×14	[3×3, 256 3×3, 256] ×2	[3×3, 256 3×3, 256] ×6	[1×1, 256 3×3, 256 1×1, 1024] ×6	[1×1, 256 3×3, 256 1×1, 1024] ×23	[1×1, 256 3×3, 256 1×1, 1024] ×36
conv5_x	7×7	[3×3, 512 3×3, 512] ×2	[3×3, 512 3×3, 512] ×3	[1×1, 512 3×3, 512 1×1, 2048] ×3	[1×1, 512 3×3, 512 1×1, 2048] ×3	[1×1, 512 3×3, 512 1×1, 2048] ×3
	1×1	average pool, 1000-d fc, softmax				
FLOPs		1.8×10^9	3.6×10^9	3.8×10^9	7.6×10^9	11.3×10^9

▲ 論文中介紹到的殘差網路架構

① 殘差網路在不同的層數下，殘差塊結構有不同的設計方式
② 疊加 18 層、34 層的殘差網路是同一種殘差塊結構
③ 疊加 50 層、101 層、152 層的殘差網路則是另一種殘差塊結構
④ 看到各殘差塊裡面，這種「卷積核尺寸大小維持一致」的殘差塊結構在論文裡稱為 Plain architecture
⑤ 這種「卷積核尺寸大小交錯」的殘差塊結構稱為 Bottleneck architecture

因為本節的範例 (54 層) 是由 50 層的殘差網路改良而來的，所以上頁可以看到殘差塊結構一樣使用卷積核尺寸「大小交錯」的結構設計。

BatchNormalization（批次正規化）

3-73 頁的殘差網路結構中有看到 BatchNormalization 的設計，這是讓訓練安定的方法之一，會添加在卷積層與激活函數之間，主要會對每一層的輸出都進行正規化的處理，使其成為「平均值為 0、標準差為 1」的分布，此方法讓深層神經網路更容易被訓練，也有防止過度配適的作用。依經驗證明此做法的性能會比設 Dropout 層好，但是最好不要與 Dropout 混著使用。

GlobalAveragePooling2D（全域平均池化）

3-73 頁的結構圖中還有個 GlobalAveragePooling2D(全域平均池化) 新名詞，這是做什麼的呢？回顧上一節的卷積神經網路，影像資料經過卷積塊提取完特徵後，必須經由「展平層」轉換後再輸入到密集層做處理。若以展平層的做法來處理殘差網路，會因為特徵值過多，讓模型的可訓練參數爆增，進而造成過度配適的問題。於是就有學者提出了「全域平均池化」運算的池化層取代展平層以解決上述問題，終極的目標同樣是為了在餵資料給密集層之前，儘可能減少特徵值的數量。全域平均池化的作法是將最後一層每一張特徵圖都濃縮成一個**平均後**的特徵值，再將各特徵值輸入密集層。如下圖所示：

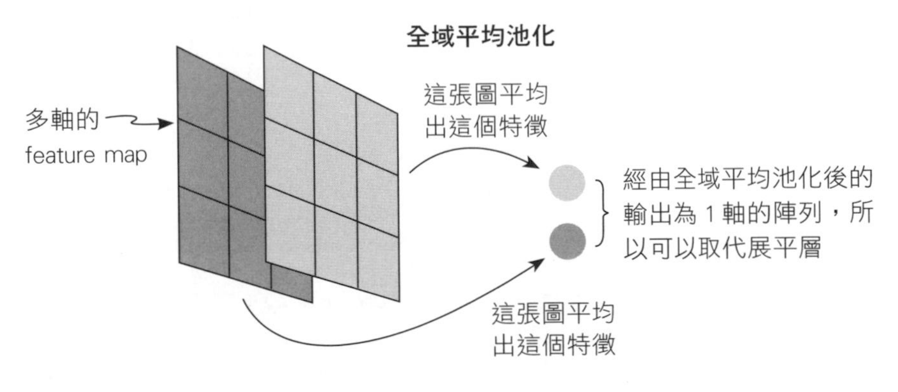

▲ 全域平均池化示意圖

以上就是殘差網路的架構說明，基本上搞懂這些概念就不難看懂後續的範例程式了。接下來就進入到程式的實作。

COLUMN

殘差網路原始論文

因為篇幅的關係，沒辦法詳細說明殘差網路更多概念細節，想要了解更多有關殘差網路的介紹，請參考美國康乃爾大學圖書館典藏資料庫的原始論文。

- 「Deep Residual Learning for Image Recognition」
  https://arxiv.org/abs/1512.03385
- 「Identity Mappings in Deep Residual Networks」
  https://arxiv.org/abs/1603.05027

匯入套件

這裡一樣先匯入殘差網路所需要的套件，這邊會用到幾個新套件，將會到後面做說明。匯入套件的程式碼如下：

IN 匯入套件

```
from tensorflow.keras.datasets import cifar10 ← 用來下載 cifar10 資料集
from tensorflow.keras.callbacks import LearningRateScheduler
from tensorflow.keras.layers import Activation, Add, 接下行
BatchNormalization, Conv2D,
Dense, GlobalAveragePooling2D, Input
from tensorflow.keras.models import Model
from tensorflow.keras.optimizers import SGD
from tensorflow.keras.preprocessing.image import 接下行
ImageDataGenerator
from tensorflow.keras.regularizers import l2
from tensorflow.keras.utils import to_categorical
import numpy as np
import matplotlib.pyplot as plt
%matplotlib inline
```

匯入 Keras 的相關類別，各自用途稍後會說明

流程 1：準備資料集

匯入套件後就可以開始準備要匯入模型的資料。

下載資料集

下載資料集的程式碼如下：

IN 下載資料集

```
(train_images, train_labels), (test_images, test_labels) = 接下行
cifar10.load_data() ← 將 cifar10 資料集分別指派到 4 個變數中
```

檢視資料集的部分與 3-2 節相同。請參考該節的做法，以下直接進行資料預處理。

訓練標籤集、測試標籤集的預處理

這裡我們不事先做訓練樣本 (影像資料) 與測試樣本 (影像資料) 的正規化，會留到訓練模型時再作處理，稍後將會針對這個部分詳細說明。以下只需要先將訓練標籤集 (正確答案) 與測試標籤集 (正確答案) 轉換成 One-hot 編碼。轉換的方法一樣是使用 to_categorical()。程式碼如下所示：

IN

```
print(train_labels[0]) ← 為了比較差別，這邊先將第 0 筆
                         標籤轉換前的樣子印出來

train_labels = to_categorical(train_labels)  } 將訓練標籤集 ( 正確答案 )
test_labels = to_categorical(test_labels)    } 與測試標籤集 ( 正確答案 )
                                               轉換成 One-hot 編碼

print(train_labels [0]) ← 轉換後的第 0 筆標籤
```

OUT

```
[6] ← 轉換前的標籤 (正確答案)
[0. 0. 0. 0. 0. 0. 1. 0. 0. 0.] ← 轉換後的標籤 (One-hot 形式)
```

流程 2：建構與編譯模型

到目前為止，建構模型時所使用的都是「Sequential()」，但 Sequential() 無法建構出 ResNet 這種具有分支的神經網路架構 (如 3-73 頁提到的 shortcut connection 分支)。因此這次會使用另外一種方法，稱為「Functional API」。

認識 Functional API

建構模型之前，我們先來了解一下什麼是 Functional API。Keras 提供 2 種建構神經網路的方式，第一種是我們前 3 節所使用的序列式 (Sequential) 模型，它可以像堆積木一樣，將神經層一層一層堆疊起來，以建構「線性」的模型。另一種則是 Functional API (函數式 API)，它可以建構任何架構的模型，例如：非線性堆疊 (有分岔) 的模型、多個輸出層等等各種的任意組合。如下圖所示：

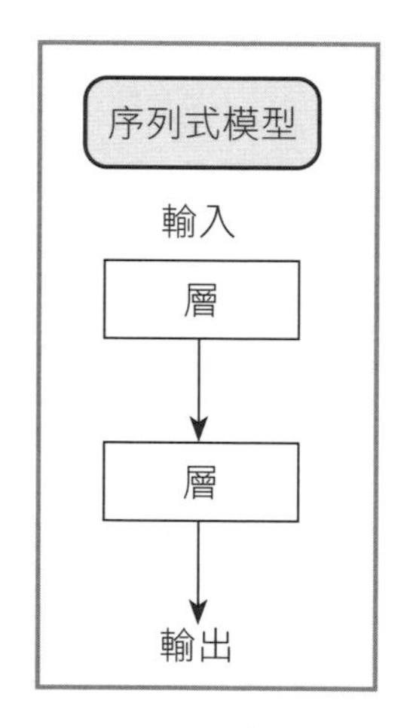

▲ 線性模型

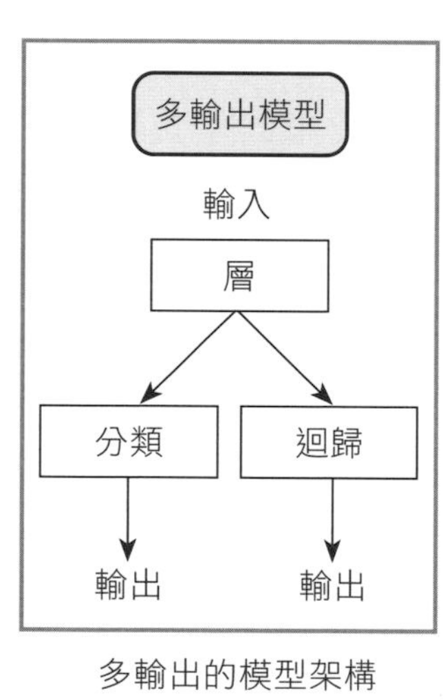

多輸出的模型架構
第 6 章就會用到

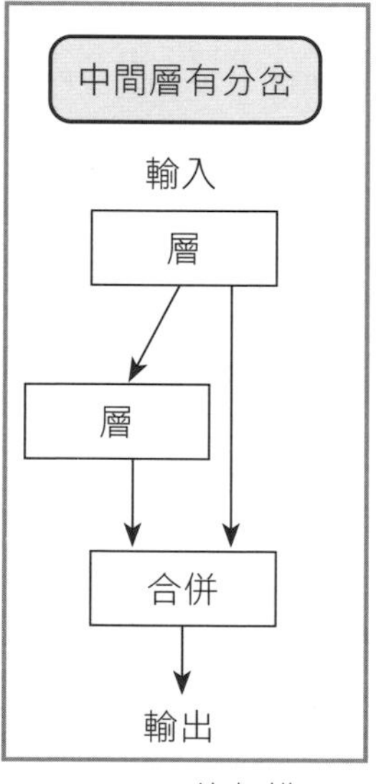

ResNet 的架構
就屬於這種

▲ 非線性模型

那 Functional API 怎麼建構模型呢？我們舉個您應該已經熟悉的例子來對照說明，接下來會用 Functional API 與 Sequential() 這兩種方法各建構一次 3-0 節的模型，程式都不長，我們快速看一下這兩種方式有什麼不同吧。

首先使用 Sequential() 建構模型如下所示：

IN 建構模型

```
model = Sequential() ← 先建立「model」物件
model.add(Dense(256, activation='sigmoid', input_shape=(784,)))
model.add(Dense(128, activation='sigmoid'))
model.add(Dropout(rate=0.5))
model.add(Dense(10, activation='softmax'))
```

第 1 層密集層要指定輸入資料的 shape

而同樣的網路架構，若是以 Functional API 建構模型，則會如下所示：

IN 建構模型

```
input = Input(shape=(784,)) —①
x = Dense(256, activation='sigmoid')(input) —②
x = Dense(128, activation='sigmoid')(x)
x = Dropout(rate=0.5)(x)
x = Dense(10, activation='softmax')(x)
model = Model(inputs=input, outputs=x) —③
```

① 輸入層與第 1 層密集層是分開的，輸入資料的 shape 會在名為「Input」的獨立類別中指定。
② 層的輸入與層的輸出要用參數指定，Dense 右側的「(input)」及「(x)」為該層的輸入。Dense 左側的「x =」則為層的輸出。藉由將上一層的輸出指定為下層的輸入，就可將網路連結在一起。Dropout 等也是以同樣的方法進行連結。
③ 最後建構「model」。參數指定為整體網路的輸入及輸出。

大致熟悉 Functional API 的寫法後，回到本節的範例，接下來我們就開始來建構殘差網路的模型。

> **編註** 當 Functional API 的模型建構完成後，就可進行與 Sequential() 相同的操作，如 compile()、fit()、evaluate() 及 predict() 等。

建構卷積層

在 Functional API 中，卷積層是使用 Conv2D() 來建立，本次使用到的參數如下表所示：

▼ Conv2D 的參數

參數	型別	說明
filters	int	卷積核數量
kernel_size	int or tuple	卷積核尺寸
strides	int or tuple	步長
padding	str	是否要使用填補法，想填補到讓輸出與輸入是相同的尺寸時，參數設為 same
use_bias	bool	是否增加偏值，True 為添加，False 為不添加
kernel_initializer	str	卷積核權重的初始值
kernel_regularizer	Regularizer	用於 kernel 權重的常規化，是避免過度配適的一種方法

由於建構網路時，有些程式碼會出現好幾次，因此將其建立成函式，以便我們重複使用。建構卷積層的程式碼如下：

IN 建構卷積層

```
def conv(filters, kernel_size, strides=1):          ①
    return Conv2D(filters, kernel_size, strides=strides, 接下行
    padding='same',                                   ②
```

① 本例所有的卷積層都使用這些共通的設定，所以直接寫在 conv 函式裡
② 用 conv2D 來建立，前 4 個參數在上節已經很熟悉了

```
use_bias=False, kernel_initializer='he_normal', 接下行
kernel_regularizer=l2(0.0001))
```

③ 可以指定要不要加偏值，加入偏值可以幫助模型訓練更準確，但原始論文建議不加，否則會造成訓練的時間增加，因此這裡選擇不加入偏值

④ kernel_initializer 設值為 he_normal，表示是以常態分布進行初始化

⑤ 常規化參數設 l2 表示是以 L2 進行常規化

小編補充 關於 Conv2D 內的參數每個都博大精深，因本書篇幅關係沒辦法一一細講，如果想要了解更多，可以參考旗標所出版的「**tf.Keras 深度學習攻略手冊**」。

建構殘差塊

接著，本例將建構 2 種不同架構的殘差塊 (以下稱為殘差塊 A 及殘差塊 B)，這 2 種架構最大的差別在於殘差塊內部捷徑連接的位置不同。

首先我們先來建構殘差塊 A 的函式，程式邏輯很簡單，就是對照結構圖一一轉換成程式即可。殘差塊 A 的結構圖如右：

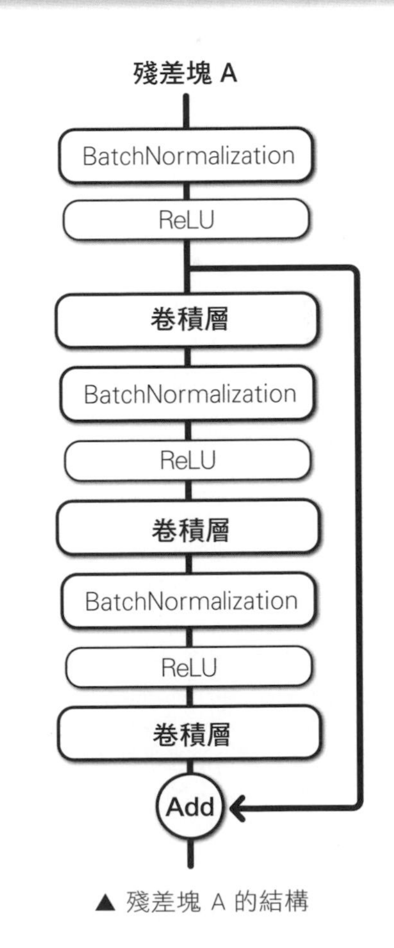

▲ 殘差塊 A 的結構

建構殘差塊 A 的程式碼如下，這裡定義一個 first_residual_unit() 函式來處理：

IN　建構殘差塊 A

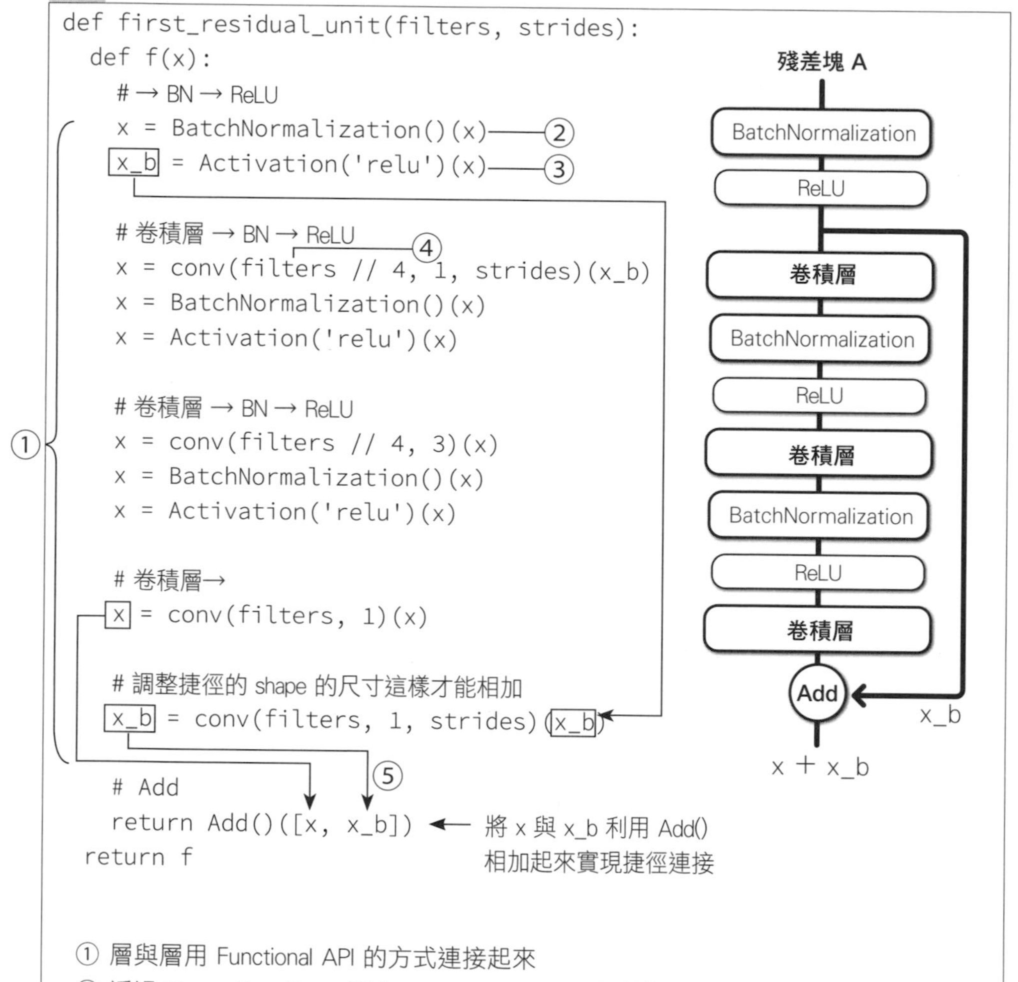


```
def first_residual_unit(filters, strides):
  def f(x):
    # → BN → ReLU
    x = BatchNormalization()(x)
    x_b = Activation('relu')(x)

    # 卷積層 → BN → ReLU
    x = conv(filters // 4, 1, strides)(x_b)
    x = BatchNormalization()(x)
    x = Activation('relu')(x)

    # 卷積層 → BN → ReLU
    x = conv(filters // 4, 3)(x)
    x = BatchNormalization()(x)
    x = Activation('relu')(x)

    # 卷積層→
    x = conv(filters, 1)(x)

    # 調整捷徑的 shape 的尺寸這樣才能相加
    x_b = conv(filters, 1, strides)(x_b)

    # Add
    return Add()([x, x_b])
  return f
```

① 層與層用 Functional API 的方式連接起來

② 透過 TensorFlow.Keras 建立 BatchNormalization 層並加到神經網路之中，進行批次正規化

③ 透過 Activation() 指定要使用的激活函數，這行的 x_b 是卷積運算前的值

④ 後面會補充說明為什麼卷積層這裡要寫成 filters // 4

⑤ 建立捷徑連接時，是利用「Add」將第一個 ReLU 的輸出 (x_b，即未經卷積運算的值) 與最後一個卷積層的輸出 (x) 連接起來。由於此時連接起來的 2 個輸出的 shape 並不相同，因此連接之前會先用卷積層調整捷徑的 shape

> **編註** 注意這邊將 x_b 與 x 相加是使用「Add()」，跟 Sequential() 中添加神經層的「add()」不同！

接著建構殘差塊 B 的函式，做法也是類似，殘差塊 B 的結構圖如下：

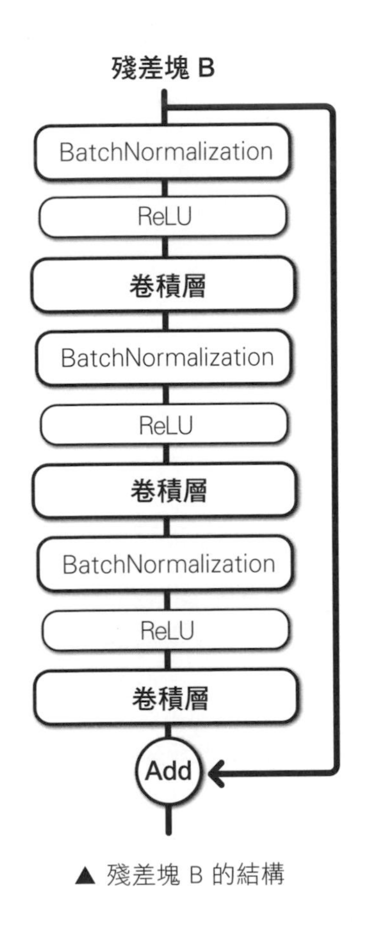

▲ 殘差塊 B 的結構

建構殘差塊 B 的程式碼如下，這裡定義一個 residual_unit() 函式來處理：

IN　建構殘差塊 B

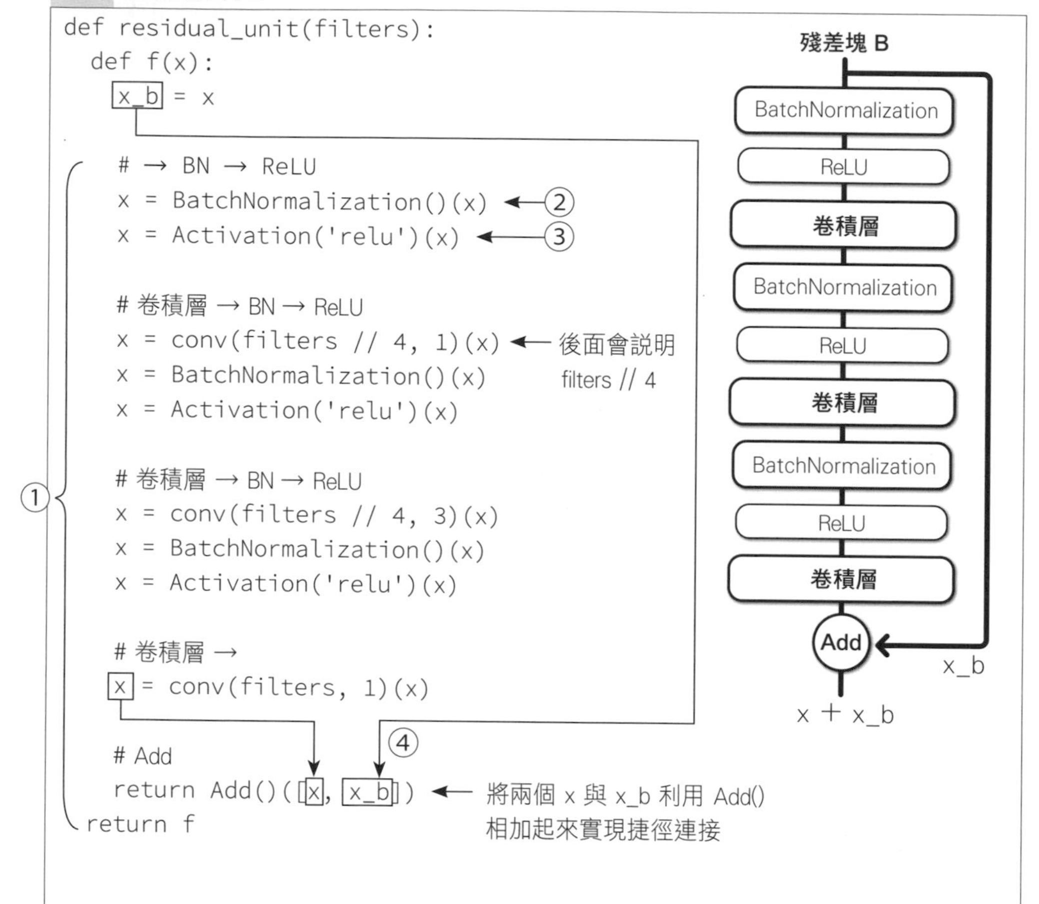

① 層與層用 Functional API 的方式連接起來

② 透過 TensorFlow.Keras 建立 BatchNormalization 層並加到神經網路之中，進行批次正規化

③ 透過 Activation() 指定要使用的激活函數

④ 建立捷徑連接時，是利用「Add」將輸出 (x_b) 與最後一個卷積層的輸出 (x) 連接起來。由於此時連接起來的 2 個輸出的 shape 相同，因此不用調整尺寸

各自建立好殘差塊 A、B 後，接著再撰寫一個 residual_block() 函式來建立 1 個殘差塊 A 跟 17 個殘差塊 B 的組合。後續將使用這個函式 3 次，總共要建構 54 個，並用 Functional API 的方式連接起來，連接完的結構如下：

這邊的「16,1,1」等數值，分別代表卷積層的「卷積核數量，卷積核尺寸，步長」

- 殘差塊 A (16,1,1 → 16,3,1 → 64,1,1） × 1
- 殘差塊 B (16,1,1 → 16,3,1 → 64,1,1） × 17
- 殘差塊 A (32,1,2 → 32,3,1 → 128,1,1） × 1
- 殘差塊 B (32,1,1 → 32,3,1 → 128,1,1） × 17
- 殘差塊 A (64,1,2 → 64,3,1 → 256,1,1） × 1
- 殘差塊 B (64,1,1 → 64,3,1 → 256,1,1） × 17

將 1 個殘差塊 A 跟 17 個殘差塊 B 視為「1 組」，那麼本例將使用 3 組這種組合，要注意的是各殘差塊裡面的卷積層參數都有做微調

建構 1 組 (殘差塊 A 與殘差塊 B×17) 的函式如下所示：

IN 建構殘差塊 A×1 與 殘差塊 B×17

```
def residual_block(filters, strides, unit_size): ←①
  def f(x):                    ③
    x = first_residual_unit(filters, strides)(x) ← 建構殘差塊 A
    for i in range(unit_size-1): ← 以 for 迴圈建構 17 個殘差塊 B
      x = residual_unit(filters)(x)
    return x                   ④
  return f
```

② (標示 x = first_residual_unit... 至 return x 區段)

① unit_size 為 18，代表有 1 個殘差塊 A 與 17 個殘差塊 B (下面會 unit_size-1 來跑迴圈)

② 層與層用 Functional API 的方式連接起來

③ 用前面定義的殘差塊 A 函式來建構

④ 用前面定義的殘差塊 B 函式來建構

建構模型

定義好上述函式後，就馬上來使用，依照一開始規劃的模型架構將上面的殘差塊組合在一起。組合的程式碼如下，基本上參照 3-73 頁的結構圖來撰寫：

IN

```
input = Input(shape=(32,32, 3))  ← 輸入資料的 shape

x = conv(16, 3)(input)  ← 最一開始的卷積層

# 殘差塊 x 54            ⑤
x = residual_block(64, 1, 18)(x)   # 第 1 組殘差塊 ←②
x = residual_block(128, 2, 18)(x)  # 第 2 組殘差塊 ←③
x = residual_block(256, 2, 18)(x)  # 第 3 組殘差塊 ←④
                              ⑥
# → BN→ ReLU
x = BatchNormalization()(x)
x = Activation('relu')(x)

x = GlobalAveragePooling2D()(x)  ← 池化層

output = Dense(10, activation='softmax',
kernel_regularizer=l2(0.0001))(x)  ← 密集層
              ⑦
model = Model(inputs=input, outputs=output)  ←
```

最後建構「Model」物件。參數指定為整體網路的輸入及輸出

（②～⑦ 所有程式碼由 ① 標示）

① 層與層用 Functional API 的方式連接起來

② 第 1 組殘差塊 { 殘差塊 A (16,1,1 → 16,3,1 → 64,1,1) × 1
　　　　　　　　　殘差塊 B (16,1,1 → 16,3,1 → 64,1,1) × 17 }

③ 第 2 組殘差塊 { 殘差塊 A (32,1,2 → 32,3,1 → 128,1,1) × 1
　　　　　　　　　殘差塊 B (32,1,1 → 32,3,1 → 128,1,1) × 17 }

④ 第 3 組殘差塊 { 殘差塊 A (64,1,2 → 64,3,1 → 256,1,1) × 1
　　　　　　　　　殘差塊 B (64,1,1 → 64,3,1 → 256,1,1) × 17 }

⑤ 回憶一下之前自定的 first_residual_unit() 以及 residual_unit() 函式當中，之所以有個 filters //4 的原因，像這樣這樣簡單傳入數值，就可以建構不同內容的殘差塊結構

⑥ 這邊的 18 代表建立 18 個殘差塊 (1 個殘差塊 A 與 17 個殘差塊 B)

⑦ 這一段是常規化，防止過度配適

編譯模型

建構好後同樣用 compile() 進行編譯，由於本例為分類問題，因此指定損失函數為 categorical_crossentropy、優化器為 SGD，評估指標則為 acc。有關上述損失函數的詳細說明，請參考 3-0 節。編譯的程式碼如下：

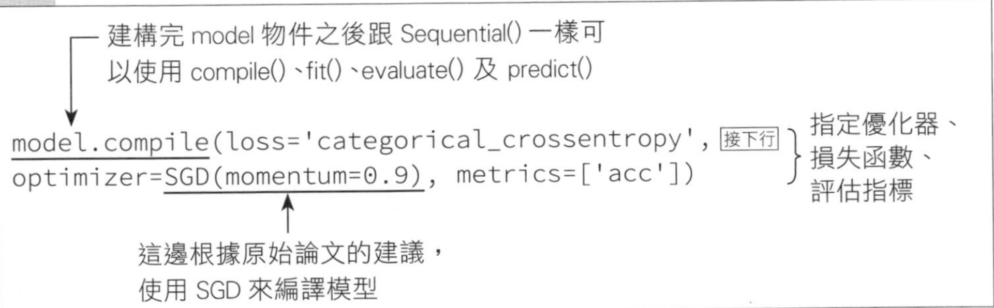

流程 3：訓練模型

接下來進入到「流程 3：訓練模型」，這邊一樣將訓練樣本 (影像資料) 及訓練標籤 (標準答案) 輸入模型進行訓練。不過在訓練之前，這邊要新介紹兩個幫助訓練的小技巧：ImageDataGenerator 與 LearningRateScheduler。

設定 ImageDataGenerator

ImageDataGenerator 是進行樣本集 (影像資料) 做「正規化 (normalization)」與「資料擴增 (data augmentation)」的類別 (編註：應該還記得前面資料預處理時沒有先做正規化吧，用這個類別就可以一併做完正規化)。資料擴增只需要對訓練樣本做，目的是增加訓練樣本的變化性，好讓模型學到更多能力。因此接下來會建立 train\test 2 個「Generator」，分別提供給訓練樣本與測試樣本使用。

小編補充 「擴增」就是小幅修改現有樣本來產生更多的樣本，此方法在樣本數量不足時特別有用。例如將影像反轉（水平、垂直、或合併使用），或是稍做縮放、位移、旋轉等變化，即可不斷產生新的相似影像來訓練模型。當不重複的樣本數量變多時，即可讓模型學到更多樣化的資料，以減少過度配適。

設定 ImageDataGenerator 的程式碼如下：

IN 設定 ImageDataGenerator

```
①
train_gen = ImageDataGenerator(  ← 訓練樣本進行正規化前的設定
  featurewise_center=True,       ← 令整體資料集之輸入的平均值為 0
  featurewise_std_normalization=True,  ← 利用資料集的標準差
                                         將輸入資料做正規化
  width_shift_range=0.125,  ← 隨機向左或右平移 12.5% 寬度以內的像素
  height_shift_range=0.125, ← 隨機向上或下平移 12.5% 高度以內的像素
② horizontal_flip=True)     ← 隨機水平翻轉影像
test_gen = ImageDataGenerator(  ← 設定測試樣本的正規化內容
                                  (不需要資料擴增)
  featurewise_center=True,  ← 令整體資料集之輸入的平均值為 0
  featurewise_std_normalization=True)  ← 利用資料集的標準差
                                         將輸入做正規化
```

① train_gen 這個變數裝的是對訓練樣本要做的處理（正規化、資料擴增）
② test_gen 這個變數裝的是對測試樣本要做的處理（正規化）

```
for data in (train_gen, test_gen):  }③
  data.fit(train_images)
       ④
```

③ 這邊的語法是在對訓練樣本與測試樣本做正規化
④ 做正規化時必須先計算平均值與標準差（正規化公式需要平均值、標準差），這邊的 fit() 就是拿 train_images 的資料去計算平均值與標準差好讓 train_gen 與 test_gen 能夠進行正規化

設定 LearningRateScheduler

在 3-1 節，我們介紹過 TensorFlow.Keras 的 callbacks 機制，可以幫助我們在模型訓練時進行更多細微的操作，這裡要使用可以在訓練過程中改變學習率的 callbacks -「LearningRateScheduler」。在訓練模型的過程中調整學習率是為了使其能夠在距離正確答案較遠時使用較大的更新幅度 (即學習率的值大一些)、在距離正確答案較近時使用較小的更新幅度 (即學習率的值小一些)，以便快速而準確地找到正確答案。LearningRateScheduler 可以為每個訓練週期 (epoch) 規劃不同的學習速率。

> **編註** 學習率值的大小可以決定各層權重每次更新幅度。詳細說明可以參考 3-0 節的說明。

本例指定學習率在開始時為「0.1」、80 epoch 後為「0.01」、120 epoch 後為「0.001」。程式碼如下所示：

IN 設定 LearningRateScheduler

```
def step_decay(epoch):
  x = 0.1
  if epoch >= 80: x = 0.01
  if epoch >= 120: x = 0.001
  return x
lr_decay = LearningRateScheduler(step_decay)
```

- step_decay(epoch)：建立一個以 epoch 為參數並傳回學習率的函式
- lr_decay：待會將 LearningRateScheduler 指定為 fit() 的參數，則就可以套用動態調整學習率的機制了
- (step_decay)：將設定好的函式做為參數傳遞給 LearningRateScheduler

> **小編補充** 上面的 ImageDataGenerator 與 LearningRateScheduler 只是先做設定而已，後續將設定好的變數名稱指定為 fit() 的參數，開始訓練時就可以發揮它們的功能。

訓練模型

訓練所使用的指令也是 model.fit()。跟前幾節不同的是剛才我們有使用到 ImageDataGenerator 幫助我們做資料擴增，必須指定幾個新參數。程式碼如下所示：

IN 訓練

```
batch_size = 128
history = model.fit (
①train_gen.flow(train_images, train_labels, batch_size=batch_size),
  epochs=120,                                   ④                ②
③steps_per_epoch=train_images.shape[0] // batch_size,
  validation_data=test_gen.flow(test_images, test_labels,
batch_size=batch_size),       ⑤         ⑥
⑦validation_steps=test_images.shape[0] // batch_size,
  callbacks=[lr_decay])
          ⑧
```

① train_gen.flow 就是以訓練資料集做完正規化後產生「擴增的訓練資料」
② 1 次擴增的資料筆數
③ 設定 1 個 epoch 要訓練幾次 (設這個參數的原因請見底下的小編補充)
④「訓練資料數量／批次量大小」，訓練的樣本數將與資料擴增前相同
⑤ 指定驗證資料，因為我們做了資料擴增，某個程度來說難以計算樣本總數，自然也無法設定驗證集的切割比例，因此這裡這樣寫是表示以測試資料 (test_gen) 來做驗證
⑥ 以測試資料集當作驗證資料集，並用 test_gen.flow() 進行正規化
⑦ 設定 1 個 epoch 要驗證幾個批次
⑧ 設定 callback

小編補充 關於上面的 steps_per_epoch 參數

一般在使用 model.fit() 訓練模型時不用指定訓練的次數，因為資料總筆數是固定的，訓練次數可以用計算的方式算出來，以 CIFAR-10 為例：50,000(總筆數) // 128 (batch_size) = 390(批次)，但是在做資料擴增時為什麼要特別指定 1 週期訓練的次數呢？因為 ImageDataGenerator 是在訓練模型時隨機動態產生擴充資料，所以某個程度來說，資料的總筆數變成了無限多筆(跟 ImageDataGenerator 要幾筆他就會產生幾筆)，在不知道資料總筆數的情況下我們就得指定批次(用 steps_per_epoch 指定)，別忘記 1 epoch 是全部資料訓練 1 次，如果沒有設定次數，模型就會無限訓練下去。

OUT

```
Epoch 1/120
390/390 [==============================] - 108s 276ms/step -
loss: 4.5771 - acc: 0.3573 - val_loss: 4.1484 - val_acc: 0.4550
Epoch 2/120
390/390 [==============================] - 107s 274ms/step -
loss: 3.7818 - acc: 0.5299 - val_loss: 3.5054 - val_acc: 0.5685
Epoch 3/120
390/390 [==============================] - 107s 274ms/step -
loss: 3.2055 - acc: 0.6273 - val_loss: 3.1967 - val_acc: 0.5842
...(略)
Epoch 119/120
390/390 [==============================] - 106s 273ms/step -
loss: 0.2062 - acc: 0.9968 - val_loss: 0.4904 - val_acc: 0.9303
Epoch 120/120
390/390 [==============================] - 106s 272ms/step -
loss: 0.2055 - acc: 0.9957 - val_loss: 0.4749 - val_acc: 0.9355
```

繪製圖形

這邊一樣將 acc（訓練樣本的預測準確率）以及 val_acc（驗證樣本的預測準確率）的數據畫成圖形，觀察看看訓練的走向。這裡同樣使用 matplotlib 將訓練過程繪製成圖形。程式碼如下：

IN　繪製圖形

```
plt.plot(history.history['acc'], label='acc') ← 從剛才 fit() 的傳回值 history 當中取得每個 epoch 的 acc，然後傳入給 plot() 函式
plt.plot(history.history['val_acc'], label='val_acc') ← 從剛才 fit() 的傳回值 history 當中取得每個 epoch 的 val_acc，然後傳入給 plot() 函式
plt.ylabel('accuracy') ← 以 plt.ylabel() 指定 Y 軸的標籤
plt.xlabel('epoch')    ← 以 plt.xlabel() 指定 X 軸的標籤
plt.legend(loc='best') ← 利用 plt.legend() 繪製在圖形上的標籤說明。以 loc='best' 放置在最適合的位置上
plt.show() ← 顯示圖形
```

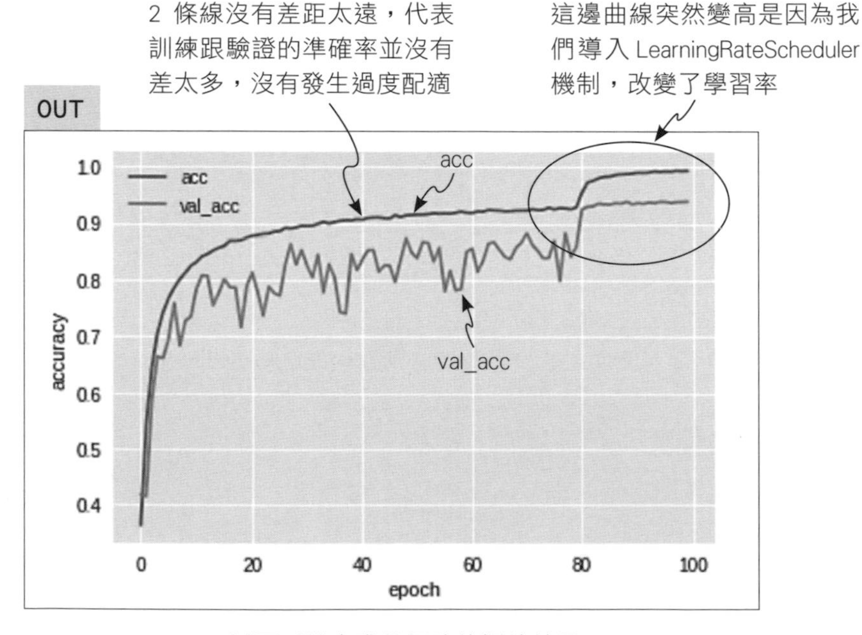

▲ 以圖形輸出殘差網路的訓練結果

流程 4：評估與預測

訓練完模型後，一樣利用測試資料集來評估模型的普適能力，並預測前 10 筆資料看看。

評估

將測試樣本 (影像資料) 及測試標籤 (正確答案) 輸入模型進行評估，並取得測試的準確率。不過測試樣本已經交由 test_gen 進行正規化，所以在做評估時也要使用 test_gen.flow()。程式碼如下所示：

IN 評估

```
test_loss, test_acc = model.evaluate(test_gen.flow(test_ 接下行
images, test_labels))
print('loss: {:.3f}\nacc: {:.3f}'.format(test_loss, test_acc ))
```

傳入測試資料集時，要用 test_gen.flow() 函式

OUT

```
loss: 0.450
acc: 0.942
```

由結果可知，預測的準確率為 94%。與上一節 CNN 網路的 80% 相比，殘差網路預測的準確率高出一截。

預測

最後，以前 10 筆的測試樣本 (影像資料) 進行預測，並取得結果，再印出來看看模型的成效如何，在進行預測時，使用的是 model.predict()。一樣測試樣本也要使用 test_gen.flow() 函式。程式碼如下所示：

1 2 3 4 5 6 7 8

IN

```
test_predictions = model.predict(test_gen.flow(test_ 接下行
mages[0:10], shuffle = False))
```

傳入測試樣本時，要用 test_gen.flow() 函式

shuffle 參數是決定輸入的資料要不要洗牌 (隨機重排)，這邊是用前 10 筆進行預測，如果洗牌的話就亂掉了，所以設定不用洗牌，用布林值可以決定是否要洗牌

```
test_predictions = np.argmax(test_predictions, axis=1)
```

用 np.argmax() 轉換為成最大值的索引

```
labels = ['airplane', 'automobile', 'bird', 'cat', 'deer', 接下行
'dog', 'frog', 'horse', 'ship', 'truck']
```

我們想將預測結果用數值轉換成名詞，因此先設定 0~9 數字所對應的名稱

```
test_ans = np.argmax(test_labels[:10], axis=1)
```

取出前 10 筆測試標籤

```
print('前 10 筆測試標籤:',[labels[n] for n in test_ans])
```

將測試標籤依照索引值對應到串列的 10 個名稱，例如：0 → airplane

```
print('前 10 筆預測標籤:',[labels[n] for n in test_predictions])
```

也將預測結果依照索引對應到串列的 10 個名稱

OUT

```
前 10 筆測試標籤: ['cat', 'ship', 'ship', 'airplane', 'frog', 'frog',
'automobile', 'frog', 'cat', 'automobile']
前 10 筆預測結果: ['cat', 'ship', 'ship', 'airplane', 'frog', 'frog',
'automobile', 'frog', 'cat', 'automobile']
```

前十筆的預測完全正確

是否記得上節 CNN 對於這 1 筆 frog 預測成 dog 了，改成殘差網路順利扳回顏面

CHAPTER

4 強化式學習

在第 4 章的部份，我們將介紹與 AlphaZero 相關的**強化式學習 (Reinforcement Learning)** 演算法，如同 1-2 節所提到的，強化式學習所進行的訓練，是為了讓代理人能在環境中，透過策略選擇動作，來獲得最多的回報值。這和下圍棋類似，都是要從多種可能的棋路中選擇最好的一步 (策略)，以獲得最終的勝利。

> **編註** 在開始第 4 章之前請務必熟讀 1 - 2 節的強化式學習基礎，了解代理人、環境、策略 ... 等名詞的意思！

本章開始，我們先以**多臂拉霸機 (Multi - Armed Bandit)** 這個簡單的範例來實作強化式學習的基本概念，有了基礎之後，接著會介紹不同性質的強化式學習法，例如從「動作」的角度選擇策略的策略梯度法 (Policy gradient method)，或者從「價值」的角度選擇策略的 2 種演算法：Sarsa 與 Q - Learning，讀者可藉此比較這幾種演算法的差異。

最後會介紹 Deep Q - Network，Deep Q - Network 是為了讓強化式學習在**複雜的環境**中也能有效執行而開發出來的，它結合了強化式學習與第 3 章談到的深度學習的概念，是深度強化式學習 (Deep Reinforcement Learning) 的一種，這部分將使用木棒平衡台車 (CartPole) 的例子來做介紹。

本章目的

- 以多臂拉霸機為例，使用 ε - greedy 與 UCB1 演算法訓練代理人獲得最多的代幣，介紹這兩種訓練方法的差異，讀者可了解強化式學習的基本概念。
- 以迷宮遊戲為例，使用策略梯度法訓練代理人走出迷宮，讀者可了解代理人在選擇策略時的學習方法。

- 以迷宮遊戲為例，使用 Sarsa 與 Q - Learning 訓練代理人走出迷宮，讀者可了解代理人將價值最大化的學習方法。
- 以木棒平衡台車為例，使用 Deep Q - Network 訓練代理人保持木棒平衡，讀者可了解代理人處理複雜環境的學習方法。

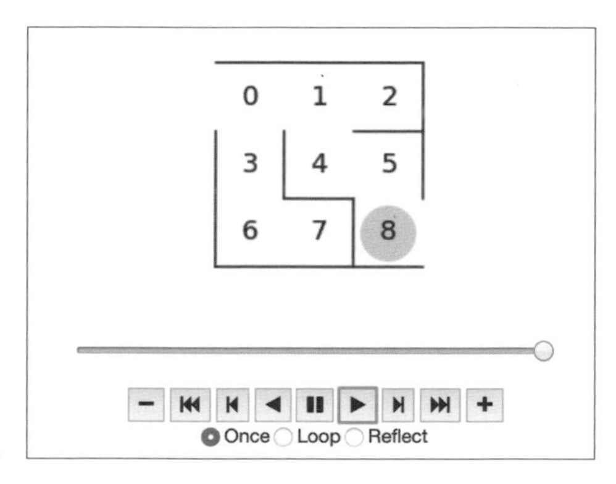

▲ 以迷宮遊戲演練策略梯度法、Sarsa 及 Q - Learning

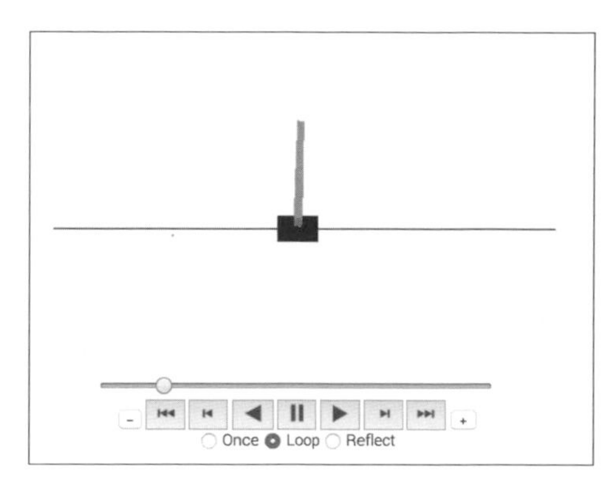

▲ 以木棒平衡台車（左右移動台車以保持平衡，使木棒不會倒下的遊戲）演練 DQN 演算法

4-0 強化式學習的基本概念 - 以多臂拉霸機為例

第 4 章的一開始，將以訓練代理人在**多臂拉霸機**這個環境中獲取最多的回饋值，做為強化式學習的入門範例，因為代理人在此問題中只會有 1 種動作 (從多支拉桿中選擇 1 支)，也不需要考慮不同狀態的環境，所以問題會比較單純一點。

本節會先認識多臂拉霸機，接著介紹 2 種選擇策略的強化式學習演算法：**Epsilon - Greedy Algorithm (以下簡稱為 ε - greedy)** 與 **Upper Confidence Bound，version 1 (以下簡稱為 UCB1)**，最後以程式實做這 2 種方法。

多臂拉霸機 (Multi-Armed Bandit)

多臂拉霸機 (Multi-Armed Bandit) 是 1 台博弈機器，您可以假設現在有 1 台拉霸機，上面有許多支拉桿 (編註：多個「臂」)，每支拉桿釋出代幣的機率都不同，這裡設定不管拉幾次拉桿，每個拉桿掉幣的機率都是固定不變。問題來了，我們所訓練的代理人在不知道每 1 支拉桿釋出代幣的機率下該如何選擇拉桿，才能在有限的選擇次數當中獲得最多的代幣呢？

> **編註** 多臂拉霸機是虛構的機器，通常 1 台拉霸機中只會有 1 支拉桿，如果讀者不好理解，可以把此例想像成有一整排拉霸機而每台掉幣的機率都不同。

由於代理人無法事先得知每支拉桿釋出代幣的機率，所以一開始要為了收集資訊而嘗試選擇各支拉桿並且把結果記錄下來，對代理人來說此動作稱為**探索**，待收集到資訊之後，再根據獲得的資訊選擇最有可能獲利的拉桿，此動作稱為**利用**。

如果為了收集資訊而持續探索，雖然愈有機會知道哪支拉桿的回饋值高 (編註：本例的回饋值即得到的代幣)，但獲得的回報值 (編註：把得到的每筆回饋值做加總) 將比持續進行利用要來得少；相反地，若一直利用，則可能錯失掉回饋值更高的拉桿。因此為了將回報值最大化，我們必須制定一個策略使代理人做好探索與利用之間的權衡取捨。

> **編註** 回饋值、回報值的中文很像，在強化式學習中，每筆回饋值 (reward) 加總後稱為回報值 (return)，請讀者先記牢，這 2 個名詞的關聯，後續還會再遇到喔！

接著我們就來介紹 2 種選擇策略的方法：ε - greedy 與 UCB1，這兩種都能幫助代理人在探索和利用之間取得平衡。

> **編註** 探索 (Exploration) 與利用 (Exploitation) 是強化式學習裡頭很基本的概念，你可以在後續的強化式學習演算法找到它們的身影，現階段讀者只要記得這 2 個名詞的概念就好。

ε - greedy (Epsilon - Greedy Algorithm)

首先介紹第 1 個選擇策略的方法：ε - greedy，ε - greedy 的做法是讓代理人以 1 - ε（ε 是介於 0 和 1 之間的數值）的機率選擇目前所摸索出**價值最高**的動作（利用），再以 ε 的機率隨機選擇不同拉桿（探索），根據經驗，最適合的 ε 值為 0.1。也就是 90% 的機率在「利用」，10% 的機率在「探索」。

> **編註** 簡單來說 ε - greedy 是讓代理人**優先選擇價值最高的拉桿（利用），偶爾拉一下其他拉桿（探索）。**

而使用 ε - greedy 做為策略的強化式學習流程如下圖：

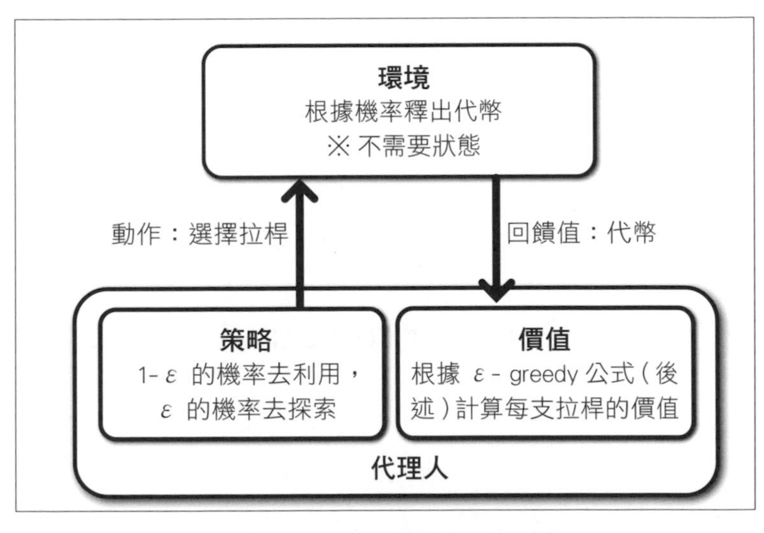

▲ ε - greedy 的強化式學習循環

根據上圖，整理一下 ε - greedy 的強化式學習循環流程如下：

01 代理人根據 ε - greedy 策略選擇 1 支拉桿（1- ε 的機率選擇價值最高的拉桿、ε 的機率隨機選擇拉桿）。

(02) 環境根據所選拉桿判定是否給出回饋值 (只有 0 或 1，二種回饋值)。

(03) 代理人根據得到的回饋值更新**所選的這支拉桿**的價值 (公式後面會介紹)。

(04) 重複 (01) ~ (03) 直到結束。

當某支拉桿被拉了之後，其價值會由以下的公式進行更新。公式如下：

$$V_t = \frac{n-1}{n} * V_{t-1} + \frac{1}{n} * R_t$$

V_t ：所選拉桿本次的價值
n ：所選拉桿的試驗次數
V_{t-1} ：所選拉桿最近 1 次算出來的價值
R_t ：所選拉桿本次獲得的回饋值

▲ 拉桿的更新價值公式

編註 注意！只有**所選拉桿**會做更新價值的動作 (代理人拉完哪個拉桿，就隨即更新那個拉桿的價值)，其他拉桿不會更新價值。

UCB1 (Upper Confidence Bound, version 1)

改看 UCB1 採取的做法，它是當代理人拉任 1 支拉桿後，就視結果如何，利用 UCB1 公式計算這支拉桿的價值，與 ε - greedy 最大的不同是，其他沒被拉到的拉桿也會視這次的結果，**同步**利用 UCB1 公式更新自己這支拉桿的價值。

因此相對於 ε - greddy 來說，UCB1 的做法可說**牽一髮動全身**，而各拉桿的價值更新完成後，代理人永遠選擇**價值最高**的拉桿去拉，概念就這麼簡單。使用 UCB1 作為策略的強化式學習循環流程如下圖所示：

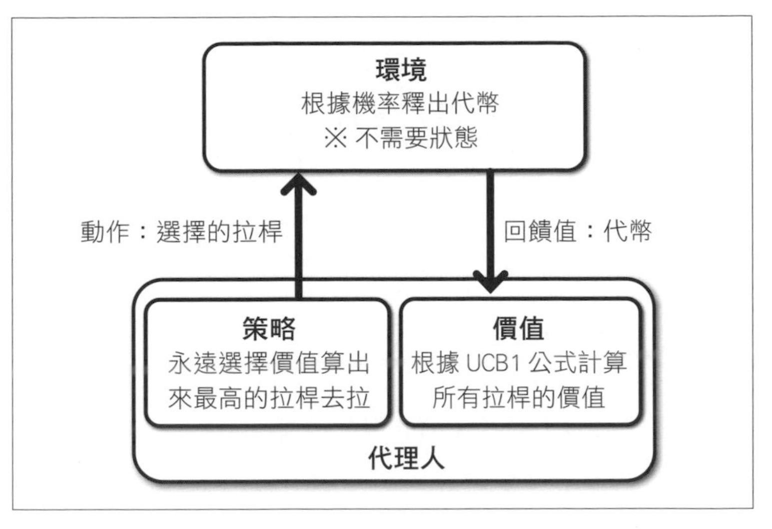

▲ UCB1 的強化式學習循環

根據上圖，整理一下 UCB1 的強化式學習循環流程如下：

01 當有任何 1 支拉桿的**試驗次數為 0** 時，代理人會依序將每支拉桿都拉過 1 次 (編註：原因待會看到 UCB1 的數學式子就會明白)，當所有拉桿的試驗次數皆不為 0 時，才會進行 02。

02 代理人永遠選擇**價值最大**的拉桿。

03 環境根據所選拉桿判定是否給出回饋值。

04 代理人根據得到的試驗次數、成功次數等等參數更新**所有拉桿**的價值 (每支拉桿都套自己的 UCB1 公式進行更新)。

05 重複 01 ~ 04 直到結束。

拉桿的價值會以 UCB1 公式進行更新。公式如下所示：

$$UCB1 = \frac{w}{n} + \left(\frac{2*log(t)}{n}\right)^{\frac{1}{2}}$$

n ：所選拉桿的試驗次數
w：所選拉桿的成功次數
t ：所有拉桿的試驗次數總和

▲ UCB1 公式

從上面的公式可以看出 UCB1 的公式組成是「成功率 $\frac{w}{n}$ 」+「納入 t (指所有拉桿的試驗次數總和) 為考量所算出來的值」，加項左邊的成功率 $\frac{w}{n}$ 是「此拉桿的成功次數 w (成功的定義：釋出代幣，回饋值 =1) ÷ 此拉桿的試驗次數 n」，與加項右邊那一串算出來的值相加就是每支拉桿的價值。

編註 加項右邊裡面的 t，代表著所有拉桿的試驗次數總和，所以每拉一次某拉桿 (t+1) 時，**所有拉桿**的價值都要跟著做更新 (因為 t 不斷在 +1，連帶影響每支拉桿算出來的 UCB1 值)。

接下來的部份，我們用程式分別試試上面提到的 ε - greedy 與 UCB1 這 2 種訓練方式。

編註 上面就是 ε - greedy 與 UCB1 的講解，建議在實作程式前再複習一下 2 者的概念，接著搭配程式會更容易理解喔！

匯入套件

在程式的部分，一開始我們要先匯入本節所需要的套件：

IN 匯入套件

```
import numpy as np
import random
import math
import pandas as pd
import matplotlib.pyplot as plt
%matplotlib inline
```


建立環境

再來，我們必須建構強化式學習的「環境 (Environment)」，在多臂拉霸機中的環境就是拉桿，這裡建立 1 個 SlotArm 類別用以建立拉桿，拉桿的機率是由我們 (訓練者) 所指定的，稍後會教大家如何設定。SlotArm 所包含的屬性如下表所示：

▼ SlotArm 的屬性

屬性	型別	說明
p	float	拉桿釋出代幣的機率

SlotArm 所包含的 method 如下表所示：

▼ SlotArm 的方法 (method)

方法 (method)	說明
__init__(p)	初始化拉桿的 method，參數 p 為釋出代幣的機率
draw()	判定代理人拉下拉桿後是否會獲得代幣 (回饋值)

程式碼如下：

IN 建立多臂拉霸機的拉桿類別

```
class SlotArm():
  def __init__(self, p):  ← 初始化多臂拉霸機拉桿
    self.p = p            ← 由訓練者設定各拉桿釋出代幣的機率
```

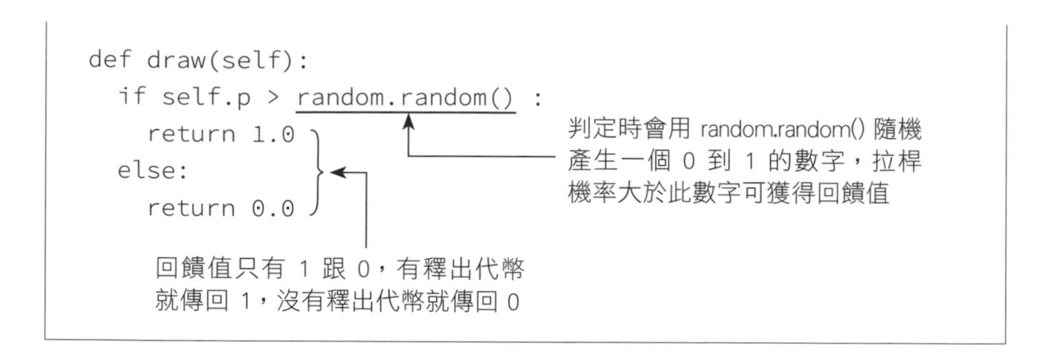

定義 ε - greedy 演算法的類別

定義好拉桿的類別後，接著定義 EpsilonGreedy 類別方便我們待會進行 ε - greedy 的計算，此類別中 __init__() 的參數 epsilon 做為代理人隨機選擇拉桿進行探索的機率，並以 select_arm() 選擇拉桿，之後利用 update() 更新所選拉桿的價值。EpsilonGreedy 類別的屬性如下表所示：

▼ EpsilonGreedy 的屬性

屬性	型別	說明
epsilon	float	代理人隨機選擇拉桿進行探索的機率
n	list	各拉桿的試驗次數
v	list	各拉桿的價值 (平均回饋值)

EpsilonGreedy 類別的方法 (method) 如下表所示：

▼ EpsilonGreedy 類別的方法 (method)

方法 (method)	說明
__init__(epsilon)	初始化 ε - greedy，參數為 epsilon (進行探索的機率)
initialize(n_arms)	將所選拉桿的試驗次數與價值歸零，參數為拉桿的數量

→ 接下頁

方法 (method)	說明
select_arm()	代理人選擇拉桿，以 ε 的機率隨機選擇拉桿進行探索，並以 1- ε 的機率選擇目前計算出來價值最高的拉桿，傳回值為**拉桿的編號**
update(chosen_arm, reward, t)	更新所選拉桿的價值，參數為選擇的拉桿 (chosen_arm)、回饋值 (reward) 以及所有拉桿的試驗次數總和 (t)
label()	畫圖用 (編註：稍後會說明)

1 2 3 4 5 6 7 8

EpsilonGreedy() 整個類別完整的程式碼如下所示：

IN 定義 ε - greedy 演算法 (類別)

```
class EpsilonGreedy():
  # 初始化 ε - greedy
  def __init__(self, epsilon):
    self.epsilon = epsilon     ← 進行探索的機率

  # 利用 np.zeros() 將試驗次數與價值歸零
  def initialize(self, n_arms):
    self.n = np.zeros(n_arms)  ← 各拉桿的試驗次數歸零
    self.v = np.zeros(n_arms)  ← 各拉桿的價值歸零

  # 選擇拉桿
  def select_arm(self):
    if self.epsilon > random.random():
      return np.random.randint(0, len(self.v))  ← 隨機選擇拉桿進行探索
    else:
      return np.argmax(self.v)  ← 選擇價值最高的拉桿

  # 更新所選拉桿的價值
  def update(self, chosen_arm, reward, t):
                                   ↑ 此參數未使用，它只是為了和 UCB1 類別的同名函數一致，以方便測試
    # 將所選拉桿的試驗次數加 1
    self.n[chosen_arm] += 1
    # 更新所選拉桿的價值
    n = self.n[chosen_arm]
    v = self.v[chosen_arm]
                ↑ 只更新所選拉桿的價值
```

```
    self.v[chosen_arm] = ((n-1) / float(n)) * v + 接下行
    (1 / float(n)) * reward

  # 畫圖用 (編註：稍後會說明)
  def label(self):
    return 'ε- greedy('+str(self.epsilon)+')
```

定義 UCB1 演算法的類別

另外，也建立類別 UCB1 以方便待會執行 UCB1 演算法，其中 initialize() 用來初始化演算法物件，並以 select_arm() 根據價值高低，永遠選擇最高的拉桿來拉，之後利用 update() 同步更新所有拉桿的價值。UCB1 類別的屬性如下表所示：

▼ UCB1 的屬性

屬性	型別	說明
n	list	各拉桿的試驗次數
w	list	各拉桿的成功次數
v	list	各拉桿的價值

編註 相較於 ε - greedy，UCB1 多了 w 這個屬性來記錄各拉桿的成功次數。

UCB1 類別的方法 (method) 如下表所示：

▼ UCB1 類別的方法 (method)

方法	說明
initialize(n_arms)	將所選拉桿的試驗次數、成功次數與價值歸零，參數 (n_arms) 為拉桿的編號
select_arm()	代理人選擇價值最高的拉桿，傳回值為拉桿的數量

→ 接下頁

方法	說明
update(chosen_arm, reward, t)	更新所選拉桿的試驗次數、成功次數與價值，參數為選擇的拉桿（chosen_arm）、回饋值（reward）以及所有拉桿的試驗次數總和（t）
label()	畫圖用（編註：稍後會說明）

UCB1 類別的程式碼如下：

IN 定義 UCB1 演算法(類別)

```
class UCB1():
  # 利用 np.zeros() 將試驗次數、成功次數與價值歸零
  def initialize(self, n_arms):
    self.n = np.zeros(n_arms)  ← 各拉桿的試驗次數
    self.w = np.zeros(n_arms)  ← 各拉桿的成功次數
    self.v = np.zeros(n_arms)  ← 各拉桿的價值

  def select_arm(self):  ← 選擇拉桿
    for i in range(len(self.n)):
      if self.n[i] == 0:
        return i  ← 先將所有拉桿都拉過一次，讓 n 不為 0

    return np.argmax(self.v)  ← 選擇價值高的拉桿
```

注意 4-8 頁公式裡面的 n，代表著所選拉桿的試驗次數，這個變數是放在分母的位置，可是在數學中分母不能為「0」，所以在計算每個拉桿的價值前，會先將每個拉桿都拉過「1 次」(n > 0) 之後才會開始計算

```
  # 更新所有拉桿的價值
  def update(self, chosen_arm, reward, t):
    self.n[chosen_arm] += 1  ← 將所選拉桿的試驗次數加 1
    if reward == 1.0:
      self.w[chosen_arm] += 1  ← 成功時將所選拉桿的成功次數加 1
    for i in range(len(self.n)):
      if self.n[i] == 0:
        return  ← 當有試驗次數為 0 的拉桿存在時，不更新價值
    for i in range(len(self.v)):  ← 更新所有拉桿的價值
```

```
      self.v[i] = self.w[i] / self.n[i] + (2 * math.log(t)/ 接下行
      math.log(t) / self.n[i]) ** 0.5

  # 畫圖用 (編註：稍後會說明)
  def label(self):
    return 'ucb1'
```

定義模擬範例的函式

接下來我們建立 play() 函式來進行範例的模擬，並取得遊戲進行的回合數與回饋值，接著將這兩項資訊存成歷程資料 (history)，以便我們後續畫圖做兩個演算法的比較。play() 的參數如下表所示：

▼ play() 的參數

參數	型別	說明
algo	tuple	指定要以 EpsilonGreedy 或 UCB1 演算法來執行
arms	tuple	拉桿群，其中每個元素均為一個拉桿 (SlotArm 物件)
num_sims	int	範例的模擬次數
num_time	int	每一次模擬的回合數，每次進行的回合數都是固定的

多臂拉霸機的最終目標是在固定的回合數內，盡可能地獲得最多的代幣，其中參數 num_sims 則為範例的模擬次數，num_time 就是範例每次固定進行的回合數。

> **編註** 簡單來說 num_sims 代表要玩幾次遊戲；而 num_time 就是每玩 1 次遊戲的回合數。

play() 的程式碼內容如下：

IN 進行範例模擬

```
def play(algo, arms, num_sims, num_time):
  times = np.zeros(num_sims * num_time) ← 將範例進行的總回合數
                                          (模擬次數 x 回合數) 歸零
  rewards = np.zeros(num_sims * num_time) ← 將回饋值歸零

  # 開始進行第 1 次、第 2 次…第 num_sims 次範例模擬
  for sim in range(num_sims):
    algo.initialize(len(arms)) ← 初始化演算法

    # 開始每一次模擬的第 1 個、第 2 個…第 num_time 個回合
    for time in range(num_time):

      index = sim * num_time + time ← 計算索引

      times[index] = time+1 ← 記錄目前為本次模擬的第幾回合
      chosen_arm = algo.select_arm() ← 使用指定的演算法選擇拉桿
      reward = arms[chosen_arm].draw() ← 使用指定的演算法計算回饋值
      rewards[index] = reward ← 將回饋值記錄下來

      algo.update(chosen_arm, reward, time+1) ← 更新拉桿的價值
  return [times, rewards] ← [遊戲進行的回合數, 回饋值]
```

執行主程式並繪製圖形

最後的步驟是進行多次的遊戲模擬，並將結果 (遊戲進行的回合數、回饋值) 繪製圖形進行比較，我們先規劃一下主程式要做的事情：

01 建立拉桿：

建立 3 支拉桿 (建立 SlotArm 物件)，釋出代幣的機率分別指定為 0.3、0.5 及 0.9，注意這裡的機率是我們自行設定的，代理人並不會知道這些機率。

02 建立演算法：

分別建立 EpsilonGreedy 類別與 UCB1 類別。

03 進行遊戲模擬：

呼叫 play() 進行 1,000 次的遊戲模擬 (num_sims)，每 1 次會玩 250 回合 (num_time)。

04 繪製圖形：

利用 pandas 以及歷程資料來計算每回合的平均回饋值。

完整的程式碼如下：

IN

```
# Step01 建立拉桿
arms = (SlotArm(0.3), SlotArm(0.5), SlotArm(0.9))

# Step02 建立演算法
algos = (EpsilonGreedy(0.1), UCB1())

# Step03 進行遊戲模擬
for algo in algos:
  results = play(algo, arms, 1000, 250)

  # Step04 繪製圖形
  df = pd.DataFrame({'times': results[0], 'rewards': 接下行
  results[1]})
  mean = df['rewards'].groupby(df['times']).mean()  ← 計算每回合的平均回饋值

  plt.plot(mean, label=algo.label())  ← 取得每個演算法類別的標籤

# 繪製圖形
plt.xlabel('Step')
plt.ylabel('Average Reward')
plt.legend(loc='best')
plt.show()
```

顯示出來的圖形如下：

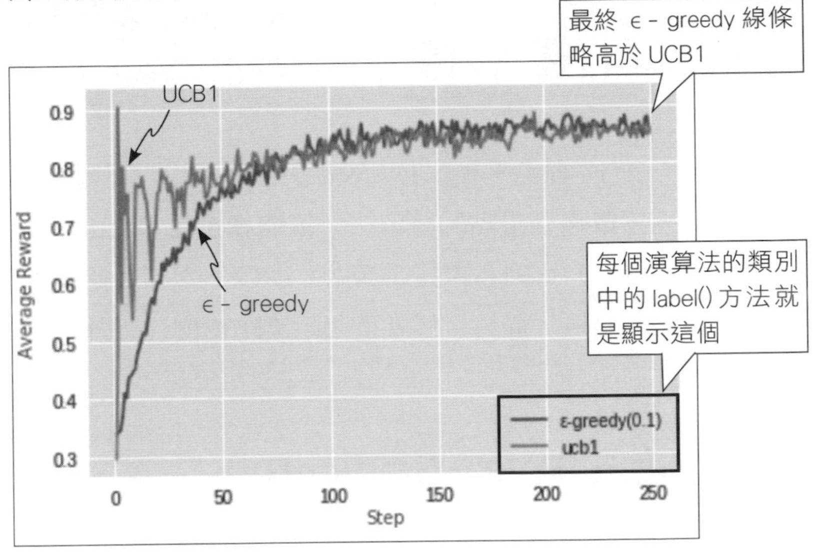

▲ 顯示 2 種演算法（ ε - greedy、UCB1）所獲得的回饋值走向

由上圖可看出，在回合數較低的時候 (50 次以下)，使用 UCB1 演算法所獲得的平均回饋值比較高；隨著回合數的上升，最後 ε - greedy 演算法所獲得的平均回饋值會稍微優於 UCB1 演算法。

編註 看到圖左側的部分，一開始 UCB1 演算法的波動幅度大是因為代理人每支拉桿都要去拉過 1 次，因此曲線不太穩定，而 ε - greedy 是持續拉價值大的拉桿，相較之下比較穩定。

4-1 利用策略梯度法 (Policy Gradient) 進行迷宮遊戲

經過上一節的小試身手，想必大家都對強化式學習更有概念，接著本節來試試另一種以**策略**為重點的演算法 - **策略梯度法** (Policy Gradient)。不同於上一節僅以簡單的多臂拉霸機做為環境，本節會使用稍微複雜一點的**迷宮遊戲**做為範例，最終目標就是使用策略梯度法訓練代理人如何選擇策略走出迷宮。

策略梯度法 (Policy Gradient)

策略梯度法 (Policy Gradient) 是**策略迭代法 (Policy Iteration Method)** 的其中一種演算法，策略迭代法的特色就是專注策略的變化，作法是先制定一個策略，接著代理人根據**策略**採取動作走出迷宮後，把走迷宮的「歷程資料」記錄下來，利用歷程資料去優化策略。

接下來將使用策略梯度法來訓練代理人可以用**最少步數**走出迷宮。我們將本範例的強化式學習元素整理如下：

▼ 迷宮遊戲的強化式學習元素

強化式學習元素	迷宮遊戲
目的	代理人用最少步數走出迷宮
回合	從起點到走出迷宮為止算 1 回合
狀態	代理人在迷宮裡的位置
動作	上、下、左、右
回饋值	不需要回饋值作為更新策略的參數(編註：原因是走出迷宮只是策略梯度法的前置條件，細節後面會再詳述。)
訓練方法	策略梯度法
策略更新間隔	**每 1 回合**

在利用策略梯度法進行迷宮遊戲時，強化式學習的循環如下所示。

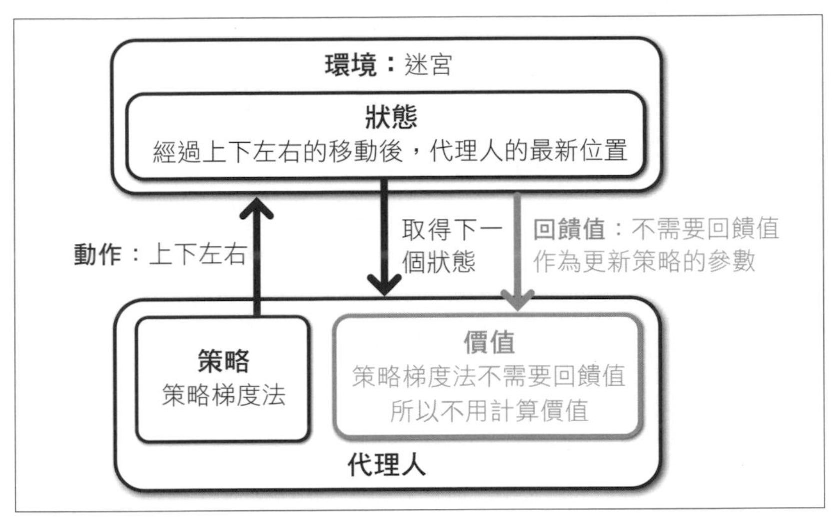

▲ 利用策略梯度法進行迷宮遊戲時的強化式學習循環

策略梯度法的訓練方法

首先，來了解一下訓練策略梯度法中最重要的元素 – **策略**，在一開始我們會先設定走迷宮的策略，再經由策略梯度法優化這個策略。由於對代理人 (程式) 而言並沒有迷宮的觀念，所以在**制定策略的當下，同時要讓代理人了解什麼是迷宮**，這樣才能學習如何走出迷宮。

在策略梯度法中，策略習慣以**參數 θ** 來稱呼，可以把參數 θ 當成策略梯度法的權重集合，在訓練過程中優化參數 θ 可以使代理人採取更好的策略。迷宮遊戲一開始，需要先設定參數 θ，做為代理人走迷宮的初始策略。而參數 θ 的設定與我們打算讓代理人挑戰的迷宮形狀是息息相關的，迷宮當中若有不能走的路，該路徑就設為 np.nan (即忽略不管)。

本例打算讓代理人挑戰的迷宮如下圖所示，先了解迷宮形狀，就可以明白為什麼本頁下方的參數 θ 要那樣設：

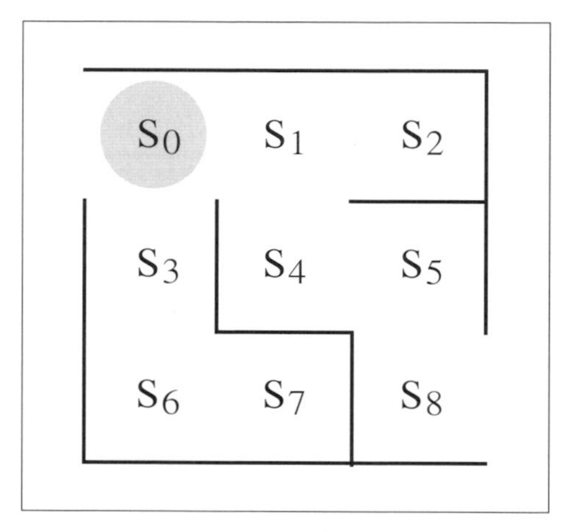

▲ 迷宮形狀

接著我們就要根據上方的迷宮設定參數 θ，好讓代理人能夠理解迷宮，做法是將迷宮轉換為**表格的形式**，只要整理出在迷宮哪個位置 (狀態) 時，哪邊可以走、哪邊不能走，這樣就等於規劃好迷宮的內容了。將上圖轉換成表格形式的參數 θ 如下：

▼ 根據迷宮設定參數 θ

狀態＼動作	a_0 (上)	a_1 (右)	a_2 (下)	a_3 (左)
S_0	np.nan	1	1	np.nan
S_1	np.nan	1	1	1
S_2	np.nan	np.nan	np.nan	1
S_3	1	np.nan	1	np.nan
S_4	1	1	np.nan	np.nan
S_5	np.nan	np.nan	1	1
S_6	1	1	np.nan	np.nan
S_7	np.nan	np.nan	np.nan	1

由上表可以看到，在每個狀態下 (s_0~s_7 表示迷宮裡面的位置)，都有 4 種動作 (上、右、下、左) 可以選擇，以 1 表示可以走的地方，以 np.nan (NumPy 的缺失值) 表示不能走的地方 (例如：牆壁或者是入口)，代理人只要查表就能知道迷宮長什麼樣子了。

> **編註** 在策略梯度法中，參數 θ 可以為不同的形式，本例就用表格的形式呈現。因此，後面只要提到參數 θ，就是指上頁的表格。

這樣還沒完喔！目前這個表當中，例如 (s_0, a_1) 這一格，目前設定為 1，這是什麼意思啊，這就叫策略？實在有點抽象。接著要做的事來了，對於迷宮遊戲而言，參數 θ 表當中的值最好能轉換成**迷宮的某個位置 (狀態) 下，採取某個動作的機率**，所以我們要將裡面的值進一步轉換成機率的形式，例如 s_0 狀態下，走 a_1 的機率為 60%，走 a_2 的機率為 40%，而這就是 s_0 狀態下，我們為代理人設計的策略。至於轉換成機率值的做法，是將參數 θ 的各值以 softmax 函數進行轉換，softmax 函數可將各狀態的值轉換成介於「0 ~ 1」之間且合計為 1 的數值。例如底下是 s_0 狀態下，各值轉換後的結果：

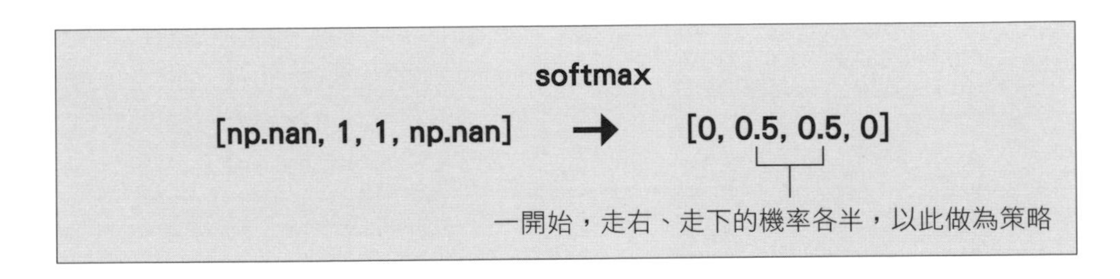

softmax 函數常會被運用在以深度學習進行分類時的模型輸出層中。softmax 的公式如下：

$$\text{softmax 函式} = \frac{exp(\theta_i)}{\sum_{j=1}^{n} exp(\theta_j)}$$

θ_i　：在某種狀態下，各種動作的機率分佈向量
θ_j　：在某種狀態下採取某種動作的機率
n　：動作數
exp()：計算 e^x 的函式（e 為自然常數）

▲ 公式

經由 softmax 函數轉換完的參數 θ (策略表) 如下表所示：

▼ 轉換完的參數 θ

狀態＼動作	a_0 (上)	a_1 (右)	a_2 (下)	a_3 (左)
s_0	0	0.5	0.5	0
s_1	0	0.3333	0.3333	0.3333
s_2	0	0	0	1
s_3	0.5	0	0.5	0
s_4	0.5	0.5	0	0
s_5	0	0	0.5	0.5
s_6	0.5	0.5	0	0
s_7	0	0	0	1

到這裡，轉換完的參數 θ 就是代理人一開始走迷宮所採取的策略，參數 θ 裡面各狀態 (s_0 ~ s_7) 的機率值越大，就代表代理人在該狀態時**採取此動作的機率**也會跟著增加，一開始的策略會非常弱 (編註：可看到各動作的機率均等，無高下之分)，代理人往往得花非常多步才能走出迷宮，但

在經過多次的訓練、優化後，就會得到最佳策略 (編註：就是參數 θ 中，**對的動作 (一路往終點)** 的機率值都很高，**錯的動作 (走進死胡同)** 的機率值都很低，這樣就可以最少的步數走出迷宮！)。

概念介紹到此，以下為策略梯度法的訓練步驟：

01 根據迷宮設定初時的參數 θ。

02 將參數 θ 中的值利用 softmax 轉換成機率值。

03 反覆根據當下的策略 (參數 θ) 採取動作 (上、下、左、右)，直到抵達終點。

04 更新參數 θ，更新時根據公式來更新，4-31 頁會介紹。

05 重複 02 ~ 04，直到訓練完成。

了解完訓練方法後接下來就用程式來實作策略梯度法。

匯入套件

匯入建構策略梯度法所需要的套件：

IN

```
import numpy as np
import matplotlib.pyplot as plt
from matplotlib import animation    ← matplotlib 中執行動畫
                                      的函式「animation()」
from IPython.display import HTML    ← 將製作完的動畫嵌入 Google Colab，
                                      稍後會介紹
%matplotlib inline
```

製作迷宮

一開始，先來製作本例中最重要的環境 - 迷宮。迷宮的形狀如下圖：

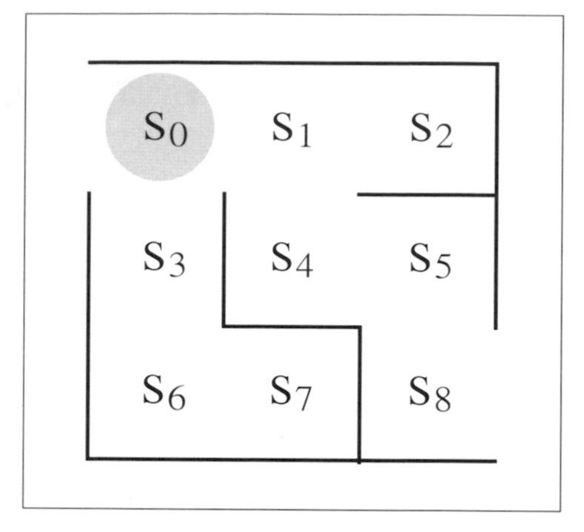

▲ 繪製迷宮

我們可以使用繪製圖形的 matplotlib 套件來製作出上圖的迷宮。以下針對此處會用到的方法 (method) 進行說明：

▼ plt 的方法 (method)

方法 (method)	說明
figure(figsize=(w, h))	產生新圖形，參數為寬度與高度，單位為英吋（2.54 公分），傳回值為一個 Figure（圖形）物件
plot(x, y, color, marker, markersize)	在視窗上畫線。參數為 x、y 座標（以 list 傳入多個 x、y 座標）、顏色、標記以及標記尺寸。
text(x, y, s, size, ha, va)	在視窗上寫文字。參數為 x、y 座標、文字 (s)、文字尺寸 (size)、橫向的基準位置 (ha) 及縱向的基準位置 (va)
tick_params(axis, which, bottom, top, labelbottom, right, left, labelleft)	刻度、刻度標籤以及刻度線的設定
box(' False')	以 True 或 False 設定是否顯示邊框

另外，顏色除了可使用 HTML 的 16 進位代碼 (如「#ff0000 (紅)」、「#000000 (黑)」等) 來指定之外，也可使用下表的參數來指定：

▼ color 的參數

參數	說明	參數	說明
'b'	藍 (blue)	'm'	洋紅 (magenta)
'g'	綠 (green)	'y'	黃 (yellow)
'r'	紅 (red)	'k'	黑 (black)
'c'	青 (cyan)	'w'	白 (white)

製作迷宮的程式碼如下：

IN 製作迷宮

```
fig = plt.figure(figsize=(3, 3)) ←①

# 製作牆壁
plt.plot([0, 3], [3, 3], color='k')
plt.plot([0, 3], [0, 0], color='k')
plt.plot([0, 0], [0, 2], color='k')
plt.plot([3, 3], [1, 3], color='k')
plt.plot([1, 1], [1, 2], color='k')   ②
plt.plot([2, 3], [2, 2], color='k')
plt.plot([2, 1], [1, 1], color='k')
plt.plot([2, 2], [0, 1], color='k')
```

① 首先以 plt.figure() 建立迷宮遊戲的繪圖區，其中 figsize 參數用來設定外框的寬度與高度 (以 tuple 傳入)，本例設為 3×3 (共 9 格)，傳回值是 1 個 matplotlib 的 Figure 物件，待會建立動畫時將會用到。

② 接著以 plt.plot() 畫線做為牆壁。

```
# 製作編號
for i in range(3):
  for j in range(3):
    plt.text(0.5+i, 2.5-j, str(i+j*3), size=20, ha='center', 接下行
    va='center')
```

以 plt.text() 用文字方式顯示各格的編號

```
# 製作當前位置的圓圈，例如 S0
circle, = plt.plot([0.5], [2.5], marker='o', color= 接下行   }③
'#d3d3d3', markersize=40)

# 隱藏繪圖區的軸刻度與邊框
plt.tick_params(axis='both', which='both', bottom='off', 接下行
  top= 'off', labelbottom='off', right='off',left='off', 接下行   }④
  labelleft='off')
plt.box('off')
```

③ 標示代理人位置的圓圈則是由 plt.plot() 的 marker 以標記方式繪製。繪製圓圈時，plt.plot() 的傳回值為「Line2D」的物件，同樣會用於之後動畫建立時。

④ 由於顯示窗口周圍會顯示軸刻度與邊框，因此我們使用 plt.tick_params() 來隱藏軸刻度、plt.box() 來隱藏邊框。

設定參數 θ 的初始值

接著設定參數 θ 的初始值，做法是先將可移動的方向初始化為 1、不可移動的方向初始化為 np.nan (NumPy 的缺失值)。我們以 2 軸的陣列來設定參數 θ，第 0 軸代表第 S_0～S_n 這 7 格，第 1 軸則是每一格的動作，動作由左起分別代表「上、右、下、左」，因為 S_8 這一格為終點，不需要進行動作，因此也不無需要進行初始化。程式碼如下：

IN 設定參數 θ 的初始值

```
theta_0 = np.array([
       上     右 下      左
  [np.nan, 1, 1, np.nan],           ← 第 0 格
  [np.nan, 1, 1, 1],                ← 第 1 格
  [np.nan, np.nan, np.nan, 1],      ← 第 2 格
  [1, np.nan, 1, np.nan],           ← 第 3 格
  [1, 1, np.nan, np.nan],           ← 第 4 格
  [np.nan, np.nan, 1, 1],           ← 第 5 格
  [1, 1, np.nan, np.nan],           ← 第 6 格
  [np.nan, np.nan, np.nan, 1]])     ← 第 7 格
```

將參數 θ 轉換成機率的形式

接著要將參數 θ 轉換成機率的形式，也就是將參數 θ 裡面的每個值透過 softmax 轉換成機率的形式。在此定義一個 get_pi() 函式來處理，程式如下：

IN 定義 get_pi() 函式

```
def get_pi(theta):
  # 利用 softmax 進行轉換
  [m, n] = theta.shape
  pi = np.zeros((m, n))
  exp_theta = np.exp(theta)
  for i in range(0, m):
    pi[i, :] = exp_theta[i, :] / np.nansum(exp_theta[i, :])
  pi = np.nan_to_num(pi)  ← 使用 0 代替參數 θ 裡面的 nan
  return pi
```

接著我們就來透過 get_pi() 將參數 θ 裡面的值都轉換成機率。程式如下：

IN 將參數 θ 轉換成機率的形式

```
pi_0 = get_pi(theta_0)
print(pi_0)
```

轉換後如下所示：

OUT

```
[[0.0.5 0.5 0.]
 [0.0.33333333 0.33333333 0.33333333]
 [0.0.0.1.]
 [0.5 0.0.5 0.]
 [0.5 0.5 0.0.]
 [0.0.0.5 0.5 ]
 [0.5 0.5 0.0.]
 [0.0.0.1.]]
```
可看到各列的合計值皆為 1

讓代理人根據策略採取動作

將參數 θ 轉換成機率的形式後，這就是代理人走迷宮的策略，接著我們要定義 1 個 get_a() 讓代理人根據策略 (編註：根據機率分佈選擇動作) 採取動作 (0：上、1：右、2：下、3：左)。程式如下：

IN 讓代理人根據策略採取動作

```
def get_a(pi, s):
  return np.random.choice([0, 1, 2, 3], p=pi[s])
```

根據每一個狀態 (s_0~s_7) 的機率分佈，傳回要走上下左右哪一步

小編補充 np.random.choice()

np.random.choice() 的功用是從陣列 (此例為 [0, 1, 2, 3]) 中隨機挑 1 個出來，而也可以加 1 個 p 參數指定機率分布 (例如 [0, 0.5, 0.5, 0]) 來控制各索引位置被取到的機率。

以本例迷宮的 s_0 狀態為例，各動作的機率值為 [0, 0.5, 0.5, 0]，意思是走索引 1、索引 2 的機率各為 50%。將這個機率分佈做為 np.random.choice() 的 p 參數，就代表從 [0, 1, 2, 3] 這個陣列中，會有各 50% 機率取出 1 或 2 的值。

根據動作取得下一個狀態

由 get_a() 取得動作後，接著定義 get_s_next () 函式，根據動作取得下一個狀態 (位置)，由於本例為 3×3 的迷宮，因此往左移動為狀態 -1，往右移動為 +1、往上移動為 -3，往下移動為 +3。(編註：請參考 4-20 頁迷宮的九宮格編號，由 S_0 向下，就是 +3 到 S_4，算一下就懂了)。程式如下：

IN 根據動作取得下一個狀態

```
def get_s_next(s, a):
  if a == 0:      ← 向上移動
    return s - 3
  elif a == 1: ← 向右移動
    return s + 1
  elif a == 2: ← 向下移動
    return s + 3
  elif a == 3: ← 向左移動
    return s - 1
```

執行 1 回合

接下來要定義 1 個 play() 函式來執行 1 回合的動作 (編註：從起點開始直到抵達終點這樣算 1 回合)，並傳回歷程資料，其形式為 2 軸的 list [[狀態 A, 動作 A], [狀態 B, 動作 B],...]，等一下會試著讓代理人實際走 1 遍迷宮，並且印出歷程資料讓您更清楚。play() 函式所定義的內容如下：

IN

```
def play(pi):
  s = 0 ← 狀態 (s = 0 就是起點)
  s_a_history = [[0, np.nan]] ← 狀態與動作的歷程資料
                                 (編註：將有多筆 [狀態, 動作])
  # 持續循環直到抵達終點，回合結束
  while True:
    a = get_a(pi, s)           ← 根據策略取得動作
    s_next = get_s_next(s, a) ← 根據目前狀態及動作取得下一個狀態
    s_a_history[-1][1] = a     ← 更新最後 1 筆歷程資料的動作
    s_a_history.append([s_next, np.nan]) ← 添加 1 筆新歷程資料
    # 判斷回合是否結束
    if s_next == 8:  ← 狀態為 8 代表抵達終點
      break
    else:
      s = s_next
  return s_a_history ← 傳回結果 (歷程資料)
```

查看 1 回合的執行結果與歷程資料

定義完 play() 函式後，我們實際走 1 回合來看看執行結果，把結果印出來可得知在抵達終點前所經過的路徑以及總步數。程式如下：

IN　查看 1 回合的執行結果及歷程資料

```
s_a_history = play(pi_0)  ← 執行 1 回合
print(s_a_history)  ← 把路徑印出來
print('1 回合的步數：{}'.format(len(s_a_history)-1))  ← 把總步數印出來
```

OUT

```
      ①     ② ③    ④
[[0, 1], [1, 3], [0, 1], [1, 2], [4, 1], [5, 3], [4, 1], 接下行
[5, 2], [8, nan]]
1 回合的步數：8
              ⑤
```

① 回憶一下動作：1 表示「右」移
② 所以接著的狀態來到 1 這一格位置
③ 回憶一下動作: 3 表示「左」移
④ 所以又回到狀態: 0
⑤ 因為使用 random.choice 選擇動作，所以每次執行結果都會不太一樣
(編註：這裡第一次試就只花八步走出來算是運氣好啦！)

編註 歷程資料的第 0 筆狀態一定為 S_0 (起點)，最後 1 筆狀態一定為 S_8 (終點)。

依照歷程資料來更新策略

每走完 1 回合迷宮遊戲後就要更新 1 次參數 θ ，更新完之後再經由 softmax 轉換成新的策略。如下圖所示：

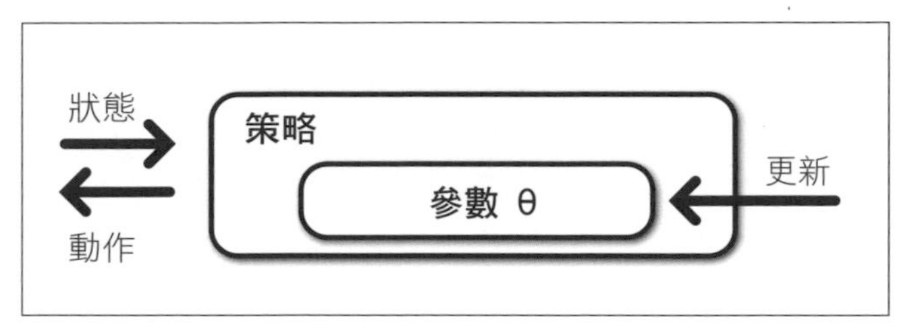

▲ 更新參數 θ

利用策略梯度法更新參數 θ 時是使用底下的公式，做法是將參數 θ 加上「學習率」與「參數 θ 的變化量」兩者相乘所得的乘積，其中學習率決定了每次訓練後參數更新的幅度大小。更新的公式如下：

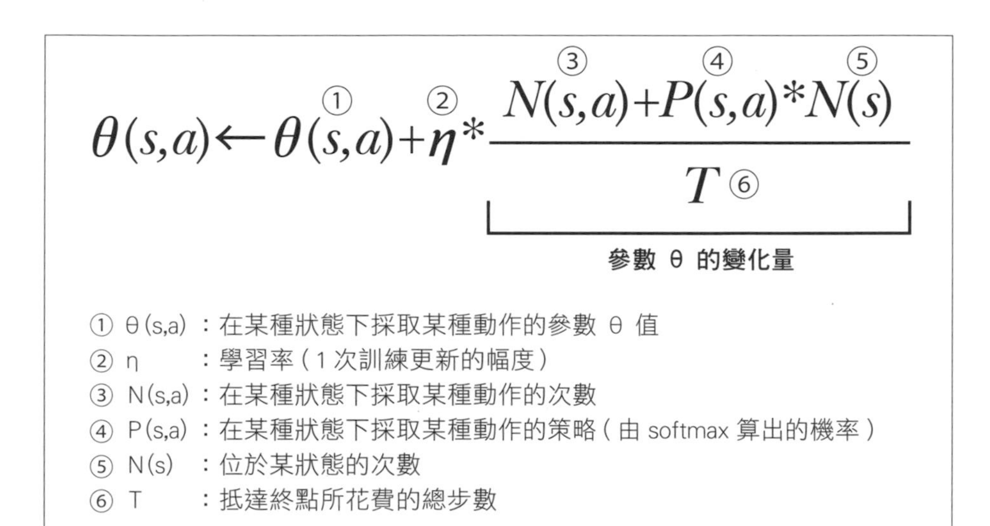

▲ 公式

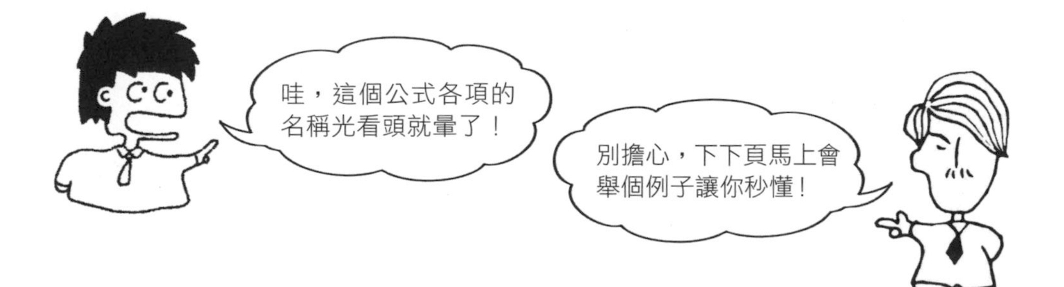

編註 前一頁的公式是已經推導簡化完的，右側的變化量，其實就是在算梯度，根據梯度去優化參數 θ，這也是策略梯度法的名字由來。礙於本書篇幅關係，推導的過程就不多做討論，有興趣的讀者可以自行搜尋關鍵字：Policy Gradient。

以下定義一個 update_theta() 函式來更新參數 θ：

IN

```
def update_theta(theta, pi, s_a_history):
  eta = 0.1 ← 學習率 (編註：學習率固定為 0.1)
  total = len(s_a_history) - 1      ← 抵達終點所花費的總步數
  [s_count, a_count] = theta.shape ← 狀態數, 動作數

  # 計算參數 θ 的變化量
  delta_theta = theta.copy()
  for i in range(0, s_count):
    for j in range(0, a_count):
      if not(np.isnan(theta[i, j])):
        # 在某種狀態下採取某種動作的次數
        sa_ij = [sa for sa in s_a_history if sa == [i, j]]
        n_ij = len(sa_ij)

        # 在某種狀態下採取任何動作的總次數
        sa_i = [sa for sa in s_a_history if sa[0] == i]
        n_i = len(sa_i)

        # 參數 θ 的變化量
        delta_theta[i, j] = (n_ij + pi[i, j] * n_i) / total

  # 更新參數 θ
  return theta + eta * delta_theta
```

小編補充

為了更清楚參數 θ 裡面的值是如何被更新的，這邊就以下面這個例子手算 1 次給您看。假設底下是某 1 次代理人走出迷宮的歷程資料：

```
歷程資料：[[0, 1], [1, 2], [4, 1], [5, 3], [4, 1], [5, 2], [8, nan]]
總步數：6 步
```

	a0(上)	a1(右)	a2(下)	a3(左)
s0	NaN	1.0	1.0	NaN
s1	NaN	1.0	1.0	1.0
s7	NaN	NaN	NaN	1.0

▲ 原始的參數 θ

	a0(上)	a1(右)	a2(下)	a3(左)
s0	NaN	1.008333	0.991667	NaN
s1	NaN	0.994444	1.011111	0.994444
s7	NaN	NaN	NaN	1.000000

▲ 更新後的參數 θ

右上圖先印程式計算完的結果給你看，下面手算一下右邊這個「1.008333」怎麼來的。

我們示範 s_0 與 a_1 這個組合，將數字套入公式後就可以得到：

$$\underset{1.008333}{\theta(s,a)} \leftarrow \underset{1}{\theta(s,a)} + \underset{0.1}{\eta} * \underbrace{\frac{\overset{1}{N(s,a)} + \overset{0.5}{P(s,a)} * \overset{1}{N(s)}}{\underset{6}{T}}}_{\text{參數 } \theta \text{ 的變化量}}$$

θ (s = 0, a = 1)：**1** (從 4 - 20 頁的參數 θ 中 s = 0, a = 1 的組合為 1)
η ：**0.1** (我們自己設定的學習率)
N(s = 0, a = 1)：**1** (從歷程資料可以看出狀態為 0、動作為 1 的次數只有 1 次)
P(s = 0, a = 1)：**0.5** (4-22 頁中將 1 經由 softmax 函數轉換過後的值)
N (s = 0)：**1** (從歷程資料可以看出狀態為 s_0 的次數只有 1 次)
T：**6** (抵達終點所花費的總步數)

▲ 公式試算圖

最後可以算出來新的 θ (s = 0, a = 1) = 1.008333，與上面程式幫我們算的一樣。讀者可以利用上面這個歷程資料的例子，多試算幾個會更清楚。

進行訓練

到這裡訓練策略梯度法的程式都準備得差不多了 (執行 1 回合、更新參數 θ)，接著利用迴圈執行多回合的訓練，本例設定當策略的變化量低於「一個極小的閾值」時便結束訓練。程式如下：

IN

```
stop_epsilon = 10**-4 ← 閾值
theta = theta_0 ← 參數 θ
pi = pi_0 ← 策略

# 利用迴圈進行訓練
for episode in range(10000): ← 這邊先試著執行 10000 次
  s_a_history = play(pi) ← 執行 1 回合並取得歷程資料
  theta = update_theta(theta, pi, s_a_history) ← 更新參數 θ
  pi_new = get_pi(theta) ← 取得新策略
  pi_delta = np.sum(np.abs(pi_new-pi)) ← 計算策略的變化量
  pi = pi_new

  print('回合: {}, 步數： {}'.format(episode, len(s_a_ 接下行
  history)-1)) ← 印出結果

  # 判斷是否結束
  if pi_delta < stop_epsilon: ← 策略變化量是否低於閾值
    break
```

訓練的執行結果

訓練開始之後，便會輸出以下的文字資訊，可以從這些資訊中看出總步數逐漸接近抵達終點所需花費的最少步數，也就是「4」步。程式印出的結果如下：

OUT

```
回合: 0, 步數: 42
回合: 1, 步數: 20
...(省略)
回合: 5270, 步數: 4
回合: 5271, 步數: 4
```

雖然一開始的動作是隨機的，但可看出隨著訓練的進行，代理人選擇最短路徑的次數越來越多，表示經過多次的訓練後，找到了「最佳策略(花費的步數最少)」

小編補充

為了讓您更清楚訓練過程中策略的變化，這邊挑第 1、300、2000 回合更新完的策略出來看看。

第 1 回合：

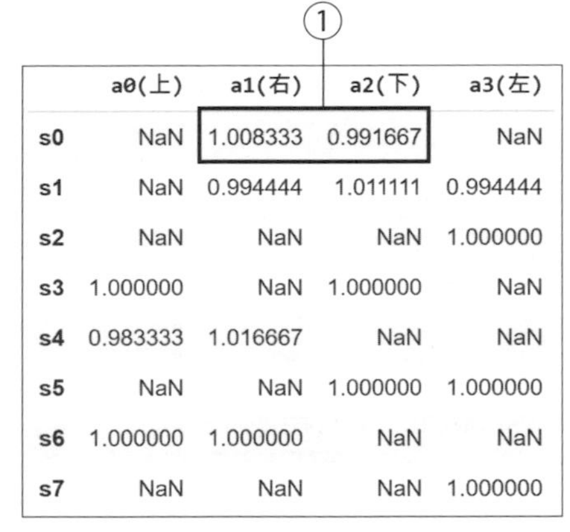

①

	a0(上)	a1(右)	a2(下)	a3(左)
s0	NaN	1.008333	0.991667	NaN
s1	NaN	0.994444	1.011111	0.994444
s2	NaN	NaN	NaN	1.000000
s3	1.000000	NaN	1.000000	NaN
s4	0.983333	1.016667	NaN	NaN
s5	NaN	NaN	1.000000	1.000000
s6	1.000000	1.000000	NaN	NaN
s7	NaN	NaN	NaN	1.000000

② →

③

	a0(上)	a1(右)	a2(下)	a3(左)
s0	0.000000	0.504167	0.495833	0.000000
s1	0.000000	0.331476	0.337047	0.331476
s2	0.000000	0.000000	0.000000	1.000000
s3	0.500000	0.000000	0.500000	0.000000
s4	0.491667	0.508333	0.000000	0.000000
s5	0.000000	0.000000	0.500000	0.500000
s6	0.500000	0.500000	0.000000	0.000000
s7	0.000000	0.000000	0.000000	1.000000

▲ 第 1 回合後更新完的參數 θ(左圖)及策略(右圖)

① 以 s_0 這一個為例，比對之前參數 θ 的初始值您會發現 a_1 與 a_2 原本都是1，經過訓練 1 次後 a_1 的值變大了，而 a_2 的值變小了

② 經 softmax 轉換

③ 經由 softmax 轉換後變成機率值，a_1 與 a_2 的機率值也會按照比例作調整

→ 接下頁

第 300 回合：

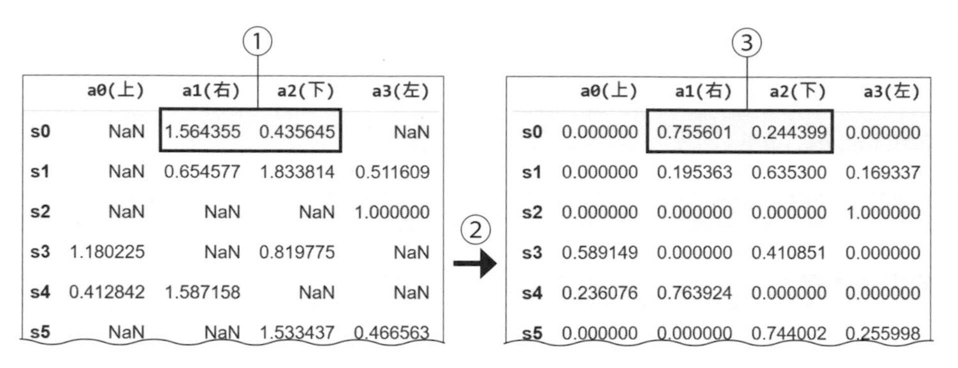

	a0(上)	a1(右)	a2(下)	a3(左)
s0	NaN	1.564355	0.435645	NaN
s1	NaN	0.654577	1.833814	0.511609
s2	NaN	NaN	NaN	1.000000
s3	1.180225	NaN	0.819775	NaN
s4	0.412842	1.587158	NaN	NaN
s5	NaN	NaN	1.533437	0.466563

	a0(上)	a1(右)	a2(下)	a3(左)
s0	0.000000	0.755601	0.244399	0.000000
s1	0.000000	0.195363	0.635300	0.169337
s2	0.000000	0.000000	0.000000	1.000000
s3	0.589149	0.000000	0.410851	0.000000
s4	0.236076	0.763924	0.000000	0.000000
s5	0.000000	0.000000	0.744002	0.255998

▲ 第 300 回合後更新完的參數 θ (左圖) 及策略 (右圖)

① 訓練 300 回合後，我們一樣以 s_0 為例，您會發現 a_1 與 a_2 的差距越來越大了，a_1 代表的是在 a_0 時往下走的動作，由此可以看出代理人已經漸漸的知道哪條路是能成功走出迷宮的

② softmax

③ 經由 softmax 轉換後變成機率值，a_1 與 a_2 的機率值也會按照比例作調整，您可以看到 a_1 的機率值越來越高

第 2000 回合：

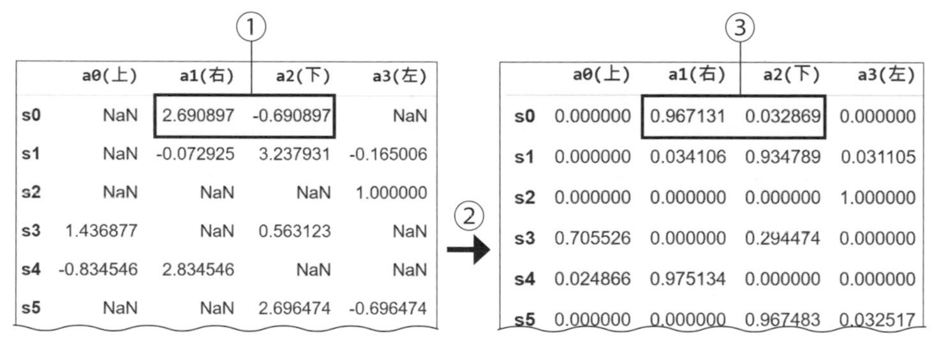

	a0(上)	a1(右)	a2(下)	a3(左)
s0	NaN	2.690897	-0.690897	NaN
s1	NaN	-0.072925	3.237931	-0.165006
s2	NaN	NaN	NaN	1.000000
s3	1.436877	NaN	0.563123	NaN
s4	-0.834546	2.834546	NaN	NaN
s5	NaN	NaN	2.696474	-0.696474

	a0(上)	a1(右)	a2(下)	a3(左)
s0	0.000000	0.967131	0.032869	0.000000
s1	0.000000	0.034106	0.934789	0.031105
s2	0.000000	0.000000	0.000000	1.000000
s3	0.705526	0.000000	0.294474	0.000000
s4	0.024866	0.975134	0.000000	0.000000
s5	0.000000	0.000000	0.967483	0.032517

▲ 第 2000 回合後更新完的參數 θ (左圖) 及策略 (右圖)

① 訓練 2000 回合後，您會發現 a_1 與 a_2 的差距更大了，a_2 已經變成負數了

② softmax

③ 經由 softmax 轉換後變成機率值，a_1 與 a_2 的機率值也會按照比例作調整，您可以看到 a_1 的機率值已經非常接近 1 了，代表代理人在 S_0 這一格已經找到走出迷宮的最佳策略 (就是往右)

動畫展示

最後，我們將歷程資料的最後 1 筆製作成動畫看看，更能清楚代理人如何走出迷宮。製作動畫的程式碼如下：

IN

```
# 用來更新動畫的函式
def animate(i):①
  state = s_a_history[i][0]
  circle.set_data((state % 3) + 0.5, 2.5 - int(state / 3))
  return circle

# 製作動畫                    ②
anim = animation.FuncAnimation(fig, animate, \ frames = 接下行
len(s_a_history), interval=200, repeat=False)
HTML(anim.to_jshtml()) ←③
```

① animate() 會對動畫的每個幀進行處理，參數「i」代表的是第幾個幀，灰底圓圈的 X、Y 座標會透過前面建立的 Line2D 物件「circle」的 set_data() 來改變。

② animation.FuncAnimation 是從 matplotlib.animation 匯入的類別，可以方便我們產生動畫，參數包含 Figure、用來更新圖片的函式、最大幀數、間隔（以毫秒為單位）以及是否重複。建立好 FuncAnimation 之後，再利用 to_jshtml() 將其轉換成 HTML 以呈現在畫面中。

③ 將產生的動畫 以 HTML 的形式嵌入 Google Colab 中。

動畫展示的結果如右：

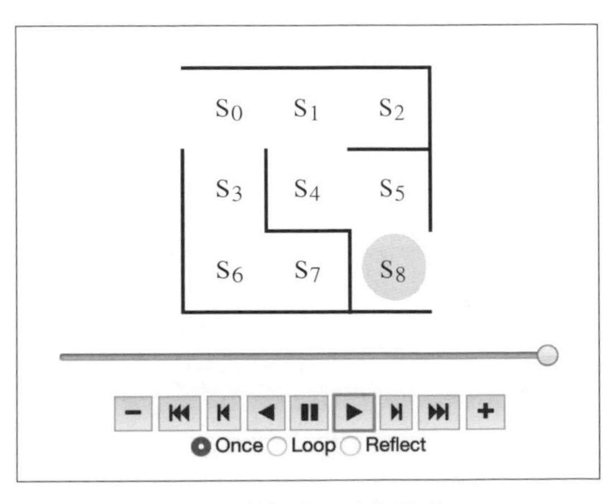

▲ 以動畫展示迷宮遊戲

4-2 利用 Sarsa 與 Q - Learning 進行迷宮遊戲

上一節介紹的策略梯度法是藉由很多回合成功走出迷宮來優化策略 (參數 θ)，本節將會以不同的演算法繼續挑戰迷宮遊戲。先回憶一下，前一節的策略梯度法是以迷宮遊戲從起點至終點的 1 個回合為單位來優化參數，如果進行的回合數變多時，優化代理人所花費的時間就會更久，而接下來要介紹的**價值迭代法**則是以 1 個動作為單位來進行參數的更新，可以大幅的減少訓練所花費的時間 (編註：走 1 步就馬上更新該動作的參數，會比走到終點才更新來得有效率)。

Sarsa 與 Q - Learning 演算法

價值迭代法的概念是，我們將給予每個動作一個價值，代理人每次採取某個動作後就用公式更新該動作的價值，藉由一次又一次的試走，**能夠以最少步數走完迷宮**的這些動作價值會被訓練的很高 (編註：訓練方式後述)，之後代理人只要選價值高的動作來走，自然就可以用最少步數走出迷宮了。

Sarsa 與 Q - Learning 都是基於價值迭代法的演算法，本節將分別試著用這 2 個演算法訓練代理人，繼續挑戰上一節的迷宮遊戲。利用 Sarsa 與 Q - Learning 進行迷宮遊戲時，強化式學習的元素如下表所示：

▼ 利用 Sarsa 與 Q - Learning 進行迷宮遊戲時的強化式學習元素

強化式學習元素	迷宮遊戲
目的	代理人利用最少的步數走出迷宮
回合	從起點到走出迷宮為止算 1 回合
狀態	代理人在迷宮裡的位置

→ 接下頁

強化式學習元素	迷宮遊戲
動作	上、下、左、右
回饋值	走出迷宮便 +1
訓練方法	Sarsa、Q - Learning
參數更新間隔	**每執行 1 次動作**

在利用 Sarsa 及 Q - Learning 進行迷宮遊戲時，強化式學習的循環如下所示：

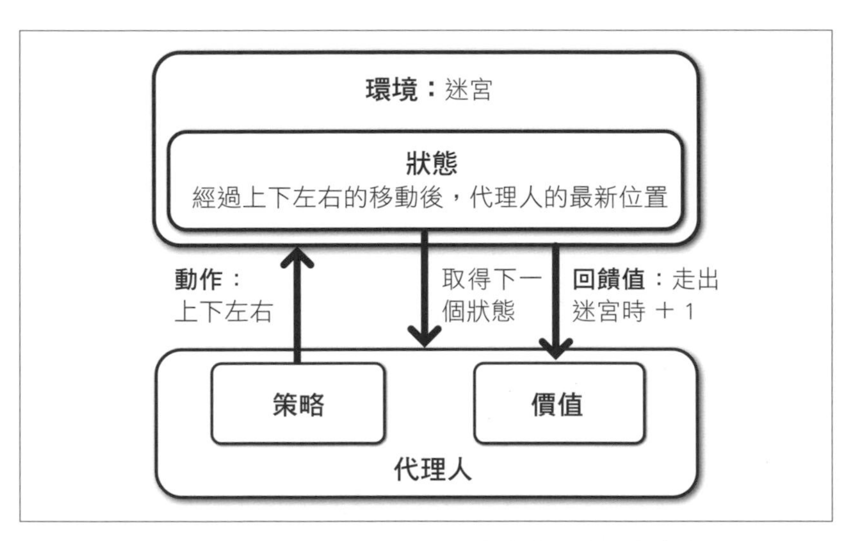

▲ 利用 Sarsa 及 Q - Learning 進行迷宮遊戲時的強化式學習循環

編註 整理一下，上一節的策略梯度法是著重在更新(優化)走出迷宮的**策略**。而 Sarsa 與 Q - Learning 的思維則是著重處於同一個狀態下，代理人選擇價值最高的動作，因此在訓練過程中更新的是各動作的**價值**，其概念有點像 4-0 節介紹過的用 UCB1 演算法更新拉桿的價值，該例(多臂拉霸機)代理人一律選價值最高的拉桿來拉；而此例(迷宮)代理人在做動作決擇時，基本上是選價值最高的動作來走，讀者可以感受一下這些演算法的差異。

Sarsa 及 Q - Learning 這兩種演算法的核心概念完全相同，只有小地方有差異，差異之處後續我們實作時再了解即可，目前讀者可以暫且將這兩種演算法視為同一種。

回報值與 γ 折扣係數

我們從價值迭代法的核心理論開始講起，Sarsa 及 Q - Learning 的公式都是基於這些理論產生的，必須先了解透徹才能看懂後面程式的撰寫邏輯。

首先介紹**回報值 (return)** 的概念，我們已經很熟悉強化式學習的最終目標就是要找到一個策略，讓代理人能夠透過動作從環境中獲得最多的**回饋值 (reward)**，以迷宮的例子來說，代理人在迷宮中每走 1 步都會有 1 個回饋值，而這些回饋值全部加總起來就稱為**回報值** (編註：走出迷宮時將這回合內所收集到的回饋值作加總，就是回報值)，每個動作的回報值是後續更新該動作的價值會用到的重要數值。而某一個動作的回報值該如何計算，公式如下：

$$\text{回報值} = R_{t+1} + R_{t+2} + R_{t+3} + \dots + R_{t+n}$$

R_{t+1}：當下第一步走出去後得到的回饋值

R_{t+2}：再下一步的回饋值

R_{t+3}：再下下步的回饋值

▲ 回報值的計算公式

光看公式，一下子回報值、一下子回饋值可能覺得有點頭暈，我們實際舉 2 個不同回合 (編註：一回合就是代理人由起點到走出迷宮) 的例子，讓您更理解公式的運算概念。而在套例子解說的同時，也會發現若真如上面這樣的公式來計算的話，會發生 1 個弔詭的問題 (後述)。

現在假設有 A、B 這兩筆代理人走出迷宮的歷程資料，A 資料是代理人花了 6 步走出迷宮、B 資料是代理人花了 4 步走出迷宮，A、B 回合各自的回報值算法如下圖所示：

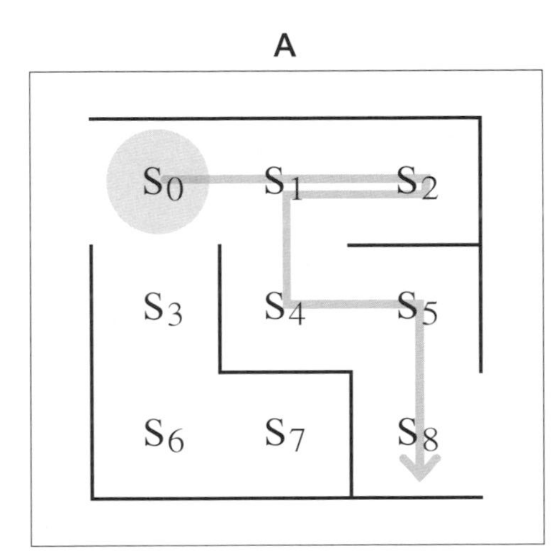

- 代理人於 A 回合走迷宮的狀態演變：
  $S_1 \rightarrow S_2 \rightarrow S_1 \rightarrow S_4 \rightarrow S_5 \rightarrow S_8$
- 代理人於 A 走出迷宮的回報值：
  $R_{t+1} + R_{t+2} + R_{t+3} + R_{t+4} + R_{t+5} + R_{t+6}$

- 代理人於 B 回合走迷宮的狀態演變：
  $S_1 \rightarrow S_4 \rightarrow S_5 \rightarrow S_8$
- 代理人於 B 走出迷宮的回報值：
  $R_{t+1} + R_{t+2} + R_{t+3} + R_{t+4}$

從公式來看，A(6 步) 會有 6 個回饋值，反而比 B (4 步) 僅 4 個回饋值還要多，走的步數越多回饋值越多，這樣變成鼓勵代理人走步數愈多的，這顯然不太對，要真變成這樣，代理人根本就不會學習用最少的步數走出迷宮。

為了避免上述情況發生，強化式學習提供了許多解決的辦法，例如：將後續動作所獲得的回饋值 (編註：也就是 R_{t+1} 後續的回饋值) 打個**折扣**，做法是利用 1 個介於 0~1 之間的 γ **折扣係數**乘以回饋值。簡單來說，第一步 R_{t+1} 除外，只要是抵達終點前，多走的所有步驟，都要將各步所得到的回饋值乘上 γ 折扣係數，多走 1 步乘 1 次 γ，多走 2 步就乘上 2 次 γ。完成這個步驟後，將所有回饋值加起來，得到回報值。

加入折扣係數的回饋值公式如下：

$$\text{回報值} = R_{t+1} + \gamma * R_{t+2} + \gamma^2 * R_{t+3} + \dots \gamma^{n-1} * R_{t+3n}$$

R_{t+1}：回饋值　R_{t+2}：下一步的回饋值　R_{t+3}：下下步的回饋值　γ：折扣係數（0～1）

▲ 公式（加入折扣係數的回報值公式）

一樣帶入剛才提到的 A、B 歷程資料的例子來試算看看，我們會設定還沒到終點的每一步回饋值都是 0，到達終點的回饋值是 1，折扣係數為 0.9，那麼代理人在 A、B 回合各自的回報值計算公式如下：

代理人 A 走出迷宮的回報值：

$$R_{t+1} + \gamma * R_{t+2} + \gamma^2 * R_{t+3} + \gamma^3 * R_{t+4} + \gamma^4 * R_{t+5} + \gamma^5 * R_{t+6}$$

$$= 0 + 0.9 * 0 + 0.9^2 * \underline{0} + 0.9^3 * 0 + 0.9^4 * 0 + 0.9^5 * \underline{1}$$

$$= 0.59049$$

在到達終點前的回饋值都為 0

在這一步到達終點了，所以回饋值 R_{t+6} 等於 1

代理人 B 走出迷宮的回報值：

$$R_{t+1} + \gamma * R_{t+2} + \gamma^2 * R_{t+3} + \gamma^3 * R_{t+4}$$

$$= 0 + 0.9 * 0 + 0.9^2 * 0 + 0.9^3 * \underline{1}$$

$$= 0.729$$

在這一步到達終點了，所以回饋值 R_{t+4} 等於 1

由前面的例子可以很容易的看出來加了折扣係數後，B 資料在步數少的情況下，回報值算出來是比較高的，這也讓代理人理解步數越少，回報值越大。

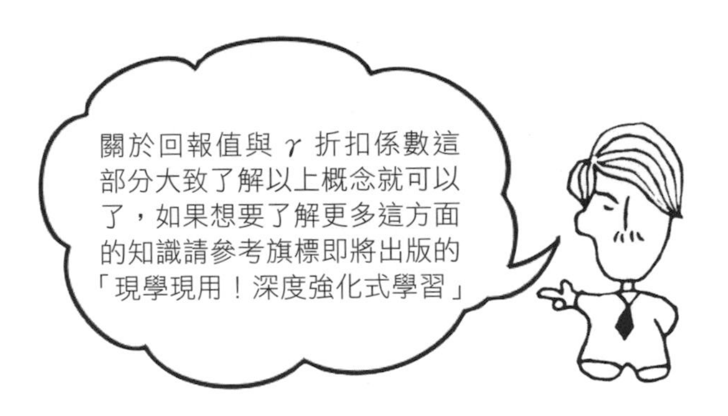

動作價值函數 (Q 函數)

由於回報值包含了尚未發生的未來事件，具有不確定性 (編註：不知道代理人會花**幾步**走出迷宮)，所以我們需要 1 個指標去衡量代理人做這個動作接收到回饋值時的好與壞，好讓代理人得到最多的回報值，這個指標就稱為**價值 (value)**，主要用來衡量這個動作對於我的回報值來說有沒有價值。在開始衡量價值高與低之前，我們要先了解價值要怎麼被計算出來，這就要認識強化式學習中，你一定要懂的「**動作價值函數**」概念。

> **編註** 強化式學習領域除了動作價值函數外，還有用於衡量**狀態價值**的「狀態價值函數」，因本書篇幅有限就不多著墨。底下只針對動作價值函數的概念做解說。

動作價值函數從名字就可以理解，計算的是在某個狀態下採取某個動作的價值，由於動作價值函數在數學式中是以「Q」來表示，因此也稱為 **Q 函數**。舉迷宮的例子來說明 Q 函數的概念，假設從狀態 $s = 0$ 這 1 格有往「右」這個動作可以選擇，代理人是否該選這個動作呢？很簡單，給這個動作算出 1 個價值來衡量不就得了，這邊就可以引入先前提到的「回報值」概念，讓我們得以計算價值。

> **小編補充** Q 這個字母表示 1 個動作的品質 (quality)，所有強化式學習的動作價值函數都可以用 Q 函數來稱呼。

延續剛剛的例子，這個動作的價值可以用 **Q(s = 0, a = 右)** 來表示並計算出來。關於如何計算跟先前回報值 (return) 的計算概念很雷同，而其值的高低，將影響代理人爾後在狀態「s = 0」這 1 格時，決定是否要採取往「a = 右」這 1 個動作。值若高就採取，值若低就不採取。

底下舉幾個例子帶你熟悉動作價值函數的計算方式以及表示法，在此之前先整理一下代理人走迷宮的規則：設定第 0 格為起點、第 8 格為終點，每次抵達終點時可獲得的回饋值為 1。而代理人所採取的任意動作若還沒抵達終點 8，此動作所得的回饋值為 0。例如 S_0 到 S_1 的回饋值為 0，S_4 到 S_5 的回饋值為 0，S_5 走到 S_8 的回饋值就是 1 了。如下所示：

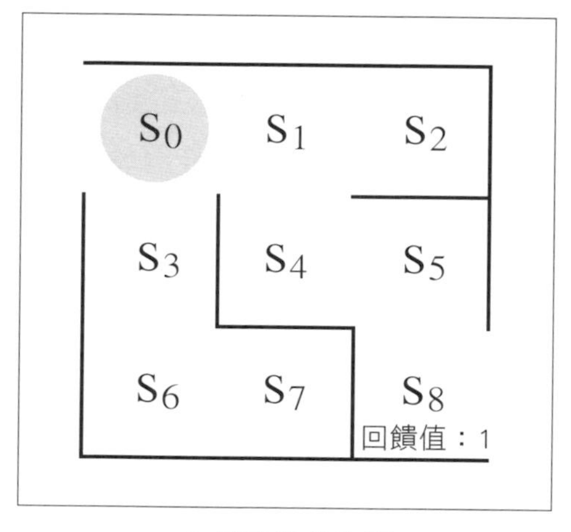

▲ 迷宮遊戲範例

現在假設代理人位於 S_5，此時若選擇向「a = 下」的動作，便能抵達終點並獲得回饋值「1」。若以 Q 函數來表示價值的計算公式如下：

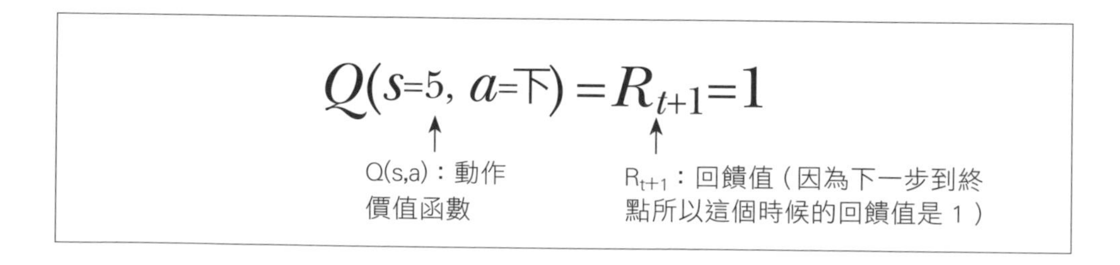

換個例子：接著同樣假設代理人位於第 5 格，此時若選擇向 a = 左的動作，代理人將移動到第 4 格，與終點的距離變遠了，接下來若要抵達終點，就必須走「$S_5 \rightarrow S_4 \rightarrow S_5 \rightarrow S_8$」，將多花費 2 步的時間，因此各動作的回饋值會以先前提到的 γ **折扣係數**打上折扣，每多走一步就多打一次折扣，因此 Q(S=5, a = 左) 的算法為：

$$
\begin{aligned}
&Q(s{=}5, a{=}\text{左}) \\
&= 0 + \gamma * 0 + \gamma^2 * 1 \\
&= \gamma^2 * 1
\end{aligned}
$$

γ：折扣係數 (0～1)

γ^2*1：2 步的折扣係數乘上到終點的回饋值「 1 」

簡言之，走一步就到終點會得到回饋值 (1)，多好幾步才到終點也會得到回饋值 (1)，但後者這個 1 畢竟是多次之後才試出來的，其價值當然得打個折才對，不是嗎 ?(編註：若設 $\gamma = 0.9$，相當於這個 1 打了 $\gamma^2 = 8.1$ 折。)

動作價值函數表 (Q table)

前面我們連舉 2 個例子 Q(s = 5, a = 下)、Q(s = 5, a = 左) 說明各 Q(狀態 , 動作) 的算法，若將迷宮內所有狀態，以及各狀態都擁有的 4 個動作都以 Q 函數來表示，就可以得到如下這個表格：

▼ 動作價值函數表 (以下簡稱 Q table)

狀態 \ 動作	a_0 (上)	a_1 (右)	a_2 (下)	a_3 (左)
s_0	$Q(s_0,a_0)$	$Q(s_0,a_1)$	$Q(s_0,a_2)$	$Q(s_0,a_3)$
s_1	$Q(s_1,a_0)$	$Q(s_1,a_1)$	$Q(s_1,a_2)$	$Q(s_1,a_3)$
s_2	$Q(s_2,a_0)$	$Q(s_2,a_1)$	$Q(s_2,a_2)$	$Q(s_2,a_3)$
s_3	$Q(s_3,a_0)$	$Q(s_3,a_1)$	$Q(s_3,a_2)$	$Q(s_3,a_3)$
s_4	$Q(s_4,a_0)$	$Q(s_4,a_1)$	$Q(s_4,a_2)$	$Q(s_4,a_3)$
s_5	$Q(s_5,a_0)$	$Q(s_5,a_1)$	$Q(s_5,a_2)$	$Q(s_5,a_3)$
s_6	$Q(s_6,a_0)$	$Q(s_6,a_1)$	$Q(s_6,a_2)$	$Q(s_6,a_3)$
s_7	$Q(s_7,a_0)$	$Q(s_7,a_1)$	$Q(s_7,a_2)$	$Q(s_7,a_3)$

上面這個表格稱為 Q table，代理人就是依循這個表來決定各狀態下，該採取什麼動作比較好 (編註：通常是選價值高的那個)。

這樣應該懂了吧，不管是 Sarsa 或 Q - Learning 訓練方法，其主要工作就是要藉由一次又一次的嘗試、修正，算出 Q table 中每個格子的最佳解，這樣就得到一個最佳的 Q table，代理人便可以依這個表來走迷宮了。

貝爾曼方程 (Bellman Equation)

延續上面的例子，現在我們得到了一個 Q table，也知道要如何計算表格裡面每格的值，但是還是有個問題必須要解決，也就是之前所提到的**不確定性**，簡單來說即使是相同的狀態與動作下，會因為步數的多寡導致算出來的價值會不一樣 (編註：舉例來說同樣是 Q(s = 5, a = 左) 的格子，怎麼判斷要乘上幾次 γ？走 4 步來到這格要乘上 4 次的 γ、走 40 步來到這格就要乘上 40 次的 γ)，所以需要找到 1 個辦法，使代理人在不走出迷宮的情況下，都可以知道 Q table 裡面的每個價值要乘上幾次 γ。

舉剛剛的例子來說 Q(s = 5, a = 左) 的價值可以這樣算：

$$Q(s = 5, a = 左) = 0 + \gamma * 0 + \gamma^2 * 1$$

您可以發現，除了一開始獲得的回饋值以外，其它加項都至少要乘上 1 個 γ，可以把共同的 γ 給提出來，式子會變成這樣：

γ 提出來

$$Q(s = 5, a = 左) = 0 + \gamma * (0 + \gamma * (1))$$

仔細觀察後面的括號，這裡面的式子不就是下一步的價值嗎！以價值函數的寫法來說我們可以更進一步的整理成這樣

$$Q(s = 5, a = 左) = 0 + \gamma * Q(s = 4, a = 右)$$

$Q(s = 4, a = 右) = 0 + \gamma * (1)$

進一步再看，這個也是下一步的價值，也就是 Q (s = 5, a = 下)，因為到了終點得到回饋值所以為 1

1
2
3
4
5
6
7
8

您可以發現，每個動作的價值都是依照這個規律給計算出來，整理成公式的樣子如下：

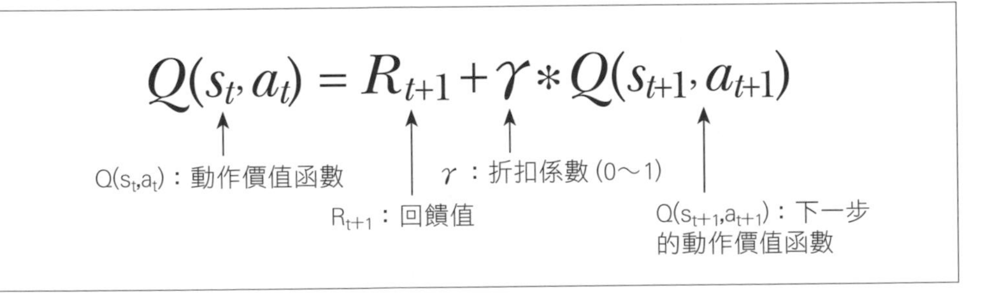

因為公式乘上的是下一步的動作價值函數，會一路遞迴到終點，所以不管走出迷宮的步數是 4 步還是 40 步，Q table 中的每格價值都可以用這個公式計算出來。這公式被稱為**貝爾曼方程**，也被稱作**動態規劃方程 (Dynamic Programming Equation)**。

小編補充 要使貝爾曼方程成立的先決條件是環境必須為**馬可夫決策過程 (Markov Decision Processes, MDPs)**，馬可夫決策過程指的是 1 種由當前狀態與採取的動作來決定下一個狀態的過程。若下一個狀態除了當前狀態之外，還會根據過去其他狀態而定，那就不符合馬可夫決策過程了。

Sarsa 與 Q - Learning 的訓練方法

Sarsa 與 Q - Learning 都是利用**貝爾曼方程**訓練**動作價值函數**的方法 (編註：也就是優化 Q table 裡面每格的值)，在實作之前我們先大致了解訓練的步驟：

01 製作迷宮、準備參數 θ

訓練的一開始，要先準備環境，也就是準備迷宮，與上一章一樣必須依照迷宮的形狀轉換成參數 θ (編註：因為要利用參數 θ 製作初始的 Q table)。

02 設定初始的動作價值函數表 (Q table)

接著將包含迷宮資訊 (牆壁、可以走的方向等) 的參數 θ 轉換成初始的動作價值函數表 (Q table)。

03 設定走迷宮的策略

隨機或根據動作價值函數表 (Q table) 要選上、下、左、右哪一個動作。

編註 在訓練時，不會一味讓代理人全照 Q-table 來動作，原因是動作價值函數還未充分訓練完成的狀態下，若持續只以動作價值函數表做為根據來選擇動作，有可能會錯過尚未被找到的更佳選擇，因此我們會以 ε 的機率 (0~1 的常數) 隨機選擇動作，並以 1 - ε 的機率根據動作價值函數選擇動作，也就是融入 4-0 節所提到的 ε - greedy 演算法。

(04) **根據採取的動作取得下一個狀態**

根據 (03) 選擇的動作取得下一個狀態 (編註：也就是目前抵達哪一格了)。

(05) **更新動作價值函數**

更新 Q table 當中，(03) 所採取的這一個動作的價值 (編註：更新方式後述，這邊也是 Sarsa 與 Q - Learning 兩個演算法的差異之處)。例如：更新 Q table 當中，Q(s=0, a= 下) 這格的值。

(06) 反覆步驟 (03) ~ (05)，直到抵達終點 (編註：到終點算 1 回合，該回合中所有採取動作的那格都會被更新)。

(07) 反覆執行 (03) ~ (06) 以進行訓練 (編註：訓練好幾個回合)。

了解完訓練方法後，接下來就進入實作的部分。

匯入套件

匯入實作 Sarsa 與 Q - Learning 演算法所需要的套件：

IN 匯入套件

```
import numpy as np
import matplotlib.pyplot as plt
%matplotlib inline
from matplotlib import animation
from IPython.display import HTML
```

製作迷宮

利用繪製圖形的套件 matplotlib 來製作迷宮，雖然訓練時不用真的把迷宮畫出來，但此例我們想用動畫顯示代理人走出迷宮的情形，因此先行將迷宮畫出來。製作方法與上一節相同，請參考該節的說明。製作迷宮的程式碼如下：

IN 製作迷宮

```
fig = plt.figure(figsize=(3, 3))

# 製作牆壁
plt.plot([0, 3], [3, 3], color='k')
plt.plot([0, 3], [0, 0], color='k')
plt.plot([0, 0], [0, 2], color='k')
plt.plot([3, 3], [1, 3], color='k')
plt.plot([1, 1], [1, 2], color='k')
plt.plot([2, 3], [2, 2], color='k')
plt.plot([2, 1], [1, 1], color='k')
plt.plot([2, 2], [0, 1], color='k')

# 製作編號
for i in range(3):
  for j in range(3):
    plt.text(0.5+i, 2.5-j, str(i+j*3), size=20, 接下行
    ha='center', va='center')

# 製作當前位置的圓圈
circle, = plt.plot([0.5], [2.5], marker='o', color= 接下行
'#d3d3d3', markersize=40)

# 隱藏繪圖區的軸刻度與邊框
plt.tick_params(axis='both', which='both', bottom='off', 接下行
                top='off', labelbottom='off', right='off', 接下行
                left='off', labelleft='off')
plt.box('off')
```

準備參數 θ

這部分的做法與上一節相同，請參考該節的說明。程式碼如下：

IN 準備參數 θ

```
theta_0 = np.array([
  [np.nan, 1, 1, np.nan],          ← 第 0 格的上、右、下、左動作
  [np.nan, 1, 1, 1],               ← 第 1 格
  [np.nan, np.nan, np.nan, 1],     ← 第 2 格
  [1, np.nan, 1, np.nan],          ← 第 3 格
  [1, 1, np.nan, np.nan],          ← 第 4 格
  [np.nan, np.nan, 1, 1],          ← 第 5 格
  [1, 1, np.nan, np.nan],          ← 第 6 格
  [np.nan, np.nan, np.nan, 1]])    ← 第 7 格
```

設定初始的動作價值函數表 (Q table)

接下來要設定初始的動作價值函數表，因為動作價值函數還沒被訓練，因此先將表格中「可移動」的方向初始化為亂數，「不可移動」的方向 (牆壁) 初始化為 np.nan (NumPy 的缺失值)，接著印出初始的動作價值函數表看看。程式碼如下：

IN 設定初始的動作價值函數表

```
[a, b] = theta_0.shape
Q = np.random.rand(a, b) * theta_0
print(Q)
```

OUT

```
[[        nan 0.57692567 0.14526667        nan]
 [        nan 0.90861583 0.92491201 0.54381097]
 [        nan        nan        nan 0.68611441]
 [0.86807805        nan 0.50091131        nan]
 [0.96889348 0.04800777        nan        nan]
 [        nan        nan 0.65957448 0.19691086]
 [0.42666291 0.70376519        nan        nan]
 [        nan        nan        nan 0.94567846]]
```
初始的亂數值

設定走迷宮的策略

接下來要設定走迷宮的策略，如同 4-48 頁的說明，會使用 ε - greddy 的概念，以隨機 (ε 的機率) 或根據 Q table(1- ε 的機率) 來採取下一步的動作。程式如下：

IN 隨機或根據動作價值函數表選擇動作

```
def get_a(s, Q, epsilon, pi_0):
  if np.random.rand() < epsilon:
    # 依機率分布隨機選擇動作
    return np.random.choice([0, 1, 2, 3], p=pi_0[s])
  else:
    # 根據動作價值函數表選擇動作
    return np.nanargmax(Q[s])
```

這邊將機率形式的參數 θ 傳進來，並且依照 softmax 過的機率值作為 random.choice 選擇的參數

nanargmax() 是取得 np.nan 以外之最大值的函式，可用來從每個可選擇的動作中取得價值最高所在的「索引值」

根據採取的動作取得下一個狀態

緊接著，要建立根據動作取得下一個狀態的函式，作法與 4-1 節相同。程式如下：

IN 根據動作取得下一個狀態

```
def get_s_next(s, a):
  if a == 0:    ←上
    return s - 3
  elif a == 1: ←右
    return s + 1
  elif a == 2: ←下
    return s + 3
  elif a == 3: ←左
    return s - 1
```

利用 Sarsa 演算法更新動作價值函數表

接下來的部份要開始講解 Sarsa 與 Q - Learning 如何更新**動作價值函數表** (編註：也就是修正 Q table 中每格的 Q(s,a))。我們先從 Sarsa 開始講解，示意圖如下：

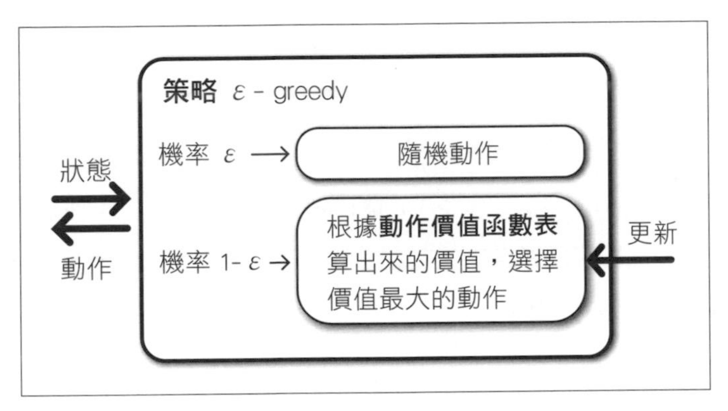

▲ 用 Sarsa 進行更新的示意圖

了解邏輯後，我們接著來看公式，Sarsa 演算法中更新動作價值函數表的公式如下：

新的①　舊的①　②　③　④　⑤　舊的①

$$Q(s_t,a_t) \leftarrow Q(s_t,a_t) + \eta * (R_{t+1} + \gamma * Q(s_{t+1},a_{t+1}) - Q(s_t,a_t))$$

時間差分誤差 (Temporal Difference error, TD error)

① $Q(s_t,a_t)$：動作價值函數

② η　　：學習率 (1 次訓練所更新的幅度)

③ R_{t+1}　：回饋值

④ γ　　：折扣係數 (0～1)

⑤ $Q(s_{t+1},a_{t+1})$：下一步的動作價值函數

> **編註** 在上面的更新公式中，我們補充一下⑤ $Q(s_{t+1},a_{t+1})$ 這個值要如何知道。這個值可以從 Q table 當中查到，不過 $Q(s_{t+1},a_{t+1})$ 可以代表 Q table 當中 $Q(s_{t+1}, a_0)$ 或 $Q(s_{t+1}, a_1)$ 或 $Q(s_{t+1}, a_2)$ 或 $Q(s_{t+1}, a_3)$ 這 4 個值，這 4 個值要挑哪一個來代入更新公式呢？ Sarsa 演算法是採用 ε -greedy 的策略，也就是 ε 的機率從 4 個值裡面隨機挑 1 個，1- ε 的機率挑 4 個值當中最大的那 1 個。這個做法請讀者牢記，因為 Sarsa 與 Q-Learning 最大的差異就在這裡，Q-Learning 在挑 $Q(s_{t+1},a_{t+1})$ 的值，一律會採取**挑最大值出來代入公式**的策略，後面就會看到。

在上一頁的公式中最需要了解的就是公式後半段，也就是「$R_{t+1}+\gamma *Q(s_{t+1},a_{t+1})$」與「$Q(s_t,a_t)$」這兩項相減的算式，這個相減的值在強化式學習當中有個專有名詞，稱為**時間差分誤差** (Temporal Difference error, TD error)。說明如下：

- $R_{t+1}+\gamma *Q(s_{t+1},a_{t+1})$ 表示**採用 Q(s,a) 這個動作後所獲得的價值** (編註：這部分就是之前所推導過的「貝爾曼方程」)
- $Q(s_t,a_t)$ 表示**做 Q(s,a) 這個動作前的價值** (編註：也就是 Q table 目前的值)

先從後面 $Q(s_t,a_t)$ 這 1 項看起，這一項就是我們想修正的價值，但為什麼修正時需要求得前 1 項 $R_{t+1}+\gamma *Q(s_{t+1},a_{t+1})$，然後兩項相減呢？

我們舉個例子來看，以修正 $Q(s_1, a_2)$ 這 1 格為例，減項後半段就是 $Q(s_1, a_2)$，代表 $Q(s_1, a_2)$ 這個動作目前的價值，然而訓練前這個值都是隨機設定，必須想辦法「進化」到最完美的結果。如何進化呢？最完美的結果又是什麼？很簡單，以走迷宮為例，$Q(s_1, a_2)$ 這個動作的價值想要極大化的關鍵，當然就是採取此動作後能夠**順利抵達終點**，否則即便採取了這個動作，之後卻一直不斷在迷宮中打轉，始終沒有抵達終點，怎能說它有價值是吧？

因此，進化的方式就是先算出 $R_{t+1}+\gamma *Q(s_{t+1},a_{t+1})$ 這一項**採用 Q(s,a) 這個動作後所獲得的價值**，這個價值就是 $Q(s_1, a_2)$ 應該儘量去逼近的，而逼近的第一步就是知道**目前還差多少**，因此算式中兩項才需要相減，了解目前還差多少。最終的目標就是要將相減出來的值接近於「0」。

編註 關於**時間差分誤差**，如果想要了解更多這方面的知識的讀者可以自行 google 搜尋關鍵字：**Temporal Difference error**。

接下來建立一個 sarsa() 函式來實現 Sarsa 演算法，底下的程式中有 2 個計算方式是因為抵達終點後不會再採取下一步，因此予以區分。程式如下：

IN 利用 Sarsa 演算法更新動作價值函數表

```
def sarsa(s, a, r, s_next, a_next, Q):
  eta = 0.1      ← 學習率
  gamma = 0.9    ← 折扣係數
  if s_next == 8:
    Q[s, a] = Q[s, a] + eta * (r - Q[s, a])  ← 已經抵達終點，
  else:                                         所以沒有下一步
    Q[s, a] = Q[s, a] + eta * (r + gamma * Q[s_next, 接下行
    a_next] - Q[s, a])  ← 更新公式
  return Q
```

利用 Q - Learning 更新動作價值函數表

接著來講解 Q - Learning，Q - Learning 的更新的方式與 Sarsa 幾乎完全相同，唯一不同的是下圖箭頭所指的地方。Q - Learning 的動作價值函數表更新的公式如下：

這裡不同

$$Q(s_t,a_t) \leftarrow Q(s_t,a_t) + \eta * (R_{t+1} + \gamma * \boxed{\max_a} Q(s_{t+1},a) - Q(s_t,a_t))$$

（① $Q(s_t,a_t)$、② η、③ R_{t+1}、④ γ、⑤ $\max_a Q(s_{t+1},a)$；R_{t+1} 至式末為「時間差分誤差」）

① $Q(s_t,a_t)$：動作價值函數
② η　　　：學習率（1 次訓練所更新的幅度）
③ R_{t+1}　　：回饋值
④ γ：折扣係數（0～1）
⑤ $\max_a Q(s_{t+1}, a)$：選擇下一步會有最大價值的動作價值函數

來看一下 Q - learning 的不同之處，回憶一下，Sarsa 在更新動作價值函數表時，使用的是**下一步的動作**，這個下一步的動作當中，用 ε - greedy 設計了隨機性，而 Q - Learning 在 $Q(s_{t+1}, a_{t+1})$ 挑值出來時，一律會挑**下一步會有「最大價值」的動作價值函數**出來（編註：即上面看到的 $\max_a Q(s_{t+1},a)$），不含 ε - greedy 的隨機性，這就是為何一般認為 Q - Learning 與 Sarsa 相比，雖然收斂速度較快，卻也較容易陷入局部解的原因，這也是 2 種演算法最大不同之處。

接下來建立 q_learning () 來實現 Q - Learning 演算法，此處同樣因為終點不會再採取下一步，而分為 2 種計算方式，以程式碼如下圖所示：

IN　利用 Q - Learning 更新動作價值函數表

```
def q_learning(s, a, r, s_next, a_next, Q):
  eta = 0.1    ← 學習率
  gamma = 0.9 ← 折扣係數
  if s_next == 8:
    Q[s, a] = Q[s, a] + eta * (r - Q[s, a]) ← 已經抵達終點，
  else:                                        所以沒有下一步
    Q[s, a] = Q[s, a] + eta * (r + gamma * np.nanmax 接下行
    (Q[s_next, :]) - Q[s, a]) ← 更新公式
  return Q
```

執行 1 回合

接下來要建立 play() 來執行 1 回合的動作，並取得歷程資料，歷程資料為 [狀態 , 動作] 的 list。程式碼如下：

IN 執行 1 回合

```
def play(Q, epsilon, eta, gamma, pi):
  s = 0 ← 狀態
  a = a_next = get_a(s, Q, epsilon, pi) ← 下一步的動作
  s_a_history = [[0, np.nan]] ← 狀態與動作的歷程資料

  # 持續循環直到回合結束
  while True:
    # 根據動作取得下一個狀態
    a = a_next
    s_next = get_s_next(s, a)

    # 更新歷程資料
    s_a_history[-1][1] = a
    s_a_history.append([s_next, np.nan])

    # 判斷是否結束
    if s_next == 8:
      r = 1 ← 回饋值 1
      a_next = np.nan
    else:
      r = 0 ← 回饋值 0

      # 根據動作價值函數選擇動作
      a_next = get_a(s_next, Q, epsilon, pi)

    # 更新動作價值函數表（※此處範例是採 Sarsa 更新策略，若想改為以 Q-Learning
      執行，則將 sarsa() 改為 q_learning() 即可）
    Q = sarsa(s, a, r, s_next, a_next, Q, eta, gamma) ← Sarsa
    # Q = q_learning(s, a, r, s_next, a_next, Q) ← Q - Learning
```

```
        # 判斷是否結束
        if s_next == 8:
            break
        else:
            s = s_next

    # 傳回歷程資料及動作價值函數表 (Q table)
    return [s_a_history, Q]
```

進行訓練

到這裡程式都準備得差不多了，接著利用迴圈執行多回合的訓練，本例設定執行 10 回合便結束。程式碼如下：

IN

```
epsilon = 0.5    ← ε 的初始值 (ε - greedy)

# 利用迴圈進行訓練
for episode in range(10):
    epsilon = epsilon / 2    ← 逐漸縮小 ε 的值 ←①
    [s_a_history, Q] = play(Q, epsilon, pi_0)  ← 執行 1 回合並取得歷程資料與動作價值函數表

    print('回合: {}, 步數: {}'.format(episode, len(s_a_history)-1))
```

① ε - greedy 的 ε 值一開始設為 0.5，之後以每 1 回合「epsilon = epsilon / 2」的方式逐漸減小，加快訓練過程。簡單來說訓練剛開始時多探索一點，訓練到後面減少探索的次數

訓練的執行結果

到這裡就可以來訓練我們的代理人走迷宮了，開始執行後，便會輸出文字作為程式的歷程，程式如下：

OUT

```
回合: 0, 步數: 32
回合: 1, 步數: 108
(省略)
回合: 8, 步數: 4
回合: 9, 步數: 4
```

可看出總步數逐漸接近抵達終點所需花費的最少步數(「4」步)

在本例的環境中，使用 Sarsa 與 Q - Learning 的結果幾乎完全相同，都能以最少步數到達迷宮終點。

動畫展示

最後，根據訓練完的歷程資料繪製成動畫，這部分的做法也與上一節相同。程式碼如下：

IN

```
# 用來更新動畫的函式
def animate(i):
  state = s_a_history[i][0]
  circle.set_data((state % 3) + 0.5, 2.5 - int(state / 3))
  return circle

# 製作動畫
anim = animation.FuncAnimation(fig, animate, \
    frames=len(s_a_history), interval=200, repeat=False)
HTML(anim.to_jshtml())
```

4-3 利用 Deep Q-Network 遊玩木棒平衡台車

AlphaZero 所挑戰的圍棋、西洋棋與將棋，都是環境超級複雜的遊戲 (編註：不利於訓練代理人)，為了在這種環境當中使用強化式學習，學者提出了更有效率的方法，也就是融合了深度學習以及強化式學習的**深度強化式學習 (Deep Reinforcement Learning)**，以下要介紹的 Deep Q - Network(以下簡稱 DQN) 便是其中的一種。

> **編註** DeepMind 公司已經展示過許多實例，證明了深度強化式學習能夠透過訓練代理人遊玩複雜的電玩遊戲，在許多任務中表現得跟職業玩家一樣好，深度學習也顯著提高了用強化式學習訓練機器人的成效，帶來許多應用如：自動駕駛。

認識 Deep Q - Network(DQN)

DQN 結合了第 3 章介紹的深度學習與上一節的 Q - Learning，為深度強化式學習演算法之一，回想一下，在 Q - Learning 中，動作價值函數 (Q 函數) 是以表格的形式存取每 1 個「狀態與動作」的價值，表格的列數是隨著狀態種類來決定的，如果狀態數量增加了，列數勢必也要跟著擴充，舉例來說：如果將迷宮遊戲的長跟寬都改為 100，狀態數將會高達 10,000 列 (100×100)，若使用含有大量狀態數的表格進行訓練，將耗費相當可觀的訓練時間，是非常不切實際的做法。

因此，另一種以**神經網路**作為動作價值函數的方法便被提了出來，稱為 DQN，簡單來說，它是一個以「狀態」為輸入、「採取這個動作的價值」為輸出的神經網路，可以預測在某種狀態下採取某種動作的價值。在 Q - Learning 中，表格形式的動作價值函數是由 Q - Learning 的更新公式來進行更新；而在 DQN 中，神經網路形式的動作價值函數則是透過**訓練神經網路來進行更新**。示意圖如下：

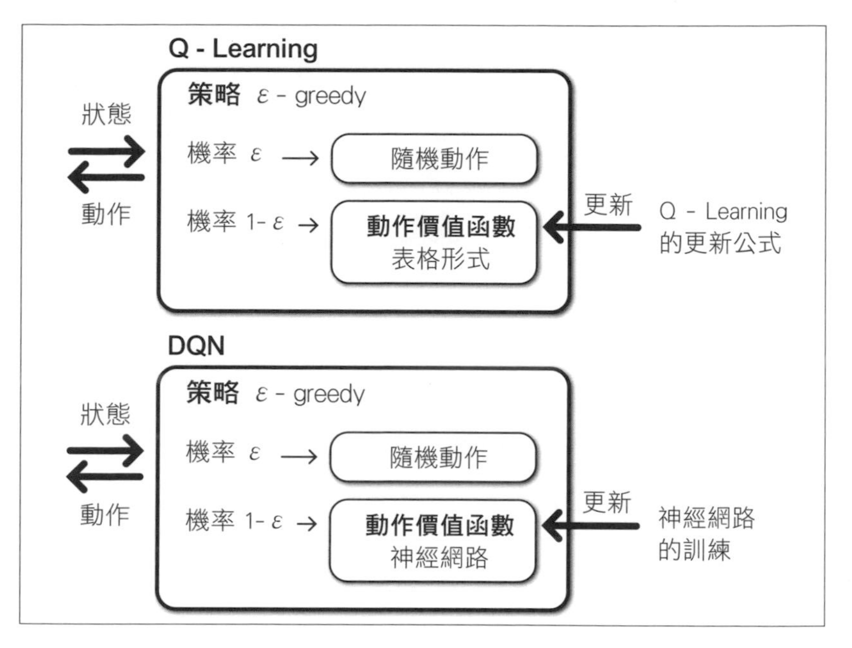

▲ Q - Learning 與 DQN 在更新方式上的差異

1 2 3 4 5 6 7 8

關於 DQN 的詳細說明，請參考美國康乃爾大學圖書館的典藏資料庫，或科學期刊「自然 (Nature)」所刊登的文章。

DQN 的論文

- **「Playing Atari with Deep Reinforcement Learning」**

  URL https://arxiv.org/abs/1312.5602

- **「Human-level control through deep reinforcement learning」**

  URL https://www.nature.com/articles/nature14236

為了模擬複雜的環境，本節將使用**木棒平衡台車 (CartPole)** 作為範例，木棒平衡台車是由 OpenAI Gym 所提供的環境 (編註：見下頁的補充)，其遊戲規則是代理人要利用**台車的位置**、**台車的速度** (代理人左右移動台車所產生的加速度)、**木棒的角度** (木棒與台車間的角度)、**木棒的角速度** (木棒倒下的加速度) 等 4 個狀態計算出該往左或右移動，以讓台車上面的木棒能夠保持平衡而不會倒下來。木棒平衡台車的示意圖如下：

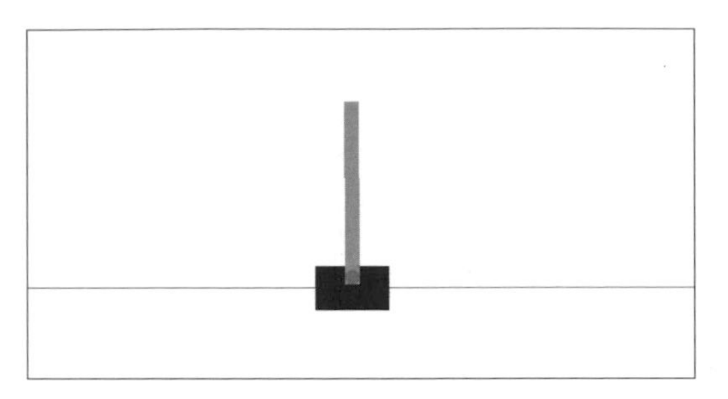

▲ 木棒平衡台車示意圖

COLUMN

OpenAI Gym 提供的環境

OpenAI Gym 為一個 Python 套件，提供了各種可用於強化式學習的模擬環境，由非營利組織 OpenAI 所提供，由於 OpenAI Gym 已預先安裝於 Google Colab 當中，因此可以直接使用。其網站上可查看所提供的環境種類。

- **OpenAI Gym - Environment**

  URL https://gym.openai.com/envs/#classic_control

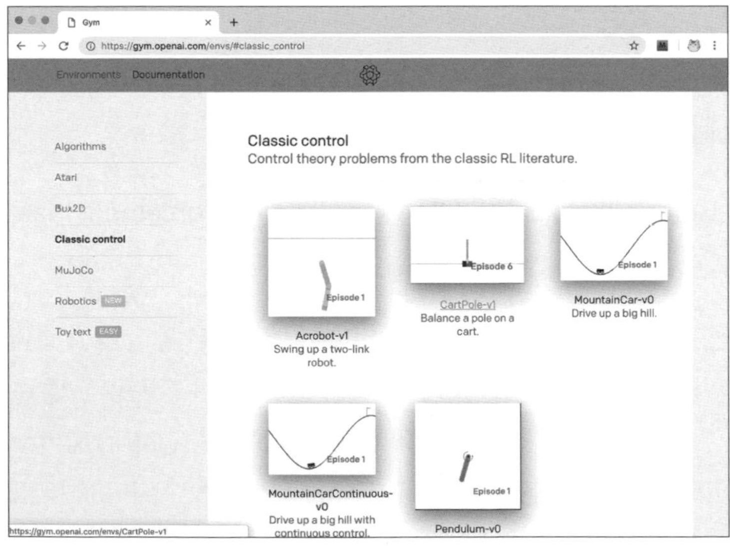

▲OpenAI Gym 提供了各種可用於強化式學習的環境

在利用 DQN 遊玩木棒平衡台車時，強化式學習的元素如下所示：

▼ 利用 DQN 遊玩木棒平衡台車時的強化式學習元素

強化式學習元素	木棒平衡台車
目的	代理人移動台車保持平衡以防止木棒倒下
回合	木棒倒下、或移動了 200 步為止
狀態	台車的位置、台車的速度、木棒的角度、木棒的角速度
動作	台車向左移動、台車向右移動
回饋值	回合結束時若移動了 190 步以上便 +1 (見底下的編註)
訓練方法	DQN
參數更新間隔	每執行一次動作

編註 CartPole 模擬器預設的次數最大只能到 200 步，因此本節範例設定 190 步以上就算合格了。

在利用 DQN 遊玩木棒平衡台車時，強化式學習的循環如下圖所示：

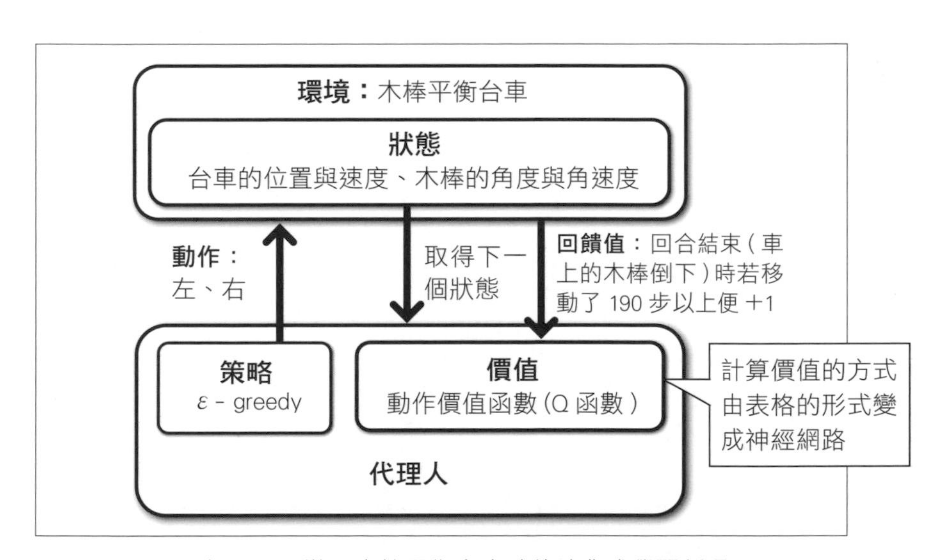

▲ 利用 DQN 遊玩木棒平衡台車時的強化式學習循環

神經網路的輸入與輸出

接著來了解在 DQN 中神經網路的輸入與輸出，示意圖如下：

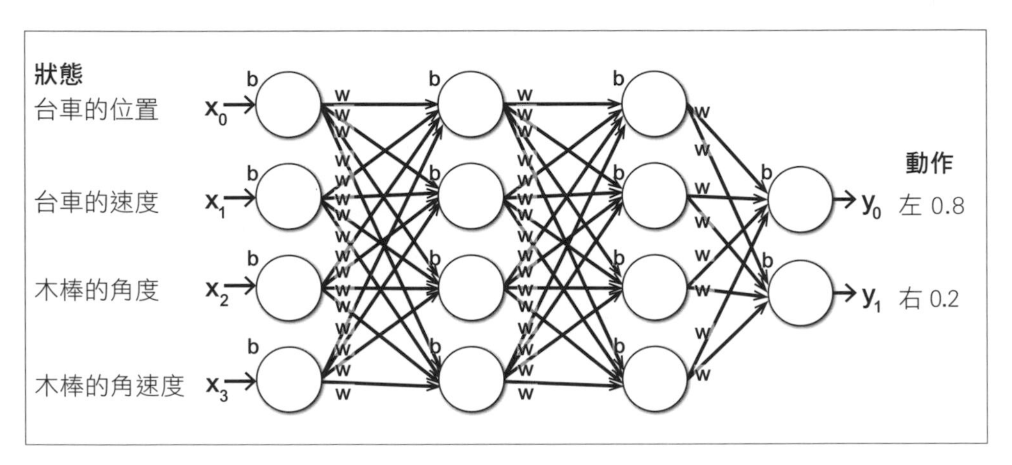

▲ 神經網路的輸入與輸出

神經網路的輸入資料

在本例中神經網路的輸入資料為環境的「狀態」，由於木棒平衡台車的狀態數為 4 (編註：裡面有 4 項資訊)，因此輸入資料的 shape 為「(4,)」。如下所示：

神經網路的輸入資料

- 台車的位置
- 台車的速度
- 木棒的角度
- 木棒的角速度

輸入資料的範例如下：

台車的位置	台車的速度	木棒的角度	木棒的角速度
[0.02042962,	0,57895681,	-0.11439516,	-1.09839516]

小編補充 上面所看到的資料，是我們發送「動作」給 Gym 的 CartPole 模擬器，接著模擬器傳回來的各狀態值，這就是使用 Gym 的好處，可以讓我們專注在強化式學習的運算上面，關於這部分的細節我們到程式實作時再說明。

神經網路的輸出

DQN 中神經網路的輸出為每個動作的價值，由於木棒平衡台車的動作數為「2」，因此輸出的 shape 為「(2,)」。如下所示：

木棒平衡台車的輸出

- 台車向左移動的價值
- 台車向右移動的價值

輸出的範例如下：

台車向左移動的價值	台車向右移動的價值
[0.8,	0.2]

藉由訓練此神經網路，便可預測出在某種狀態下採取某種動作的價值，再選價值高的來動作即可。

DQN 的訓練方法

再來要講解的是 DQN 的訓練方法，我們先了解訓練的大部流程，至於細節部分後續搭配程式一起來看會比較容易理解。

我們都知道訓練神經網路需要準備大量的輸入資料，DQN 的輸入資料怎麼來呢？這裡要先認識「**經驗池**」的概念。何謂「經驗池」？簡單來說來正式開始訓練**之前**，我們先不斷利用神經網路的前向傳播運算蒐集一些資訊 (在 DQN 中將其稱為「經驗」)，做法是將 ① **台車的狀態** (台車的位置、台車的速度、木棒的角度、木棒的角速度) 輸入神經網路進行預測後，得到動作的價值 (往左的價值、往右的價值)，接著選價值最大的當作下一步的 ② **動作**，將動作傳入環境中會得到 ③ **回饋值**以及 ④ **下一個狀態**。

上面這一連串下來，我們有了以下 4 個資訊：

經驗

① 台車的狀態 (台車的位置、台車的速度、木棒的角度、木棒的角速度)

② 動作

③ 回饋值

④ 下一個狀態

這 4 個資訊會以 list 的形式存下來，也就形成一筆經驗，重覆以上的動作，將所得的一筆又一筆經驗存下來後，就形成了**經驗池**，等到經驗池有足夠的經驗筆數 (編註：至少多於訓練批次量)，就可以著手訓練神經網路了。在 DQN 中這個機制被稱為 **Experience Replay**。示意圖如下：

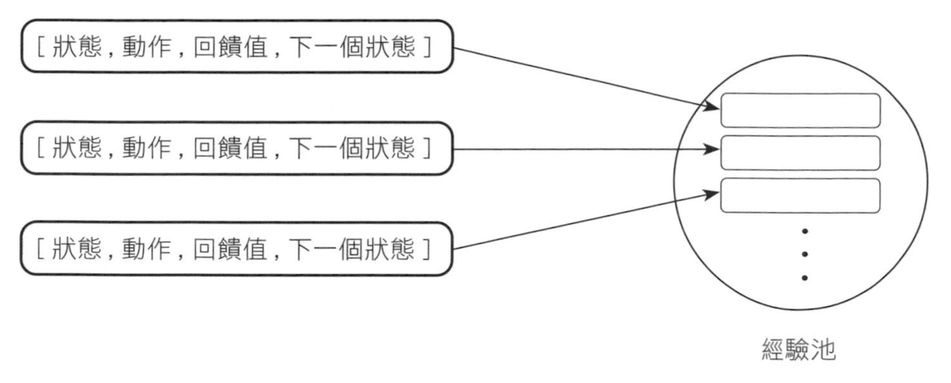

▲ 經驗池示意圖

看到這裡，讀者可能有疑問，訓練神經網路有個重要的元素，就是**標籤 (正確答案)**，我們一直都沒有看到啊！

DQN 的做法是，除了前述這個用於產生預測值的神經網路外 (在 DQN 中習慣稱為**主網路**)，還會建構另一個神經網路 (在 DQN 中習慣稱為**目標網路**)，用來**產生訓練**所需要的「標籤」，主要是因為在 Q - Learning 中，下一個動作的價值是「本身」計算出來的 (編註：貝爾曼方程)，以此類推，到了 DQN 就變成神經網路裡面的參數將會是由正在更新的神經網路來進行計算，這樣也會使訓練趨於不穩定 (編註：簡單來說你用還沒訓練好的神經網路來計算參數)，因此 DQN 準備了主網路以及目標網路來解決此問題，此做法稱為 **Fixed Target Q-Network**。

而標籤具體上如何產生呢？DQN 的做法就是從前述的**經驗池**取出資訊來計算，取出的經驗會拆分成 2 個部分，如下所示：

1. 取每一筆經驗的第 0 個元素，也就是「台車的狀態」，輸入**主網路**，計算出預測值。

2. 取每一筆經驗的第 1 ~ 3 個元素，也就是「動作」、「回饋值」、「下一個狀態」，代入貝爾曼方程 (編註：由**目標網路**所構成的，詳細內容後述)，計算出標籤。

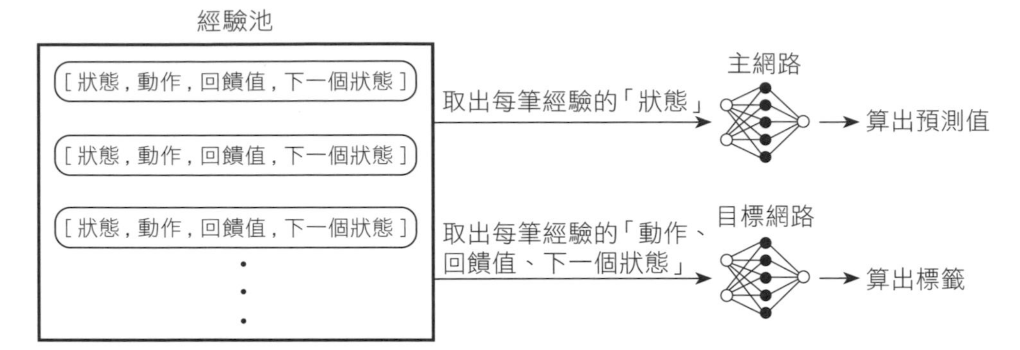

▲ 主網路、目標網路示意圖

有了預測值及標籤，就可以計算誤差，進而優化神經網路了，最終的目標，就是優化主網路的權重參數，算出最佳的預測值。也就是動作的價值 (往左的價值、往右的價值) 給代理人做為動作的依循。

以上就是 DQN 大致的做法，當中還有很多細節，包括從經驗池取出經驗前，必須打散這些經驗的順序 (編註：利用這種做法來達到資料集**洗牌**的效果)；此外利用目標網路計算標籤時，是代入 Q-learning 的貝爾曼方程來計算。這些細節底下實作時再一一介紹。

訓練的概念介紹到此，底下就來進行實作，我們先拆分 DQN 訓練步驟如底下 (01) ~ (07)，後續的程式實作就會依這些步驟來進行：

(01) 建立環境

利用 gym 套件建立 1 個木棒平衡台車的模擬器作為環境。

(02) 建立主網路、目標網路

建立 2 個相同架構的神經網路。

(03) 建立經驗池

建立 1 個經驗池，將獲得的經驗存放在裡面，等到要訓練時，再隨機挑選這些經驗來進行。

(04) 選擇動作

代理人根據 ε 的值隨機或根據動作價值函數 (主網路) 所算出結果選擇動作。

(05) 取得下一個狀態與回饋值

根據 (04) 選擇的動作取得下一個狀態以及回饋值，並將狀態、動作、回饋值及下一個狀態組成 1 筆經驗存放到經驗池中。

(06) 更新動作價值函數 (主網路)

從經驗池中撈取批次的經驗來訓練，以更新動作價值函數 (主網路的權重參數)，完成後將主網路的權重覆蓋至目標網路上，更新目標網路。

(07) 重複步驟 (04) ~ (06)，訓練網路直到達成條件結束為止

1 2 3 4 5 6 7 8

匯入套件

接下來進入到實作的部分，首先匯入建構 DQN 所需要的套件：

IN 匯入套件

```
import gym ←作為環境
import numpy as np
from keras.models import Sequential
from keras.layers import Dense
from keras.optimizers import Adam
from collections import deque ←一種資料型別，等等會介紹
from tensorflow.python.keras.losses import huber_loss ←損失函數
```

這是 TensorFlow 的 API，Keras 當中沒有，所以要另外匯入

設定參數

接著進行訓練前，我們有些參數需要設定，其中 NUM_EPISODES 為訓練的回合數、MAX_STEPS 為 1 個回合中的最大步數、GAMMA 則為折扣係數、WARMUP 是經驗池的門檻，當步數大於 WARMUP 時才會添加經驗進去經驗池 (編註：一下子就倒的就不加進經驗中)、E_START、E_STOP 及 E_DECAY_RATE 為 ε - greedy 當中「ε」的初始值、終值及衰減率 (learning decay)、MEMORY_SIZE 為經驗池的大小、BATCH_SIZE 則為訓練的批次量大小。程式碼如下：

IN 設定參數

```
NUM_EPISODES = 500 ←— 訓練的回合數
MAX_STEPS = 200      ←— 1 個回合中的最大步數
GAMMA = 0.99     ←——— Q - Learning 的折扣係數
WARMUP = 10      ←——— 經驗池的門檻 (走到第 10 步之後才加入經驗池)

# 探索參數
E_START = 1.0    ←——— ε 的初始值
E_STOP = 0.01    ←——— ε 的終值
E_DECAY_RATE = 0.001 ←— ε 的衰減率

# 記憶體參數
MEMORY_SIZE = 10000  ←— 經驗池的大小，最多儲存 10000 筆經驗
BATCH_SIZE = 32 ←——— 批次量大小
```

定義動作價值函數

再來要建構做為動作價值函數使用的神經網路模型，這次要建構 1 個層數為 4 層密集層的模型，其中輸入層的神經元數為**狀態數 (4)**，輸出層的神經元數則為**動作數 (2)**，輸出層的激活函數指定為 linear，這相當於未使用激活函數的狀態，也就是 1 個線性分隔符 (linear separator)，損失函數則指定為 Huber 函數 (huber_loss)。程式如下：

IN 定義動作價值函數 (類別)

```
class QNetwork:
  # 初始化
  def __init__(self, state_size, action_size):
    # 建構模型
    self.model = Sequential()
    self.model.add(Dense(16, activation='relu', input_dim= 接下行
    state_size))
    self.model.add(Dense(16, activation='relu'))
    self.model.add(Dense(16, activation='relu'))
    self.model.add(Dense(action_size, activation='linear'))

    # 編譯模型
    self.model.compile(loss=huber_loss, optimizer= 接下行
    Adam(lr=0.001))
```

編註 當神經網路的誤差較大時，使用均方誤差 (mse) 做為損失函數將使損失值過大，導致訓練趨於不穩定，因此 DQN 改採即使誤差較大，損失值仍穩定的 Huber 函數 (huber_ loss)。

定義經驗池的類別

接著，要定義經驗池的類別，用來幫我們實現 Experience Replay，在進行神經網路的訓練時，每一步都會以 add() 添加經驗，再以 sample() 隨機取得批次量大小的經驗。經驗池的經驗會存放於 deque 當中，關於 deque 的詳細說明請見下一頁的小編補充。程式如下：

IN 定義經驗池 (類別)

```
class Memory():
  def __init__(self, memory_size): ← 初始化
    self.buffer = deque(maxlen=memory_size)
```

使用 deque 資料型別存取經驗　　設定 10000 筆

```
    def add(self, experience): ←── 添加經驗
        self.buffer.append(experience)

    def sample(self, batch_size): ←── 要訓練時，隨機取出數量
                                        為批次量大小的經驗
        idx = np.random.choice(np.arange(len(self.buffer)), 接下行
        size=batch_size, replace=False)
        return [self.buffer[i] for i in idx]

    def __len__(self): ←── 經驗池的大小
        return len(self.buffer)
```

小編補充 **deque**

deque 是一種類似 list 的資料型別，建立時就要指定 deque 的最大容量也就是 maxlen 參數，當其元素增加至超過 maxlen 時，最前面的元素便會被自動刪除，也就是如果經驗池滿了的話，經驗將會從最舊的開始依序被刪除。這樣的作用是讓神經網路能使用到較新的經驗去訓練 (舊的資料可能被訓練過)。

建構環境

接下來，將要建構本例的環境，OpenAI Gym 的環境 Env 物件 (後續的 env 變數) 是由 gym.make() 建構而成，由於本例要使用的是木棒平衡台車的環境，因此參數指定為 'CartPole-v0'。

Env 物件有 2 個屬性，其中是由 env.action_space.n 取得動作數，並由 env.observation_space.shape[0] 取得狀態數。如下所示：

▼ OpenAI Gym 之環境「Env」的屬性

屬性	型別	說明
action_space	Space(OpenAI Gym 專有的格式)	動作空間
observation_space	Space(OpenAI Gym 專有的格式)	狀態空間

env 有 5 種方法 (method)，之後會在訓練時使用到。如下所示：

▼ OpenAI Gym 之環境「env」的方法(method)

方法(method)	說明
reset()	重置環境，傳回初始狀態
step(action)	執行動作並傳回結果 (狀態、回饋值、回合結束、資訊)
render(mode='human', close=False)	視覺化方法，參數中的視覺化模式 (mode) 請參考下表
close()	關閉環境
seed(seed=None)	固定隨機種子

上述第 2 列 render() 參數的視覺化模式如下：

▼ render() 參數的視覺化模式

視覺化模式	說明
human	於顯示器上繪圖 (不能在「Google Colab」中使用)
rgb_array	像素影像的 RGB 值
ansi	字串

建構環境的程式碼如下：

IN 建構環境

```
env = gym.make('CartPole-v0') ← 建構木棒平衡台車
state_size = env.observation_space.shape[0] ← 動作數
action_size = env.action_space.n ← 狀態數
```

建構主網路、目標網路與經驗池

緊接著，利用 4-71 頁定義的 QNetwork 類別及 Memory 類別來建構主網路、目標網路與經驗池。程式如下：

IN

```
main_qn = QNetwork(state_size, action_size)   ← 建構主網路
target_qn = QNetwork(state_size, action_size) ← 建構目標網路
memory = Memory(MEMORY_SIZE) ← 建構經驗池
```

開始進行訓練

到這邊，已經將建構 DQN 的部分完成了，接下來的程式是要對 DQN 開始進行訓練。訓練的步驟如下：

01 重置環境

回合開始時要先重置環境，在重置環境時，使用的是 env 物件的 reset()，傳回值的狀態還要進行 shape 重塑：「[4] → [1, 4]」，以轉換成要傳遞給模型的資料型態 ([批次量大小 , 狀態數])。

02 重複執行

反覆執行回合，直到完成指定的回合數。

03 更新目標網路

在本例中，每回合都會將主網路的權重覆蓋到目標網路上，在覆蓋權重時，使用的是 model 的 get_weights() 與 set_weights()。

04 1 回合的循環

執行 1 整個回合的處理，直到遊戲結束為止，這部分稍後會再另做詳細說明。

05 回合結束時顯示日誌

1 回合結束後，顯示回合編號、步數以及 ε 的日誌，之後確認是否已連續成功 5 回合 (步數達 190 以上即視為成功)，若達成就結束訓練，若未達成便**重置環境**，繼續下一個回合。

程式如下：

IN 開始進行訓練

```
# Step01 初始化環境
state = env.reset()
state = np.reshape(state, [1, state_size])

# Step02 反覆執行回合直到完成指定的回合數
total_step = 0      ← 總步數
success_count = 0 ← 成功次數
for episode in range(1, NUM_EPISODES+1):
  step = 0          ← 步數

  # Step03 更新目標網路
  target_qn.model.set_weights(main_qn.model.get_weights())

  # Step04 1 回合的循環
  (後述)

  # Step05 回合結束時顯示日誌
  print('回合: {}, 步數: {}, epsilon: {:.4f}'.format(episode,接下行
  step, epsilon))

  # 連續成功 5 次就結束訓練
  if success_count >= 5:
    break

  # 重置環境
  state = env.reset()
  state = np.reshape(state, [1, state_size])
```

1 回合的循環

接著將要詳細說明執行 1 整個回合的處理，每個回合都會做以下這些事情，直到遊戲結束為止：

降低 ε

根據參數 E_STOP、E_START 及 E_DECAY_RATE 來降低 ε 的值 (編註：前期探索多一點，後期探索少一點)。

隨機或根據動作價值函數 (神經網路) 選擇動作

根據 ε 的機率隨機或根據動作價值函數 (主網路) 選擇動作，隨機選擇動作時，使用的是 env.action_space.sample()，他會呼叫環境並隨機回傳動作；根據動作價值函數選擇動作時，使用的是 np.argmax(main_qn.model.predict(state)[0])，也就是選擇神經網路輸出中最大的價值作為下一步的動作 (編註：最大值若在索引 0，就代表往左；若在索引 1 就代表往右)。

根據動作取得狀態與回饋值

利用 Env 的 step()，根據動作取得狀態及每回合完成的情形，雖然木棒平衡台車的環境也有提供回饋值 (每移動 1 步得到 1)，但本例中我們不用這個定義，而使用自行定義的回饋值 (每回合結束才將回饋值 +1)。

回合結束時的處理 (190 步以上)

回合結束時若移動了 190 步以上，就將回饋值 +1，成功次數也 +1，接著將下一個狀態設為初始狀態，並將經驗添加至經驗池中，其中經驗的添加只會在步數超過 WARMUP 時才執行。

回合未結束時的處理 (未達 190 步)

回合未結束時，也就是要繼續執行一般步驟時，將回饋值指定為 0，接著將經驗添加至經驗池中，其中經驗的添加同樣只會在步數超過 WARMUP 時才執行。

更新動作價值函數

再來說明一下如何用程式實作動作價值函數的更新，步驟如下：

01 設定神經網路的輸入資料 (inputs) 與標籤 (targets) 大小

神經網路的輸入為木棒平衡台車的狀態，其 shape 為 (批次量大小 , 4)，輸出則為**每個動作的價值**，其 shape 為 (批次量大小 , 2)，兩者的初始值皆設定為 0。

02 隨機取得批次量大小的經驗

隨機取出經驗，數量為批次量大小。

03 產生神經網路的輸入與輸出

從經驗池取得經驗，1 次提取 1 批次的狀態 (state_b)、動作 (action_b)、回饋值 (reward_b) 與下一個狀態 (next_state_b)，接著底下的 04 ~ 07 會利用這些資訊產生神經網路的輸入資料 (inputs) 與標籤 (targets)，以訓練主網路。範例如下：

- **狀態** (state_b)：
  [0.02042962, 0,57895681, -0.11439516, -1.09839516]
- **動作** (action_b)：1
- **回饋值** (reward_b)：0
- **下一個狀態** (next_state_b)：
  [0.03200876, 0.77538346, -0.13636306 -1.42466824]

04 將狀態指定給輸入

將 state_b 代入 inputs[i] 當中餵入主網路。

1 2 3 4 5 6 7 8

05 計算所當前動作的價值

搭配目標網路計算當前動作的價值，當步數達到 190 步以上觸發回合結束時，將 reward_b 指定為 1，也就是獲得回饋值 1；當回合還沒結束時，用貝爾曼方程以及目標網路算出價值，作為標籤。貝爾曼方程的公式如下：

$$Q(s_t,a_t) \leftarrow R_{t+1} + \gamma * \max_a Q(s_{t+1},a)$$

$Q(s_t, a_t)$：當前動作的價值　　R_{t+1}：回饋值　　γ：折扣係數（0 ～ 1）

$\max_a Q(s_{t+1}, a_{t+1})$：下一個動作的價值是由目標網路算出來的，由於網路會有 2 個輸出（往左移動的價值、往右移動的價值），一律選價值最大的

▲ 貝爾曼方程

06 將每個動作的價值指定給標籤

先將動作價值函數 (主網路) 所預測出來的每個動作代入 targets[i] 當中，再將步驟 05 計算出來的所採取動作的價值代入 targets[i][action_b] 當中。

07 更新動作價值函數

當經驗池的數量大於批次量大小時，就會將主網路的動作價值函數進行更新，方法是利用前面步驟產生的輸入與標籤，訓練主網路的權重參數。

完整程式碼

以下就是 1 回合循環的完整程式碼：

IN 1 回合的循環

```
for _ in range(1, MAX_STEPS+1):
  step += 1
  total_step += 1

  # 降低 ε 的值 (根據參數 E_STOP、E_START 及 E_DECAY_RATE 來降低 ε 的值)
  epsilon = E_STOP + (E_START - E_STOP)*np.exp (-E_DECAY_ 接下行
  RATE*total_step)

  if epsilon > np.random.rand():
    action = env.action_space.sample() ← 隨機選擇動作
  else:
    action = np.argmax(main_qn.model.predict(state)[0]) ← 根據動作價值函數選擇動作

  # 根據動作取得狀態與回饋值
  next_state, _, done, _ = env.step(action)
  next_state = np.reshape(next_state, [1, state_size])

  if done: # 回合結束時的處理
    if step >= 190: ← 大於 190 步給予回饋值
      success_count += 1 ← 成功次數加 1
      reward = 1  ← 回饋值
    else:
      success_count = 0
      reward = 0

    next_state = np.zeros(state.shape) ← 將下一個狀態設為初始狀態

    if step > WARMUP:
      memory.add((state, action, reward, next_state)) ← 添加經驗

  else: ← 回合未結束時的處理
    reward = 0 ← 指定回饋值
```

```
    if step > WARMUP:
      memory.add((state, action, reward, next_state)) ←┐
                                                     添加經驗
    state = next_state ← 將下一個狀態代入狀態中

  # 更新動作價值函數
  if len(memory) >= BATCH_SIZE:
    # Step01 設定神經網路的輸入與輸出
    inputs = np.zeros((BATCH_SIZE, 4))  ← 輸入 (狀態)
    targets = np.zeros((BATCH_SIZE, 2)) ← 輸出 (每個動作的價值)

    # Step02 隨機取得批次量大小的經驗
    minibatch = memory.sample(BATCH_SIZE)

    # Step03 產生神經網路的輸入與輸出
    for i, (state_b, action_b, reward_b, next_state_b) 接下行
    in enumerate(minibatch):
      inputs[i] = state_b ← Step 04 將狀態指定給輸入

      # Step 05 計算所採取動作的價值
      if not (next_state_b == np.zeros (state_b.shape)). 接下行
      all(axis=1):
        target = reward_b + GAMMA * np.amax (target_qn. 接下行
        model.predict(next_state_b)[0])
      else:
        target = reward_b

      # Step 06 將每個動作的價值指定給標籤
      targets[i] = main_qn.model.predict(state_b)
      targets[i][action_b] = target ← 所採取動作的價值

    # Step 07 更新動作價值函數
    main_qn.model.fit(inputs, targets, epochs=1, verbose=0)

  if done: ← 回合結束時
    break  ← 退出回合的循環
```

訓練的執行結果

建構好上面的程式以後，就可以開始執行了，程式執行後，將顯示如下的歷程，由於步數最多就是 200 步，因此可看出總步數逐漸接近 200，代表代理人漸漸懂得如何操控台車保持平衡。日誌如下：

OUT

```
回合: 1, 步數: 16, epsilon: 0.9843
回合: 2, 步數: 18, epsilon: 0.9669
（省略）
回合: 69, 步數: 200, epsilon: 0.0109
回合: 70, 步數: 200, epsilon: 0.0107
```


設定虛擬顯示設備

在本地端電腦執行 OpenAI Gym 時，若想要讓環境能夠在單獨視窗中顯示木棒平衡台車，只要在訓練的每一步呼叫 Env 的 render() 即可，但是在 Google Colab 等雲端執行時，以此方法是無法顯示的，直接執行將會產生錯誤。

因此我們需要借助別的套件來讓我們在 Google Colab 上顯示，Xvfb (X 虛擬幀緩衝區) 是一款能夠製作出虛擬 X Window System 顯示設備的套件，只要利用此軟體，即使實際上沒有螢幕，也能執行 GUI 的程式，而 pyvirtualdisplay 是由 Python 所提供，用來建立虛擬顯示設備 (Xvfb) 的套件。詳細的程式碼如下：

IN

```
# 安裝虛擬顯示設備的套件
!apt-get -qq -y install xvfb freeglut3-dev ffmpeg> /dev/null
!pip install pyglet
!pip install pyopengl
!pip install pyvirtualdisplay
```

```
# 使用虛擬顯示設備
from pyvirtualdisplay import Display
import os

disp = Display(visible=0, size=(1024, 768)) ← 設定視窗大小
disp.start() ← 開始模擬
```

建立動畫幀

緊接著，在我們執行完 1 整個回合的遊戲之後，收集每一步的畫面影像，呼叫 Env 的 render(mode='rgb_array') 即可取得畫面影像。程式如下：

IN 建立動畫幀

```
frames = [] ← 動畫幀

# 重置環境
state = env.reset()
state = np.reshape(state, [1, state_size])

# 1 回合的循環
step = 0 ← 步數
for step in range(1, MAX_STEPS+1):
  step += 1

  # 添加動畫幀
  frames.append(env.render(mode='rgb_array'))

  # 選擇最佳動作
  action = np.argmax(main_qn.model.predict(state)[0])

  # 根據動作取得狀態與回饋值
  next_state, reward, done, _ = env.step(action)
  next_state = np.reshape(next_state, [1, state_size])
```

```
    # 回合結束時
    if done:
        # 將下一個狀態設為初始狀態
        next_state = np.zeros(state.shape)

        # 退出回合的循環
        break
    else:
        # 將下一個狀態代入狀態中
        state = next_state

# 回合結束時顯示日誌
print('步數: {}'.format(step))
```


將動畫幀轉換成動畫

最後要將動畫幀轉換成動畫，可以使用 JSAnimation 套件，JSAnimation 是由 matplotlib 所提供，用來製作動畫的套件，做法是先產生管理動畫的 FuncAnimation 物件，Func Animation 的參數需指定 figure 物件、動畫的定期處理、幀數以及 1 幀的時間，當前的 figure 物件可由 plt.gcf() 取得，接著在用 HTML() 的語法將處理好的動畫顯示在 Google Colab 上面。將動畫幀轉換成動畫的程式碼如下：

IN

```
# 安裝 JSAnimation
!pip install JSAnimation

# 匯入套件
import matplotlib.pyplot as plt
from matplotlib import animation
from JSAnimation.IPython_display import display_animation
from IPython.display import display
```

```
# 定義動畫的物件
plt.figure(figsize=(frames[0].shape[1]/72.0, frames[0].
shape[0]/72.0), dpi=72)
patch = plt.imshow(frames[0])
plt.axis('off')

# 動畫的定期處理
def animate(i):
  patch.set_data(frames[i])

# 播放動畫
anim = animation.FuncAnimation(plt.gcf(), animate,
frames=len(frames), interval=50)
HTML(anim.to_jshtml())
```

顯示出來的動畫如下所示：

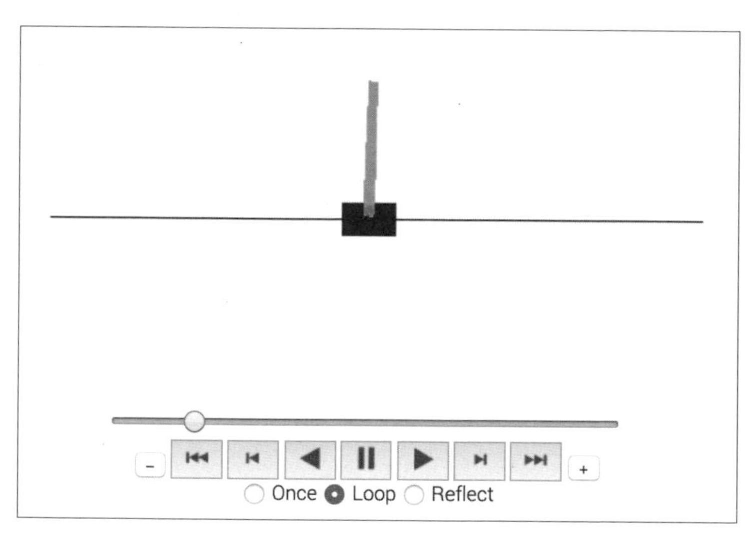

▲ 以動畫展示木棒平衡台車的訓練結果

COLUMN

深度強化式學習的套件

若要進行深度強化式學習，除了自己動手從零開始實作之外，還有 1 個方法是使用各種深度強化式學習的套件。

大多數的深度強化式學習套件都有提供 DQN 及 A3C，但其中提供最多演算法的是 Coach 套件，RLlib 套件則是提供較多種分散式演算法（如 Ape-X 及 IMPALA 等），此外，Stable Baselines 與 ChainerRL 套件的優點是其原始碼的可讀性較高。

- **Coach**

  URL https://github.com/NervanaSystems/coach

  適用框架：TensorFlow

  提供的演算法：DQN、Double-DQN、Dueling Q Network、C51、MMC、PAL、QR-DQN、NSQ、NEC、NAF、Rainbow、PG、A3C/A2C、DDPG、PPO、GAE

- **RLLib**

  URL https://ray.readthedocs.io/en/latest/rllib.html

  適用框架：Tensor Flow、PyTorch

  提供的演算法：DQN、Double-DQN、Dueling Q Network、Rainbow、Ape-X、PG、A3C/A2C、DDPG、PPO、IMPALA

- **Stable Baselines**

  URL https://github.com/hill-a/stable-baselines

  適用框架：TensorFlow

  提供的演算法：DQN、Double-DQN、Dueling Q Network、NSQ、NAF、PG、A3C/A2C、ACKTR、DDPG、PPO

→ 接下頁

- **ChainerRL**

  URL https://github.com/chainer/chainerrl

  適用框架：Chainer

  提供的演算法：DQN、Double-DQN、Dueling Q Network、C51、PAL、NSQ、NAF、PG、A3C/A2C、ACER、DDPG、PPO、PCL、TRPO

- **Dopamine**

  URL https://github.com/google/dopamine

  適用框架：Tensor Flow

  提供的演算法：DQN、Double-DQN、C51、Rainbow、IQN、A3C/A2C

CHAPTER

5 賽局樹演算法

目前為止在「第 3 章 深度學習」與「第 4 章 強化式學習」中介紹的，都是一般會在機器學習常使用到的方法，不過 AlphaZero 為了解決兩人零和對局競賽 (two-person zero-sum game)，除了機器學習一般會使用的方法外，還加入了**賽局樹演算法**，這是一種專用於兩人零和對局競賽的演算法，本章我們就來看看此演算法的內涵。

本書 1-3 節我們已經帶您認識賽局樹的基本概念，簡單來說就是 AI 在決定行動前，先把往後的局勢發展全評估一遍。本章就帶你認識 AlphaZero 所使用的**蒙地卡羅樹搜尋法** (Monte Carlo tree search)，這是從蒙地卡羅法 (Monte Carlo method) 改良而來的，本章將會依序介紹這兩種演算法。

以這兩個演算法而言，只需展開**部分的賽局樹**即可，算是兼具效率與能力的演算法，而為了看出僅展開部分賽局樹的成效如何，本章一開頭的 5-0 和 5-1 節會先介紹能展開**完整賽局樹**的兩個演算法，5-2~5-3 介紹到蒙地卡羅樹搜尋法時，再回頭與 5-0~5-1 這兩個演算法進行 PK ，看看僅探索部分賽局樹的實力能多貼近探索完整賽局樹的做法。

本章會提到的幾個演算法的關係圖如下所示：

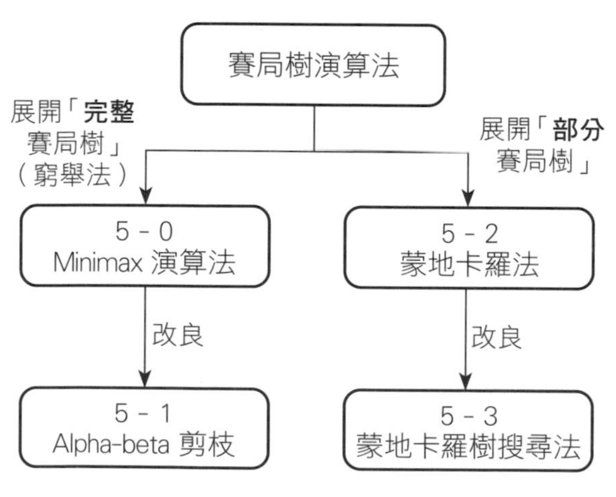

▲ 第 5 章各演算法的關係圖

左圖為本節介紹的賽局樹演算法，左邊的 2 個演算法是能夠展開**完整**賽局樹的 Minimax 演算法與 Alpha-beta 剪枝演算法（以下簡稱 Alpha-beta 剪枝），後者是前者的改良；右半邊 2 個則是展開**部份**賽局樹的蒙地卡羅法與蒙地卡羅樹搜尋法，一樣後者是前者的改良。

本章目的

- 以井字遊戲為例，了解賽局樹演算法的基礎 - Minimax 演算法。
- 了解對 Minimax 演算法進行改良的 Alpha-beta 剪枝之技巧與實作。
- 了解可實現高效探索的蒙地卡羅法之技巧與實作。
- 了解將蒙地卡羅法做進一步改良的蒙地卡羅樹搜尋法之技巧與實作。

5-0 利用 Minimax 演算法進行井字遊戲

首先，先介紹在**賽局樹** (game tree) 中邏輯最簡單、也是最基礎的 **Minimax 演算法** (Minimax Algorithm)，我們將以井字遊戲為例來講解此方法是如何展開完整的賽局樹來進行賽局。

Minimax 演算法 (Minimax Algorithm)

Minimax 演算法的概念很簡單，當您在下某棋步前，腦海一定會去思考「我這麼下之後，敵方可能怎麼下，我方再怎麼下」，基本上應該就是依「我方選擇對自己**最有利的棋步** (max)，而敵方會選擇對我方**最不利的棋步** (mini)」的原則來進行推估，經過層層推估後，找出最佳棋步 (編註：勝率最大的棋步)。

為了實現 Minimax 演算法，我們必須透過賽局樹的幫忙，利用樹狀結構將賽局分為敵、我回合去推估在棋盤中的每個狀況 (編註：請注意！這裡所指「推估」的都是以**我方**的視角所做的各種推估)，接著為了評估雙方每個棋步的好壞需要加入一個稱為**局勢價值**的指標，簡單來說就是將敵我兩方每一個盤面的優、劣勢予以量化，做為判斷的依據。

我們直接舉例子說明您會比較清楚，下圖就是賽局樹的示意圖 (編註：這裡的賽局樹是舉例說明，所以簡化為一開始只有 2 個選擇 (A、B)，實際上可能不只 2 個)。這張圖所呈現的是當前盤面，由我方下了某一手 (不一定是起點) 開始，往後幾個棋步 (本例設定為 3 手之後) 的推估盤面，並計算各節點的「局勢價值」，關於局勢價值的計算，稍後會再另做說明，此處先了解這些值是經由某些計算而來即可。如下所示：

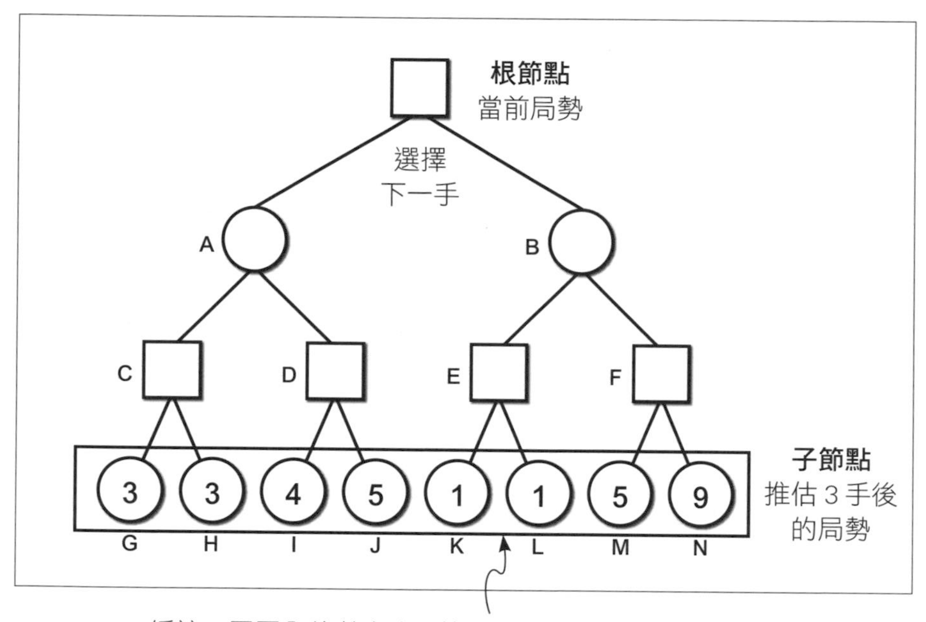

▲ 兩人零和對局的賽局樹示意圖

編註 最上面這一個正方形節點代表當前輪到我方準備下子的局勢 (盤面)，剛才提到往後推估 3 手，例如 A ~ B 這一層是我方下完第一手後，敵方準備下子的局勢，C ~ F 代表敵方下子 (第 2 手) 後，輪回我方準備下子的局勢，G ~ N 這一層代表我方下子 (第 3 手) 後，輪回敵方準備下子的局勢。簡單來說就是將所有可能性都整理出來，然後計算每一個節點的價值就對了！

各節點的局勢價值，可根據以下規則，由子節點的局勢價值**由下往上**計算出來，局勢價值之所以「由下往上」計算，道理也很簡單，賽局樹推估到最底下，必然有了勝負，因此左頁的圖最底下這些節點會先有局勢價值 (用勝負來判定局勢價值)，如此就可以往「上」回推每一手的價值了。計算方式如下：

- **我方** (正方形) 節點的局勢價值，取其子節點局勢價值的**最大值** (因為我方要取局勢價值最大化的值)。
- **敵方** (圓形) 節點的局勢價值，取其子節點局勢價值的**最小值** (敵方不是笨蛋，一定會取局勢價值最小化的值)。
- 局勢價值相等時一律取最左邊節點的值。

以左頁的圖為例：G 節點與 H 節點的父節點為 C 節點，C 節點的形狀是正方形，所以依照上述規則在 G 節點與 H 節點中取**最大值**，可以得到 C 節點的局勢價值為 3，以此類推 D 節點的值是 5 (編註 : 您可以實際將數字寫入框內，做個演練)。

接著繼續往上計算，C 節點與 D 節點的父節點為 A 節點，A 節點的形狀是圓形，所以依照上述規則在 C 節點與 D 節點中取**最小值**，可以得到 A 節點的局勢價值為 3。以此類推改看右半邊這一塊，E 節點是 1，F 節點是 9，B 節點的值是 1，最上面的根節點是 3。

編註 取得局勢價值的方法務必請讀者自己反覆推估幾次到完全熟悉正方形 (我方)、圓形 (敵方) 的數值如何決定，因為此概念 5-1 節還會用到。

完整計算結果如下圖所示：

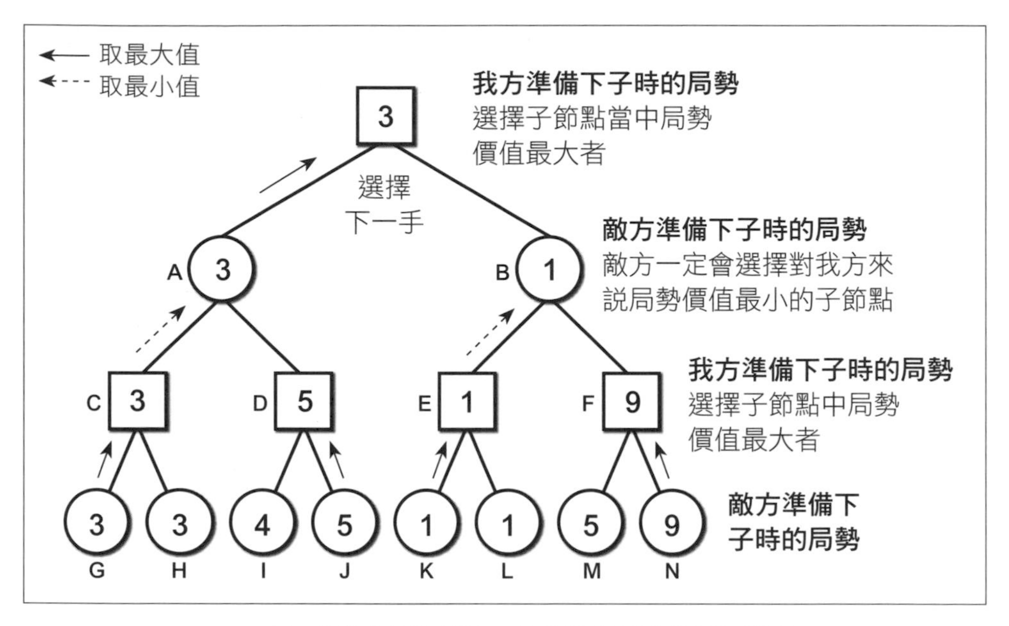

▲ 由子節點根據規則往上計算出各節點的局勢價值

在根節點的子節點中，局勢價值最高的節點即為最佳棋步，例如此例經計算後，最上面我方要決定下 A 或 B 時，左側的棋步 (A 節點) 即為最佳棋步。

編註 看到這裡想必您已經清楚局勢價值是由下而上傳遞算出來的，有了這些值就可以由上到下推估局勢該怎麼演進對我方最有利。但是還有一個問題，那就是葉節點 (最下面的節點) 的局勢價值是如何產生的 ? 葉節點的局勢價值是訓練者 (訓練 AI 的人) **自行設定**的，通常都會依據遊戲規則設定這個值，在本例中就是利用「勝給 1、負給 -1」去給相對應的價值，這樣 Minimax 演算法才有辦法向上計算每個節點。

製作代表井字遊戲的類別

了解 Minimax 演算法如何展開完整賽局樹的概念後，為了讓讀者們加深印象，就來建立一個以 Minimax 演算法做為井字遊戲其中一方的玩家，看看其能力如何。一開始我們先建立代表井字遊戲的類別「State」用來表示棋盤，棋盤上有 O (我方)、X (敵方) 兩方，並定義各種遊戲進行所需的方法 (method)。

State 的屬性

首先我們來認識一下 State 類別，State 有 2 個屬性代表敵我雙方棋子的配置，如下所示：

▼ State 的屬性

屬性	型態	說明
pieces	list	我方棋子的配置
enemy_pieces	list	敵方棋子的配置

編註 將 pieces 與 enemy_pieces 兩個 list 一起看，呈現敵、我雙方的配置，就是完整的盤面了。

棋子的配置是以長度為 9 的 list 來表現 3×3 的方格，兩個 list 都是設定方格上有棋子時，list 的元素值為「1」，沒棋子時為「0」，簡單來說 **list 的索引表示棋盤位置**；list 的元素值 0 或 1 這一格表示**有無棋子**，方格位置與索引之間的關係如下圖：

▲ 井字遊戲的方格會以 1 軸的 list 表示 (編註：此盤面圖看起來雖然是 2 軸的樣子，不過撰寫程式時會以 [0,1,2,3,4,5,6,7,8] 的 1 軸形式呈現)

我們直接舉個例子您會比較容易理解，例如：pieces = [0, 0, 0, 1, 1, 1, 0, 0, 0] 代表我方棋子的配置，搭配下圖來看的話可以發現我方 (○) 在索引 3, 4, 5 的位置連成了一條由左而右的水平連線。而 enemy_pieces = [0, 1, 0, 0, 0, 0, 1, 0, 0] 代表敵方棋子的配置，搭配下圖來看的話一條連線都沒有連成，以下這個盤面就表示我方 (○) 已經取勝。範例如下：

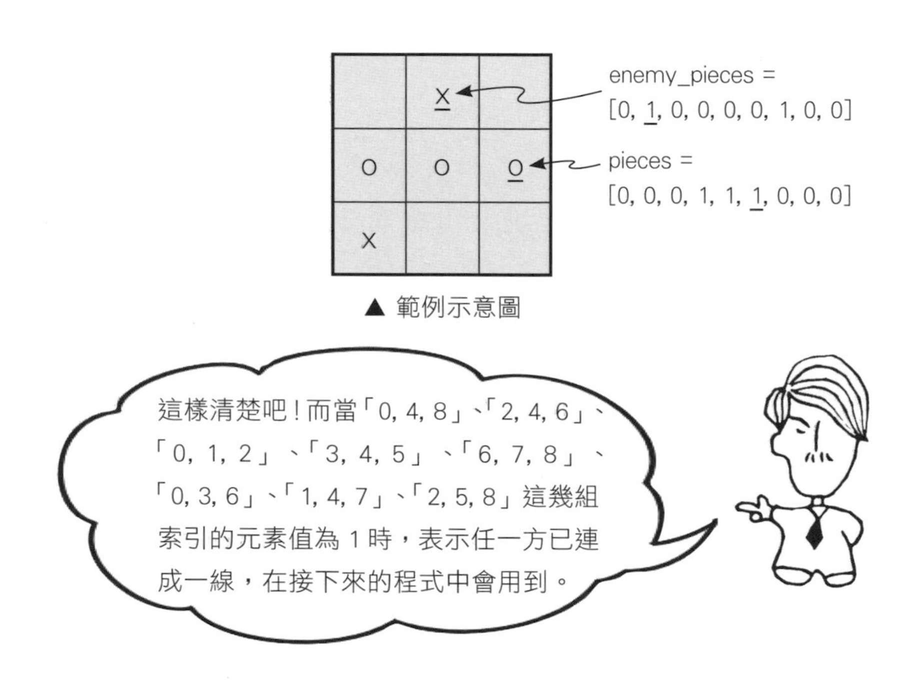

▲ 範例示意圖

State 類別的方法 (method)

接著來認識 State 類別的方法，State 有 7 種方法 (method)，其中 next (action) 會根據兩方逐一下棋的動作取得下一個盤面結果，兩方的動作都是以「0 ～ 8」的索引值 (Python list index) 指定棋子下在哪個方格位置，legal_actions() 可取得合法棋步的 list，合法棋步指的是輪到任一方下棋時，當前可選擇的動作，以井字遊戲來說，就是所有**空白的方格**。各 method 的內容如下所示：

▼ State 的方法 (method)

方法 (method)	說明
__init__(pieces=None, enemy_pieces=None)	初始化井字遊戲的盤面，參數為我方棋子的配置與敵方棋子的配置
piece_count(pieces)	取得我方或敵方各自所下的棋子數目（編註：可以藉由各自已下的數量了解目前該換哪方下，也可以藉由各自是否已下滿，判斷是否平手）
is_lose()	判斷是否落敗（編註：抑或判斷敵方是否獲勝）
is_draw()	判斷是否平手
is_done()	判斷遊戲是否結束
next(action)	根據動作傳回下一個盤面
legal_actions()	取得合法棋步，傳回值為存有合法棋步的 list

以上為井字遊戲所設計的物件類別，本書後續章節進行井字遊戲時，都會使用到其中定義的屬性和方法 (method)，請務必理解程式的細節。接著我們來看程式碼，程式碼如下：

1 2 3 4 5 6 7 8

IN 製作井字遊戲

```
import random ← 匯入套件

class State:
  def __init__(self, pieces=None, enemy_pieces=None):
    self.pieces = pieces if pieces != None else [0] * 9
    self.enemy_pieces = enemy_pieces if enemy_pieces ! = 接下行
    None else [0] * 9
                                    初始化敵我雙方棋子
                                    的配置，尚未開始下
                                    子所以設為 9 個 0
  def piece_count(self, pieces):
    count = 0
    for i in pieces: ← pieces 是一個 list
      if i == 1:
        count +=  1
    return count        取得任一方目前下了幾個棋子（底下很
                        多函式都需要利用此數值來做其他判斷）
```

```
def is_lose(self): ← 判斷「敵方」是否有 3 子連成一線，
                      True 表示連成一線，即為我方落敗
  def is_comp(x, y, dx, dy): ← 這 4 個變數代表用第 x 行、
                                第 y 列，並搭配累加值 dx、dy
                                來確認格子上面是否有下子
    for k in range(3): ← 如果敵方有三顆下子的位
                          置連成一線就回傳 True
      if y < 0 or 2 < y or x < 0 or 2 < x or \
        self.enemy_pieces[x+y*3] == 0: ←
        「x+y*3」這個算式的作用，請參考本程式之後的編
        註說明。此處判斷敵方盤面的位置有無下子(註：
        此處請特別注意是判斷敵方盤面是否連成一線，因
        此從此次迭代過程來看可以知道敵方是否獲勝)
        return False
      x, y = x+dx, y+dy ← 用加法的方式切換下一行或下一列
    return True

  # 用上面定義的 is_comp() 判斷是否落敗
  if is_comp(0, 0, 1, 1) or is_comp(0, 2, 1, -1): ←
    return True                        判斷是否有斜線的連線
  for i in range(3):
    if is_comp(0, i, 1, 0) or is_comp(i, 0, 0, 1): ←
      return True
  return False          (0, i, 1, 0) 判斷 3 個橫列，敵方是否已連線、
                        (i, 0, 0, 1) 判斷 3 個直行，敵方是否已連線

# 判斷是否平手，在沒有落敗的情況下雙方棋子數目加起來等於 9 代表平手
def is_draw(self):
  return self.piece_count(self.pieces) + self.piece_count 接下行
  (self.enemy_pieces) == 9

# 若有落敗或平手出現表示遊戲結束
def is_done(self):
  return self.is_lose() or self.is_draw() ←
        仔細觀察 is_done() 判斷遊戲結束只有考慮落敗或和局，而沒
        有獲勝的情況，這是由於零和對局是兩方輪流下子，因此只需
        輪到的一方判斷是否落敗就好，不用再多寫判斷獲勝的函式
```

```
# 在 action 取得的格子處下子，並傳回下子後的狀態
def next(self, action):
  pieces = self.pieces.copy()
  pieces[action] = 1  ← 根據傳入的 action 位置下棋 (填入1)
  return State(self.enemy_pieces, pieces)

# 取得合法棋步的 list，就是找出所有可下子的空格
def legal_actions(self):
  actions = []
  for i in range(9):
    if self.pieces[i] == 0 and self.enemy_pieces[i] == 0:
      actions.append(i)
  return actions
                    找出雙方 list 中元素值為 0 的位置，代表此位
                    置是空的沒有棋子，這就是一個合法的棋步

# 用雙方各自所下的棋子數來判斷, 棋子數相同就輪到先手下子
def is_first_player(self):
  return self.piece_count(self.pieces) == self.piece_count 接下行
  (self.enemy_pieces)

# 用文字顯示比賽結果
def __str__(self):
  ox = ('o', 'x') if self.is_first_player() else ('x', 'o')
  output = ''
                                    根據先手、後手，會對調 O 和 X

  for i in range(9):  ← 先印我方的盤面，再印敵方的盤面
    if self.pieces[i] == 1:
      output += ox[0]
    elif self.enemy_pieces[i] == 1:
      output += ox[1]
    else:
      output += '-'  ← 沒下的地方印出「-」
    if i % 3 == 2:  ← 每 3 格換行一次
      output += '\n'
  return output
```

小編補充 is_comp (x, y, dx, dy) 怎麼判斷是否有三子連成一線？

為了簡化程式，避免將棋子連成一直線的所有情況一一撰寫出來，本書作者設計了 is_comp() 函式，利用 x、y、dx、dy 四個變數搭配 x+y*3 的計算公式來判斷有無連線。接下來將一一解釋這些變數分別代表什麼意思。

x、y 代表的是井字遊戲中的第幾行、第幾列，利用行跟列帶入 x+y*3 的計算公式就可以求出索引，此處的邏輯為井字遊戲是每 3 格一列，所以索引和 (x, y) 的對應關係就是 **index = x+y*3**，例如：(0, 0) 代入 x+y*3 就是索引 0；(1, 0) 代入 x+y*3 就是索引 1。示意圖如下：

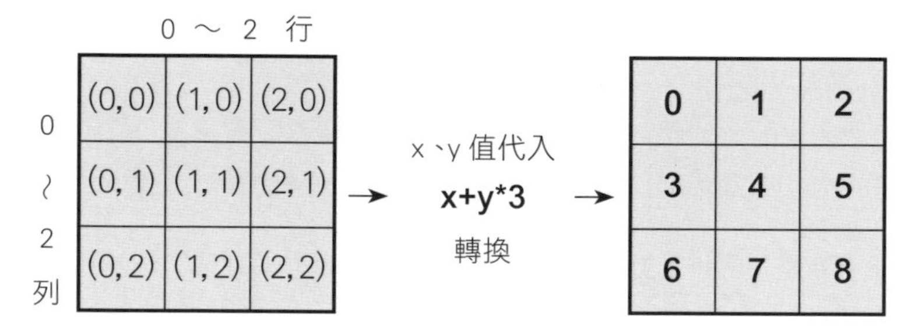

▲ 範例示意圖

那怎麼判斷其中任 3 個索引有連成一線呢？就要靠 (dx,dy) 了，這兩個變數代表累加值，可以幫我們從某一索引「移動」至下一行或下一列（註：不清楚沒關係，待會會舉例說明）。不同形式的連線對應著不同的累加值，如下表：

▼ 井字遊戲累加值

	判斷直行	判斷橫列	判斷斜線（左上右下）	判斷斜線（右上左下）
(dx, dy)	(0, 1)	(1, 0)	(1, 1)	(1, -1)

有了 x、y 以及累加值 dx、dy 再搭配 x+y*3，就可以幫助判斷是直行、橫列還是斜線連線，5-10 頁的 is_comp() 利用 1 個 for 迴圈來判斷是否有某一條已完成連線（利用不同的參數即可判斷 2 條斜線、3 條直行、3 條橫列共 8 種可能的連線）。直接看下面 2 個例子會更清楚：

→ 接下頁

0	1	2
3	4	5
6	7	8

0 1 2 3 4 5 6 7 8

(dx, dy) (x, y) 公式 list 索引

(+1, +1) (0, 0) x+y*3 [0]

(+1, +1) (1, 1) [4]

(2, 2) [8]

▲ 例子 1：(0, 0, 1, 1) 如何判斷 0、4、8 斜線連線

因為此例是要判斷左上右下這條斜線 (0、4、8)，因此用 (dx,dy) = (1, 1) 來做累加，4 個變數的值現在分別是 (x=0, y=0, dx=1, dy=1)，接著將這 4 個變數套用到公式 x+y*3 裡面，藉由 for 迴圈去計算索引，迭代的過程如下：

- 第 1 次迭代：套公式後得到的是 3 球連線第 1 顆的索引位置也就是 0
- 第 2 次迭代：程式邏輯會經過 x, y = x+dx, y+dy 可以得到新的 (x, y) 為 (1, 1)，套回公式 x+y*3 可以得到第 2 顆的索引位置為 4
- 第 3 次迭代：程式邏輯會經過 x, y = x+dx, y+dy 可以得到新的 (x, y) 為 (2, 2)，套回公式 x+y*3 可以得到第 3 顆的索引位置為 8

這樣就完成轉換。如果 0、4、8 這 3 個索引的元素值都是 1 的話，在棋盤上面，就是一條由左上到右下的連線。

為了加深印象再來看第 2 個例子：

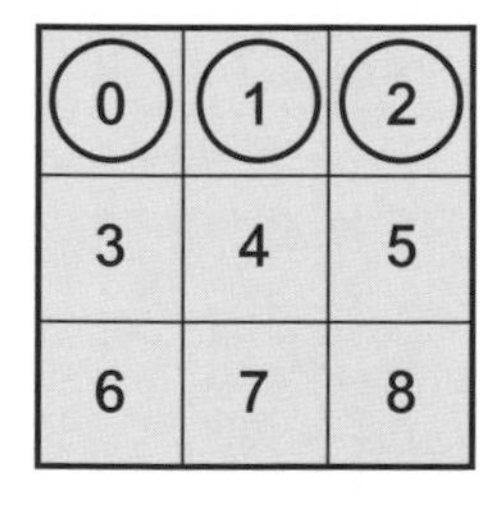

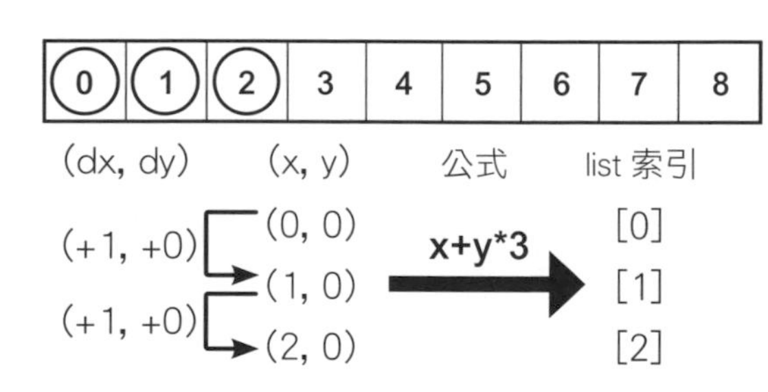

▲ 例子 2：(0, 0, 1, 0) 如何判斷 0、1、2 橫列連線

→ 接下頁

第 2 個例子是要判斷橫列連線，因此用 (dx,dy) = (1, 0) 來做累加，4 個變數的值現在分別是 (x=0, y=0, dx=1, dy=0)，接著將這 4 個變數套用到公式 x+y*3 裡面，藉由 for 迴圈去計算索引，迭代的過程如下：

- 第 1 次迭代：套公式後得到的是 3 球連線第 1 顆的索引位置也就是 0
- 第 2 次迭代：程式邏輯會經過 x, y = x+dx, y+dy 可以得到新的 (x, y) 為 (1, 0)，套回公式 x+y*3 可以得到第 2 顆的索引位置為 1
- 第 3 次迭代：程式邏輯會經過 x, y = x+dx, y+dy 可以得到新的 (x, y) 為 (2, 0)，套回公式 x+y*3 可以得到第 3 顆的索引位置為 2

如果 0、1、2 這 3 個索引的元素值都是 1 的話，在棋盤上面，就是一條橫列的連線。同理 (0, 1, 1, 0)、(0, 2, 1, 0) 可以得到 3、4、5 和 6、7、8 的索引位置。

用隨機下法實測井字遊戲

定義好井字遊戲後，接著我們先建立一個「隨機」下法的函式來執行井字遊戲看看，展示一下剛剛建立的類別該怎麼使用，隨機下法的函式很簡單，先透過 legal_actions() 取得合法棋步，再從中隨機選擇一個棋步。程式如下：

IN 隨機下法

```
def random_action(state):
  legal_actions = state.legal_actions() ← 先取得合法棋步，也就
                                          是有空位的格子啦！
  print("方法:隨機下法\n") ← 顯示使用的方法
  return legal_actions[random.randint(0, len 接下行
  (legal_actions)-1)] ← 從 list 的索引範圍中，隨機傳回一個合法棋步
```

對局必須要有 2 位參賽者，目前我們只有隨機下法這個方法，因此先讓對局雙方皆使用隨機下法進行井字遊戲，在遊戲結束之前，反覆採取動作與取得下一個盤面。程式如下：

IN 隨機下法對戰隨機下法

```
state = State() ← 產生新的對局
round = 0 ← 計算回合數

# 循環直到遊戲結束
while True:

  # 遊戲結束，離開迴圈
  if state.is_done():
    break

  round += 1 ← 回合數加 1
  print("-第"+str(round)+"回合-\n") ← 顯示回合數

  print("玩家:「X」") if round%2 == 0 else print("玩家:「O」") ← 顯示玩家

  action = random_action(state) ← 此處對局雙方都採隨機下法，每一步都由 random_action() 函式決定下子位置

  state = state.next(action) ← 取得下一個盤面
  print(state) ← 以文字顯示對戰結果
```

1 2 3 4 5 6 7 8

OUT

```
-第 1 回合-

玩家「O」
方法:隨機下法

--o
---
---

-第 2 回合-

玩家「X」
方法:隨機下法

--o
---
--x

-第 3 回合-

玩家「O」
方法:隨機下法

--o
o--
--x

-第 4 回合-

玩家「X」
方法:隨機下法

x-o
o--
--x

-第 5 回合-

玩家「O」
方法:隨機下法

x-o
oo-
--x

-第 6 回合-

玩家「X」
方法:隨機下法

x-o
oo-
x-x

-第 7 回合-

玩家「O」
方法:隨機下法

xoo
oo-
x-x

-第 8 回合-

玩家「X」
方法:隨機下法

xoo
oo-
xxx
```

比對回合 6、回合 7 這 2 個盤面，其實第 7 回合時，O 只要下在索引 5 的位置就贏了，但卻下在索引 1 的位置，由此可知隨機下法沒有任何邏輯。

編註 稍後會將其中一方換成 Minimax 演算法所化身的 AI，再與另一方 (維持隨機下法) 來執行遊戲，比較一下兩種下法的差異。

利用 Minimax 演算法計算局勢價值

從剛剛的結果應該可以看出隨機下法毫無實力可言，接著我們會以 Minimax 演算法來實做另一種下法，我們將此下法設計成 mini_max() 函式，在接收到 State 物件傳來的局勢 (盤面) 後，傳回局勢價值 (值越大，獲勝機率越高)。傳入 mini_max() 函式的 State 會有 2 種情況，以下我們就分開來講解：

當 State 為遊戲結束時

先前的說明中有提到過葉節點的局勢價值是由訓練者自行設定的，在 mini_max() 函式中就要先設定局勢價值，我們設定 State 為遊戲結束 (編註：傳入函式的盤面已經分出勝負時) 時會傳回局勢價值「-1：落敗」或「0：平手」，這裡只要設定落敗跟平手就好了，因為零和的概念所以一方落敗，另一方一定獲勝。

當 State 為遊戲尚未結束時

當 State 為遊戲尚未結束的局勢 (編註：傳入函式的盤面沒辦法分出勝負時) 時，合法棋步的局勢價值會透過遞迴方式檢查與計算，並**傳回最大值**，直到遊戲結束為止 (編註：簡單來說，輸入函式的局勢還沒結束的時候，利用遞迴的方式再丟入函式中，重複這個動作直到遊戲結束為止)。遊戲結束後會得到局勢價值，接著將局勢價值一層一層的回傳回來 (編註：這邊的程式邏輯就是在模擬賽局樹由下往上傳遞局勢價值的過程)。

編註 待會 5-19 頁的程式用上了自己遞迴自己的方式來實現賽局樹一層一層的計算過程，程式邏輯可能一時不易理解，讀者可以多演練幾次程式搭配說明會比較容易理解。

上面這一段提到**傳回最大值**，直到遊戲結束，為什麼只需要傳回最大值就好了？回憶一下 5-5 頁解說 Minimax 探索賽局樹的概念，在推估敵方的行動時，Minimax 的概念是不把敵方當傻瓜，因此輪到敵方時，應該是選「最小值」才對啊？其實這裡作者為了後續撰寫程式方便，利用稱為「**負極大值演算法** (NegaMax Algorithm)」的技巧，程式的邏輯變成只要固定傳回最大值就好，我們舉前面的賽局樹為例分別用 Minimax 演算法與負極大值演算法算一次，看看負極大值演算法在概念上做了什麼修正。先看以 Minimax 演算法計算，如下圖：

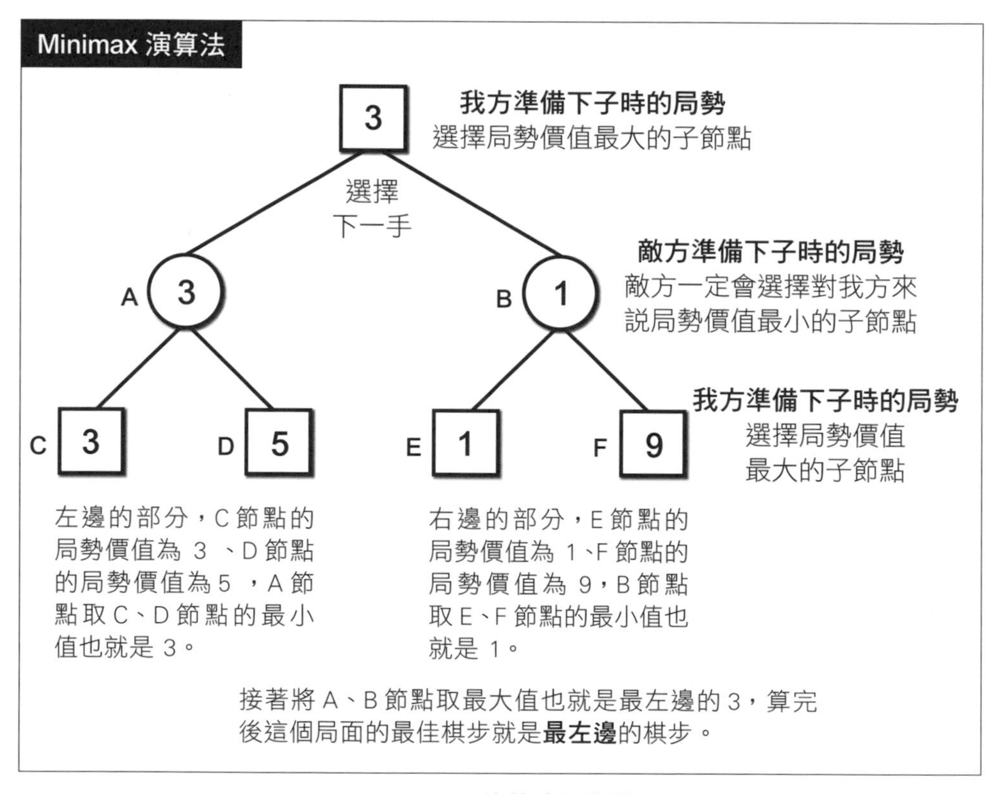

▲ Minimax 演算法示意圖

如果改用負極大值演算法，也可以得到**最佳棋步就是最左邊棋步**的結果，由下往上的各數值的計算差在哪裡呢？看下例就明白了：

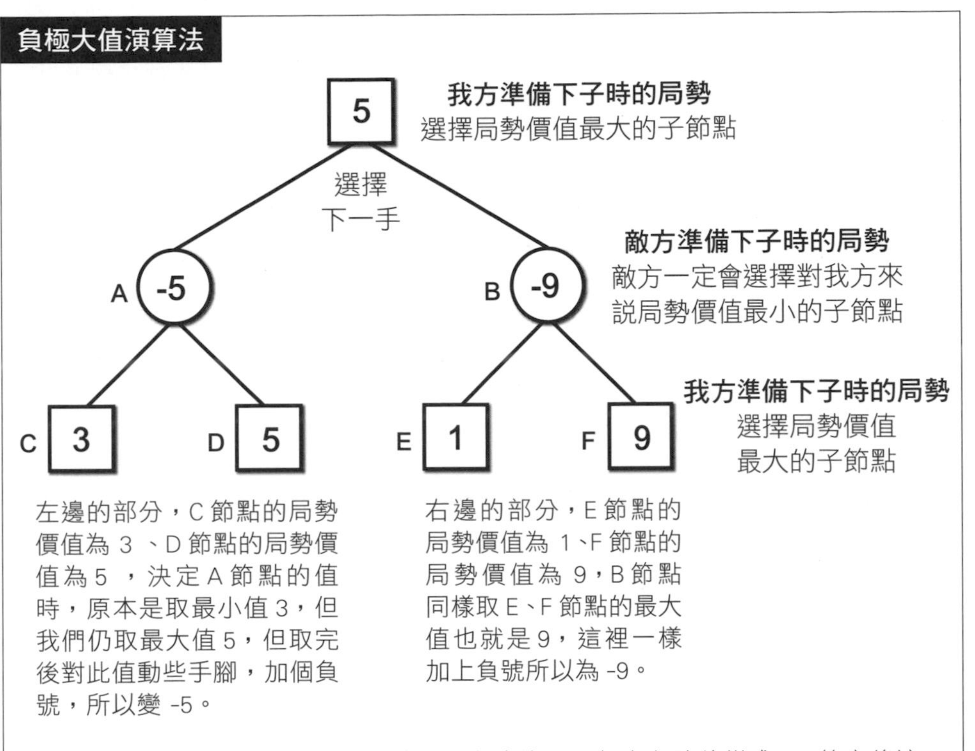

▲ 負極大值演算法示意圖

經由上面的例子，您會發現 2 種做法的結果都是一樣的，而後者在寫程式時更方便，因為這樣就不用被 Minimax 演算法因角色的轉換，一下子取最大值、一下子取最小值，弄的程式很難寫。

在定義 Minimax 演算法的函式之前，一定要把上面的概念都弄清楚，才有辦法看懂底下的程式。程式如下：

IN 利用 Minimax 演算法計算局勢價值

```
def mini_max(state): ←— 注意！這個函式用了遞迴、即函式呼叫自身函式的技巧
  if state.is_lose():
    return -1 ←— 落敗的局勢價值：-1
```

```
    if state.is_draw():
      return  0 ←— 平手的局勢價值：0

    # 計算合法棋步的局勢價值，合法棋步就是空的格子
  ①best_score = -float('inf') ②
    for action in state.legal_actions(): ←— 走訪所有的空格
      score = -mini_max(state.next(action))③
      if score > best_score: ←— 重複比較找出最大值
        best_score = score    ←— 記住最大值才能繼續比較

    return best_score ←— 傳回合法棋步中局勢價值最大值
```

① best_score 代表這個節點所計算出來的局勢價值，但是我們還沒開始推估，所以還不知道這個值為多少

② 在 Python 語法中 -float('inf') 代表負無限大，這裡使用負無限大的原因是因為我們一開始不知道 best_score 的值，所以先用負無限大代替，當計算出 best_score 的值後就用比較後取最大值的方式取代掉負無限大

③ 這裡呼叫了 mini_max() 函式自己，這樣的用法是利用遞迴一層一層的去算出每個節點的局勢價值，直到分出勝負，加上負號的原因是因為使用了剛剛所說明的負極大值演算法

定義 mini_max_action() 函式做實際下子的動作

mini_max() 所做的事情只是幫我們去**推估局勢並計算每個節點的局勢價值**，我們還沒有真正做「下子」這個動作，於是這裡要建立一個函式 mini_max_action()，它會根據傳入的 State 經由推估後回傳局勢價值最大的位置 (放置棋子的方格：0 ～ 8)。程式如下：

IN 定義 mini_max_action() 函式做實際下子的動作

```
def mini_max_action(state):
  # 計算合法棋步的局勢價值
  best_action = 0 ←— 從 0 開始下
  best_score = -float('inf')
  output = ['','']
```

```
for action in state.legal_actions(): ← 走訪所有空格
  score = -mini_max(state.next(action)) ← 用 Minimax 演算法算
                                          出 next(action) 的價值

  if score > best_score: ← 重複比較找出最大值
    best_action = action ← 將局勢價值最大值的棋盤
                           位置設為最佳棋步
    best_score  = score ← 記住最大值才能繼續比較

                                將 action 串接到 output[0] 之後
  # 顯示局勢價值與其對應的棋盤位置
  output[0] = '{}{:2d},'.format(output[0], action)
  output[1] = '{}{:2d},'.format(output[1], score)
print("方法:Minimax演算法") ← 顯示使用的方法
print('合法棋步:', output[0], '\局勢價值: ', output[1], '\n')

return best_action ← 傳回合法棋步中局勢價值最大的動作
```

用 Minimax 演算法對戰隨機下法

最後，我們讓雙方參賽者分別使用 Minimax 演算法與隨機下法，設定先手 (O) 使用 mini_max_action()，後手 (X) 使用 random_action()。程式如下：

IN Minimax 演算法對戰隨機下法

```
state = State() ← 產生新的對局
round = 0 ← 計算回合數

while True:
  if state.is_done():
    break

  round += 1 ← 回合數加 1
  print("-第"+str(round)+"回合-\n") ← 顯示回合數
```

```
    if state.is_first_player():
      print("玩家:「O」")
      action = mini_max_action(state)  ← 先手採取 Minimax 演算法
    else:
      print("玩家:「X」")
      action = random_action(state)    ← 後手採取隨機下法

    state = state.next(action)  ← 取得下一個盤面

    # 以文字顯示對戰結果
    print(state)
    print()
```

OUT

```
-第 1 回合-

玩家:「O」
方法:Minimax 演算法
合法棋步:  0, 1, 2, 3, 4, 5,
6, 7, 8,
局勢價值:  0, 0, 0, 0, 0, 0,
0, 0, 0,
                         待會會說明印出的這些如何解讀
← 固定從 0 開始下
o--
---
---

-第 2 回合-

玩家:「X」
方法:隨機下法

o-x
---
---
```

```
-第 3 回合-

玩家:「O」
方法:Minimax 演算法
合法棋步:  1, 3, 4, 5, 6, 7,
8,
局勢價值: -1, 1, 0, 0, 1, 0,
1,

o-x
o--
---

-第 4 回合-

玩家:「X」
方法:隨機下法

o-x
ox-
---
```

```
-第 5 回合-

玩家:「O」
方法:Minimax 演算法
合法棋步:  1, 5, 6, 7, 8,
局勢價值: -1,-1, 1,-1,-1,


o-x
ox-
o--
```

1
2
3
4
5
6
7
8

小編補充 有注意到程式的輸出中，凡是輪到 Minimax 演算法時都會多印出 2 行資訊，這 2 行資訊是為了讓讀者更清楚 Minimax 演算法怎麼決定下哪步的關鍵，以下就以第 3 回合的例子教大家如何解讀：

- 合法棋步： 1, 3, 4, 5, 6, 7, 8,
- 局勢價值：-1, 1, 0, 0, 1, 0, 1,

我們要上下 2 行一起解讀，上方的**合法棋步**代表目前棋盤上還可以下的位置 (Python list index)，下方的**局勢價值**就是上方合法棋步對應的局勢價值，程式會由左而右開始選擇最大的局勢價值來下，以上方的例子來看最大的局勢價值是 1，對應到的索引為 3，所以 mini_max_action() 會下在索引 3 的位置。其它的也是這樣解讀，很簡單吧！

重複執行數回合後，可知先手 (O) 使用的 Minimax 演算法確實比較強，但是若在遊戲結束之前，我每下一個棋步都要以遞迴方式檢查與計算，實在會花費太多時間，而以現實考量來說，由於此做法需將當前盤面往後的「所有」棋步展開，即便在進行井字遊戲時沒問題，一旦遇到圍棋或西洋棋等盤面較為複雜的遊戲，就行不通了，例如在 1-3 節提到的要算完西洋棋「完整的賽局樹」必須花費 3.17e+102 年 (3170000000000....年，總共有 100 個 0)，接下來後續的章節，將會想辦法解決這個問題。

5-1 利用 Alpha-beta 剪枝進行井字遊戲

上一節介紹的 Minimax 演算法在進行賽局時，需要對賽局樹中的每一個節點進行探索、計算，因此執行上會耗費許多時間。本節要介紹的 **Alpha-beta 剪枝 (Alpha-beta pruning) 是 Minimax 的改良版**，將可在效率上加快賽局樹的探索。

Alpha-beta 剪枝 (Alpha-beta pruning) 演算法

一開始，我們先來了解一下什麼是 Alpha-beta 剪枝，Alpha-beta 剪枝是由 Minimax 演算法改良而來的演算法，比 Minimax 更有效率的原因是去除 Minimax 演算法中，**即使不計算也不會影響到整體結果的部分**，由於需要處理的子節點減少，整體速度自然變快。

Alpha-beta 剪枝也是和 Minimax 演算法一樣，透過盤面推估找出局勢價值最大的最佳棋步，不過在過程中，將每個節點都加入了「α」與「β」兩個值，用來判斷哪些節點的後續子節點可以剪掉不處理。

怎麼做呢？首先，每個節點用 α 與 β 構成一個範圍，α 代表該節點的局勢價值**至少為 α**，β 代表該節點的局勢價值**最多為 β**，簡言之各節點的局勢價值都是從該節點的 $\alpha \sim \beta$ 範圍取出來的。

編註 每個節點的 α 與 β 的**初始值**分別為負無限大與無限大，代表可從任何範圍取值的意思。

Alpha-beta 剪枝的作法是：每用前一節 Minimax 演算法搜索一個子節點時，都會對此節點的 α 與 β 進行修正。重點來了，當某一節點的 α、β 經過修正後，出現了 **α 值 $>$ β 值**的情況，就代表後續的子節點可以剪掉不處理了，這個動作就稱作「剪枝 (pruning)」。重複一次前面提到的，Alpha-beta 剪枝就是判斷出即使不計算也不會影響到整體結果的部分來進行剪枝，只是為了程式實作，賦予各節點 α 、β 值將這個判斷公式化罷了。我們先個舉例子，一步一步說明各節點的 α 、β 值是如何進行修正，待會才容易看懂程式邏輯：

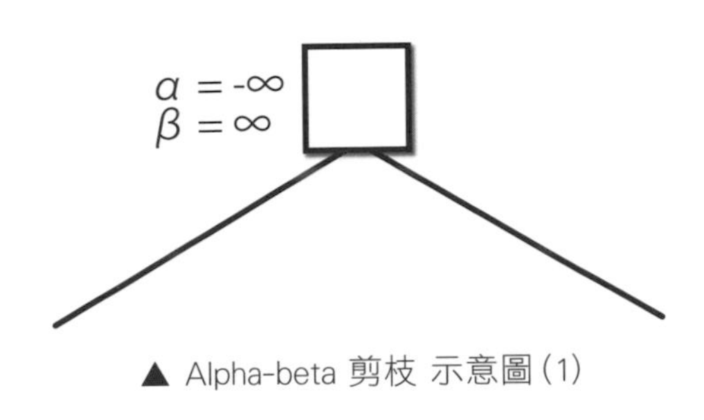

▲ Alpha-beta 剪枝 示意圖(1)

可以看到一開始的節點上有 α 與 β，α 的初始值為負無限大(- ∞)，β 的初始值為正無限大(∞)，分別代表一個很小的值與很大的值。因為我們還沒有開始計算，所以 α 與 β 先以初始值代替。每個子節點 α 與 β 的初始值都是相同的(α = - ∞、β = ∞)。

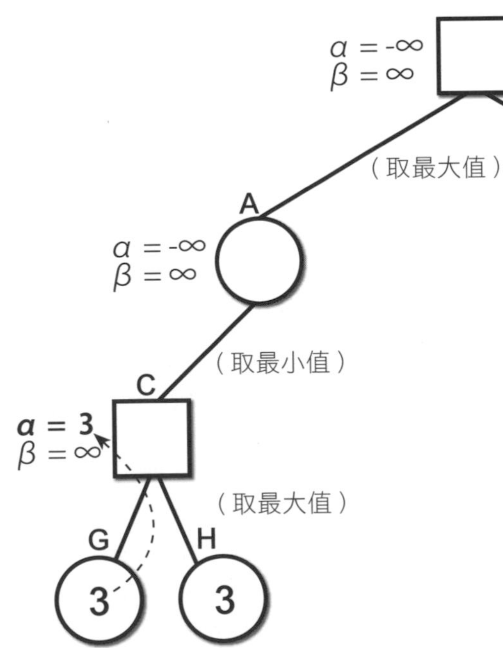

▲ Alpha-beta 剪枝 示意圖(2)

先從左半邊開始，圖中，A 節點與 C 節點 α 與 β 的初始值都相同，接下來就跟 Minimax 演算法一樣去推估接下來的局勢，推估到最下面的 G 節點算出來局勢價值時，就要往上更新 α 與 β 的值，C 節點為正方形，也就是要取子節點的「最大值」，所以就將 C 節點的 α 填 3，為什麼呢？回想一下 Minimax 的規則，C 是取 G、H 的最大值，因此 C 的值「至少」會是 3，所以更新 C 節點 α 的值 =3。

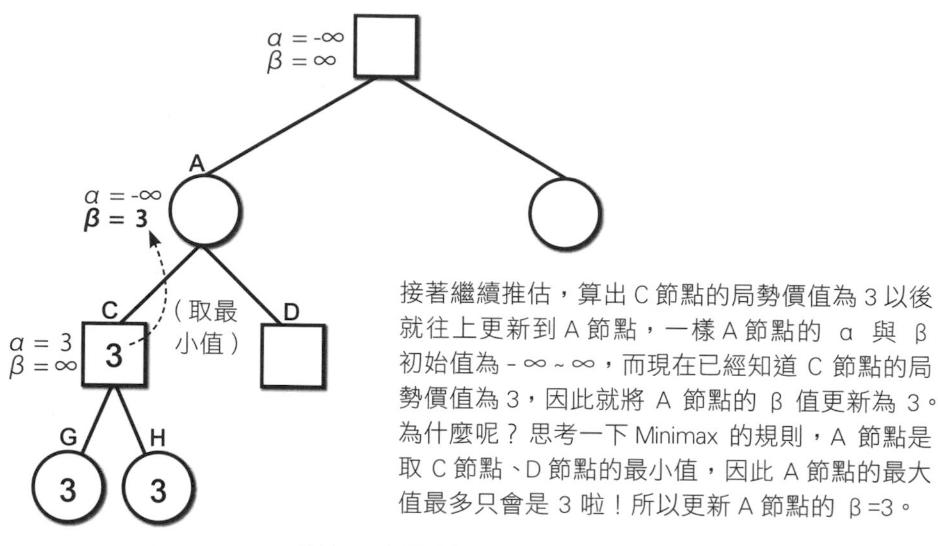

接著繼續推估，算出 C 節點的局勢價值為 3 以後就往上更新到 A 節點，一樣 A 節點的 α 與 β 初始值為 - ∞ ~ ∞，而現在已經知道 C 節點的局勢價值為 3，因此就將 A 節點的 β 值更新為 3。為什麼呢？思考一下 Minimax 的規則，A 節點是取 C 節點、D 節點的最小值，因此 A 節點的最大值最多只會是 3 啦！所以更新 A 節點的 β =3。

▲ Alpha-beta 剪枝 示意圖 (3)

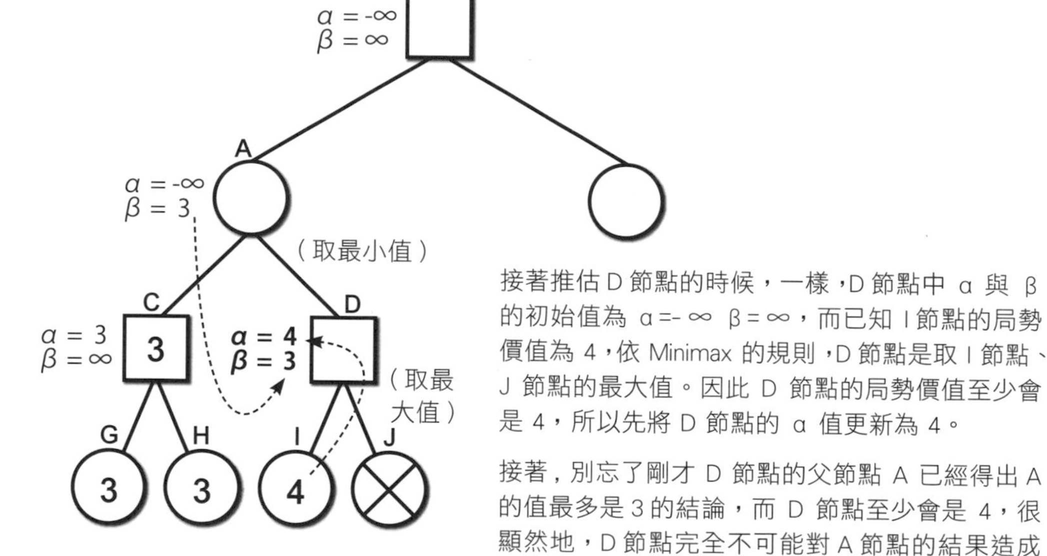

▲ Alpha-beta 剪枝 示意圖 (4)

接著推估 D 節點的時候，一樣，D 節點中 α 與 β 的初始值為 α =- ∞ β = ∞，而已知 I 節點的局勢價值為 4，依 Minimax 的規則，D 節點是取 I 節點、J 節點的最大值。因此 D 節點的局勢價值至少會是 4，所以先將 D 節點的 α 值更新為 4。

接著，別忘了剛才 D 節點的父節點 A 已經得出 A 的值最多是 3 的結論，而 D 節點至少會是 4，很顯然地，D 節點完全不可能對 A 節點的結果造成影響，如此一來，沒有必要再去探索 J 節點(因為不管 J 的值多大多小都不會影響到 A 節點的結果)，因此**就可以將 J 節點剪枝掉不處理了**。

附帶一提，以上是用推敲的方式帶您理解，而依 Alpha-beta 剪枝的規則，其實會將 A 節點的 β 值 3 傳遞給 D 節點，這就得到 α 值 (4) > β 值 (3) 的不正常情況，這時候就代表可以剪枝了。

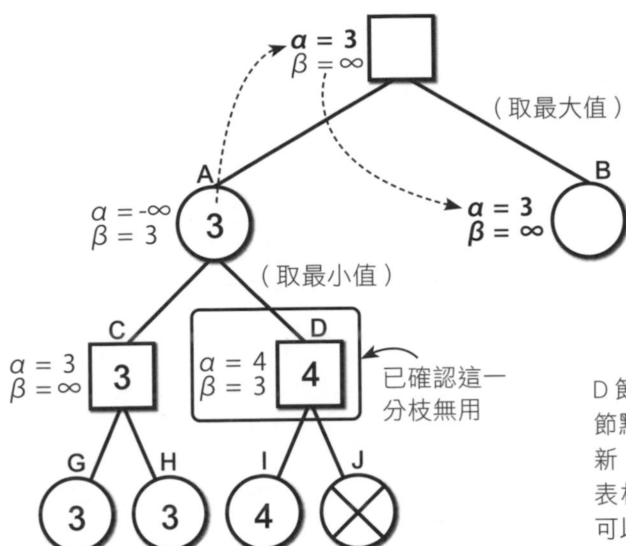

▲ Alpha-beta 剪枝 示意圖 (5)

D 節點剪枝完以後，就可以確認 A 節點的局勢價值為 3，再來往上更新，將根節點的 α 設為 3 (α 代表根節點的值至少為 3)，然後就可以把 α 與 β 傳遞給 B 節點。

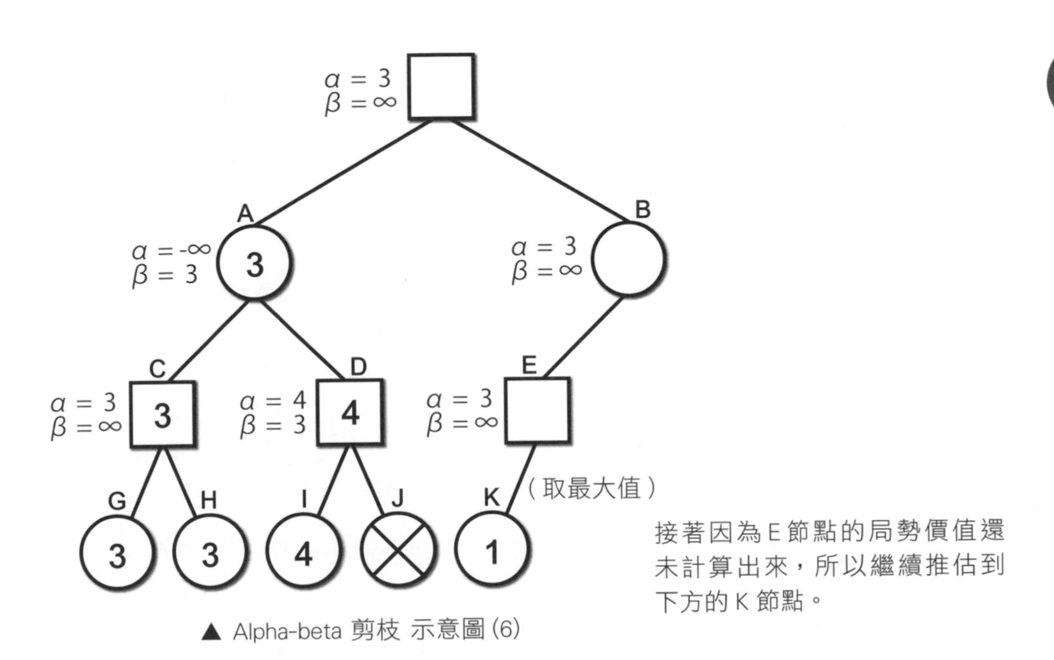

▲ Alpha-beta 剪枝 示意圖 (6)

接著因為 E 節點的局勢價值還未計算出來，所以繼續推估到下方的 K 節點。

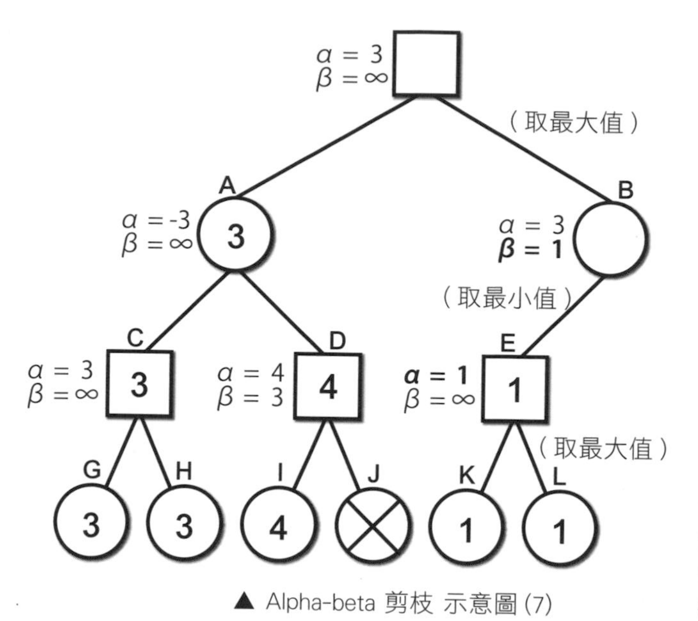

▲ Alpha-beta 剪枝 示意圖 (7)

當 K 節點與 L 節點有結果時，接著往上更新，注意這裡將 E 節點的 α 更改為 1 了，E 節點的局勢價值被求出來以後，我們就可以往上更新 B 節點的 β 值，由於 B 節點是要取子節點的「最小值」，因此 β 值為 1，也就是說 B 節點的局勢價值再大都不會大於 1，這時候 B 節點的 β 小於 α(1 < 3)，代表可以剪枝了。

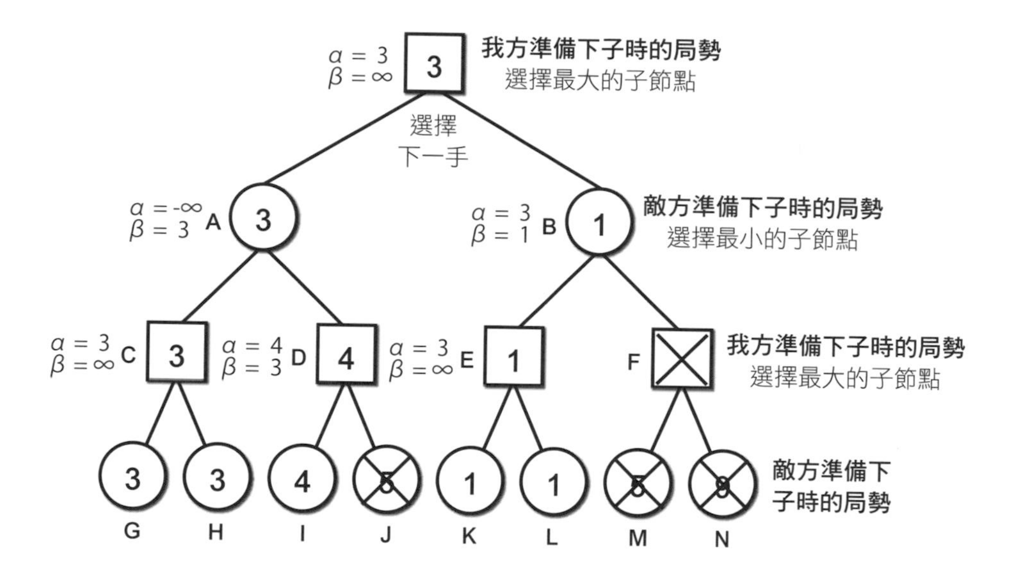

B 節點剪枝完後，就可以將根節點的局勢價值設為 A 節點的 3（因為 B 節點已剪掉不使用了）。

您會發現 Alpha-beta 剪枝與 Minimax 演算法的結果一樣，最佳棋步皆為最左邊的 3，但是透過剪枝可以去除掉許多不必計算的節點。

▲ Alpha-beta 剪枝 示意圖 (8)

編註 Alpha-beta 剪枝的過程請務必自己多算個幾次，了解清楚後再進到程式碼的部分！

利用 Alpha-beta 剪枝計算局勢價值

接著我們來用程式實作 Alpha-beta 剪枝，Alpha-beta 剪枝計算局勢價值的方法是由 Minimax 演算法改良而來，因此我們會從上一節 Minimax 演算法的程式來修改。

編註 本章會延續使用 5-0 節定義的 state 類別，稍後也會呼叫之前建立的 mini_max_action() 函式來做為對手，程式細節請自行參考前一節說明。

mini_max() 在取得合法棋步的局勢價值時會將正負號反轉 (5-18 頁)，因此後手與先手相同，皆會傳回局勢價值最大的值，在遞迴循環中，父節點會選擇當前節點的最小值，因此若當前節點的局勢價值超過了父節點的局勢價值，便表示當前節點不會被使用，可以停止探索了。

接下來依照上述的邏輯修改函式，在函式中新增兩個參數「alpha」與「beta」，alpha 為父節點的父節點 (我方局勢) 的最大值，beta 則為父節點 (敵方局勢) 的最大值，因此若取得的局勢價值達到 alpha 以上，便用此價值來更新 alpha，接著判斷 alpha 是否有大於等於 beta (也就是剪枝的判斷式：$\alpha >= \beta$)，如果符合便停止後續的計算。最後將 alpha 回傳，以做為該節點的局勢價值。以上就是 Alpha-beta 剪枝的程式邏輯。

編註 都取最大值的原因為程式的部分都是採用負極大值演算法。

1 2 3 4 5 6 7 8

程式碼如下：

IN 利用 Alpha-beta 剪枝計算局勢價值

```
def alpha_beta(state, alpha, beta):
  # 落敗的局勢價值：-1
  if state.is_lose():
    return -1

  # 平手的局勢價值：0
  if state.is_draw():
    return  0

  # 計算合法棋步的局勢價值，不使用 float('inf') 改使用 alpha beta
  for action in state.legal_actions():
    score = -alpha_beta(state.next(action), -beta, -alpha) ← 重複推估下個局勢

    if score > alpha: ← 若取得的局勢價值達到 alpha 以上，便更新 alpha
      alpha = score

    if alpha >= beta: ← 剪枝的判斷式
      return alpha    ← 直接結束迴圈，並傳回 alpha

  return alpha ← 傳回合法棋步中局勢價值最大值
```

定義 alpha_beta_action() 函式做實際下子的動作

再來，建立一個根據局勢 (盤面) 傳回動作的函式 alpha_beta_action()，其中與 Minimax 演算法不同之處有二，一是將 best_score 的名稱設為 alpha，二是將 alpha 的初始值指定為 -float('inf')、beta 的初始值指定為 float('inf')。程式如下：

IN 定義 alpha_beta_action() 函式做實際下子的動作

```
def alpha_beta_action(state):
  # 計算合法棋步的局勢價值
  best_action = 0 ← 從 0 開始下
  alpha = -float('inf') ← 一開始先以 -float('inf') 作為 alpha 的初始值
```

```
  output = ['','']
  for action in state.legal_actions():
    score = -alpha_beta(state.next(action), -float('inf'), 接下行
    -alpha) ← 重複推估下一層的局勢
    if score > alpha: ← 重複比較找出最大值
      best_action = action ← 將局勢價值最大值的位置設為最佳棋步
      alpha = score    ← 更新 alpha

    # 顯示局勢價值與其對應的棋盤位置
    output[0] = '{}{:2d},'.format(output[0], action)
    output[1] = '{}{:2d},'.format(output[1], score)
  print("方法:Alpha-beta 剪枝") ← 顯示使用的方法
  print('合法棋步:', output[0], '\n 局勢價值:', output[1], '\n')

  return best_action ← 傳回合法棋步中局勢價值最大的那個合法棋步來下
```

Alpha-beta 剪枝對戰 Minimax 演算法

最後，我們讓對戰雙方分別使用 Alpha-beta 剪枝及 Minimax 演算法對戰井字遊戲，設定先手 (O) 使用 alpha_beta_action()，後手 (X) 使用 mini_max_action()。程式如下：

IN Alpha-beta 剪枝對戰 Minimax 演算法

```
state = State() ← 產生新的對局
round = 0 ← 將回合數歸零

while True:
  if state.is_done():
    break

  round += 1 ← 回合數加 1
  print("-第"+str(round)+"回合-\n") ← 顯示回合數
```

```
    if state.is_first_player():
      print("玩家:「O」")
      action = alpha_beta_action(state)  ← 先手採取 Alpha-beta 剪枝
    else:
      print("玩家:「X」")
      action = mini_max_action(state)    ← 後手採取 Minimax 演算法

    state = state.next(action)  ← 取得下一個盤面

    print(state)  ← 以文字顯示對戰結果
```

OUT

-第 1 回合-

```
玩家:「O」
方法:Alpha-beta 剪枝
合法棋步:  0, 1, 2, 3, 4, 5,
6, 7, 8,
局勢價值:  0, 0, 0, 0, 0, 0,
0, 0, 0,

o--
---
---
```

-第 2 回合-

```
玩家:「X」
方法:Minimax 演算法
合法棋步:  1, 2, 3, 4, 5, 6,
7, 8,
局勢價值: -1,-1,-1, 0,-1,-1,-
1,-1,

o--
-x-
---
```

-第 3 回合-

```
玩家:「O」
方法:Alpha-beta 剪枝
合法棋步:  1, 2, 3, 5, 6, 7,
8,
局勢價值:  0, 0, 0, 0, 0, 0,
0,

oo-
-x-
---
```

-第 4 回合-

```
玩家:「X」
方法:Minimax 演算法
合法棋步:  2, 3, 5, 6, 7, 8,
局勢價值:  0,-1,-1,-1,-1,-1,

oox
-x-
---
```

```
-第 5 回合-

玩家:「O」
方法:Alpha-beta 剪枝
合法棋步:  3, 5, 6, 7, 8,
局勢價值: -1,-1, 0, 0, 0,

oox
-x-
o--

-第 6 回合-

玩家:「X」
方法:Minimax 演算法
合法棋步:  3, 5, 7, 8,
局勢價值:  0,-1,-1,-1,

oox
xx-
o--

-第 7 回合-

玩家:「O」
方法:Alpha-beta 剪枝
合法棋步:  5, 7, 8,
局勢價值:  0,-1,-1,

oox
xxo
o--
```

```
-第 8 回合-

玩家:「X」
方法:Minimax 演算法
合法棋步:  7, 8,
局勢價值:  0, 0,

oox
xxo
ox-

-第 9 回合-

玩家:「O」
方法:Alpha-beta 剪枝
合法棋步:  8,
局勢價值:  0,

oox
xxo
oxo
```

1 2 3 4 5 6 7 8

小編補充 **Alpha-beta 剪枝演算法與 Minimax 演算法的執行速度**

由下表可知，在相同結果下，一方改用 Alpha-beta 剪枝的執行速度確實比較快。

▼ 井字遊戲執行時間比較表

我方使用演算法	敵方使用演算法	執行時間
Alpha-beta 剪枝演算法	Minimax 演算法	0.629591 sec
Minimax 演算法	Minimax 演算法	4.547086 sec

編註 雖然透過剪枝機制可以加快速度，但應用到更複雜的棋類還是不足，我們列出常見棋類的複雜度比較：圍棋 > 象棋 > 西洋棋 > 五子棋 > 黑白棋 > 井字遊戲，光是最簡單的井字遊戲就有 3^9 = 19683 種可能，而即便 Alpha-beta 剪枝可以縮短探索賽局樹的時間，但要運算完圍棋、西洋棋等複雜棋類的所有局面，可能還是要花費上萬年的時間，因此我們必須思考更有效的探索方法。

5-2 利用蒙地卡羅法進行井字遊戲

上一節的 Alpha-beta 剪枝透過剪枝的機制加速了賽局樹的探索，程式執行時間雖然從 4.54 秒縮短到 0.62 秒，但若遇到圍棋或西洋棋等局面較多且複雜的遊戲，每下一步就要等 AI 完全算完才能繼續賽局，必然超過棋類規定的思考時間，為了達到合理對弈的時間，必須更有效率地探索複雜棋類的賽局樹，而**蒙地卡羅法** (Monte Carlo method) 就是其中一種解決方法。

認識蒙地卡羅法 (Monte Carlo method)

首先，先來認識一下何謂蒙地卡羅法，蒙地卡羅法是根據隨機模擬來計算節點的局勢價值，它所探討的問題同樣是**當前的合法棋步中，下哪個比較好？**做法上它是將當前的合法棋步都模擬過一輪，並找出模擬結果最好的當做下一個棋步，而模擬的做法很簡單，從當前局面開始到遊戲結束為止，進行一連串的隨機棋步來進行。

舉例來說：假如當前若有 3 個合法棋步可以選擇，3 選 1 的情況，怎麼知道哪步比較好？蒙地卡羅法會先選擇第 1 個棋步，然後由此開始利用隨機棋步一共下 N 個回合，會得到 N 個結果 (勝利：1、落敗：-1、平手：0)，最後將這 N 個有正有負的值加總起來，就是第 1 個選擇的局勢價值了。第 2 及第 3 個棋步選擇、也都進行相同的處理，最後比較這 3 種選擇的局勢價值，哪個值高，哪個就是最佳棋步了。

> **編註** 本節會延續使用 5-0 節定義的 state 類別做為井字遊戲、並分別建立 5-0 節的 random_action() 以及 5-1 節的 alpha_beta_action () 用來做為蒙地卡羅法的對手。

Play out

接著來認識蒙地卡羅法中一個很重要的機制「Play out」，也就是上面所提到，將遊戲從當前局面 (不一定是起點) 所選定的那個棋步開始，進行到遊戲結束為止，稱為 Play out，中文意思就是進行到底，以棋類博弈來說，就是下到有結果為止。

> **編註** 每跑 1 次 (從當前局面到遊戲結束)，稱為 Play out 1 次，跑 2 次就稱為 Play out 2 次，以此類推。

以下將建立一個 playout() 函式，以隨機下合法棋步的方式下到最後有結果，再傳回局勢價值「1：獲勝」、「-1：落敗」與「0：平手」。針對隨機下合法棋步，可以直接使用 5-0 節撰寫好的 random_action() 函式。

雖然是利用隨機棋步，會有耗時過久的問題嗎？其實執行起來並不會，以西洋棋為例，任意局面的合法棋步平均為 35 種，且平均 80 手便能決定勝負。**因此，以 Minimax 探索完所有節點需要 35^{80} 手**，但以 Play out 的方式進行，則跑一次也就約 80 手而已。

Playout 的程式如下：

IN　定義 playout() 函式

```
def playout(state):
  if state.is_lose():
    return -1  ← 落敗的局勢價值：-1，若加了負
                 號就會是 1 用來表示另一方勝利
  if state.is_draw():
    return  0  ← 平手的局勢價值：0

  # 傳回下一個盤面的局勢價值
  return -playout(state.next(random_action(state)))
```

這邊的 playout 加上負號的原因是下一個局勢是對手的，因為負極大值演算法的緣故所以加上負號

5-0 節定義的 random_action 不只可當作對手，這裡還利用它來做為 playout 中的隨機棋步

定義 mcs_action() 函式做實際下子的動作

建立完 Play out 的程式後，接著要來實作蒙地卡羅法，計算各合法棋步的局勢價值，作法上是將每個合法棋步 Play out 10 次時的局勢價值做相加，並選擇合計值 (10 次加起來) 最大的那一個棋步來下。程式如下：

IN 定義 mcs_action() 函式做實際下子的動作

```
def mcs_action(state):
  legal_actions = state.legal_actions()  ← 取得合法棋步
  values = [0] * len(legal_actions)  ← 建立 list 儲存 Play out 10 次的結果

  for i, action in enumerate(legal_actions):
    for _ in range(10):  ← 執行 Play out 10 次
      values[i] += -playout(state.next(action))  ← 加總目前棋步 Play out 10 次時的局勢價值
                   ↑ 負極大值演算法
  return legal_actions[argmax(values)]  ← 回傳合計值最大的那個合法棋步來下
```

對程式邏輯還不太清楚的讀者可以參考下方的小編補充

接著，實作 argmax() 函式以傳回 list 中最大值的索引，例如，argmax([4, 5, 6]) 將傳回此串列中最大值「6」的索引，也就是「2」。程式如下：

IN

```
def argmax(collection, key=None):
  return collection.index(max(collection))  ← 傳回最大值的索引
```

小編補充 **蒙地卡羅法 mcs_action() 的程式邏輯**

為了確保讀者確實了解蒙地卡羅法的程式邏輯，我們舉個下圖的盤面做為當前的局勢來進一步說明：

legal_actions：[2, 3, 5]
values：[0, 0, 0]

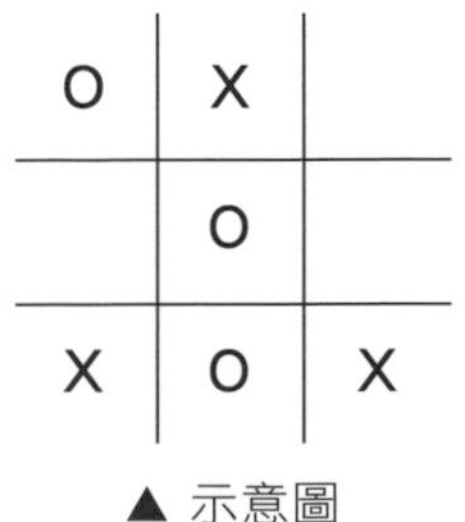

▲ 示意圖

依左圖來看，現在的局勢是輪到 O 方下棋，局勢上面還有 3 個合法棋步 (legal_actions)，values 是用來儲存每個合法棋步在 playout N 次後所得的局勢價值「合計值」，values 的長度會跟合法棋步的長度一樣並且相互對應。

蒙地卡羅法會依序算出每個合法棋步的局勢價值合計值，這邊依照合法棋步的順序先從 pieces[2] 開始 (pieces 就是代表井字遊戲的盤面，忘記的複習一下 5-0 節的製作代表井字遊戲的類別)，蒙地卡羅法會進行 playout 10 次，這 10 次中都是由 pieces[2] 當作第一步，後續的步數都是隨機下，直到分出勝負為止。當分出勝負時就會回傳局勢價值 (落敗：-1、平手：0、獲勝：1)，playout 10 次就會有 10 個局勢價值，接著將這 10 次的局勢價值加總得到合計值 (這邊先假設合計值為 5)，計算出合計值後添加到 values 中。如下圖：

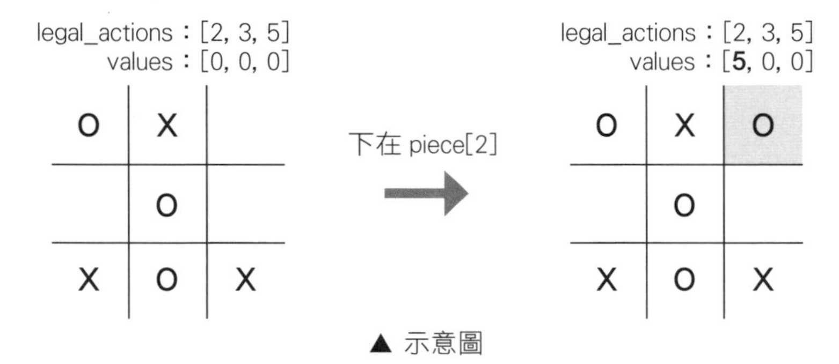

▲ 示意圖

再來要計算第 2 個合法棋步的合計值，做法都是一樣的，將 pieces[3] 做為第一步，接著會進行 playout 10 次，並且將 10 次的結果相加得到合計值 (這邊先假設合計值為 3)，並加添加到 values 中。如下圖：

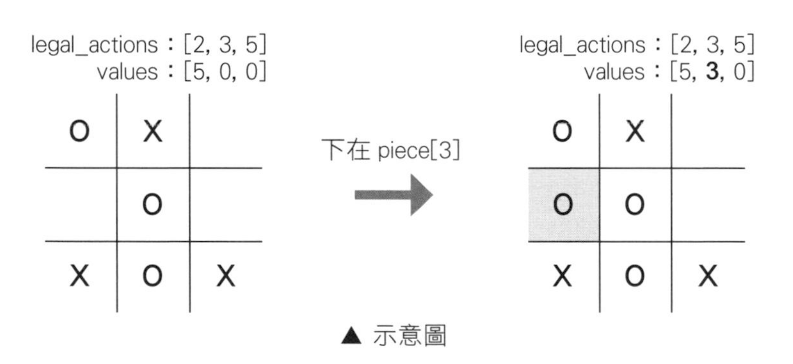

▲ 示意圖

索引 5 的做法也一樣，利用 playout 10 次得到合計值，並添加到 values 中。如下圖：

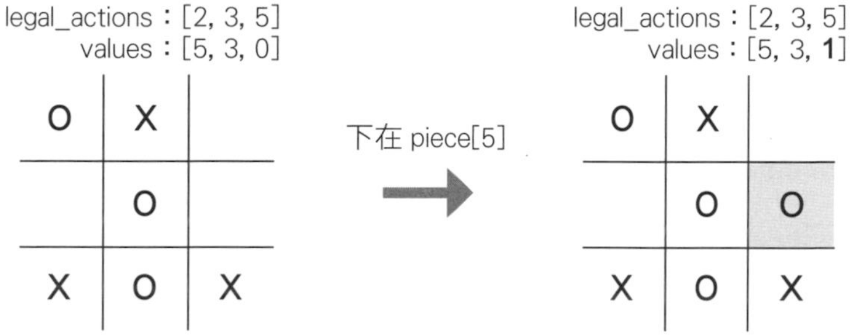

legal_actions：[2, 3, 5]
values：[5, 3, 0]

O	X	
	O	
X	O	X

下在 piece[5]

legal_actions：[2, 3, 5]
values：[5, 3, **1**]

O	X	
	O	O
X	O	X

▲ 示意圖

到這邊可以看到每個合法棋步的合計值都被算出來了，接著將 values 代入 argmax() 中，以上面為例 values：[5, 3, 1] 代入 argmax() 會回傳索引 0，再來找出 legal_actions 索引 0 的元素，也就是 2，表示下次下子的位置是 pieces[2]。

用蒙地卡羅法對戰隨機下法與 Alpha-beta 剪枝

最後，我們利用蒙地卡羅法分別與隨機下法和 Alpha-beta 剪枝進行井字遊戲，各自進行 100 場遊戲後，顯示勝率，而由於井字遊戲對先手有利，因此採先、後手交替的方式進行。程式如下：

IN 蒙地卡羅法對戰隨機下法與 Alpha-beta 剪枝

```
# 設定參數
EP_GAME_COUNT = 100   ← 進行的遊戲次數

def first_player_label(ended_state):  ← 先手標籤
  # 根據結束的局勢判斷結果，並給給予標籤 1：先手獲勝, 0：先手落敗, 0.5：平手
  if ended_state.is_lose():
    return 0 if ended_state.is_first_player() else 1
  return 0.5
```

```
# 進行一次遊戲
def play(next_actions):
  state = State() ←— 產生新的對局

  while True:
    if state.is_done():
      break

    # 根據 is_first_player() 判斷先後手，並選擇相對應的演算法。
    # 傳入的 list，索引 0 為蒙地卡羅法、索引 1 為隨機下法或 Alpha-beta 修剪
    next_action = next_actions[0] if 接下行
    state.is_first_player() else next_actions[1]
    action = next_action(state)

    state = state.next(action) ←— 取得下一個局勢 (盤面)

  return first_player_label(state) ←— 傳回先手標籤

def evaluate_algorithm_of(label, next_actions): ←┐
                                        依照勝負或和局結果
                                        計算演算法的勝率
  total_point = 0 ←— 初始化總勝場次數
  for i in range(EP_GAME_COUNT): ←— 反覆進行數次對戰，此處為
                                   我們設定的參數 (100 次)
    if i % 2 == 0: ←— 井字遊戲對先手有利，因此
                      採先、後手交替的方式進行
      total_point += play(next_actions)
    else:
      total_point += 1 - play(list(reversed(next_actions))) ←┐
                                        將傳入的 list 也反轉就可
                                        以變更先後手的順序
    # 顯示結果
    print('\rEvaluate {}/{}'.format(i + 1, EP_GAME_COUNT), end='')
  print('')

  average_point = total_point / EP_GAME_COUNT ←— 計算勝率
  print(label.format(average_point)) ←— 顯示勝率
```

```
# 蒙地卡羅法 VS 隨機下法
next_actions = (mcs_action, random_action)
evaluate_algorithm_of('MCS VS Random {:.3f}\n', next_actions)

# 蒙地卡羅法 VS Alpha-beta 剪枝
next_actions = (mcs_action, alpha_beta_action)
evaluate_algorithm_of('MCS VS AlphaBeta {:.3f}\n', next_actions)
```

OUT

```
Evaluate 100/100
MCS VS Random 0.975

Evaluate 100/100
MCS VS AlphaBeta 0.245
```

由結果可知，蒙地卡羅法在與隨機下法的對戰中獲得了壓倒性的勝利 (勝率 97.5%)，但在與 Alpha-beta 剪枝的對戰中佔了下風 (勝率僅 24.5%)。這也不意外，對井字遊戲而言，Alpha-beta 剪枝可以很快地展開所有盤面並採取最好的棋步，要勝過它是非常困難的。下一章節將使用另一種**蒙地卡羅樹搜尋法**繼續挑戰 Alpha-beta 剪枝，讀者可以比較看看各演算法不同之處。

5-3 利用蒙地卡羅樹搜尋法進行井字遊戲

本節要介紹的**蒙地卡羅樹搜尋法** (Monte Carlo Tree Search method)，是上一節蒙地卡羅法的改良版，具體的說就是在賽局樹演算法中導入了第 4 章強化式學習所使用的方法。

蒙地卡羅樹搜尋法 (Monte Carlo Tree Search method)

首先我們先來認識一下蒙地卡羅樹搜尋法，回想一下在蒙地卡羅法中我們提到棋步 3 選 1 的例子，當某棋步經 Play out 10 次後，發現是 9 勝 (+9)，1 敗 (-1)，照理此棋步的局勢價值合計值很大，應該可以選擇此棋步，但是畢竟還是會有落敗的可能性，為了讓下棋的 AI 更完善，這裡利用了 4-0 節 UCB1 的概念，在賽局樹中「利用」當前已知最好的棋步之餘，也加上「探索」以**發掘勝率更大的棋步**。這就是蒙地卡羅樹搜尋法的基本概念。

蒙地卡羅樹搜尋法是在賽局樹中以試驗的方式去計算出最好的棋步，這個演算法在探索賽局樹時會用到了「**選擇**」、「**評估**」、「**擴充**」與「**更新**」這 4 個機制，我們先簡單帶您認識這 4 個機制的作用，並舉實例帶您看一遍此搜尋法是如何做到局部探索，以決定下一個棋步。

賽局樹的初始狀態

首先，先來認識在蒙地卡羅樹搜尋法中賽局樹的初始狀態，賽局樹的初始狀態只有根節點 (當前局勢) 與其子節點 (下一個局勢)，每個節點都擁有**累計價值** (w) 與**試驗次數** (n) 的資訊，這兩者的關係是什麼呢？簡單的說，剛才我們提到此演算法是做局部探索，如果有兩個棋步可以選，要怎麼決定該探索那個棋步的後續局勢呢？

所以我們需要先簡單試驗一下，經過試驗後各棋步都會算出試驗次數 (n)(底下會介紹怎麼算)，蒙地卡羅樹的做法是選擇試驗次數高的那個棋步來探索即可，捨棄試驗次數低的那邊不探索，整體來說就可提升效率。賽局樹的初始狀態如下圖：

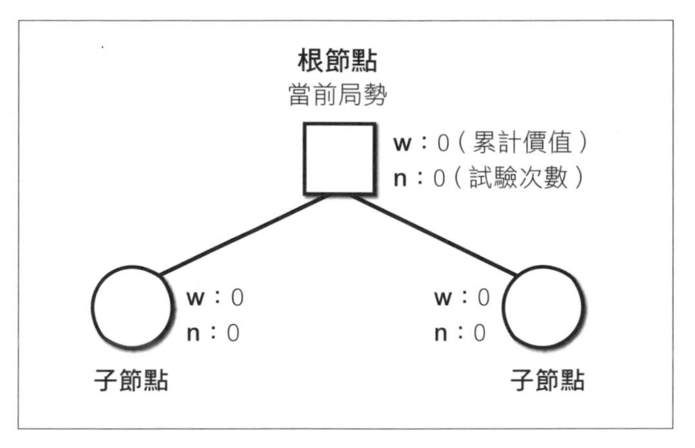

▲ 蒙地卡羅樹搜尋法的初始狀態

機制：選擇 (Selection)

接著從 4 個機制的第 1 個 - **選擇 (Selection)** 介紹起。選擇 (Selection) 是從根節點出發，重複選擇子節點，直到抵達葉節點為止的過程，那怎麼選擇呢？這裡會導入 4-0 節提到的 UCB1 公式，每個子節點各自會計算出 UCB1 值，選擇的方式是會選擇 UCB1 值高的節點，此處的 UCB1 與 4-0 節所介紹的相當類似，只是這裡的 w 從成功次數改為累計價值。UCB1 的公式如下：

$$UCB1=\frac{w}{n}+\left(\frac{2*\log(t)}{n}\right)^{\frac{1}{2}}$$

n：此節點的試驗次數
w：此節點的累計價值
t：所有節點的試驗次數總和

由於 UCB1 公式必須在所有子節點的試驗次數**皆為 1 以上**時才可進行計算 (否則分母會除以為 0，而產生錯誤)，因此若有子節點的試驗次數為 0，便優先選擇該節點，而第一次選擇時，由於兩邊的試驗次數都是 0，因此選擇先找到的節點 (賽局樹由左到右計算)。示意圖如下：

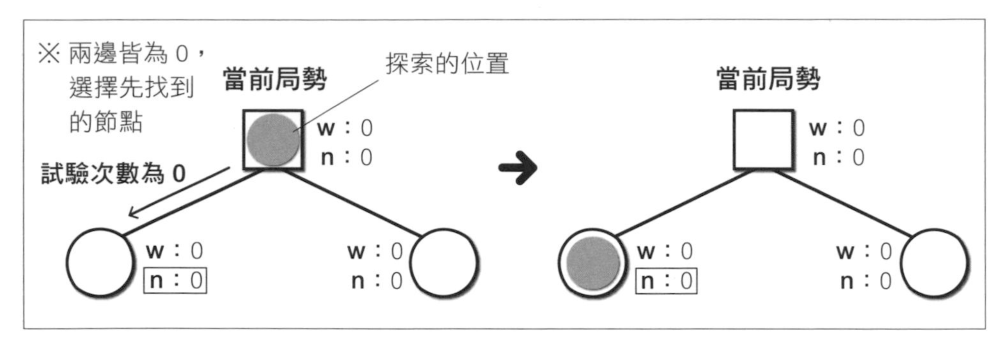

▲ 選擇機制

機制：評估 (Evaluation)

當選擇完子節點時，執行前一節蒙地卡羅法所提到的 Play out，也就是以隨機下的方式，跑出有勝負結果為止，有了結果後就可進行**評估 (Evaluation)**，評估的方式與 5-2 節相同，利用隨機方式選擇合法棋步，並以「獲勝：+1」、「落敗：-1」及「平手：+0」，根據這一次 playout 的結果來更新 w 的值，並將「試驗次數 n」也加上 1。示意圖如下：

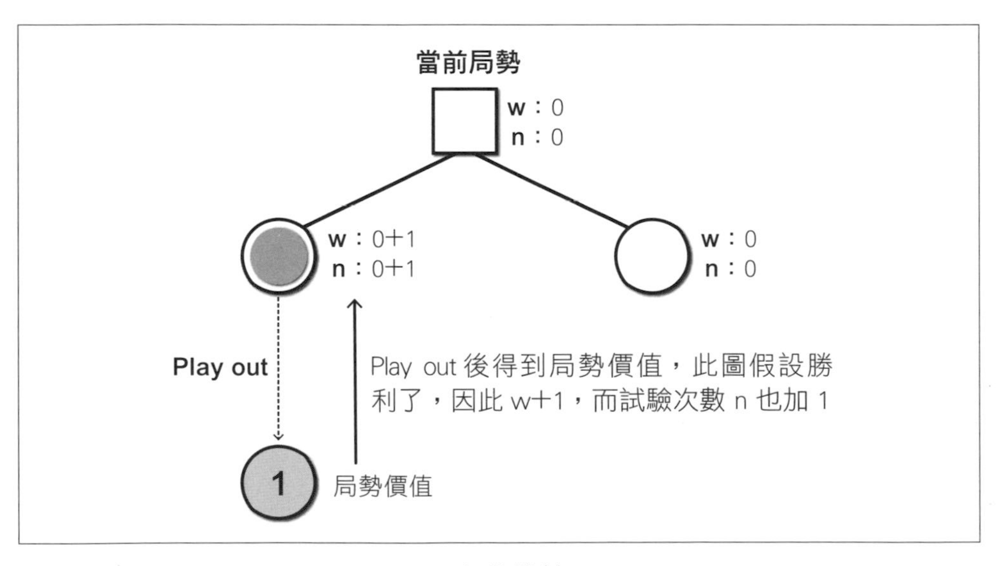

▲ 評估機制

機制：擴充 (Expansion)

任何子節點 (局勢) 僅試驗一次還不足以判斷出此節點 (局勢) 是否值得探索下去，因此通常會多試驗幾次，重點來了，當某節點 (局勢) 的試驗次數 n 達到或超過了自行設定的次數 (本例設定為 10 次)，則將該節點擁有的合法棋步增加為子節點，此操作稱為**擴充 (Expansion)**。代表這個局勢獲勝的機會較大，值得繼續深入探索，然後就會做擴充，繼續去試驗後續的可能性。擴充的示意圖如下：

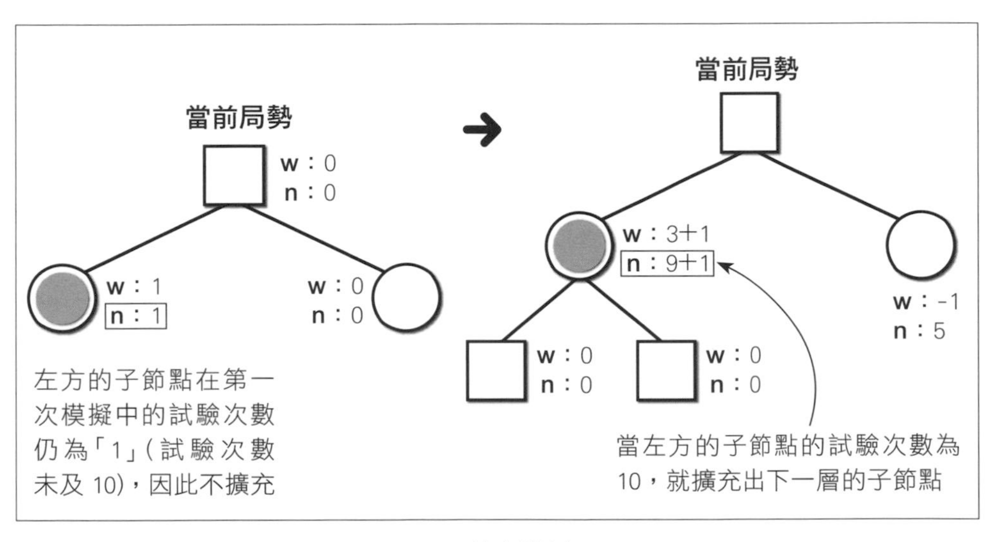

▲ 擴充機制

機制：更新 (update)

在 Play out 完畢，需重複將 Play out 算出該節點的局勢價值累加進根節點的 w，並在 n 加 1，此操作稱為**更新 (update)**，更新的用意是可以從根節點的 w、n 值清楚知道當前各局勢選擇 (節點) 的總試驗次數。示意圖如下：

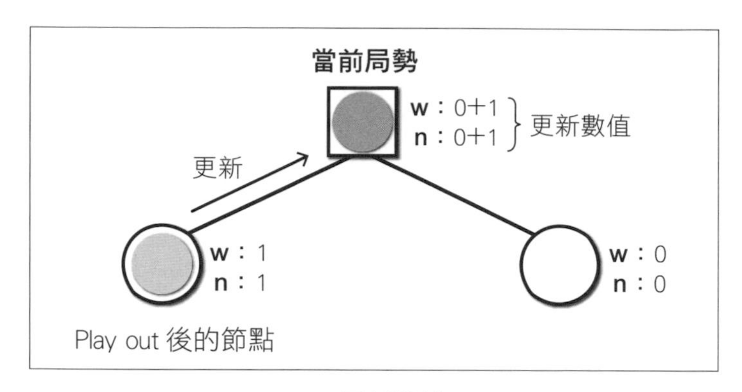

▲ 更新機制

以蒙地卡羅樹搜尋法試驗 100 次

介紹完蒙地卡羅樹搜尋法的 4 個機制後，為了讓您更加了解，我們現在就來模擬 100 次完整的流程。過程如下：

第 1 次試驗

第 1 次的模擬是由根節點開始，以「選擇」、「評估」、「擴充」及「更新」這 4 種機制進行探索之後，再將探索完的結果更新根節點。在第 1 次的模擬中，我們設定遊戲結果為獲勝，因此價值以「+1」進行更新。示意圖如下：

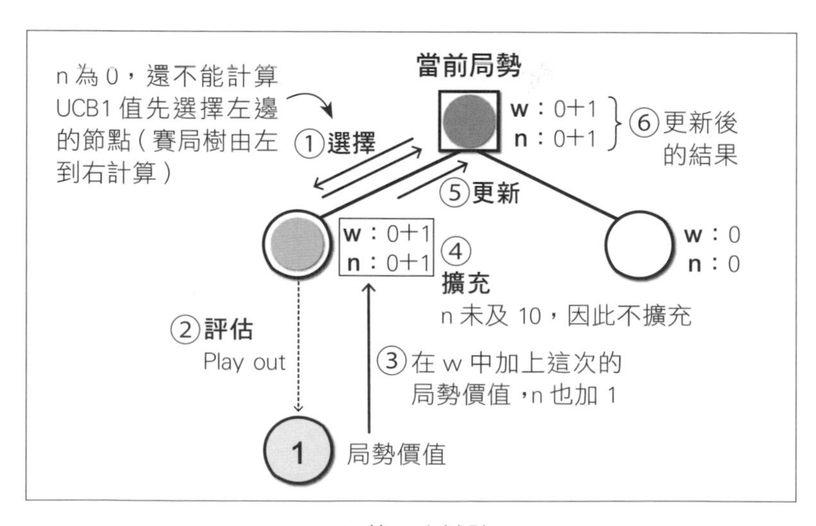

▲ 第 1 次試驗

第 2 次試驗

在第 2 次的試驗中，程式會選擇右側 n 為 0 的子節點 (編註：UCB1 公式要求試驗次數至少為 1)，執行完 Play out 後，由於試驗次數 n 未及 10 而不進行擴充，接著進行 w 與 n 的更新，遊戲結果為落敗，因此 w 以 -1 進行更新。示意圖如下：

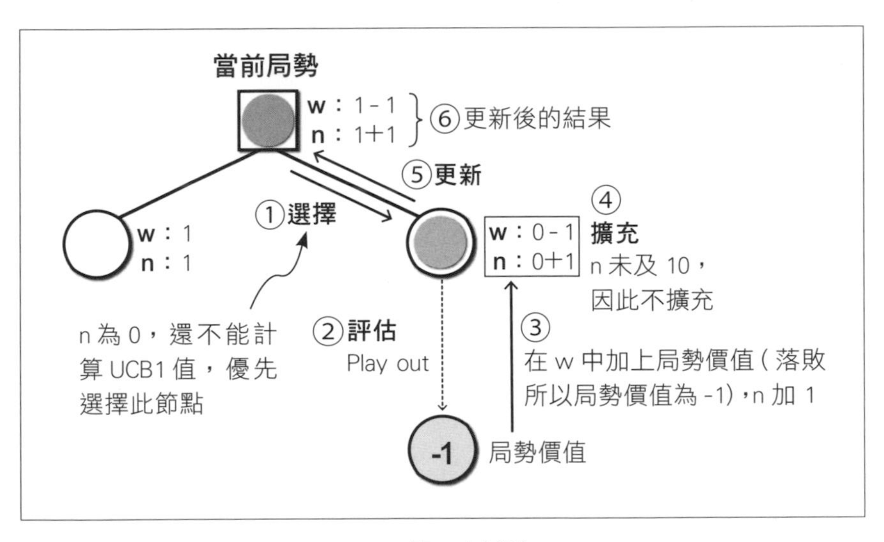

▲ 第 2 次試驗

第 3 次試驗

在第 3 次的試驗中，由於所有子節點的 n **皆為 1 以上**，因此開始選擇 UCB1 值最大的子節點，執行完 Play out 後，由於試驗次數未及 10 次而不進行擴充，接著進行 w 與 n 的更新，遊戲結果為獲勝，因此 w 以「+1」進行更新。示意圖如下：

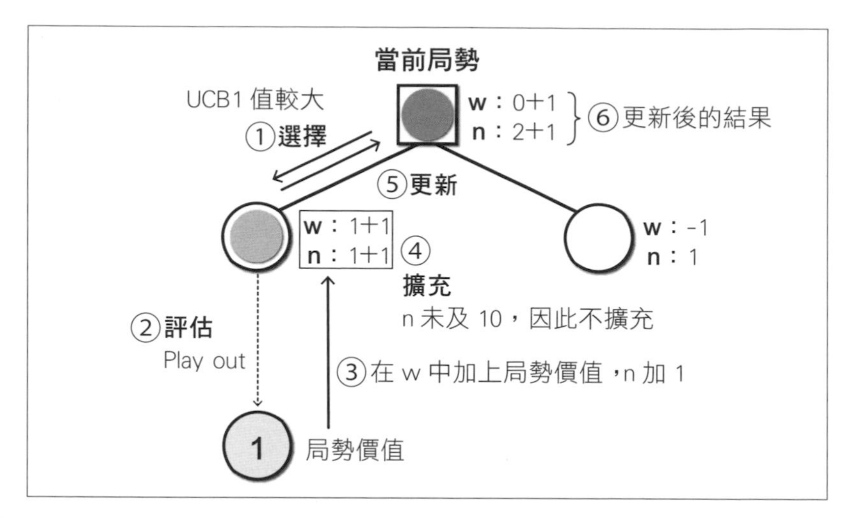

▲ 第 3 次試驗

(中間第 4 ~ 14 次試驗略過)...

第 15 次試驗

接著反覆上述的步驟進行模擬，第 15 次試驗時，當中左側子節點的試驗次數達到我們所設定的 10 次，便進行擴充，依可選擇的合法棋步數量，建立子節點，而子節點的 w、n 值初始值都是 0。前面提過，這個擴充的動作就代表要繼續深入探索左邊這一側的賽局樹 (代表左側獲勝的可能性較大)。示意圖如下：

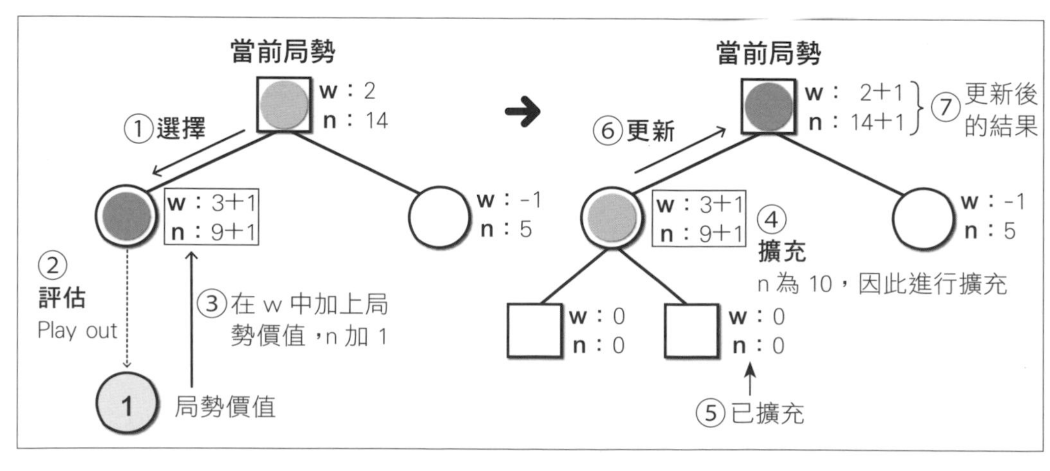

▲ 第 15 次試驗

第 16 次試驗

目前子節點已經再擴充出子節點，同樣是如同前面的 4 個機制繼續做試驗，要注意的是，當距離根節點較遠的子節點要進行更新時，返回根節點前經過的所有節點皆需進行 w 與 n 的更新。示意圖如下：

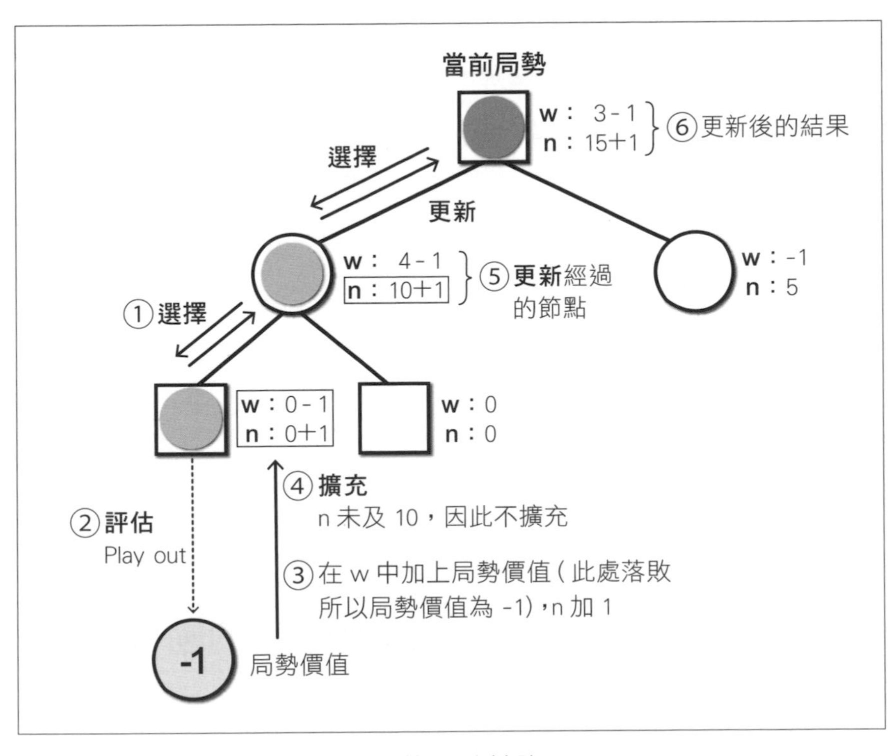

▲ 第 16 次試驗

（中間第 17 ~ 100 次試驗略過）...

第 100 次試驗後選擇 n 最多的動作

在經過足夠的（假如將試驗次數設定為 100 次）反覆試驗之後，選擇「n」最多的動作做為下一手。示意圖如下：

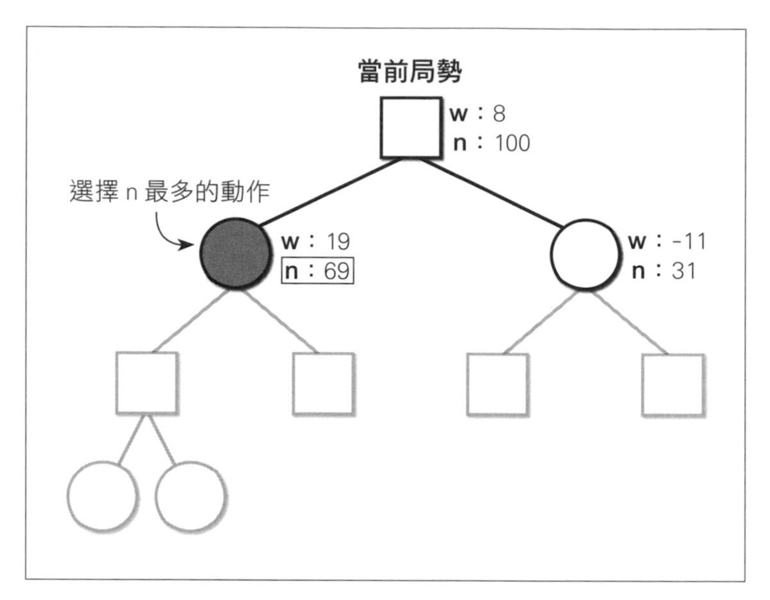

▲ 第 100 次試驗後，選擇 n 最多的動作做為下一手

編註 這樣是否有比較清楚蒙地卡羅樹搜尋法了呢？不熟悉的讀者請多讀幾次，務必搞清楚此演算法裡面的每一步在做什麼，後續的章節還會用到！

定義 mcts_action() 函式做實際下子的動作

接著我們配合程式來看，以下程式碼中的 mcts_action(state) 會利用蒙地卡羅樹搜尋法根據盤面 (state) 傳回動作，在建立完當前局勢的節點後，執行 100 次的試驗，由試驗結果中，選擇試驗次數最多的動作做為下一手。

編註 本節會延續使用 5-0 節定義的 state 類別做為井字遊戲、並分別建立 5-0 節的 random_action() 以及 5-1 節的 alpha_beta_action() 用來做為對手，但請刪除其中的 print()，因為要比較蒙地卡羅法以及上面兩個演算法的勝率，分別比 100 場，因為是比較 100 場的勝率，所以不必把每次下棋的過程都顯示出來，程式細節請自行參考 5-0 節、5-1 節的說明。

蒙地卡羅樹搜尋法的節點

為方便管理，蒙地卡羅樹搜尋法的節點皆定義 1 個 Node 類別，Node 類別的屬性如下所示：

▼ Node 類別的屬性

屬性	型態	說明
state	State	局勢 (盤面)
w	int	累計價值
n	int	試驗次數
child_nodes	list	子節點群，元素的型態為 node

Node 類別的方法 (method) 如下所示：

▼ Node 類別的方法 (method)

方法 (method)	說明
__init__(state)	初始化節點
evaluate()	計算局勢價值，傳回值為 1：獲勝、－1：落敗、0：平手
expand()	擴充子節點
next_child_node()	取得 UCB1 最大的子節點

接下來將蒙地卡羅樹搜尋法的邏輯實作成函式 mcts_action()，至於 Node 類別的細節我們獨立出來詳細說明。程式如下：

IN

```
import math

# 定義 mcts_action() 函式做實際下子的動作
def mcts_action(state):
  class Node: ←— 定義蒙地卡羅樹搜尋法的節點
```

```
(省略) # __init__()、evaluate()、expand()、next_child_node()

# 建立當前局勢的節點
root_node = Node(state)
root_node.expand()

# 執行 100 次的模擬
for _ in range(100):
  root_node.evaluate()

legal_actions = state.legal_actions()
n_list = [] ←— 存放試驗次數的 list
for c in root_node.child_nodes:
  n_list.append(c.n) ←— 將每個子節點的試驗次數放入 list
return legal_actions[argmax(n_list)] ←— 傳回試驗次數最多的動作
```

Node 類別內的 method 包括 __init__()、evaluate()、expand()、next_child_node()，請見以下的詳細說明：

初始化節點

__init__() 用於初始化節點，將每個節點的累計價值與試驗次數皆初始化為 0，子節點則初始化為 None (預設沒有子節點)。程式如下：

IN

```
def __init__(self, state):
  self.state = state ←— 局勢 (盤面)
  self.w = 0 ←— 累計價值
  self.n = 0 ←— 試驗次數
  self.child_nodes = None ←— 子節點群
```

計算局勢價值

evaluate() 用於計算局勢價值，傳入的局勢會有 3 種情況：遊戲結束時、當子節點群不存在時、當子節點群存在時。以下就分這 3 種情況做解釋：

1. **遊戲結束時**

   遊戲結束時，若落敗傳回 -1，若平手傳回 0，此時，節點的累計價值與試驗次數也需進行更新。

2. **當子節點群不存在時**

   在遊戲尚未結束且節點無子節點群，則執行 Play out 並取得價值，節點的累計價值與試驗次數也需進行更新。此外，若試驗次數達到 10 次，便擴充子節點群。

3. **當子節點群存在時**

   若節點有子節點群 (非葉節點的節點)，則以遞迴方式計算 UCB1 最大值的節點，並對該節點進行評估，此時，節點的累計價值與試驗次數也需進行更新。此外，由於 evaluate() 的價值為敵方局面的價值，因此需加上負號。

程式碼如下：

IN 計算局勢價值

```
def evaluate(self):
  if self.state.is_done(): ← 遊戲結束時，根據結果取得
                             價值，落敗為 -1、平手為 0
    value = -1 if self.state.is_lose() else 0

    # 更新累計價值與試驗次數
    self.w += value  ← 累計價值
    self.n += 1      ← 試驗次數
    return value
```

```
    if not self.child_nodes: ◀— 當子節點不存在時
      value = playout(self.state) ◀— 利用 Playout 取得局勢價值

      # 更新累計價值與試驗次數
      self.w += value   ◀— 累計價值
      self.n += 1       ◀— 試驗次數

      if self.n == 10: ◀— 試驗 10 次
        self.expand()   ◀— 擴充子節點
      return value

    else: ◀— 當子節點存在時
      # 根據 UCB1 最大的子節點進行評估取得局勢價值，此為敵方的局勢價值，因此
      需加上負號。
      value = -self.next_child_node().evaluate()

      # 更新累計價值與試驗次數
      self.w += value   ◀— 累計價值
      self.n += 1       ◀— 試驗次數
      return value
```

擴充子節點

expand() 用於擴充子節點，依合法棋步的數量建立子節點，並添加至該節點的 child_nodes 中。程式如下：

IN 擴充子節點

```
def expand(self):
  legal_actions = self.state.legal_actions() ◀— 取得合法棋步
  self.child_nodes = [] ◀— 建立 list 儲存子節點群
  for action in legal_actions: ◀— 依合法棋步的數量建立節點
    self.child_nodes.append(Node(self.state.next(action))) ◀— 儲存子節點
```

取得 UCB1 值最大的子節點

next_child_node() 用於取得 UCB1 值最大的子節點，但當有試驗次數為 0 的子節點存在時，將會優先傳回該子節點，因為當有子節點的試驗次數為 0 時，用 UCB1 公式計算會出現除以 0 的錯誤。程式碼如下：

IN

```
# 取得 UCB1 最大的子節點
def next_child_node(self):
  # 先檢查每個子節點的試驗次數是否為 0，有的話就回傳
  for child_node in self.child_nodes:
    if child_node.n == 0:
      return child_node

  t = 0
  for c in self.child_nodes: ← 從儲存子節點群的 list 取得累加價值
    t += c.n
  ucb1_values = [] ← 建立 list 存放子節點群的 ucb1 值
  for child_node in self.child_nodes:
    ucb1_values.append(-child_node.w/child_node.n+ (2*math. 接下行
    log(t)/child_node.n)**0.5) ← 計算 ucb1 值

  return self.child_nodes[argmax(ucb1_values)] ←┐
                                    傳回 UCB1 最大的子節點
```

蒙地卡羅樹搜尋法對戰隨機下法與 Alpha-beta 剪枝

到這裡就已經將蒙地卡羅樹搜尋法建構完成了，接著就來看看它的實力如何，這裡我們利用蒙地卡羅樹搜尋法，分別與隨機下法和 Alpha-beta 剪枝進行對戰。對戰的程式碼與上一節 5-2 的幾乎完全相同，差別只在於「mcs_action」需更換成「mcts_action」。程式如下：

1 2 3 4 5 6 7 8

IN 蒙地卡羅樹搜尋法對戰隨機下法與 Alpha-beta 剪枝

```
# 參數
EP_GAME_COUNT = 100   ← 1 次評估進行的遊戲次數

def first_player_point(ended_state): ← 先手分數
  # 1：先手獲勝, 0：先手落敗, 0.5：平手
  if ended_state.is_lose():
    return 0 if ended_state.is_first_player() else 1 ←┐
  return 0.5                                           判斷下最後
                                                       一子的是誰
# 進行一次遊戲
def play(next_actions):
  state = State() ← 產生新的對局

  while True:
    if state.is_done():
      break

    # 根據 is_first_player() 判斷先後手，並選擇相對應的演算法
    next_action = next_actions[0] if state.is_first_player() 接下行
    else next_actions[1]
    action = next_action(state)

    state = state.next(action) ← 取得下一個局勢

  return first_player_point(state) ← 傳回先手分數

def evaluate_algorithm_of(label, next_actions): ← 對任意演算
  total_point = 0  ← 初始化total_point             法的評估
  for i in range(EP_GAME_COUNT):  ← 反覆進行數次對戰
    if i % 2 == 0: ← 井字遊戲對先手有利，因此
                     採先、後手交替的方式進行
      total_point += play(next_actions)
    else: ← 反轉 list 來取不同的方法
      total_point += 1 - play(list(reversed(next_actions)))
```

```
        # 顯示結果
        print('\rEvaluate {}/{}'.format(i + 1, EP_GAME_COUNT), end='')
    print('')

    average_point = total_point / EP_GAME_COUNT ← 計算平均分數
    print(label.format(average_point)) ← 顯示平均分數

# 蒙地卡羅樹搜尋法 VS 隨機下法
next_actions = (mcts_action, random_action)
evaluate_algorithm_of('MCTS VS Random {:.3f}\n', next_actions)

# 蒙地卡羅樹搜尋法 VS Alpha-beta 修剪
next_actions = (mcts_action, alpha_beta_action)
evaluate_algorithm_of('MCTS VS AlphaBeta {:.3f}\n', next_actions)
```

OUT

```
Evaluate 100/100
MCTS VS Random 0.950

Evaluate 100/100
MCTS VS AlphaBeta 0.335
```

由對戰的結果可知，蒙地卡羅樹搜尋法比隨機下法還要強，但仍敗給 Alpha-beta 剪枝 (勝率只有 33.5%)。

小編補充 Alpha-beta 剪枝演算法效果好，為什麼還要蒙地卡羅樹搜尋法？

Alpha-beta 剪枝的演算法是在下第一步的時候就計算出全部後續的局面，本章是以簡單的井字遊戲作為範例，因此可在短時間內找出必勝的路線，然而在規則複雜的圍棋或西洋棋的賽局，Alpha-beta 剪枝沒辦法在短時間內算出所有局面，此時蒙地卡羅樹搜尋法就是更好的選擇。演算法不是絕對的，要根據實際情況採取不同的演算法。

1 2 3 4 5 6 7 8

M E M O

CHAPTER

6 AlphaZero 的機制

6-0 利用 Tic-tac-toe 進行井字遊戲

6-1 對偶網路

6-2 策略價值蒙地卡羅樹搜尋法

6-3 自我對弈模組

6-4 訓練模組

6-5 評估模組

6-6 評估最佳玩家

6-7 執行訓練循環

本章將運用前幾章講解的深度學習、強化式學習與賽局樹演算法的基礎，參考「AlphaZero」的架構來挑戰井字遊戲，訓練出 1 個對戰 AI 稱為 Tic-tac-toe。

由於原始 AlphaZero 是為了圍棋與象棋等複雜的兩人零和對局所開發，因此需要的硬體資源非常龐大，要在一般電腦上實作根本不可能。因此本章會簡化 AlphaZero 的架構，實作出 1 個 Tic-tac-toe 模型來和上 1 章介紹的 Alpha-beta 剪枝演算法對戰，若 Tic-tac-toe 足以和本書最強的 Alpha-beta 剪枝演算法相互匹敵，那就可以預期它在其他遊戲中也會是 1 個強大的演算法。

雖然是簡化版的 AlphaZero 架構，但初次實作還是有一些難度，因此本章會將 Tic-tac-toe 模型拆成幾個不同的功能模組，每 1 節實作、測試部分功能，最後再組合起來完成整個 Tic-tac-toe 模型。

本章目的

- 探討 AlphaZero(Tic-tac-toe) 的訓練循環，並了解強化式學習的邏輯與運作
- 根據前幾章所獲得的知識，了解 AlphaZero(Tic-tac-toe) 從建立網路架構、自我對弈進行的訓練，到對戰的整個機制
- 透過執行程式，評估 Tic-tac-toe 與井字遊戲的最強演算法 Alpha-beta 剪枝能夠有多接近

第 6 章所涉及的知識層面較多，為了讓讀者更清楚每個小節所做的事情，將本章的內容整理成下表：

章節	概要	對應程式
6-0 利用 Tic-tac-toe 進行井字遊戲	掌握 Tic-tac-toe 整體概念並準備「井字遊戲」的遊戲環境	game.py
6-1 對偶網路	建構對偶網路模型	dual_network.py
6-2 策略價值蒙地卡羅樹搜尋法	建構探索局勢 (盤面) 的程式	pv_mcts.py
6-3 自我對弈模組	透過自我對弈產生訓練資料	self_play.py
6-4 訓練模組	利用訓練資料訓練對偶網路	train_network.py
6-5 評估模組	讓最新玩家與最佳玩家對戰，並留下較強的一方	evaluate_network.py
6-6 評估最佳玩家	與隨機下法、Alpha-beta 剪枝及蒙地卡羅樹搜尋法對戰，以確認 Tic-tac-toe 的強度 (勝率)	evaluate_best_player.py
6-7 執行訓練循環	組合所有程式，建構訓練循環	train_cycle.py

6-0 利用 Tic-tac-toe 進行井字遊戲

本章一開始，會先探討原始 AlphaZero 的架構與訓練步驟，了解其運作原理後，接著說明如何配合井字遊戲，來調整原始 AlphaZero 演算法的架構。

AlphaZero 的架構

一開始，我們先來了解原始 AlphaZero 的架構，AlphaZero 的基礎主要由 3 種演算法組成：深度學習、強化式學習與賽局樹演算法，這 3 種演算法各司其職，深度學習透過局勢 (盤面) 預測最佳棋步 (編註：下這 1 步的勝率最高) 的直覺，再加上以強化式學習進行自我對弈所獲得的經驗，蒙地卡羅樹搜尋法經由探索賽局樹得來的預知能力，造就了超越職業棋手的最強 AI。如下圖所示：

1 2 3 4 5 6 7 8

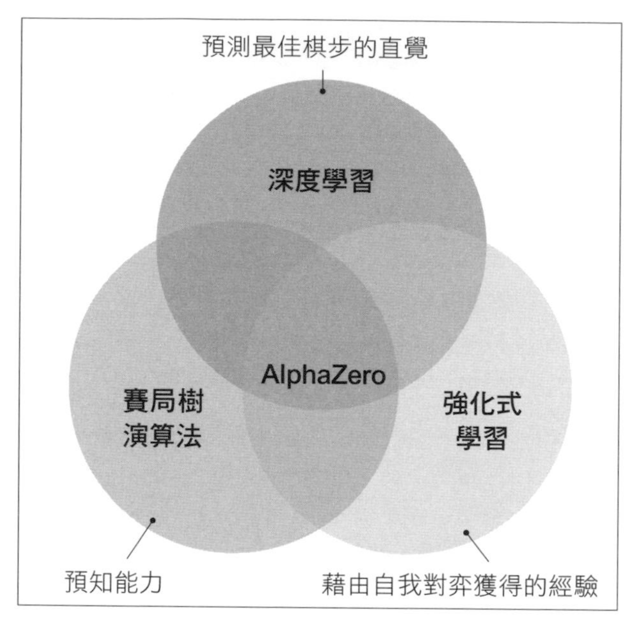

▲ AlphaZero 所使用的深度學習、強化式學習與賽局樹演算法

如同之前所提到的，原始的 AlphaZero 擁有 5,000 個 TPU，並透過非同步的方式做平行運算，藉此在很短時間內完成複雜的模型訓練，一般家用電腦的環境是做不到的。本書是以家用電腦的實作環境為主，因此大幅簡化了原始 AlphaZero 的架構，帶讀者實作規模較小的版本 - Tic-tac-toe。

在利用 Tic-tac-toe 進行井字遊戲時，強化式學習的元素如下表所示：

▼ 利用 Tic-tac-toe 進行井字遊戲時的強化式學習元素

強化式學習元素	井字遊戲
目的	獲勝
回合	至終局為止
狀態	局勢（盤面）
動作	下棋
回饋值	獲勝 +1、落敗 -1
訓練方法	策略價值蒙地卡羅樹搜尋法 + 殘差網路 + 強化式學習（自我對弈）
參數更新間隔	每 1 回合

Tic-tac-toe 的強化式學習循環

Tic-tac-toe 的強化式學習循環是由對偶網路、自我對弈模組、訓練模組與評估模組，這 4 個部分所組成 (編註：上述各部分都會於之後的章節分別進行詳細的說明)。如下圖：

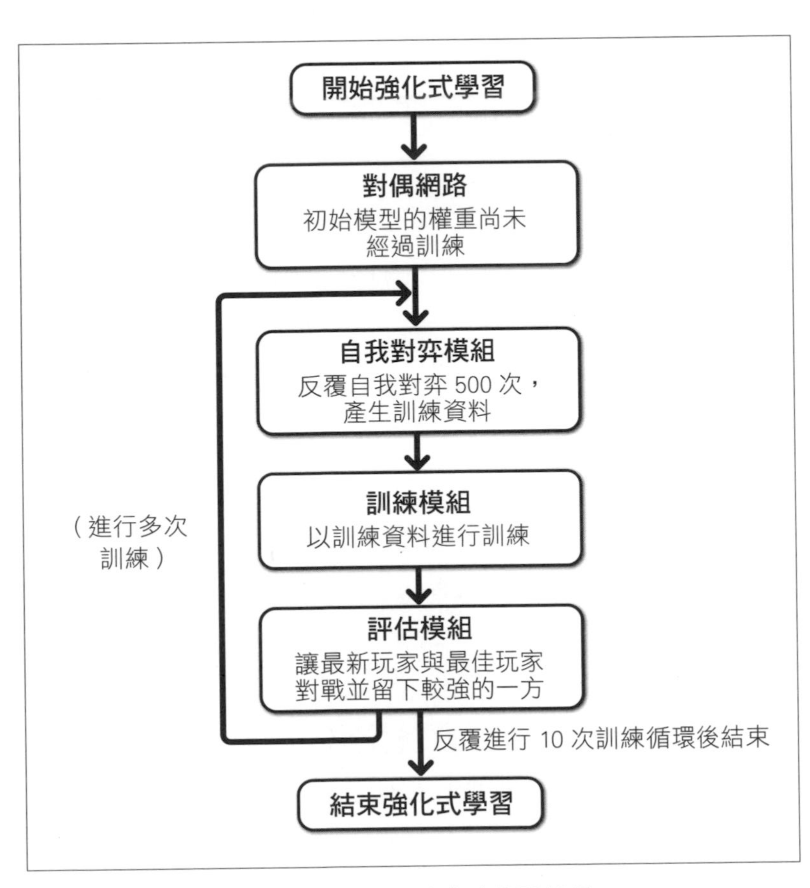

▲ Tic-tac-toe 的強化式學習循環

編註 請務必熟記這張圖與每個模組的關係，才看得懂後續的章節。

接下來將針對上頁提到的 4 個階段做詳細的說明：

對偶網路

這個階段會定義對偶網路的網路架構，並建立代表**最佳玩家**的模型，Tic-tac-toe 使用的對偶網路是根據當前遊戲的局勢 (盤面) 輸出**策略**與**局勢價值**的神經網路 (編註：雙輸出的神經網路 dual network → policy + value)。此網路在剛建構時，裡面的權重是隨機產生的，因此實力非常弱，但之後便會根據訓練與評估將權重進行更新 (編註：實力會越來越強)。

自我對弈模組

自我對弈模組是讓 AI 與 AI 自我對戰到遊戲結束為止，此做法可建構出訓練對偶網路所需的訓練資料 (編註：自我對弈模組產生局勢、策略與局勢價值供訓練模組使用)，對弈時會使用當下最佳的模型彼此對戰。

訓練模組

訓練模組會利用自我對弈模組產生的訓練資料來訓練**最新玩家**，最新玩家的初始狀態 (編註：模型中的權重參數) 是藉由複製最佳玩家而來的。

評估模組

評估模組會讓最新玩家與最佳玩家對戰，當最新玩家實力達到一定程度後 (編註：勝率超過 50%) 便取代最佳玩家。

COLUMN

原始 AlphaZero 中的評估模組

原始 AlphaZero 並沒有評估模組，反而是早期的 AlphaGo 與 AlphaGo Zero 才有此機制，本書作者實作後發現有助於減少訓練次數，因此將評估模組加入 Tic-tac-toe 中。

COLUMN

AlphaZero 與 TPU

AlphaGo Zero 在經過 3 天的訓練之後，便可獲得遠遠超過人類的實力，而 AlphaZero 只需經過 1 天的訓練，便可超越 AlphaGo Zero。AlphaGo Zero 與 AlphaZero 能夠在如此短時間內精通圍棋，憑藉的是數量龐大的「TPU」。

AlphaGo Zero 使用了 2,000 個 TPU，AlphaZero 則使用了 5,000 個 TPU，AlphaZero1 天的訓練若以 1 個 GPU 執行，需花費 135 年，若以 CPU 執行則需花費 5,600 年。

▼ AlphaGo Zero 與 AlphaZero 的訓練時間比較

框架	CPU	GPU	TPU
AlphaGo Zero（20 個殘差塊）	11,000 年	270 天	3 天（2,000 個）
AlphaGo Zero（40 個殘差塊）	150,000 年	3,600 年	40 天（2,000 個）
AlphaZero	5,600 年	135 年	1 天（5,000 個）

範例程式碼列表

了解完 Tic-tac-toe 的架構後，接下來要開始撰寫程式碼，由於所要建構的功能模組較多，我們會在各小節分別實作出部分功能模組，單獨測試沒問題後，繼續實作下 1 個模組，最後再組合完成 Tic-tac-toe。下表為本章各節所要實作的程式列表：

▼ Tic-tac-toe 各功能模組的程式列表

程式	說明	章節
game.py	遊戲環境（井字遊戲）	6-0
dual_network.py	對偶網路	6-1
pv_mcts.py	策略價值蒙地卡羅樹搜尋法	6-2
self_play.py	自我對弈模組	6-3
train_network.py	訓練模組	6-4
evaluate_network.py	評估模組	6-5
evaluate_best_player.py	評估最佳玩家	6-6
train_cycle.py	執行訓練循環	6-7
human_play.py	遊戲介面	7-2

載入井字遊戲環境

首先請載入之前實作好的井字遊戲環境，也就是 5 - 0 節中實作完成的程式，由於內容完全相同，因此以下省略相關說明，請自行參考該節內容。本節建構的程式名稱為 game.py，程式如下：

IN

```
# 匯入套件
import random
import math

class State:
  （省略）

  # 隨機選擇動作
  def random_action(state):
  （省略）

  # 利用 Alpha-beta 剪枝計算價值
  def alpha_beta(state, alpha, beta):
  （省略）
```

```
# 利用 Alpha-beta 剪枝選擇動作
def alpha_beta_action(state):
(省略)

# play out
def playout(state):
(省略)

# 傳回最大值的索引
def argmax(collection):
(省略)

# 利用蒙地卡羅樹搜尋法選擇動作
def mcts_action(state):
(省略)
```


添加單獨測試 game.py 的程式碼

除了上面的程式碼以外，還要增加用於單獨測試的程式碼，因為 Tic-tac-toe 的程式架構非常複雜，如果全部寫完再進行測試，萬一報錯需要花費非常久的時間來除錯，所以先單獨測試沒有問題，再將每個程式組合起來。此處會以「隨機下法 vs 隨機下法」的對戰程式碼，來測試 game.py。程式碼如下：

IN 單獨測試

```
if __name__ == '__main__':
  state = State() ← 產生新的對局

  while True: ← 循環直到遊戲結束
    if state.is_done(): ← 遊戲結束時
      break

    state = state.next(random_action(state)) ← 取得下一個
                                               局勢（盤面）

    # 以文字顯示對戰結果
    print(state)
    print()
```

> **編註** 其中「if __name__ == "__main__":」用於判定 game.py 是否是由 python 命令直接執行。__name__ 是 Python 的環境參數，紀錄目前執行程式的模組名稱，當程式是被直接執行時，__name__ 的值就是 __main__；當程式是被引用時，__name__ 的值即是模組名稱。所以判斷式成立時就會執行單獨測試的程式碼，當被別的程式引用到其他程式時，單獨測試的程式碼就不會被執行，到後續的章節會再使用到這樣的技巧。

在 Google Colab 上執行 game.py

程式都撰寫好之後，我們要直接上傳到 Google Colab 上執行。上傳的方式在第 2 章已做過介紹，請參考第 2 章的說明。程式碼如下：

IN

```
# 上傳 game.py
from google.colab import files ← Google Colab 套件
uploaded = files.upload() ← 上傳檔案的函式
```

執行後請選擇上傳 game.py，上傳完成可以透過以下命令檢視檔案是否正確上傳：

IN

```
!dir  ← 在 Google Colab 中使用 Linux 指令要在前面加上「!」
```

OUT

```
game.py  sample_data
```

雲端環境一旦開始運行，底下就會預先配置有 sample_data 子目錄，不過本書都不會用到

> **編註** 請注意，多次上傳相同檔名的檔案時，檔案不會被覆蓋，而是會被以不同檔名儲存下來 (例：game (2).py)。當檔案重複時，請以「!rm < 檔案名稱 >」指令刪除。

確認檔案正確上傳後，就可以直接執行。此處是要以檔案方式執行 game.py，操作方式和前幾章不同，請依照以下說明來執行：

IN 執行 game.py

```
!python  game.py   ← 以 Linux 指令執行程式
```

OUT

```
--o
---
---


x-o
---
---


x-o
---
-o-
```

```
xxo
---
-o-


xxo
o--
-o-


xxo
o--
-ox
```

```
xxo
oo-
-ox


xxo
oox
-ox


xxo
oox
oox
```

有執行結果印出來代表遊戲環境的程式碼沒有問題

1 2 3 4 5 6 7 8

COLUMN

AlphaZero 的參考實作

由於 DeepMind 公司並未發布 AlphaZero 官方實作的程式碼，因此網路上看到的程式都是程式設計師參考論文各自實作的結果，所以有很多不同的版本，其中以下這 2 個實作特別地簡單又容易理解，非常值得參考：

- **今年要滿 49 歲的大叔也能建構出的 AlphaZero**

  URL https://tail-island.github.io/programming/2018/06/20/alpha-zero.html

- **Alpha Zero General (any game, any framework!)**

  URL https://github.com/suragnair/alpha-zero-general

本書中的範例程式也是參考第 1 章提到的 AlphaGo、AlphaGo Zero 與 Alpha Zero 的論文，以及這 2 個實作建構而成的。

6-1 對偶網路

建構完遊戲環境後，接著我們來建構對偶網路，在第 3 章的深度學習中介紹了各種神經網路模型的建構方式，其中 Tic-tac-toe 所使用的神經網路，便是以本書 3-3 節介紹的**殘差網路**為基礎來建構。本節就帶大家了解對偶網路的架構並實作。

對偶網路的架構

對偶網路的英文是 dual network，從名稱不難猜到是個二合一的網路模型，也就是可以同時預測策略和局勢價值的神經網路，對偶網路是將當前局勢 (盤面) 做為輸入，然後**同時輸出**策略 (下一步) 與局勢價值 (預測勝負)。

實際上的架構其實是以第 3 章介紹過的殘差網路為基礎，先前我們是利用殘差網路做影像辨識，其實就資料呈現的形式來看，局勢 (盤面) 的座標和影像的像素點都是網格排列的陣列，經過實作證明，殘差網路也可透過殘差塊提取出局勢的特徵。

本節建構的程式名稱為 dual_network.py。其網路架構如下圖所示：

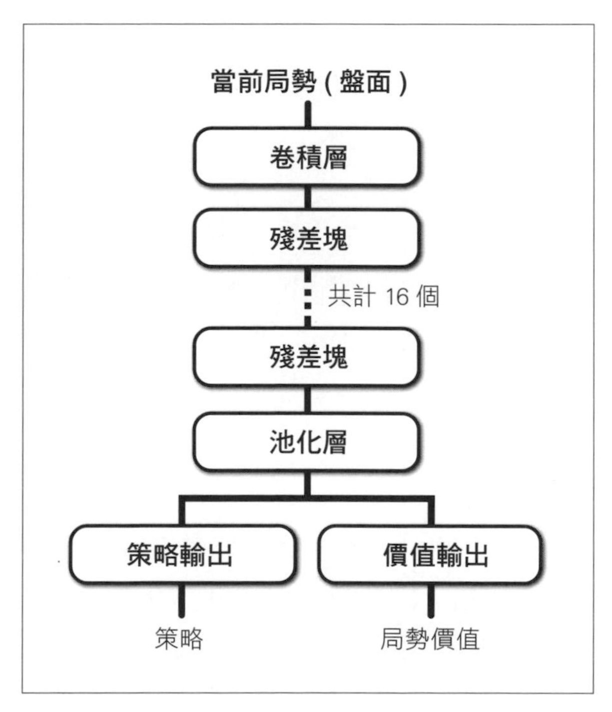

▲ 利用 Tic-tac-toe 進行井字遊戲時的網路架構

了解完架構後，我們來認識一下對偶網路的訓練資料與輸出。

對偶網路的訓練資料

在 3-3 節中，彩色影像是以 RGB 的 3 個 2 軸陣列做為殘差網路的輸入，而在對偶網路中，訓練資料為井字遊戲的局勢 (盤面)，也就是我方棋子配置與對方棋子配置。

具體來說，棋盤會是個 3×3(井字遊戲尺寸) 的 2 軸陣列，然後分別記錄我方和對方棋子配置，因此盤面輸入 shape 為 (3, 3, 2)，設定有棋子在盤面上時為「1」否則為「0」。如下圖：

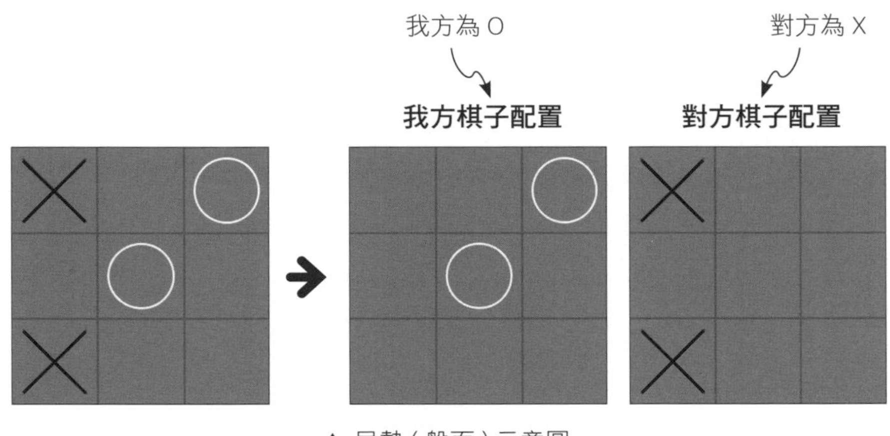

▲ 局勢 (盤面) 示意圖

對偶網路的輸出

對偶網路的輸出有 2 個，「策略」與「局勢價值」，策略為下一手的機率分佈，由於棋盤有 9 格，因此會傳回長度為 9 的陣列，而局勢價值為 0 ~ 1 之間的值，用來表示當前局勢 (盤面) 的勝負預測，會傳回長度為 1 的陣列。如下圖：

策略 （陣列元素有 9 個，且元素的值的合計為 1）	局勢價值 （陣列的值為 0 ～ 1 且長度為 1）
[0 , 0 , 0 , 0.95, 0 , 0.05, 0 , 0 , 0]	[1.0]

※ 方格 3 的機率＝ 0.95　※ 方格 5 的機率＝ 0.05

▲ 對偶網路的輸出示意圖

編註 輸出的策略只有合法棋步（也就是還有空位可以下的格子）會有機率值，其他都是 0。

COLUMN

利用原始 AlphaZero 進行圍棋對弈時的輸入

原始 AlphaZero 在進行圍棋對弈時的輸入，是使用 17 個 19 × 19 的 2 軸陣列來表現以下內容：

- 8 個陣列表示我方棋子配置（編註：我方前 7 步的盤面 ＋ 當前我方的盤面）
- 8 個陣列表示對方棋子配置（編註：對方前 7 步的盤面 ＋ 當前對方的盤面）
- 我方盤面或對方盤面（編註：第 17 個陣列表示當前的局面輪到哪一方下棋，輪到我方下棋時 19× 19 陣列的值都會是 1；輪到對方下棋時 19× 19 陣列的值都會是 0 ，這麼做的原因是為了解決圍棋中的「讓子規則」）

匯入套件

了解完對偶網路的架構後，就趕快來實作看看吧，首先一樣匯入需要的套件，因為是以殘差網路為基礎，所以這些套件多數在第 3 章都用過了：

IN 匯入套件

```
from tensorflow.keras.layers import Activation, Add, 接下行
BatchNormalization, Conv2D, Dense, GlobalAveragePooling2D,Input
from tensorflow.keras.models import Model
from tensorflow.keras.regularizers import l2
from tensorflow.keras import backend as K
import os
```

建構對偶網路所需要的套件，下面會陸續解釋各個套件的作用

設定網路架構的參數 (超參數)

接著進行程式參數的設定，其中 DN_ FILTERS 為卷積層的卷積核數、DN_RESIDUAL_NUM 為殘差塊的數量、DN_INPUT_SHAPE 為對偶網路的輸入 shape、DN_OUTPUT_SIZE 則是策略輸出的種類數量。程式如下：

IN 設定參數

```
DN_FILTERS = 128 ← 卷積層的卷積核數 (原始為 256)
DN_RESIDUAL_NUM = 16 ← 殘差塊數 (原始為 19)
DN_INPUT_SHAPE = (3, 3, 2) ← 輸入 shape
DN_OUTPUT_SIZE = 9 ← 井字遊戲中可以下子的區域 (盤面配置 (3×3))
```

編註 這裡在程式中設定的參數都是跟神經網路模型架構有關，為了和神經網路的權重參數作區別，通常會稱為超參數 (Hyperparamters)。

COLUMN

利用原始 AlphaZero 進行圍棋對弈時的網路模型超參數

以下為原始 AlphaZero 在進行圍棋對弈時的參數：

- 卷積層的卷積核數為「256」
- 殘差塊的數量為「19」
- 「17 個」輸入 shape 為 19 × 19 的 2 軸陣列
- 動作數為盤面配置 (19×19)+ 虛手 (1)，共「362」(編註：虛手是圍棋的 1 個規則，放棄下子的意思)

建構卷積層

首先要建構對偶網路中會使用到的卷積層，由於會用到好幾次，所以我們會將相關程式碼定義成 conv(filters) 函式，以方便重複使用。程式如下：

IN 建構卷積層

```
def conv(filters)          ①    ②         ③                  ④
  return Conv2D(filters, 3, padding='same', use_bias=False, 接下行
  kernel_initializer='he_normal', kernel_regularizer= 接下行
  l2(0.0005))      ⑤                               ⑥
```

① 卷積核數量
② 卷積核尺寸
③ 啟用填補法
④ 是否增加偏值
⑤ 卷積核權重矩陣的初始值
⑥ 用於 kernel 權重常規化

建構殘差塊

接著再以 residual_block() 建構對偶網路所使用的「殘差塊」。殘差塊的網路架構如下圖所示：

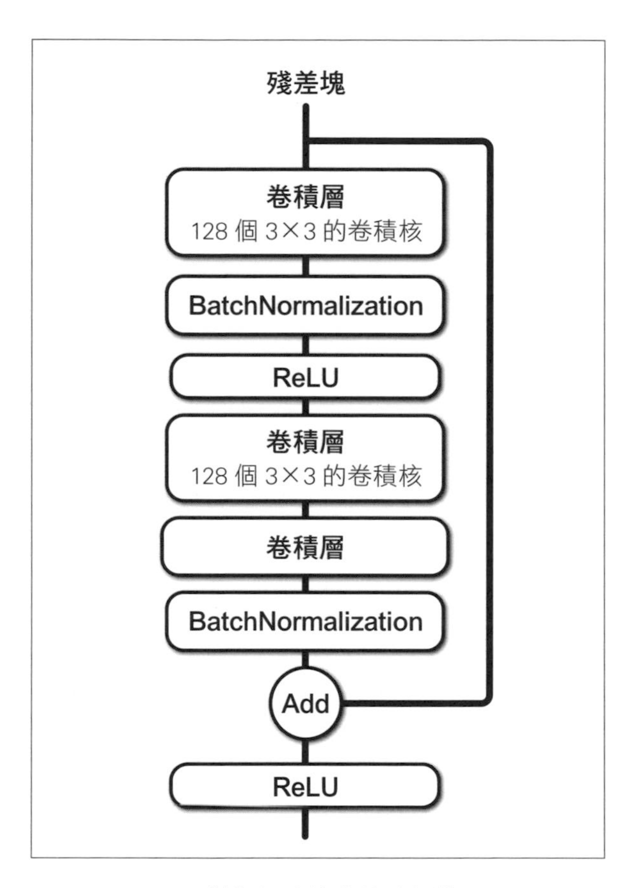

▲ 對偶網路的殘差塊架構

在本例中需要建構 16 個殘差塊，所以將其定義成函式，方便我們重複使用。程式如下：

IN 建構殘差塊

```
def residual_block():
  def f(x):
    sc = x
    x = conv(DN_FILTERS)(x)
    x = BatchNormalization()(x)
    x = Activation('relu')(x)
    x = conv(DN_FILTERS)(x)
    x = BatchNormalization()(x)
    x = Add()([x, sc])
    x = Activation('relu')(x)
    return x
  return f
```

卷積核數量

激活函數

將 x 與 sc 相加實現捷徑結構

建構對偶網路

準備好殘差塊後，接著就要實際建構對偶網路，要處理的步驟比較多我們先簡單說明，完整程式碼則包裝成 dual_network() 函式：

01 檢查模型是否已建構完成

先檢查 model 資料夾，如果已經建立好最佳玩家的模型 (./model/best.h5)，便不執行後續的程式。

02 建構最佳玩家模型

按照輸入層、卷積層、殘差塊 ×16、池化層、策略輸出、局勢價值輸出的順序建構模型。

03 儲存模型

若沒有 model 資料夾，則先建構 1 個，再將最佳玩家的模型 (./model/best.h5) 儲存在內。

04 清除 session 與刪除模型

利用「K.clear_session()」清除 session，刪除模型則用「del model」，用意是在 Tic-tac-toe 中我們常常會載入許多次模型，所以怕新載入的模型與之前載入的模型發生衝突，所以都會在程式的最後進行清除與刪除。

建立對偶網路的程式如下：

IN 建構對偶網路

```
def dual_network():
  if os.path.exists('./model/best.h5'):  ← 如果模型已經建好，
    return                                  就不執行後面的程式了

  # 輸入層                        ①
  input = Input(shape=DN_INPUT_SHAPE)

  # 卷積層              ②
  x = conv(DN_FILTERS)(input)
  x = BatchNormalization()(x)
  x = Activation('relu')(x)

  # 殘差塊 ×16                  ③
  for i in range(DN_RESIDUAL_NUM):
    x = residual_block()(x)

  # 池化層
  x = GlobalAveragePooling2D()(x)

  # 策略輸出              ④
  p = Dense(DN_OUTPUT_SIZE, kernel_regularizer=l2(0.0005),
            activation='softmax', name='p')(x)
                                      ⑤
  # 價值輸出
  v = Dense(1, kernel_regularizer=l2(0.0005))(x)
  v = Activation('tanh', name='v')(v)
                         ⑥
```

```
                                          ⑦
model = Model(inputs=input, outputs=[p,v]) ←— 建構模型

# 儲存模型                ⑧              ⑨
os.makedirs('./model/', exist_ok=True) ←— 如果沒有資料夾
                                            的話則建一個
     ⑩                    ⑪
model.save('./model/best.h5') ←— 最佳玩家的模型

# 刪除模型
K.clear_session() ←— 呼叫 tensorflow.keras 的後端來刪除模型
del model
```

① 輸入樣本的 shape，這裡的 DN_INPUT_SHAPE = (3, 3, 2)
② 卷積層的卷積核數，這裡的 DN_FILTERS = 128
③ 殘差塊數， 這裡的 DN_RESIDUAL_NUM = 16
④ 輸出層的神經元，這邊代表井字遊戲中可以下子的區域，DN_OUTPUT_SIZE = 9
⑤ 將輸出層的策略輸出以 name 參數命名為「p」，好讓我們可以區分
⑥ 將輸出層的價值輸出以 name 參數命名為「v」，好讓我們可以區分
⑦ 2 個輸出 (p 跟 v)
⑧ 要存放的路徑
⑨ 允許檔案是否存在，參數預設是 False，執行時如果檔案已存在，會報錯，參數設成 True，執行時如果檔案已存在，不會報錯
⑩ 這行指令可以將訓練好的模型儲存起來
⑪ 儲存的位置。檔案的格式為 HDF5，同時儲存模型結構與權重

COLUMN

原始 AlphaZero 的網路架構

以下為原始 AlphaZero 的網路架構：

- **卷積層**

  * 卷積層（256 個 3×3 的卷積核、Batch Normalization、ReLU）

- **殘差塊**

  * 殘差塊（19 個）

- **策略輸出**
  - ＊ 卷積層（2 個 1×1 的卷積核、Batch Normalization、ReLU）
  - ＊ 密集層（神經元數為 362，19×19 ＋ 1 個虛手）
- **價值輸出**
  - ＊ 卷積層（1 個 1×1 的卷積核、Batch Normalization、ReLU）
  - ＊ 密集層（神經元數為 256、ReLU）
  - ＊ 密集層（神經元數為 1、tanh）

添加單獨測試 dual_network.py 的程式碼

為了方便單獨測試這個功能模組，我們會在程式最後加上以下 2 行程式碼：

IN 執行設定

```
if __name__ == '__main__':
  dual_network()
```

在 Google Colab 上執行 dual_network.py

最後，將 dual_network.py 上傳至 Google Colab 並執行。請在筆記本中執行以下程式碼：

IN 上傳 dual_network.py

```
from google.colab import files
uploaded = files.upload()

!dir ← 查看資料夾
```

OUT

```
dual_network.py game.py sample_data
```

IN

```
!python dual_network.py ◄— 執行 dual_network.py
!dir ./model/ ◄— 查看是否有產生 model
```

OUT

```
best.h5
```

編註 這裡只是先建構對偶網路模型，儲存的模型 (best.h5) 仍未經訓練。

COLUMN

AlphaGo 與 AlphaZero 的比較

AlphaGo 與 AlphaZero 的比較如下表所示，AlphaGo Zero 與 AlphaZero 的機制基本上是相同的，就不另外列出了。

▼ AlphaGo 與 AlphaZero 的比較

	AlphaGo	AlphaZero
核心 演算法	蒙地卡羅樹搜尋法 策略網路 價值網路 Play out 策略	策略價值蒙地卡羅樹搜尋法 對偶網路
網路架構	卷積神經網路	殘差網路
訓練方法	監督式學習 強化式學習	強化式學習
輸入	48 個 19×19 的 2 軸陣列 ・最近 8 步的黑子配置 ・最近 8 步的白子配置 ・氣數（編註：圍棋術語，指在棋盤上與棋子緊緊相鄰的空交叉點） ・預估可吃掉的對方棋子數量 ・是否可以征子 （還需要輸入其他資訊，以下省略）	17 個 19×19 的 2 軸陣列 ・最近 8 步的黑子配置 ・最近 8 步的白子配置 ・輪到哪一方下子（輪到黑子全部為 1、輪到白子全部為 0）

- **核心演算法**

AlphaGo 是由 3 個神經網路所組成，分別是預測策略的策略網路、預測價值的價值網路，以及用於 play out 的 play out 策略（一種準確率低於策略網路，但速度較快的模型）。AlphaZero 使用的則是將上述策略網路與價值網路整合在一起的對偶網路。由於對偶網路在預測勝率的能力上已有顯著提升，因此不需要 play out，也不再使用 play out 策略。

- **神經網路的架構**

AlphaGo 使用卷積神經網路，AlphaZero 則使用殘差網路。

- **訓練方法**

  AlphaGo 是利用專業棋士的棋譜，以監督式學習的方式來訓練策略網路，並以強化式學習訓練價值網路，另外也會透過強化式學習加強策略網路，AlphaZero 則是以強化式學習來訓練對偶網路。

- **神經網路的輸入**

  AlphaGo 的輸入包含了各式各樣的資訊，如最近 8 步的棋子配置、氣數、可吃掉對方多少子數的預測，以及是否可以征子等，而 AlphaZero 的輸入則只有最近 8 步的棋子配置以及目前輪到哪一方下子。

6-2 策略價值蒙地卡羅樹搜尋法

接著我們來建構 Tic-tac-toe 的第 2 個演算法 – 賽局樹演算法，這邊使用到的賽局樹演算法是以本書 5-3 節所介紹的蒙地卡羅樹搜尋法為基礎改良而來，本節將會針對兩者的差異進行解說，並在最後利用改良完成的策略價值蒙地卡羅樹搜尋法 (Policy Value Monte Carlo Tree Search，以下簡稱為 PV MCTS) 進行井字遊戲。

Tic-tac-toe 的策略價值蒙地卡羅樹搜尋法

首先我們先來探討本節的 PV MCTS 與 5-3 節相比改良了那些地方。

選擇

5-3 節中，「選擇」的方式是由根節點開始，一路選擇 UCB1 最大的子節點，直到抵達葉節點為止，PV MCTS 也是類似的做法，只是改用 UCB1 改良過的公式 PUCT (polynomial upper confidence trees)。公式如下：

$$\text{PUCT} = \frac{w}{n} + c_{puct} * p * \frac{\sqrt{t}}{(1+n)}$$

棋步的機率分佈（p）
成功率（w/n）
調整平衡的常數（c_{puct}）
偏值（$\frac{\sqrt{t}}{(1+n)}$）

w：此節點的累計價值
n ：此節點的試驗次數
c_{puct}：用於調整「勝率」與「棋步預測機率 × 偏值」之平衡的常數（決定探索程度）。
p：棋步的機率分佈
t：累計試驗次數

▲ PUCT 公式

編註 這裡是直接引用原始 AlphaZero 論文所使用的公式，嚴格來說是 PUCT 公式的 1 種改良，但論文中沒有特別說明這則公式的細節（也沒有名稱）。

評估

在 5-3 節中有介紹過，在模擬的過程中抵達葉節點時是使用 play out 的方式來取得局勢價值，但在 PV MCTS 是改用對偶網路來取得策略與局勢價值。策略會用來計算出 PUCT 中棋步的機率分佈，而局勢價值則會用來更新 PUCT 中的累計價值。

擴充

在 5-3 節中，試驗次數要達到 10 次以上才會進行擴充 (編註：也就是將當前節點擁有的合法棋步增加為子節點)。但在 PV MCTS 中，只要試驗 1 次就進行擴充，這是因為 Tic-tac-toe 使用的是對偶網路，已經利用神經網路預測出棋步會下在哪了。

更新

取得「局勢價值」與「試驗次數」後，在返回根節點的途中，根據該價值進行節點資訊 (累計價值及試驗次數) 的更新。

以上這 4 點就是所有改良的地方，會有點難吸收沒關係，到了後面程式的部份就會比較好理解。

> **編註** 由於原始的 AlphaZero 是利用為數眾多的 CPU 與 GPU 以「非同步」(Async) 的平行運算來提升訓練速度，因此又被稱為「APV MCTS (非同步策略價值蒙地卡羅樹搜尋法，Async Policy Value Monte Carlo Tree Search)」。

了解完改良的地方後，下面的部份將建構 Tic-tac-toe 所使用的 PV MCTS。本節實作的程式名稱為 pv_mcts.py。

小編補充 本節的 pv_mcts.py 裡面包含了 5 個函式，程式較為複雜，這邊怕讀者混淆所以簡單的介紹一下，細節會在後面做説明。這 5 個函式的作用如下：

▼ pv_mcts.py 的組成

函式名稱	小節名稱	說明
predict()	預測	從對偶網路中預測**策略**與**局勢價值**
nodes_to_scores()	取得各節點的試驗次數	取得各節點的**試驗次數**，方便後續的運算
pv_mcts_scores()	取得試驗次數最多的棋步	利用函式取得**試驗次數最多**的棋步
pv_mcts_action()	選擇動作	根據**試驗次數最多**的棋步選擇動作 (下子)
boltzman()	利用波茲曼分布增加變化	讓棋路增加變化

下圖為整個「pv_mcts.py」在做的事情：

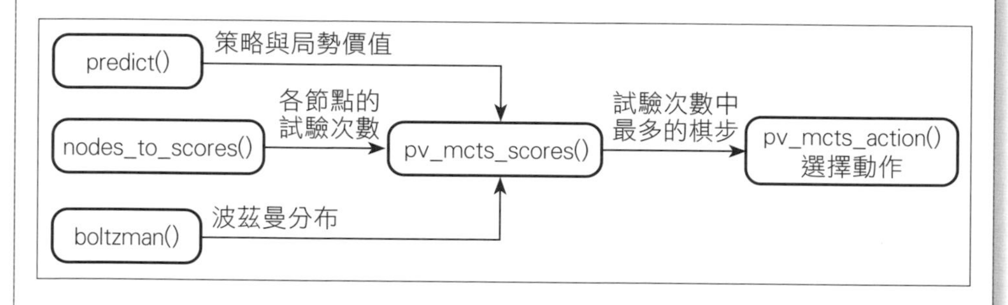

pv_mcts.py 最主要的就是利用 pv_mcts_action() 去選擇下個動作 (下棋)，選擇動作的依據是試驗次數最多的棋步，所以要先計算出每個節點的試驗次數，做法是利用 pv_mcts_scores() 進行選擇、評估、擴充、更新方能取得，其中所需要的參數有策略、局勢價值與試驗次數，前 2 個可以由 predict() 取得，試驗次數則是由 nodes_to_scores() 取得，最後的 boltzman() 就是將棋路增加變化，如果不增加變化，它就會像 5-1 節的 Alpha-beta 剪枝一樣每次都從左上角開始下子，增加變化後它會使 AI 產生不同的棋路。

匯入套件

匯入建構 PV MCTS 所需要的套件：

IN 匯入套件

```
from game import State ← 從 6-0 節的程式 (game.py) 匯入井字遊戲的環境
from dual_network import DN_INPUT_SHAPE ← 從 6-1 節的程式 (dual_network.py) 中匯入 DN_INPUT_SHAPE
from math import sqrt ← 匯入用來計算平方根的函式
from tensorflow.keras.models import load_model ← 匯入讀取模型的函式
from pathlib import Path ← 用來讀取模型存放的位置
import numpy as np
```

指定模擬次數

以下將設定 PV MCTS 所需要的程式參數，其中 PV_EVALUATE_COUNT 為模擬次數。程式如下：

IN 準備參數

```
PV_EVALUATE_COUNT = 50 ← 模擬次數 (原始為 1600)
```

預測 (取得策略與局勢價值)

上一節中我們提到對偶網路是讀取局勢 (盤面)，接著輸出策略與局勢價值，接下來透過訓練好的對偶網路模型取得策略與局勢價值，再傳遞給 PV MCTS 進行運算，簡單來說，這邊在做的事情就是將「對偶網路」的模型與 PV MCTS 給串接在一起。我們會將上述動作寫成函式，也就是 predict (model, state)，以下先看一下程式要做的事情，再說明程式碼：

> **編註** 這裡的 predict(model, state) 跟 model.predict( ) 長得很像，但做的事情完全不一樣，看到後面就會了解差別。

01 重塑訓練資料的 shape 以進行 model.predict( )

當我們要利用神經網路模型進行 model.predict( ) 時，都是將打包好的資料集 (例如：測試資料集) 輸入進去，但是如果今天只需要預測單筆或部分筆數時，就要使用另外 1 種寫法，做法是在單筆資料的 shape 前面加入資料的筆數，例如：上節的對偶網路輸入 shape 為 (3, 3, 2)，接著在前面新增想要預測的資料筆數，也就是 (資料筆數 , 3, 3, 2)，這樣模型就會依照你所指定的筆數去預測，由於本例是要對 1 筆訓練資料進行預測，因此將局勢 ([我方棋子配置 , 對方棋子配置]) 的 shape 重塑為 (1, 3, 3, 2)。重塑的步驟如下：

(1) 利用 np.array() 將雙方局勢 (我方及對方的盤面) 合併成 1 個 ndarray

(2) 利用 reshape() 將 shape 重塑為 (2, 3, 3)

(3) 利用 transpose() 進行轉置，將 shape 指定為 (3, 3, 2)

(4) 利用 reshape() 將 shape 重塑為 (1, 3, 3, 2)

02 預測

利用 model.predict() 將 01 重塑過的資料輸入對偶網路進行預測並取得預測結果 (策略與局勢價值)。在參數 batch_size 中指定批次量大小為 1 (編註：因為 1 次只下 1 筆，所以只要預測 1 筆)。

03 取得策略

由於批次量大小為 1，因此會有 1 個策略輸出至 y[0][0]，1 個策略裡面會有 9 個值來表示井字遊戲中的位置，但我們不要已經下過子的區域，所以從中取出合法棋步的部份 (空白的格子)，並將其除以合法棋步的合計值 (編註，對偶網路的輸出是固定的，由於這邊的策略只有取合法棋步的部分，所以要重新計算比例)，轉換成合計值為 1 的機率分佈。

04 取得局勢價值

由於批次量大小為 1，因此只會有 1 個「局勢價值」輸出至 y[1][0]，由於只有 1 個值，可以利用 y[1][0][0] 來取得。

完整的程式如下：

IN 預測

```
def predict(model, state):
    # Step01 重塑訓練資料的 shape 以進行 model.predict( )
    a, b, c = DN_INPUT_SHAPE ①
    x = np.array([state.pieces, state.enemy_pieces]) ②
    x = x.reshape(c, a, b).transpose(1, 2, 0).reshape(1, a, b, c)

    # Step02 利用模型的預測去取得「策略」與「局勢價值」
    y = model.predict(x, batch_size=1) ③

    # Step03 取得策略
    policies = y[0][0][list(state.legal_actions())] ← 從策略中取出合法棋步

    policies /= sum(policies) if sum(policies) else 1 ← 轉換成合計值為 1 的機率分佈

    # Step04 取得局勢價值
    value = y[1][0][0]

    return policies, value
```

① 從 6-1 節的程式中取出 DN_INPUT_SHAPE = (3, 3, 2)
② 取得 [我方棋子配置，對方棋子配置]
③ 進行預測並取得預測結果

取得各節點的試驗次數

接著來講解如何取得「試驗次數」，在本節中常常需要試驗次數來作為計算的參數，這邊就建構一個函式「nodes_to_scores()」，方便我們取得每個節點的試驗次數，傳入的形式為節點串列 (節點 1, 節點 2, 節點 3...) 而傳回的形式為試驗次數的串列 ([節點 1 的試驗次數 , 節點 2 的試驗次數 , 節點 3 的試驗次數 ...])。程式如下：

IN　從每個節點中取出試驗次數

```
def nodes_to_scores(nodes):
  scores = []
  for c in nodes:
    scores.append(c.n)  ← 將節點的試驗次數依序存入串列中
  return scores
```

取得試驗次數最多的棋步

接著來講解如何利用 pv_mcts_scores() 取得試驗次數最多的棋步，這邊要傳入模型、局勢 (盤面) 及溫度參數 (temperature parameter) 作為參數，計算出各個節點的試驗次數，關於溫度參數，後續會再另做說明。步驟如下：

01　定義 PV MCTS 的節點

為了方便後續的計算，我們會定義 1 個 Node 類別，做為所有 PV MCTS 的節點。

02　建立當前局勢的節點

首先根據參數 state 建立當前局勢的節點。

03　執行多次模擬

接著以參數 PV_EVALUATE_COUNT 所設定的次數，進行 PV MCTS 的模擬，並更新所有節點的資訊。

04 取得合法棋步的機率分佈

經過多次的模擬後，接著利用「nodes_to_scores()」取出結果中每個節點的試驗次數，試驗次數較多的子節點，即為下一步，最後再將此串列轉換成合法棋步的機率分佈，這步驟還有做另外一件事情，在神經網路中，若輸入樣本相同，則輸出結果也會相同，因此若以相同的合法棋步之機率分佈進行自我對弈，持續下一樣的棋步，則訓練資料的**多元性**是不會增加的。

所以為了增加輸出的變化性，Sarsa 與 Q - Learning 使用了 ε -greedy，Tic-tac-toe 則是使用**波茲曼分布 (Boltzmann distribution)**，其參數 temperature 稱為溫度參數，用於指定波茲曼分布的變化程度。關於波茲曼分布，後續會再說明。

為了讓讀者更好理解，這邊將程式碼分成各個部分來解釋，定義 Node 類別的部分，會在之後再做說明。程式碼如下：

IN 利用 PV MCTS 取得試驗次數最多的棋步

```
def pv_mcts_scores(model, state, temperature):
  # Step01 定義 PV MCTS 的節點
  class node:
  (後述)

  # Step02 建構當前局勢的節點
  root_node = node(state, 0)

  # Step03 執行多次模擬              ①
  for _ in range(PV_EVALUATE_COUNT):
    root_node.evaluate()

  # Step04 取得合法棋步的機率分佈
  scores = nodes_to_scores(root_node.child_nodes)
                  ②                    ③
```

① 模擬次數在「設定參數」時就有設定成 50 次
② 利用 nodes_to_scores() 取出節點中的試驗次數
③ 傳入的參數為當前節點下的所有子節點

```
if temperature == 0:  ④
  action = np.argmax(scores)  ⑤
  scores = np.zeros(len(scores))
  scores[action] = 1  ⑥
else:  ← 以波茲曼分布增加變化
  scores = boltzman(scores, temperature)  ← 函式內容稍後另有說明
return scores          ⑦
```

④ 將傳回來的節點串列利用 np.argmax() 轉換成最大值的索引
⑤ 依照節點串列的大小建構一個元素皆為 0 的串列
⑥ 將最大值索引的元素值從 0 改成 1
⑦ 如果 temperature 不等於 0 時就用波茲曼分布增加變化，boltzman() 後面會解釋

接下來針對 Node 類別進行講解，Node 類別的屬性和方法如下所示：

▼ Node 類別的屬性

屬性	型別型態	說明
state	State	局勢 (盤面)
p	ndarray	策略
w	int	累計價值
n	int	試驗次數
child_nodes	list	子節點群，元素的型別型態為 Node

▼ Node 類別的方法 (method)

方法 (method)	說明
__init__(state, p)	初始化節點、策略
evaluate()	計算累計價值、試驗次數
next_child_node()	取得 PUCT 最大的子節點

初始化節點

一開始，利用 __init__() 進行節點的初始化，局勢 (盤面) 與策略由參數傳入，累計價值與試驗次數皆初始化為 0，子節點則初始化為 None(預設沒有子節點)。程式如下：

IN

```
# 初始化節點
def __init__(self, state, p):
  self.state = state ←— 盤面狀態
  self.p = p ←— 策略
  self.w = 0 ←— 累計價值
  self.n = 0 ←— 試驗次數
  self.child_nodes = None ←— 子節點群
```

計算試驗次數與累計價值

將節點傳入 evaluate() 去計算試驗次數，傳入時會有 3 種情況，以下就針對這 3 種情況進行講解：

- **情況 1 - 遊戲結束時**

  當遊戲結束 (井字遊戲中某方獲勝) 時，若我方落敗傳回 -1，若平手傳回 0。此時，節點的累計價值與試驗次數也需進行更新。

- **情況 2 - 當子節點群不存在時**

  在遊戲尚未結束時，若節點無子節點群，則以神經網路進行預測，並取得策略與局勢價值，此時，節點的累計價值與試驗次數也需進行更新，並擴充子節點群。

- **情況 3 - 當子節點群存在時**

  若節點有子節點群 (非葉節點的節點)，則以遞迴的方式先找到 PUCT 最大的子節點，再計算該子節點的局勢價值。此時，節點的累計價值與試驗次數也需進行更新，此外，由於 evaluate() 的局勢價值為對方局勢的價值，因此需加上負號 (編註：別忘記這是第 5 章教的**負極大值演算法**)。程式如下：

IN 計算試驗次數

```
def evaluate(self):
  if self.state.is_done(): ← 情況 1 - 遊戲結束時
    value = -1 if self.state.is_lose() else 0 ← 根據遊戲結果的勝敗取得局勢價值

    self.w += value ← 更新累計價值
    self.n += 1 ← 更新試驗次數
    return value

  if not self.child_nodes: ← 情況 2 - 當子節點不存在時
    policies, value = predict(model, self.state) ← 利用訓練好的模型做預測並取得策略與局勢價值

    self.w += value ← 更新累計價值
    self.n += 1 ← 更新試驗次數

    # 擴充子節點
    self.child_nodes = []
    for action, policy in zip(self.state.legal_actions(), 接下行
policies):
      self.child_nodes.append(Node(self.state.next(action), 接下行
      policy))
    return value
```

① 利用 zip() 以迭代的方式取出該子節點的策略及局勢價值
② 該節點的下一步 (合法棋步)
③ 該節點的策略
④ 新增到子節點群 (串列) 裡面
⑤ 擴充子節點，並傳入該子節點的局勢與策略

```
# 情況 3 - 當子節點存在時
else:                              ⑥
  value = -self.next_child_node().evaluate()  ←┐
                                                以遞迴的方式先找到 PUCT
  self.w += value ← 更新累計價值                 最大子節點，再計算該子
  self.n += 1 ←── 更新試驗次數                    節點的局勢價值
  return value
```

⑥ 此函式是取得 PUCT 最大的子節點，稍後會詳細說明

1 2 3 4 5 6 7 8

取得 PUCT 最大的子節點

當子節點存在時，每次模擬，就要進行「選擇」子節點，利用「next_child_node()」根據 PUCT 的公式，取得 PUCT 最大的子節點。回顧一下公式，如下圖：

棋步的機率分佈

$$\mathbf{PUCT} = \frac{w}{n} + c_{puct} * p * \frac{\sqrt{t}}{(1+n)}$$

成功率　調整平衡的常數　偏值

w：此節點的累計價值
n ：此節點的試驗次數
c_{puct}：用於調整「勝率」與「棋步預測機率 × 偏值」之平衡的常數（決定探索程度）
p：棋步的機率分佈
t：累計試驗次數

▲ PUCT 公式

程式的部份將 C_PUCT 固定為「1.0」，其他的資訊會由節點屬性取得。程式如下：

IN 取得 PUCT 最大的子節點

```
def next_child_node(self):
  C_PUCT = 1.0 ←將 C_PUCT 固定為「1.0」 ①
  t = sum(nodes_to_scores(self.child_nodes))
  pucb_values = [] ←建構一個陣列裝 PUCT
  for child_node in self.child_nodes: ←以遞迴的方式計算所
                                        有子節點的 PUCT
                        ②
    pucb_values.append((-child_node.w / child_node.n if 接下行
    child_node.n else 0.0) + C_PUCT * child_node.p * sqrt(t)/ 接下行
    (1 + child_node.n))

  return self.child_nodes[np.argmax(pucb_values)] ←
                                  傳回 PUCT 最大的子節點
```

① 將所有子節點經由 nodes_to_scores() 取出試驗次數的串列後，再經由 sum() 做加總得到累計試驗次數

② 此價值為對方局勢的價值，因此需加上負號

選擇動作

上面的過程中我們利用 PV MCTS 取得每個棋步的試驗次數，並經由程式將結果轉換成合法棋步的機率分佈，接下來，要利用函式「pv_mcts_action(model, temperature=0)」傳回 (return) 1 個函式，回傳的函式為使用「PV MCTS」根據計算出來的試驗次數傳回動作 (編註：看程式碼會比較清楚這段在說甚麼) 參數為「模型」與「溫度參數」。程式如下：

IN 利用 PV MCTS 選擇動作

```
def pv_mcts_action(model, temperature=0):  ← 建立一個「回傳函式」的函式
    def pv_mcts_action(state):
        scores = pv_mcts_scores(model, state, temperature)
        return np.random.choice(state.legal_actions(), p=scores)
    return pv_mcts_action
```

① 傳回這個函式
② 使用 PV MCTS 計算試驗次數並傳回合法棋步的機率分佈
③ 根據傳回合法棋步的機率分佈決定要下哪一步

小編補充 **為什麼要使用建立 1 個「回傳函式」的函式**

這邊採用此作法的原因是因為後面的自我對弈模組，自我對弈模組會讓最新玩家 (模型權重較新) 與最佳玩家 (模型權重較舊) 對戰並留下較強的一方，兩個 AI 玩家的模型不同所以不能用**同個函式**來讓它們選擇動作，必須採用這種**客製化的方式**產生函式。如果還是不懂可以看下面的範例：

最新玩家 → pv_mcts_action(model, temperature=0) → pv_mcts_action_new(state)
最佳玩家 → pv_mcts_action(model, temperature=0) → pv_mcts_action_best(state)

① 傳入權重較新的模型
② 傳入權重較舊的模型
③ 雖然由同個函式產生，但因為傳入的模型不同，所以「選擇動作的函式」也會不同

利用波茲曼分布增加變化

最後的部份，我們來講解何謂波茲曼分布，這個公式是熱力學波茲曼 (Boltzmann) 分布的 1 種改良，原始的公式會根據溫度 (編註：這就是參數取名為 temperature 的由來) 讓分布產生變化，這邊引入波茲曼分布**讓棋步增加變化**。波茲曼分布的公式如下：

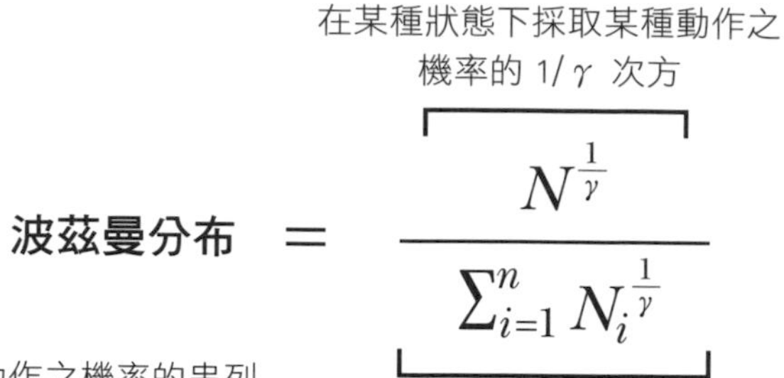

$$\text{波茲曼分布} = \frac{N^{\frac{1}{\gamma}}}{\sum_{i=1}^{n} N_i^{\frac{1}{\gamma}}}$$

N ：採取動作之機率的串列
γ ：溫度參數
N_i：採取某種動作的機率
n ：動作數

在某種狀態下採取某種動作之
機率的 1/γ 次方之總和

▲ 波茲曼分布公式

程式的部分，定義 boltzman(xs, temperature) 函式用於波茲曼分布的計算，其中 xs 為合法棋步的機率分佈、temperature 為溫度參數，當溫度參數為 0 時，會使試驗次數最多的棋步被選擇的機率為 100%，反之，如果溫度參數不為 0 時，就將機率分布的每個值都根據波茲曼分布 (編註：就是上面的公式) 重新計算，簡單來說加入波茲曼分布可以讓 Tic-tac-toe 在賽局一開始時產生**不同變化的棋路** (溫度參數不為 0)；而當即將分出勝負時會變得**非常謹慎** (溫度參數等於 0) 波茲曼分布的程式如下：

IN 波茲曼分布

```
def boltzman(xs, temperature):
  xs = [x ** (1 / temperature) for x in xs]
  return [x / sum(xs) for x in xs]
```

添加單獨測試 pv_mcts.py 的程式碼

接著需要添加單獨測試的程式碼，測試 PV MCTS 演算法是否能正常執行，並能選擇適當的下一手 (編註：簡單來說主要測試的就是 pv_mcts_action() 函式)。程式如下：

IN 單獨測試

```
if __name__ == '__main__':
  path = sorted(Path('./model').glob('*.h5'))[-1]  ← 從 model 資料夾中找到最新的模型
  model = load_model(str(path)) ← 載入模型

  state = State() ← 產生新的對局

  next_action = pv_mcts_action(model, 1.0) ← 建立利用 PV MCTS 取得動作的函式

  while True: ← 循環直到遊戲結束
    if state.is_done(): ← 遊戲結束時
      break

    action = next_action(state)← 取得動作

    state = state.next(action) ← 取得下一個局勢 (盤面)

    print(state) ← 將結果以文字形式顯示出來
```

① 在資料夾中做排序，並取得最後一個 (最新)
② 指定副檔名為「h5」
③ 載入剛剛的模型路徑 (path)
④ next_action 會是一個函式
⑤ 將剛剛載入的模型當作參數傳入
⑥ 這邊溫度參數設為 1
⑦ 剛剛產生的函式

在 Google Colab 上執行 pv_mcts.py

最後，將 pv_mcts.py 上傳至 Google Colab 並執行。請在筆記本中執行以下程式碼：

IN 上傳 pv_mcts.py

```
from google.colab import files ← 上傳套件
uploaded = files.upload() ← 上傳指令

!dir ← 查看資料夾
```

OUT

```
dual_network.py game.py model pv_mcts.py sample_data
```

IN

```
!python pv_mcts.py ← 執行 pv_mcts.py
```

編註 在執行前一定要執行上一節的 dual_network.py，因為沒有執行的話，model 資料夾就不會有模型，程式會執行錯誤！

OUT

```
-o-
---
---

-o-
---
x--

-o-
---
xo-
```

```
-o-
-x-
xo-

-o-
-x-
xoo

-o-
-xx
xoo
```

```
-oo
-xx
xoo

xoo
-xx
xoo

xoo
oxx
xoo
```

6-3 自我對弈模組

在前面的章節中，我們建立了預測策略與局勢價值的對偶網路，但是模型裡面的權重都是尚未訓練的狀態，簡單來說就是毫無實力，以往的做法都是讓模型學會高手的棋譜(編註：訓練資料是棋譜)但是一味的模仿別人總是會有被破解的一天，所以我們希望模型在訓練的時候，能夠**透過自己學習到不同變化的棋路**(編註：讓對手猜不透)。於是這邊就透過自我對弈(編註：與自己對戰，不模仿高手的棋路與思維)的方式，產生訓練對偶網路所需的資料。

小編補充 自我對弈可以想成自己產生棋譜，充當訓練對偶網路的資料，其中：局勢(盤面)為訓練樣本、策略與局勢價值為標籤。

在 Tic-tac-toe 中將會進行多次的自我對弈，所以將這部分的程式碼建立成模組，好讓我們能夠重複使用，接下來將實作自我對弈模組，本節的程式名稱為 self_play.py。

1 2 3 4 5 6 7 8

匯入套件

首先匯入建構自我對弈模組所需要的套件：

IN

```
# 匯入套件
from game import State ←— 從 game.py 匯入井字遊戲的環境
from pv_mcts import pv_mcts_scores ←— 從 pv_mcts.py 匯入函式
from dual_network import DN_OUTPUT_SIZE ←— 從 dual_network.py 匯入
                                           DN_OUTPUT_SIZE
from datetime import datetime ←— 方便取時間作為檔案名稱
from tensorflow.keras.models import load_model
```

```
from tensorflow.keras import backend as K
from pathlib import Path
import numpy as np
import pickle ◄— 用來存放自我對弈所產生的訓練資料
import os
```

設定自我對弈局數和溫度參數

在建構模組前，有幾個重要的參數需要設定，以下將進行參數的設定，其中 SP_GAME_COUNT 為進行自我對弈的遊戲局數，SP_TEMPERATURE 則為波茲曼分布的溫度參數。程式如下：

IN 設定參數

```
SP_GAME_COUNT = 500      ◄— 進行自我對弈的遊戲局數（原始為 25000）
SP_TEMPERATURE = 1.0     ◄— 波茲曼分布的溫度參數
```

計算先手的局勢價值

接著建立 first_player_value(ended_state) 從遊戲最後的局勢去計算局勢價值，當先手 (先下棋的玩家) 獲勝時傳回 1，先手落敗時傳回 -1，平手時則傳回 0，算出來的局勢價值加上負號即為後手的局勢價值 (編註：零和對局，一個玩家贏，另一個玩家就輸)。程式如下：

IN 計算先手的局勢價值

```
def first_player_value(ended_state):
  if ended_state.is_lose():
    return -1 if ended_state.is_first_player() else 1 ◄┐
                                            先手落敗傳回 -1、
  return 0 ◄— 平手傳回 0                      獲勝傳回 1
```

進行 1 次完整對戰

由於我們要收集自我對弈過程的棋譜資料，因此我們要讓模型自我對戰，從起手到遊戲結束這樣算是 1 筆完整的對戰資料，接著要定義的 play() 函式就可以像這樣進行 1 次完整的對戰，過程中會收集每 1 步的資料，包含「我方棋子配置、對方棋子配置、策略與局勢價值」。最後再將這 4 個資料裝入 history 中。history 的格式如下：

history 的格式

[[[我方棋子配置 , 對方棋子配置], 策略 , 局勢價值],
 [[我方棋子配置 , 對方棋子配置], 策略 , 局勢價值],
 [[我方棋子配置 , 對方棋子配置], 策略 , 局勢價值],
…]

1 2 3 4 5 6 7 8

編註 別忘了這裡的棋子配置是 3×3 的串列。

進行 1 次完整對戰的程式如下：

IN 進行 1 次完整對戰

```
def play(model):
  history = []

  state = State() ← 產生新的對局

  while True:
    if state.is_done(): ← 遊戲結束時
      break
```

```
    scores = pv_mcts_scores(model, state, SP_TEMPERATURE) ←①
                                   ②
    policies = [0] * DN_OUTPUT_SIZE
    for action, policy in zip(state.legal_actions(), scores):
      policies[action] = policy ← 從 scores 中取得策略
    history.append([[state.pieces, state.enemy_pieces], 接下行  }③
    policies, None])                                           
                                                       ④
    action = np.random.choice(state.legal_actions(), p=scores)

    state = state.next(action) ←⑤

  # 在訓練資料中增加價值
  value = first_player_value(state) ← 取得局勢價值
  for i in range(len(history)):
    history[i][2] = value ←⑥
    value = -value ←⑦
  return history
```

① 取得合法棋步的機率分佈 (每下 1 步就取 1 次)
② DN_OUTPUT_SIZE = 9 用來表示可以下棋的地方（盤面配置 (3 x 3))
③ 在 history 中增加我方棋子配置、敵方旗子配置及策略
④ 依照 scores 去選擇下一步的位置
⑤ 下棋並取得當前的局勢
⑥ 根據 history 的每一步添加價值1：先手獲勝、-1：先手落敗、0：平手
⑦ 添加完先手的局勢價值 (value) 後就加負號變成後手的局勢價值 (-value)，用這樣的方式表示對弈的先後手

儲存訓練資料

接下來，建立 1 個函式 write_data(history) 這個函式會將自我對弈時所收集到的訓練資料 (參數 history) 儲存至檔案裡。

還記得剛剛在匯入套件時，有匯入 1 個 pickle 套件，pickle 是用於儲存與復原 Python 物件檔案的套件，此處會用來將對戰過程的資料，儲存成檔案保存下來。程式碼如下：

IN 儲存訓練資料

```
def write_data(history):
  now = datetime.now() ← 利用 datetime 模組取得現在的時間
  os.makedirs('./data/', exist_ok=True) ← 若無資料夾則創建 1 個
  path = './data/{:04}{:02}{:02}{:02}{:02}{:02}.history'.format 接下行
  (now.year, now.month, now.day, now.hour, now.minute, now.second)
                                 ↑ 利用現在的時間做為檔名，例
                                   如：20200824055430.history
  with open(path, mode='wb') as f: ← 開啟檔案
    pickle.dump(history, f) ← 將 history 寫到檔案裡面
```

進行自我對弈

最後，建立 1 個函式 self_play() 將上面的程式碼串起來，執行 self_play() 程式會先載入代表最佳玩家的模型，再以 SP_GAME_COUNT 指定的次數進行遊戲，最後將收集到的訓練資料儲存下來，並清除 session 與刪除模型，完成自我對弈。程式如下：

IN 自我對弈

```
def self_play():
  history = []

  model = load_model('./model/best.h5') ← 載入最佳玩家的模型

  for i in range(SP_GAME_COUNT): ← 以指定的次數進行遊戲
    h = play(model)  ← 進行 1 次遊戲
    history.extend(h) ← 將結果存到 history 中
```

```
    # 輸出
    print('\rSelfPlay {}/{}'.format(i+1, SP_GAME_COUNT), end='')
  print('')

  write_data(history) ← 儲存訓練資料

  # 清除 session 與刪除模型
  K.clear_session() ← 呼叫 tensorflow.keras 的後端來刪除模型
  del model
```

添加單獨測試 self_play.py 的程式碼

再來，同樣要加上單獨測試功能模組的程式碼，此處僅需要測試 self_play() 的執行，當自我對弈結束時，data 資料夾中會自動產生訓練資料 (*.history)。

由於進行 500 次自我對弈較耗時，因此如果只要確認程式碼能不能運行的話，可以將 SP_GAME_COUNT 設為 10 次左右即可。程式如下：

IN 單獨測試

```
if __name__ == '__main__':
  self_play()
```

在 Google Colab 上執行 self_play.py

本節的最後 1 個步驟，將 self_play.py 上傳至 Google Colab 並執行。請在筆記本中執行下頁的程式碼：

IN

```
# 上傳 self_play.py
from google.colab import files
uploaded = files.upload()

!dir ← 查看資料夾
```

OUT

```
dual_network.py model __pycache__ self_play.py
game.py pv_mcts.py sample_data
```

1
2
3
4
5
6
7
8

IN

```
!python self_play.py ← 執行 self_play.py
```

OUT

```
SelfPlay 500/500
```

IN

```
!dir ./data/ ← 查看訓練資料
```

OUT

```
20200824055430.history ←
```

在 data 的資料夾中如果有日期與時間為檔名的 history 檔，就代表自我對弈模組沒有問題

6-4 訓練模組

在上節中，我們透過自我對弈模組可以得到多筆的訓練資料，接下來的程式就是要使用這些資料訓練對偶網路，更新對偶網路裡面的權重參數，訓練出來的模型稱之為「最新玩家」。

由於訓練會反覆進行，因此本節會將這部分的程式碼建立成模組，好讓我們能夠重複使用，程式名稱為 train_network.py。

匯入套件

匯入建構訓練模組所需要的套件：

IN 匯入套件

```
from dual_network import DN_INPUT_SHAPE
from tensorflow.keras.callbacks import LearningRateScheduler,
LambdaCallback  ◄— 匯入監控訓練過程的 callbacks 相關物件
from tensorflow.keras.models import load_model
from tensorflow.keras import backend as K
from pathlib import Path
import numpy as np
import pickle
```

設定訓練次數

在建構模組前，有個程式參數需要進行設定，RN_EPOCHS 為訓練的次數。程式如下：

IN 設定參數

```
RN_EPOCHS = 100  ◄— 訓練次數
```

載入訓練資料

首先，要建立 1 個函式 load_data() 用來載入自我對弈模組所儲存的訓練資料 (history)。程式碼如下：

IN 載入訓練資料

```
def load_data():          ①                          ②                  ③
  history_path = sorted(Path('./data').glob('*.history'))[-1]
  with history_path.open(mode='rb') as f: ←┐
                                     用於開啟檔案，這邊用來開啟 history
    return pickle.load(f) ← 用於載入 Python 物件，
                            這邊用來載入訓練資料
```

① 使用 sorted 將資料夾內的檔案依照檔名由小到大排列
② glob() 用來查找符合規則的檔案，這邊的 glob('*.history') 代表只找副檔名為 .history 的檔案
③ 這裡的 -1 是將排序過的最後一個取出來，這裡取的是最新的訓練資料

訓練對偶網路

接著，利用 train_network() 進行對偶網路的訓練。執行 train_network() 後，程式會依序做下面的事情：

01 載入訓練資料

一開始，程式會利用 load_data() 載入訓練資料 (history)。載入的訓練資料的格式如下：

訓練資料 (history) 的格式

[[[我方棋子配置 , 對方棋子配置], 策略 , 局勢價值],
 [[我方棋子配置 , 對方棋子配置], 策略 , 局勢價值],
 [[我方棋子配置 , 對方棋子配置], 策略 , 局勢價值],
…]

載入資料以後，利用 zip() 將上述資料中的「我方棋子配置，對方棋子配置」、「策略」與「價值」轉換為 3 個獨立的串列。像下面這樣：

(1) [[我方棋子配置 , 對方棋子配置], [我方棋子配置 , 對方棋子配置], …]

(2) [策略 , 策略 , …]

(3) [局勢價值 , 局勢價值 , …]

02 重塑訓練資料的 shape

將訓練資料載入後，要先重塑局勢 (盤面) 的 shape 才能輸入模型進行訓練，對偶網路的輸入 shape 已於「6-1 建構對偶網路」中設定為 (3, 3, 2)，但是這邊我們要一次傳遞多筆的訓練資料，因此要將單筆資料的 shape 前面加入訓練資料的筆數，使其成為 4 軸陣列 (訓練資料筆數 , 3, 3, 2)。由於本例是要對 500 個訓練資料進行預測，因此將代表局勢的串列 ([[我方棋子配置 , 對方棋子配置], [我方棋子配置 , 對方棋子配置], …]) 的 shape 重塑為 (500, 3, 3, 2)。重塑的步驟如下：

(1) 利用 np.array() 將代表局勢 (盤面) 的串列轉換為 ndarray

(2) 利用 reshape() 將 shape 轉換為 (500, 2, 3, 3)

(3) 利用 transpose() 進行轉置，將 shape 指定為 (500, 3, 3, 2)

(4) 將策略和局勢價值的串列利用 np.array() 轉成 ndarray

03 載入最佳玩家的模型

利用 load_model() 載入最佳玩家的模型，做為訓練最新玩家模型的初始狀態，雖然「6-1 建構對偶網路」建構的模型仍處於**未訓練狀態**，但一開始還是先將其載入做為最佳玩家，之後再將訓練後的模型輸出為最新玩家。

04 編譯模型

接著進行模型的編譯，編譯模型時要指定的損失函數、優化器與評估指標如下：

* **損失函數**

  由於在本例中會輸出 2 個結果，在損失函數方面必須根據不同的輸出分別指定：策略為分類問題，因此指定為 categorical_crossentropy，而局勢價值為迴歸問題，因此指定為 mse。

* **優化器**

  優化器則都指定為 Adam

* **評估指標**

  因為訓練對偶網路的時候不會進行驗證，所以這裡就先不指定。

> **編註** 關於損失函數、優化器與評估指標的詳細說明請參考第 3 章。

05 調整學習率

利用 LearningRateScheduler 設定訓練用的學習率，初始值先設為 0.001，經過 50 步後降為 0.0005，80 步後再降為 0.00025，此部分的詳細說明請參考第 3 章。

06 印出訓練的次數

利用 callbacks 印出訓練的次數。

07 進行訓練

設定好訓練所需的程式後，就將轉換好的訓練資料輸入模型中進行訓練。

1 2 3 4 5 6 7 8

08 儲存最新玩家的模型

將訓練好的模型儲存下來，並命名為 latest.h5。

09 清除 session 與刪除模型

清除 session 與刪除模型。

COLUMN

原始 AlphaZero 的優化器

原始 AlphaZero 使用的優化器為 SGD，但本書章節為求提高速度，選擇了 Adam。

COLUMN

原始 AlphaZero 的學習率

原始 AlphaZero 在進行圍棋對弈時，學習率的初始值為 0.02，經過 300 步後降為 0.002，500,000 步後再降為 0.0002，進行西洋棋與將棋對弈時的學習率，初始值則是 0.2，經過 100 步後降為 0.02，300 步後降為 0.002，500,000 步後再降為 0.0002。

train_network() 的程式碼如下：

IN 訓練對偶網路

```
def train_network():
    # Step01 載入訓練資料
    history = load_data()
    xs, y_policies, y_values = zip(*history)
    ①      ②           ③
```

① xs =[我方棋子配置, 對方棋子配置]
② y_policies = 策略
③ y_values = 局勢價值

```
# Step02 重塑訓練資料的 shape 以進行訓練
a, b, c = DN_INPUT_SHAPE ④
xs = np.array(xs) ←⑤
xs = xs.reshape(len(xs), c, a, b).transpose(0, 2, 3, 1)
          ⑥                          ⑦
y_policies = np.array(y_policies) ⎫
y_values = np.array(y_values)     ⎭ ⑧

# Step03 載入最佳玩家的模型
model = load_model('./model/best.h5')

# Step04 編譯模型
model.compile(loss=['categorical_crossentropy', 'mse'], 接下行
optimizer='adam')                       ⑨
```

④ 從 dual_network.py 中引入 DN_INPUT_SHAPE，其值為 (3, 3, 2)
⑤ 利用 np.array() 將代表局勢的串列轉換為 ndarray
⑥ 利用 reshape() 將 shape 轉換為 (500, 2, 3, 3)
⑦ 利用 transpose() 進行轉置，將 shape 指定為 (500, 3, 3, 2)
⑧ 也將策略與價值轉換為 ndarray
⑨ 設定兩個損失函數

```
# Step05 設定要調整的學習率
def step_decay(epoch):
  x = 0.001
  if epoch >= 50: x = 0.0005
  if epoch >= 80: x = 0.00025
  return x

lr_decay = LearningRateScheduler(step_decay)

# Step06 利用 callbacks 印出訓練的次數
print_callback = LambdaCallback(
  on_epoch_begin=lambda epoch,logs:
    print('\rTrain {}/{}'.format(epoch + 1,RN_EPOCHS), end=''))
```

```
# Step07 進行訓練
                                        ⑩
model.fit(xs, [y_policies, y_values], batch_size=128, 接下行
epochs=RN_EPOCHS, verbose=0, callbacks=[lr_decay, print_ 接下行
callback])
                                                   ⑪
print('')

# Step08 儲存最新玩家的模型
model.save('./model/latest.h5')

# Step09 清除 session 與刪除模型
K.clear_session() ◀— 呼叫 tensorflow.keras 的後端來刪除模型
del model

⑩ 設定 2 個訓練標籤
⑪ 將設定好的 callbacks 做為 fit 的參數傳入
```

添加單獨測試 train_network.py 的程式碼

再來，同樣要加上單獨測試模組的程式碼，此處僅需要測試 train_network() 的執行，當對偶網路的訓練結束時，請確認 model 資料夾中是否已產生最新玩家的模型 (./model/latest.h5)。程式如下：

IN 單獨測試

```
if __name__ == '__main__':
  train_network()
```

在 Google Colab 上執行 train_network.py

本節的最後 1 個步驟，將 train_network.py 上傳至 Google Colab 並執行。請在筆記本中執行以下程式碼：

IN 上傳 train_network.py

```
from google.colab import files
uploaded = files.upload()

!dir ← 查看資料夾
```

OUT

```
data game.py pv_mcts.py train_network.py self_play.py
dual_network.py model __pycache__ sample_data
```

IN

```
!python train_network.py ← 執行 train_network.py
```

OUT

```
Train 100/100
```

IN

```
!dir ./model/ ← 查看是否有產生模型
```

OUT

```
best.h5 latest.h5 ← 有產生 latest.h5，就代表訓練模組沒有問題
```

小編補充 **訓練對偶網路**

從 6-0 節到現在，講解了許多的觀念與程式碼，大家難免對於這些東西搞得有點頭痛，這邊小編幫大家貼心的做個小小的整理與複習，下圖就是從 6-0 節到 6-4 節在做的事情：

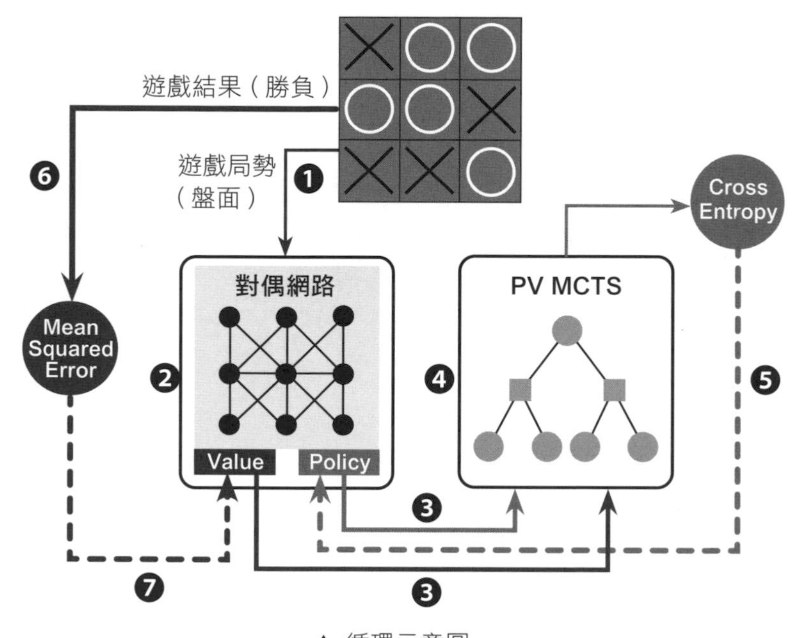

▲ 循環示意圖

❶ 6-1 節，將對弈中的遊戲局勢傳入訓練好的對偶網路模型 (最佳玩家)
❷ 6-2 節，經過對偶網路的預測後，取得策略 (推估用) 與局勢價值
❸ 6-2 節，將策略與局勢價值作為 PV MCTS 的參數 (實線的部份)
❹ 6-2 節，經由 PV MCTS 取得試驗次數最多的棋步做為策略 (作為下一步用)
❺ 6-3 節，將輸出出來的策略 (虛線) 作為訓練對偶網路的標籤
❻ 6-3 節，將這局遊戲的結果換算成局勢價值 (虛線) 作為訓練對偶網路的標籤
❼ 6-4 節，將產生的訓練資料輸入到模型進行訓練，重複以上的步驟來訓練對偶網路的模型

原始 AlphaZero 就是利用上面這樣的架構來達到不用棋譜做訓練，仔細觀察你會發現這就是 1 個強化式學習循環，在 Tic-tac-toe 中會重複好幾次這樣的訓練，將模型訓練的越來越好。這部分請務必讀者讀懂順序和每個模組所做的事情，後續的程式碼才看得懂。

6-5 評估模組

在上一節，我們已藉由最佳玩家 (編註：訓練用的 history 資料集，是最佳玩家自我對弈的結果) 訓練出最新玩家，本節在做的事情就是使兩方對戰，並將勝率較高的一方留下做為下一輪的最佳玩家。

從 6-3 節的自我對弈模組產生訓練資料，到 6-4 節的訓練模組進行訓練，再到本節的最佳玩家與最新玩家對戰，這整個流程會反覆進行好幾次，最後獲得最強模型。本節的程式名稱為 evaluate_network.py。

匯入套件

首先，匯入建構評估模組所需要的套件：

IN 匯入套件

```
from game import State  ← 從 game.py 匯入井字遊戲的環境
from pv_mcts import pv_mcts_action  ← 從 pv_mcts.py 匯入函式
from tensorflow.keras.models import load_model
from tensorflow.keras import backend as K
from pathlib import Path
from shutil import copy  ← 用途待會說明
import numpy as np
```

設定對戰次數和溫度參數

跟前面的章節一樣，在建構模組前，有幾個重要的程式參數需要設定，以下將進行參數的設定，其中 EP_GAME_COUNT 為評估過程要進行的對戰次數，EN_TEMPERATURE 則為波茲曼分布的溫度參數。程式如下：

IN 設定參數

```
EP_GAME_COUNT = 10      ← 評估過程要進行的對戰次數（原始為 400）
EN_TEMPERATURE = 1.0   ← 波茲曼分布的溫度參數
```

以先手分數判定勝負

評估模組是用來比較兩個玩家誰比較厲害，所以我們必須用 1 個標準來衡量玩家的實力，這裡採用的就是**勝率**，誰的勝率高誰就比較厲害，但在計算勝率之前，需要先定義 1 個函式 first_player_point(ended_state) 去記錄勝負，傳入遊戲的最後 1 個局勢去計算**先手分數**，當先手獲勝時傳回 1，先手落敗時傳回 0，平手時則傳回 0.5。程式如下：

IN　先手分數

```
def first_player_point(ended_state):
  # 1：先手獲勝、0：先手落敗、0.5：平手
  if ended_state.is_lose():
    return 0 if ended_state.is_first_player() else 1
  return 0.5
```

編註 這裡先手分數不要和之前先手的局勢價值搞混了，兩者的用途不同，勝負或平手的傳回值也不同。

進行 1 次完整對戰

接著讓最佳玩家與最新玩家進行 1 次完整的對戰，我們會建 1 個 play(next_actions) 函式，讓 2 個模型開始對戰直到遊戲結束，並計算先手分數讓後續的程式可以算出勝率。程式如下：

IN　進行 1 次完整對戰

```
def play(next_actions):
  state = State() ◀— 產生 1 局新賽局

  # 循環直到遊戲結束
  while True:
```

```
    # 遊戲結束時
    if state.is_done():
        break

    # 取得先手玩家與後手玩家的動作
    next_action = next_actions[0] if state.is_first_ 接下行
    player() else next_actions[1]
    action = next_action(state)

    state = state.next(action) ← 取得下一個局勢 (盤面)

return first_player_point(state) ← 傳回先手分數
```

替換最佳玩家

再來，經過多次的對戰後，如果最新玩家的實力比最佳玩家還要厲害時，就要將最新玩家取代最佳玩家，我們將這個動作寫成 update_best_player() 函式，實際做法是將「最新玩家」的模型 latest.h5 改名為 best.h5。程式碼如下：

IN 替換最佳玩家

```
def update_best_player():
    copy('./model/latest.h5', './model/best.h5') ← 複製一份最新玩家並改名叫最佳玩家
    print('Change BestPlayer') ← 顯示訊息
```

還記得匯入套件時，我們匯入了「copy」，作用就是幫我們複製模型

將評估流程整合成模組

看到這裡想必您已經將上面的程式都建構好了吧！接著要來建構評估模組，執行建構模組後，程式會依序做下面的事情：

01 載入最新玩家與最佳玩家

首先，利用 load_model() 載入最新玩家 (latest.h5) 與最佳玩家 (best.h5) 的模型

02 反覆進行數次對戰

讓最新玩家與最佳玩家進行數次的對戰，並且計算最新玩家的勝率，本節範例將 EN_GAME_COUNT 設定為 10 次，簡單來說就是讓雙方對戰 10 次。

03 清除 session 與刪除模型

清除 session 與刪除模型。

04 評估最新玩家的實力

當最新最新玩家的**勝率達 50% 以上**時，便取代最佳玩家。

COLUMN

原始 AlphaZero 的機制

AlphaGo 與 AlphaGo Zero 是設定最新玩家在勝率達 55% 以上時，取代最佳玩家。而原始 AlphaZero 則未採用評估模組，而是以神經網路不斷進行更新。

IN 建構評估模組

```
def evaluate_network():
  # Step01 載入最新玩家與最佳玩家
  model0 = load_model('./model/latest.h5')  ← 載入最新玩家的模型
  model1 = load_model('./model/best.h5')  ← 載入最佳玩家的模型

  # 建立利用 PV MCTS 選擇動作的函式
  next_action0 = pv_mcts_action(model0, EN_TEMPERATURE)  ← 最新玩家
  next_action1 = pv_mcts_action(model1, EN_TEMPERATURE)  ← 最佳玩家
  next_actions = (next_action0, next_action1)

  # Step02 反覆進行數次對戰
  total_point = 0
  for i in range(EN_GAME_COUNT):
    if i % 2 == 0:
      total_point += play(next_actions)
    else:
      total_point += 1 - play(list(reversed(next_actions)))
```

因為井字遊戲對先手玩家比較有利，所以這邊的寫法會做攻守交換(簡單來說就是上 1 局先手玩家先下，下 1 局就是後手玩家先下)，以示公平，但是關於先手分數的部分都還是只計算先手玩家的

```
    # 輸出狀態
    print('\rEvaluate {}/{}'.format(i + 1, EN_GAME_COUNT), end='')
    print('')

  average_point = total_point / EN_GAME_COUNT  ← 計算勝率
  print('AveragePoint', average_point)

  # Step03 清除 session 與刪除模型
  K.clear_session()
  del model0  ← 刪除最新玩家
  del model1  ← 刪除最佳玩家
```

```
# Step04 勝率大於 0.5 時，就將最新玩家替換最佳玩家
if average_point > 0.5:
  update_best_player()
  return True
else:
  return False
```

這裡 return True 和 return False 的原因會在 6-7 節的「train_cycle.py」使用到，這邊先記著就好了

添加單獨測試 evaluate_network.py 的程式碼

再來，同樣要加上單獨測試功能模組的程式碼，此處僅需要測試 evaluate_network () 的執行。程式如下：

IN 單獨測試

```
if __name__ == '__main__':
  evaluate_network()
```

在 Google Colab 上執行 evaluate_network.py

最後，將 evaluate_network.py 上傳至 Google Colab 並執行。請在筆記本中執行以下程式碼：

```
# 上傳 evaluate_network.py
from google.colab import files
uploaded = files.upload()

!dir ← 確認資料夾
```

OUT

```
data game.py __pycache__ self_play.py
dual_network.py model train_network.py
evaluate_network.py pv_mcts.py sample_data
```

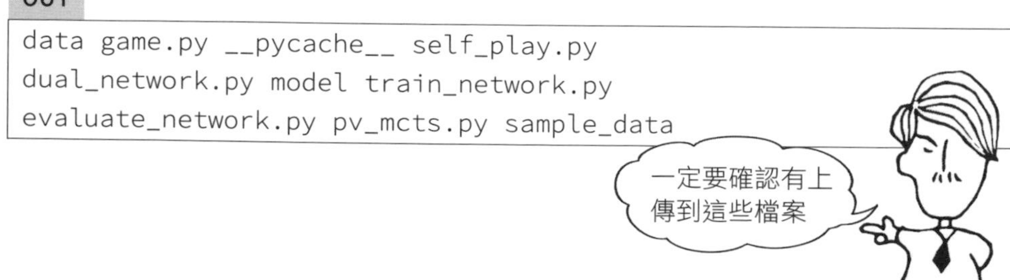

IN

```
!python evaluate_network.py ◀─ 執行 evaluate_network.py
```

OUT

```
Evaluate 10/10
AveragePoint 0.6
Change BestPlayer
```

從上面的結果可以看出來，由於經過 10 次對戰，最新玩家的勝率達到 6 成，因此以「最新玩家」的模型取代「最佳玩家」。

6-6 評估最佳玩家

到目前為止已講解了以 AlphaZero 為架構進行井字遊戲所需的演算法，在各節中，也都初步各別測試過程式可以執行，但還未確認訓練出來的模型是否真的變強，因此本節將針對對偶網路的訓練成果 (最佳玩家的實力) 進行評估。

我們會讓對偶網路訓練出來的最佳玩家分別為與隨機下法 (5-0 節)、Alpha-beta 剪枝 (5-1 節) 及蒙地卡羅樹搜尋法 (5-3 節) 進行對戰並顯示勝率。雖然此步驟在訓練循環中並非必要步驟，但可藉此確認訓練是否真的能夠增強模型實力。本節的程式名稱為 evaluate_best_player.py。

> **編註** 上一節的評估模組是在評估「最新玩家」與「最佳玩家」的實力，這節的評估是要來確認「最佳玩家」對上**不同演算法**的實力。

匯入套件

匯入「評估最佳玩家」所需要的套件，其中要對戰的演算法 (隨機下法、Alpha-beta 剪枝、蒙地卡羅樹搜尋法) 都已經寫在 game.py 裡面了，所以直接匯入就好。匯入套件的程式如下：

IN 匯入套件

```
from game import State, random_action, alpha_beta_action, mcts_action  ← 從 game.py 中匯入遊戲環境以及對戰所用的演算法
from pv_mcts import pv_mcts_action  ← 從 pv_mcts.py 匯入函式
from tensorflow.keras.models import load_model
from tensorflow.keras import backend as K
from pathlib import Path
import numpy as np
```

設定對戰次數

在建構程式前，要先進行參數的設定，EP_GAME_COUNT 為計算勝率所需進行的遊戲次數。程式如下：

IN 設定參數

```
EP_GAME_COUNT = 10  ← 1次評估需進行的遊戲次數
```

先手分數

程式碼與上節相同，請自行參照先前的說明。程式如下：

IN 先手分數

```
def first_player_point(ended_state):
  # 1：先手獲勝、0：先手落敗、0.5：平手
  if ended_state.is_lose():
    return 0 if ended_state.is_first_player() else 1
  return 0.5
```

進行一次完整對戰

程式碼與上節相同，請自行參照先前的說明。程式如下：

IN 進行一次完整對戰

```
def play(next_actions):
  state = State() ← 產生 1 局新賽局

  # 循環直到遊戲結束
  while True:
    # 遊戲結束時
    if state.is_done():
      break

    # 取得先手玩家與後手玩家的動作
    next_action = next_actions[0] if state.is_first_player() 接下行
    else next_actions[1]
    action = next_action(state)

    state = state.next(action) ← 取得下 1 個狀態

  return first_player_point(state) ← 傳回先手分數
```


與多個演算法對戰

接著，就是要讓「最佳玩家」與多個演算法對戰，並將每次的勝率都記錄下來，比較演算法的實力，此處要定義 1 個函式 evaluate_algorithm_of() 並把要對戰的演算法當做參數傳遞進去。程式如下：

IN 與多個演算法對戰

```
def evaluate_algorithm_of(label, next_actions): ←
  total_point = 0                     label 是要顯示的名稱，next_actions
  for i in range(EP_GAME_COUNT):      則是要對戰的演算法函式
```

```
    # 進行 1 次遊戲
    if i % 2 == 0:
      total_point += play(next_actions)
    else:
      total_point += 1 - play(list(reversed(next_actions)))
```
因為井字遊戲對先手玩家比較有利，所以這邊的寫法是會做攻守交換（簡單來說就是上 1 局先手玩家先下，下 1 局就是後手玩家先下），以示公平，但是關於先手分數的部分都還是只計算先手玩家的

```
    # 輸出結果
    print('\rEvaluate {}/{}'.format(i + 1, EP_GAME_COUNT), end='')
  print('')

  average_point = total_point / EP_GAME_COUNT ← 計算勝率
  print(label, average_point) ← 輸出對戰的演算法名稱以及與其對戰的勝率
```

評估最佳玩家

接下來就是將上面寫的程式碼都串起來，並打包成 evaluate_best_player() 函式，只要執行程式就能評估最佳玩家的實力。程式如下：

IN 評估最佳玩家

```
def evaluate_best_player():
  model = load_model('./model/best.h5') ← 載入最佳玩家的模型

  next_pv_mcts_action = pv_mcts_action(model, 0.0) ← 建構選擇動作的函式

  # 最佳玩家 VS 隨機下法
  next_actions = (next_pv_mcts_action, random_action)
  evaluate_algorithm_of('BestModel VS Random', next_actions)

  # 最佳玩家 VS Alpha-beta 剪枝
  next_actions = (next_pv_mcts_action, alpha_beta_action)
```

```
evaluate_algorithm_of('BestModel VS AlphaBeta', next_actions)

# 最佳玩家 VS 蒙地卡羅樹搜尋法
next_actions = (next_pv_mcts_action, mcts_action)
evaluate_algorithm_of('BestModel VS MCTS', next_actions)

# 清除 session 與刪除模型
K.clear_session() ← 呼叫 tensorflow.keras 的後端來刪除模型
del model
```

添加單獨測試 evaluate_network.py 的程式碼

再來，同樣要加上單獨測試功能模組的程式碼，此處僅需要測試 evaluate_best_player() 的執行。程式如下：

IN 單獨測試

```
if __name__ == '__main__':
  evaluate_best_player()
```

在 Google Colab 上執行 evaluate_network.py

最後，將 evaluate_network.py 上傳至 Google Colab 並執行。請在筆記本中執行以下程式碼：

IN

```
# 上傳 evaluate_best_player.py
from google.colab import files
uploaded = files.upload()

!dir ← 確認資料夾
```

1 2 3 4 5 6 7 8

OUT

```
data evaluate_network.py pv_mcts.py sample_data
dual_network.py game.py __pycache__ self_play.py
evaluate_best_player.py model train_network.py
```

IN

```
!python evaluate_best_player.py   ← 執行 evaluate_best_player.py
```

OUT

```
Evaluate 10/10
BestModel VS Random 0.6
Evaluate 10/10
BestModel VS AlphaBeta 0.0
Evaluate 10/10
BestModel VS MCTS 0.0
```

由於模型 (BestModel) 未經訓練，因此與 Alpha-beta 剪枝及蒙地卡羅樹搜尋法對戰的勝率都會是 0.0，本節目的在於建構評估用的程式碼，如果要查看訓練後的結果，請參考下一節

6-7 執行訓練循環

經過 6-1 對偶網路、6-3 自我對弈模組、6-4 訓練模組、6-5 評估模組與 6-6 評估最佳玩家之後，必要的環節終於全部湊齊了。接下來只要依序呼叫上述程式，便可完成「訓練循環」，利用 Tic-tac-toe 進行井字遊戲的訓練了。

首先我們先來回顧一下，6-0 節中的「Tic-tac-toe 的強化學習循環」呈現了本章建構的各個模組以及整個訓練循環，請務必詳細理解圖中的每個步驟，以便掌握接下來程式碼運作所需的整體概念：

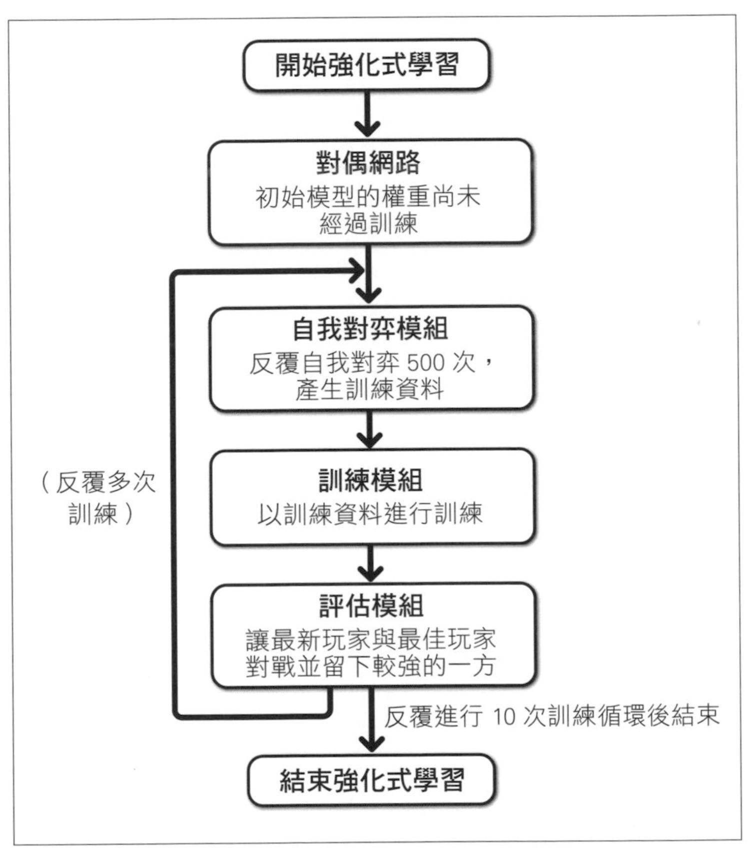

▲ Tic-tac-toe 的強化學習循環

本節的程式名稱為 train_cycle.py。

匯入套件

匯入訓練循環所需要的套件：

IN 匯入套件

```
from dual_network import dual_network ← 對偶網路
from self_play import self_play ← 自我對弈模組
from train_network import train_network ← 訓練模組
from evaluate_network import evaluate_network ← 評估模組
from evaluate_best_player import evaluate_best_player ← 評估最佳玩家
```

訓練循環

首先講解執行訓練循環後，各個程式執行的順序，訓練循環在一開始會先建構對偶網路，之後會重複執行 10 次自我對弈模組、訓練模組以及評估模組，此外，在替換最佳玩家時，將進行上一節解說的評估最佳玩家，以確認訓練是否真的增強了實力。訓練循環的程式如下：

IN 訓練循環

```
dual_network() ← 建構對偶網路

for i in range(10): ← 訓練 10 次
  print('Train',i,'================') ← 輸出現在進行到第幾輪訓練
  self_play() ← 自我對弈模組

  train_network() ← 訓練模組

  update_best_player = evaluate_network() ← 評估模組

  if update_best_player: ← 如果替換了最佳玩家，就評估現有的最佳玩家，這也是 6-6 節中要 return True 的原因
    evaluate_best_player() ← 評估最佳玩家
```

在 Google Colab 執行訓練循環

最後，將第 6 章所有的程式碼上傳至 Google Colab 並執行，若是將筆記本設定為以 GPU 執行，訓練開始到結束為止約需半天時間，上傳前，為避免檔案重複，請先以「rm -rf *」全部刪除，再執行 train_cycle.py。以下為目前為止建構的所有範例程式碼，請 1 次全數上傳至 Google Colab：

- game.py
- dual_network.py
- pv_mcts.py
- self_play.py
- train_network.py
- evaluate_network.py
- evaluate_best_player.py
- train_cycle.py

接下來請在筆記本中執行以下程式碼：

IN

```
!rm -rf * ← 刪除所有檔案

# 上傳範例所有程式碼
from google.colab import files
uploaded = files.upload()

!dir ← 確認資料夾
```

OUT

```
dual_network.py game.py self_play.py
evaluate_best_player.py pv_mcts.py train_cycle.py
evaluate_network.py train_network.py
```

IN

```
!python train_network.py ← 執行訓練循環
```

OUT

```
Train 0 ====================

（省略）

Train 9 ====================
SelfPlay 500/500          ← 自我對弈的次數
Train 100/100             ← 訓練最新玩家 100 次
Evaluate 10/10            ← 讓最新玩家與最佳玩家對戰 10 次
AveragePoint 0.55         ← 計算出最新玩家與最佳玩家的勝率 (這裡為 0.55)
Change BestPlayer         ← 因為勝率有大於 0.5，所以將最新玩家覆蓋最佳玩家
Evaluate 10/10            ← 與其他演算法對戰的次數
BestModel VS Random 0.95     ┐
Evaluate 10/10               │
BestModel VS AlphaBeta 0.5   ├ 顯示與其他演算法對戰
Evaluate 10/10               │ 的勝率（個別顯示）
BestModel VS MCTS 0.60       ┘
```

由上面可以看到，最佳玩家在經過 10 個訓練循環後，對戰隨機下法獲得壓倒性勝利 (勝率為 0.95)、對戰 Alpha-beta 剪枝獲得平手 (勝率為 0.5)、對戰蒙地卡羅樹搜尋法獲得勝利 (勝率為 0.6)。

下載模型

到這邊為止就是一整個的訓練過程，訓練結束後，將 best.h5 下載，此檔案將於下一章「第 7 章人類與 AI 的對戰」中使用。下載的程式碼如下：

IN 下載 best.h5

```
from google.colab import files
files.download('./model/best.h5')
```

重啟訓練

若模型經過 10 個循環的訓練後，實力仍不夠理想，我們可以繼續訓練 (編註：簡單來說就是「再訓練 10 次」)。做法是上傳 best.h5(之前訓練好的模型) 到 model 資料夾裡，再執行 train_cycle.py 便可在繼續訓練，本例在經過 30 個循環後，對戰 MCTS (蒙地卡羅樹搜尋法) 的勝率便可提升至 **70%** 左右。上傳「best.h5」的程式碼如下：

IN

```
# 移動至 model 資料夾
!mkdir model
!mv best.h5 model

#上傳 best.h5
from google.colab import files
uploaded = files.upload()
```

COLUMN

查看 Google Colab 執行的時間

因為 Google Colab 有 12 小時的限制，超過時間就會重置筆記本，所以我們必須確保訓練不中斷，在重啟訓練時要先確認 Google Colab 執行程式後所經過的時間，可執行以下的程式碼：

IN 查看 Google Colab 執行的時間

```
!cat /proc/uptime | awk '{print $1 /60 /60 /24 "days (" $1
"sec)"}'
```

OUT

```
0.00371968days (321.38sec)
```

0.5days 就是 12 小時，在執行程式前記得要確認一下時間，不然辛苦跑了半天，卻被 Google Colab 給重置了

利用 Tic-tac-toe 進行井字遊戲的總結

最後就來做個第 6 章的總結，Alpha-beta 剪枝為井字遊戲最強的演算法，蒙地卡羅樹搜尋法在與 Alpha-beta 剪枝對戰井字遊戲時，勝率只有約 40%，但以本章的 Tic-tac-toe 演算法，在與 Alpha-beta 剪枝對戰井字遊戲時，可以獲得**幾乎打平**的結果。

在考慮到 Alpha-beta 剪枝需要展開整個競賽樹的做法，對於複雜的零和對局遊戲而言太過耗時而並不實用後，讀者應該可以理解，在有限時間之內便能與之抗衡的 Tic-tac-toe 有多麼難能可貴。

CHAPTER

7 人類與 AI 的對戰

第 6 章我們利用 AlphaZero 的架構訓練了井字遊戲的 AI - Tictactoe，並在評估 Tictactoe 與其他演算法的對戰結果後，確認此模型與井字遊戲中最強演算法 **Alpha-beta 剪枝**為同等級強度的模型。不過本書的目標是要達成**人機對戰**，因此本章將製作出 1 個可讓使用者與 Tictactoe 進行對戰的井字遊戲。

由於到目前為止，所使用的 Python 環境都是在雲端上的 Google Colab 進行，但提供使用者與 AI 對戰的 UI (使用者介面，User Interface) 無法在雲端上建立，因此必須在本地 PC 端上另行建構開發環境。

在建立 UI 時，將使用 Python3 內建的套件「Tkinter」來幫助我們完成使用者介面，由於本章主要目的是建立井字遊戲 UI，因此關於 Tkinter 的使用方式，將只針對必要部分進行說明，若有興趣了解更多，請參考其他網路相關資訊。

本章目的

- 利用 Anaconda 建立 Python 虛擬環境，並安裝所需套件，以執行 UI。
- 認識用於建立 GUI (圖形使用者介面，Graphical User Interface) 的 Python 套件「Tkinter」以及其基本使用方法。
- 製作井字遊戲 UI，並配合第 6 章訓練完成的 AI 模型與人類對戰。

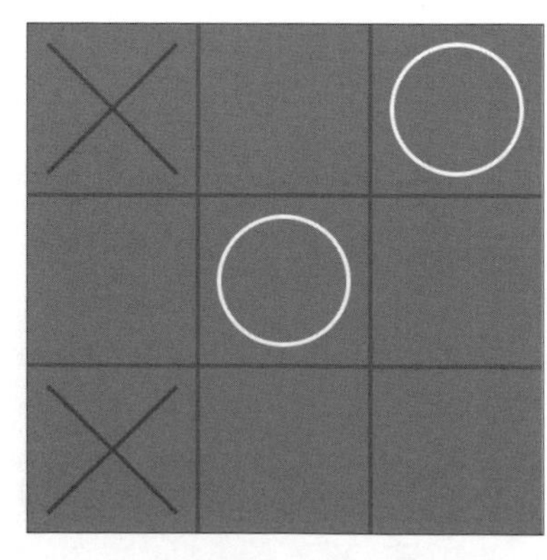
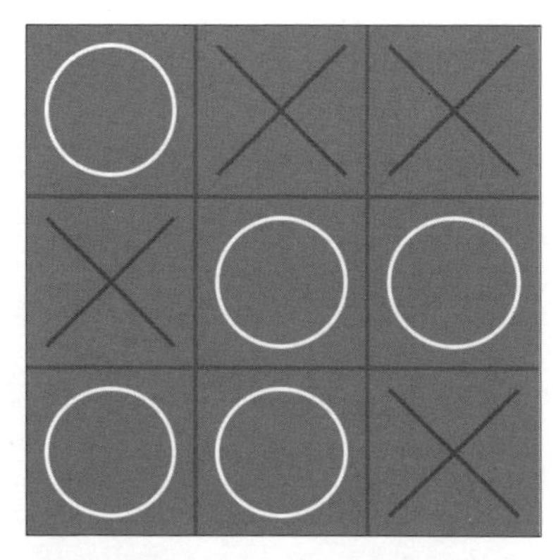

▲ 加入 UI 的井字遊戲

7-0 建立執行 UI 的本機端開發環境

我們先前在第 2 章「準備 Python 開發環境」中介紹了 Google Colab 以及 Anaconda，前 6 章的內容也都在 Google Colab 上建構 Python 的程式，由於 Google Colab 上無法執行 Python 的 UI 套件，因此本節將使用先前 Anaconda 建構好的本機環境進行開發。

在 Windows/Mac 上建立虛擬環境

在本書的第 2 章已經安裝了 Anaconda，本節將會使用 Anaconda 建立**虛擬環境**，虛擬環境是 1 種可依照用途切換不同 Python 或套件版本的獨立環境，例如本章建議使用 Python 3.6，若你已安裝其他的 Python 版本，就可以用虛擬環境建立一個 3.6 版本的開發環境，將不同版本的環境區隔開來，這麼做的好處是不會因為 Python 版本而導致程式與套件的衝突。建立虛擬環境的步驟如下：

01 啟動 Anaconda Navigator

在 Windows 中，請由程式清單中的 Anaconda Navigator 啟動。啟動完會如下圖所示：

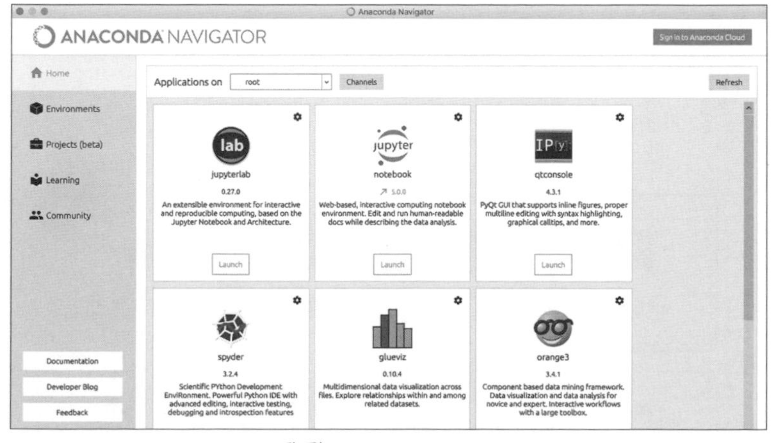

▲ 啟動 Anaconda Navigator

02 選擇 Environments

接著，於左側選單中選擇「Environments」顯示虛擬環境列表，初始狀態只會有 1 個名為 base 的虛擬環境，右側則會顯示此虛擬環境目前安裝的套件。如下圖：

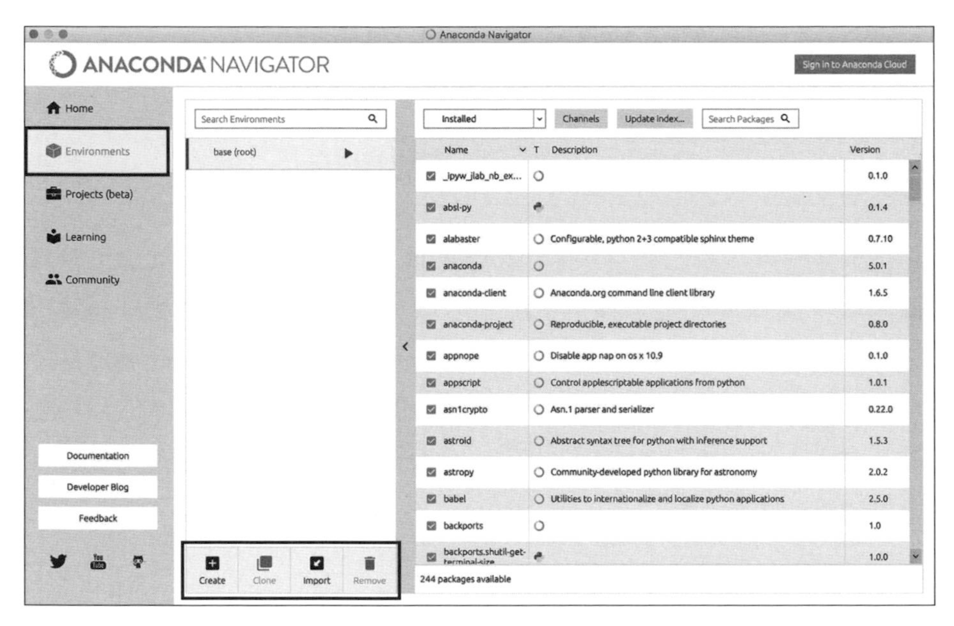

▲ 自 Anaconda Navigator 選單中選擇 Environments

03 建立虛擬環境

進到虛擬環境列表後，點擊下方的「Create」按鈕，建立虛擬環境。如下圖：

▲ 點擊 Anaconda Navigator 畫面下方的 Create 按鈕

04 設定虛擬環境的名稱與版本

在名稱欄位中輸入 alphazero (編註：使用者自訂，也可使用其他名稱)，並指定 Python 版本為 3.6 之後，點擊「Create」按鈕建立虛擬環境。如下圖：

Create new environment X
Name: alphazero
Location: /Users/furukawahidekazu/anaconda3/envs/alphazero
Packages: Python 3.6
R mro
Cancel Create

▲ 建立新的 Python 虛擬環境

05 啟動環境

接著回到虛擬環境列表，可以發現剛剛所創的虛擬環境，點擊虛擬環境旁邊的「▶」按鈕，選擇「Open Terminal」，若成功，將啟動可供 Python 使用的終端機 (命令提示字元)。

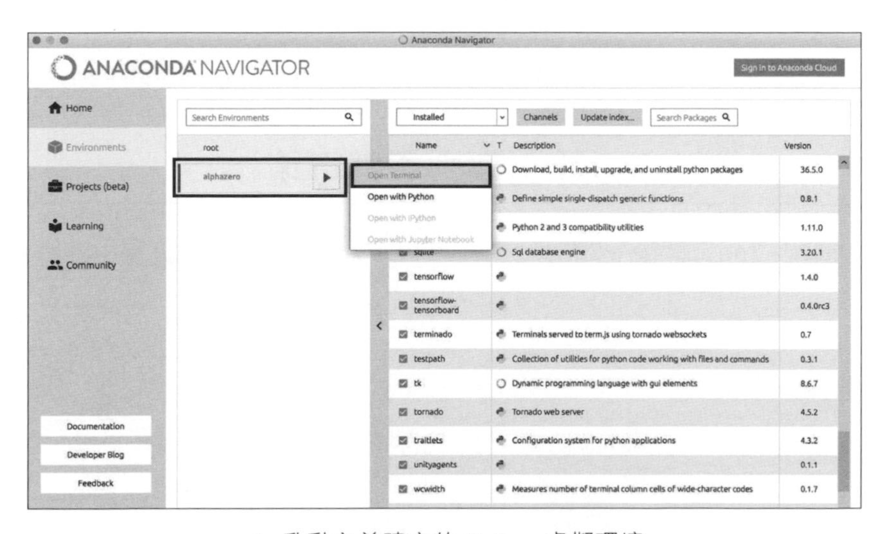

▲ 啟動之前建立的 Python 虛擬環境

06 確認虛擬環境

確認終端機左側是否顯示虛擬環境名稱，如下圖所示的 (alphazero)，請於此虛擬環境輸入本章後續的所有命令。

▲ 啟動虛擬環境的終端機

07 確認 Python 是否安裝成功

輸入以下命令確認是否已安裝 Python：

IN

```
$ python --version
```

OUT

```
Python 3.6.8 :: Anaconda, Inc.
```

↑ 有顯示 Python 版本代表安裝成功

在 Ubuntu (Linux) 上建立虛擬環境

若要在 Linux 系統上開發，可參考以下說明，利用終端機來建立虛擬環境：

01 打開終端機

在 Ubuntu 中打開終端機輸入以下的指令。

02 建立虛擬環境

輸入以下的 conda 命令建立虛擬環境：

IN

① 使用 conda 命令 conda create 建立環境
② -n 為指定虛擬環境的名稱，這裡命名為 alphazero
③ 這裡指定 Python 的版本，這裡將版本設定為 3.6
④ 這個指令 (anaconda) 會在建立虛擬環境時會同時安裝其他 Python 套件

03 啟動虛擬環境

輸入 conda 命令啟動虛擬環境：

IN

```
$ conda activate alphazero
```

這裡輸入要啟動的虛擬環境名稱

使用此命令啟動虛擬環境

04 確認虛擬環境

確認命令提示字元左側是否有顯示虛擬環境名稱，如(alphazero)，請於此虛擬環境輸入本書後續所有命令。

05 確認 Python 是否安裝成功

輸入以下命令確認 Python 是否安裝成功：

IN

```
$ python --version
```

1 2 3 4 5 6 7 8

OUT

```
Python 3.6.8 :: Anaconda, Inc.
```

有顯示 Python 版本代表安裝成功

Anaconda 終端機 (命令提示字元) 常用的命令如下表所示 (編註：這些命令在 Windows 與 Mac 中也可使用)：

▼ Anaconda 常用的命令

操作	命令
建立虛擬環境	conda create -n < 虛擬環境名稱 > python = 3.6 anaconda
啟動切換虛擬環境	conda activate < 虛擬環境名稱 >
關閉虛擬環境	conda deactivate
顯示虛擬環境列表	conda info -e

安裝套件

建構完虛擬環境後，由於本章後續所需的 TensorFlow、Pillow (PIL) 與 h5py 套件，皆未包含在 Anaconda 虛擬環境的初始狀態當中，因此需要先進行安裝。需要安裝的套件如下表：

▼ 未安裝於 Python 虛擬環境中的套件

套件	說明	版本
TensorFlow	深度學習的套件	2.3.0
Pillow (PIL)	影像處理的套件	7.2.0
h5py	用於處理 HDF5 的套件	2.10.0

編註 以上 3 個套件的版本經編輯測試過是可以正常執行的，如果本書出版後遇到套件版本問題導致程式無法執行，請參考程式輸出的 Error Code 修正。

上表中提到的 HDF5 稱為層級資料格式 (Hierarchical Data Format，簡稱 HDF)，是處理大量階層式資料的檔案格式之一，使用 TensorFlow 的 API 儲存神經網路模型時，檔案會儲存成此 HDF5 格式，第 6 章中，由 model.save() 儲存的 **h5 檔案**就是這個格式。

輸入以下命令以執行套件的安裝：

IN

```
$ pip install tensorflow
$ pip install pillow
$ pip install h5py
```

接著會看到安裝成功的提示訊息，下圖是成功安裝 pillow 的畫面：

```
Collecting pillow
  Downloading Pillow-8.0.0-cp36-cp36m-win_amd64.whl (2.0 MB)
     |████████████████████████████████| 2.0 MB 2.2 MB/s
Installing collected packages: pillow
Successfully installed pillow-8.0.0
```

▲ 成功安裝 pillow 的畫面

7-1 利用 Tkinter 建立 GUI

建立完 Python 虛擬環境後，接著就要著手準備建立井字遊戲的 UI，我們需要 Tkinter 套件的幫助，本節會概略介紹 Tkinter 套件及使用方法，再逐步建立起遊戲 UI。

何謂 Tkinter

Tkinter 是用來在 Python 上建立 GUI 的套件，此套件是 Python 3 的標準套件，因此不需安裝可以直接使用，在此先介紹 Tkinter 基本的使用流程，主要分為 3 個步驟：

01 建立視窗物件。例如：設定視窗大小、位置和視窗名稱。

02 將元件放入視窗物件中，接著利用方法設定元件如何在視窗上顯示。例如：按鈕、文字方塊、事件處理等。

03 將視窗顯示在螢幕上。

為了讓您熟悉這個流程，接下來我們先以 3 個小範例說明 Tkinter 的基本使用方法。下一節再建構井字遊戲的 UI。

建立視窗

一開始，先建立 1 個**空白的視窗**，本範例程式的名稱為 empty_ui.py。細節如下：

視窗物件

在建構 UI 時，首先先建立 tk 物件，tk 物件是視窗，所有 UI 的元件都被建立在 tk 物件裡面，tk 物件下面有不同的元件配置，本例使用的是 Frame 元件，Frame 會讓 tk 物件在螢幕上顯示一個矩形的區域並且可容納其他的元件。如下圖：

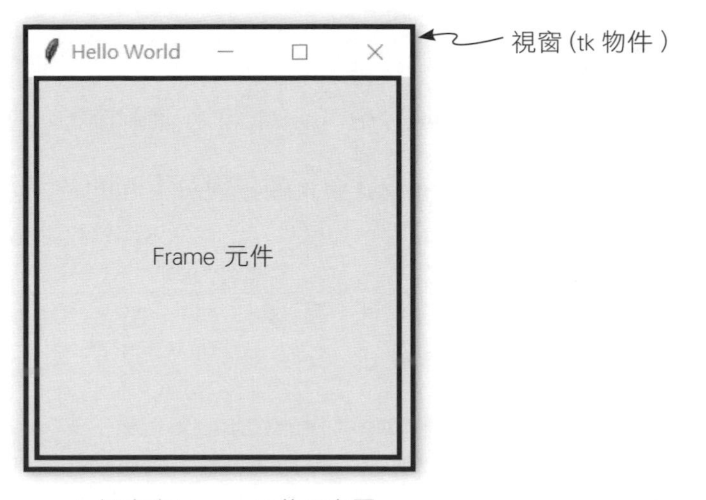

▲ 視窗與 Frame 元件示意圖

顯示標題

如果要顯示標題，可以使用 self.master.title()，在本例中會用來顯示 Hello World。

建構畫布元件

畫布元件是用於繪製圖形的 UI，要建構畫布元件，可以使用「Canvas」參數指定畫布的寬度、高度及高亮邊框的寬度，接著利用 Tkinter 的 pack() 設定畫布如何在畫面上顯示。如右圖：

中間實心填滿的區域就是畫布，tk 物件裝 Frame 元件，Frame 元件裡面再裝畫布元件

▲ 畫布示意圖

顯示視窗

最後利用 tk 物件的方法 mainloop() 讓視窗顯示在電腦螢幕上。

我們建議您直接看程式會比較好理解上面的各種方法，程式如下：

IN

```
import tkinter as tk ← 匯入套件

# 定義空白 UI
class EmptyUI(tk.Frame): ← 繼承自 Tkinter 的「Frame」元件
  # 初始                       請見下頁的小編補充
  def __init__(self, master=None):
    tk.Frame.__init__(self, master)  ← 呼叫「Frame」的初始化函式

    self.master.title('Hello World') ← 設定視窗標題

                                                    設定寬度、高度
    # 產生畫布元件
    self.c = tk.Canvas(self, width = 240, height = 240, 接下行
    highlightthickness = 0)
                  設定物件邊緣的高亮邊框，將
                  此參數設為 0 代表不要設定

    self.c.pack() ← 用來套用控制項的配置 (也就是套用到畫布上面)

# 顯示視窗 UI
f = EmptyUI() ← 產生 UI 物件
f.pack()      ← 用來套用整個視窗的控制項配置
f.mainloop()  ← 利用 mainloop() 顯示視窗
```

小編補充 master 參數

在 Tkinter 中，1 個元件可能屬於另 1 個元件，這時另 1 個元件就是這個元件的 master。以下圖為例，這個視窗中有 1 個 Frame A 元件，Frame A 可以利用某個方法切換到 Frame B，這個時候我們就可以說 Frame B 的 master 是 Frame A，有點像是瀏覽網頁的時候會用到的「上一頁」與「下一頁」。

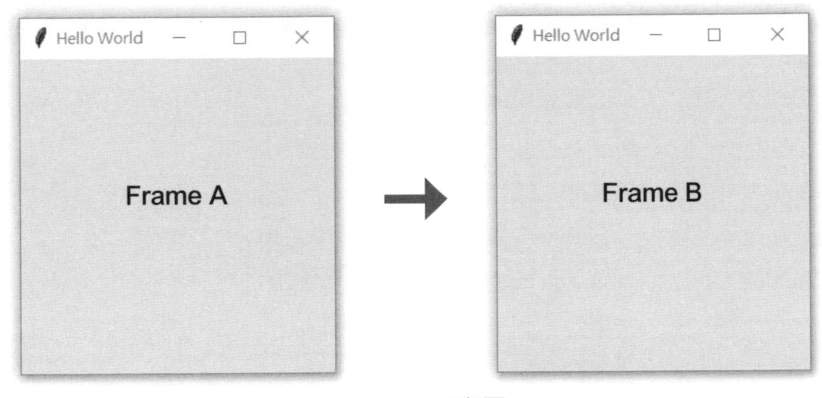

▲ master 示意圖

在井字遊戲的 UI 中，Frame 沒有 master，所以設 master = None。

在虛擬環境的終端機中，利用以下命令執行 empty_ui.py：

IN
```
$ python empty_ui.py
```

輸出如右圖：

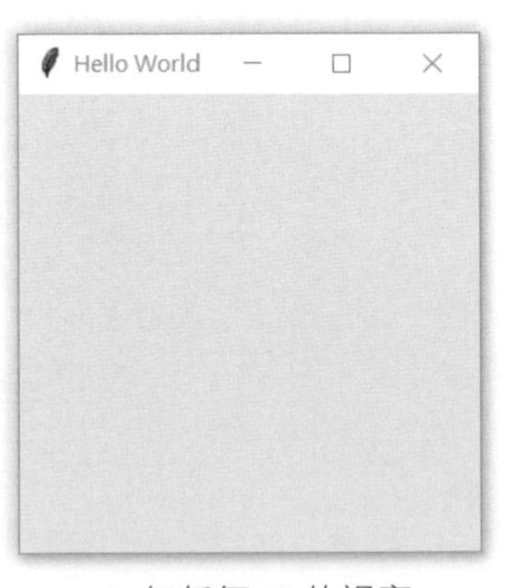

▲ 無任何 UI 的視窗

COLUMN

Tkinter 的控制項

以下為 Tkinter 的控制項，本書會使用到的 Tkinter 控制項只有框架 (Frame) 與畫布元件 (Canvas)。表格如下：

▼ Tkinter 的控制項

類別名稱	說明
Frame	可容納元件的框架
Label	可顯示字串或圖片的標籤
Message	可顯示多行文字訊息
Button	按鈕
Radiobutton	只能由多個選項中選取其中一項的單選按鈕
Checkbutton	可各自勾選或取消勾選的核選按鈕
Listbox	下拉式列表選單
Scrollbar	移動卷軸
Scale	可指定數值的滑桿
Entry	可輸入及編輯單行字串的輸入框
Text	可輸入及編輯多行字串的文字框
Menu	可展示多個項目的選單
Menubutton	可展開或收納選單內容的按鈕
Canvas	可繪製圖形的畫布
LabelFrame	帶有標籤的框架
Spinbox	帶有上下微調按鈕的輸入框
PanedWindow	可用來調整或區隔視窗布局的窗格

控制項共通的屬性如下所示：

▼ 控制項的屬性

屬性	說明
text	在控制項內顯示的文字
textvariable	保存文字的變數，例如：按 1 次按鈕會顯示文字「次數 1」，再按 1 次按鈕的時候會顯示「次數 2」，這就是透過 textvariable 屬性達成的
image	在控制項內顯示的影像
bitmaps	在控制項內顯示的點陣圖
relief	控制項框線的樣式
height	控制項的高度
width	控制項的寬度
anchor	控制項及顯示資料的位置

控制項共通的方法（method）如下所示：

▼ 控制項的方法 (method)

方法 (method)	說明
foreground(fg)	指定前景顏色
background(bg)	指定背景顏色
borderwidth(bd)	指定框線寬度
place(x,y)	配置到指定座標
pack()	垂直或水平排列控制項
grid()	以網格方式配置控制項

繪製圖形

建構完空白的 UI 後，我們來嘗試繪製幾個圖形看看，以下將繪製線條、圓形、矩形及文字框等圖形，本範例程式的名稱為 graphic_ui.py。細節如下：

刪除圖形

首先為了避免新舊圖案重疊顯示，我們要先清除原來畫布中的所有圖形，然後再繪製新的圖形。要刪除圖形，可以使用 Canvas 的方法 (method) - delete('all')。

編註 這個技巧很重要，井字遊戲更新盤面的方式就是先刪除原本的盤面再重新繪製。

繪製圖形

要繪製圖形，可以使用 Canvas 的各種方法 (method)，繪製線條可使用 create_line()、繪製圓形可使用 create_oval()、繪製文字框可使用 create_text()。每 1 種圖形元件要指定的參數都差不多，不外乎座標 (尺寸)、線條粗細、顏色等，細部說明請參見下兩頁的小編補充。

建立主視窗的部分都和前 1 個範例一模一樣，主要是多了 1 個 on_draw() 更新畫布的函式，這個函式設定了畫布上面要繪製的圖形。完整程式如下：

IN

```
import tkinter as tk ← 匯入套件

# 定義圖形 UI
class GraphicUI(tk.Frame):
```

```
    # 初始化
    def __init__(self, master=None):
        tk.Frame.__init__(self, master) ← 繼承「Frame」的框架

        self.master.title('繪製圖形') ← 設定視窗標題

                                              設定畫布尺寸
        # 產生新的畫布物件
        self.c = tk.Canvas(self, width = 240, height = 240, 接下行
        highlightthickness = 0)
        self.c.pack() ← 用來套用控制項的配置

        self.on_draw() ← 更新畫布

    # 更新畫布
    def on_draw(self):
        self.c.delete('all') ← 先刪除畫布原有圖形, 避免重疊顯示
                              下面的小編補充會說明怎麼解讀這些參數
        self.c.create_line(10, 30, 230, 30, width = 2.0, fill = '#FF0000') ←
                                                                繪製線條

        self.c.create_oval(10, 70, 50, 110, width = 2.0, outline = '#00FF00') ←
                                                                空心圓形

        self.c.create_oval(70, 70, 110, 110, width = 0.0, fill = '#00FF00') ←
                                                        填滿顏色的實心圓形

        self.c.create_rectangle(10, 130, 50, 170, width = 2.0, 接下行
        outline = '#00A0FF') ← 空心矩形

        self.c.create_rectangle(70, 130, 110, 170, width = 0.0, fill = 接下行
        '#00A0FF') ← 填滿顏色的實心矩形
        self.c.create_text(10, 200, text = 'Hello World', font = 接下行
        'courier 20', anchor = tk.NW) ← 繪製文字框

# 顯示視窗 UI
f = GraphicUI()
f.pack()
f.mainloop()
```

輸出如下圖：

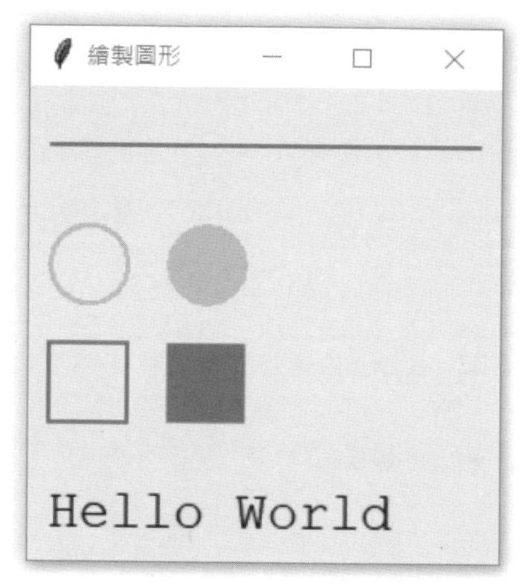

▲ 繪製線條、圓形及字串等的視窗

小編補充 **看懂 create method 中的參數**

這邊教大家如何去理解 create method 中的參數，先以 create_line 為例。如下：

```
self.c.create_line(10, 30, 230, 30, width = 2.0, fill = '#FF0000')
                   ①   ②   ③    ④   ⑤            ⑥
```

繪製線條

① 線條 x 軸的起點 (x_0)
② 線條 y 軸的起點 (y_0)
③ 線條 x 軸的終點 (x_1)
④ 線條 y 軸的終點 (y_1)
⑤ 代表線條框線的寬度

⑥ fill 代表填滿的顏色，「#FF0000」為紅色，如果是空心的圖形就要用 outline 參數

以 x_0、y_0、x_1、y_1 等座標繪製的圖形 (這裡以圓形為例) 如下：

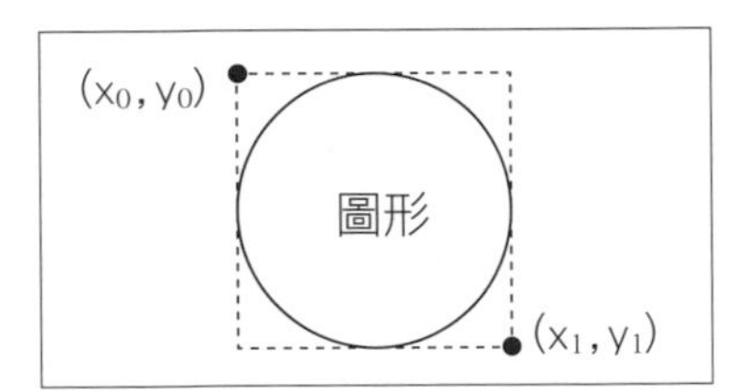

其他圖形也適用這個方法，而創建文字框的參數如下：

```
                ①  ②                ③                  ④
self.c.create_text(10, 200, text = 'Hello World', font='courier 20',
anchor = tk.NW)
  ⑤
```

① 文字框的寬度
② 文字框在長度
③ text 為要顯示的文字
④ font 為字型，這裡使用 courier 20
⑤ 文字在文字框的位置，tk.NW 是將文字放在文字框的左上

COLUMN

Canvas 的方法（method）及參數

Canvas 的其他方法（method）說明如右表：

▼ Canvas 的方法 (method)

方法 (method)	說明
create_line()	線條
create_oval()	橢圓
create_arc()	圓弧
create_rectangle()	矩形
create_polygon()	多邊形
create_image()	圖片
create_bitmap()	點陣圖
create_text()	文字框

Canvas 方法（method）的參數如下表：

▼ Canvas 方法 (method) 的參數

參數	型態	說明
outline	str	框線顏色
width	float	框線寬度
fill	str	填滿的顏色
anchor	str	原點（從 anchor 的常數中選擇）。於 create_text() 及 create_image() 使用
text	str	文字。於 create_text() 使用
font	str	字型。於 create_text() 使用
image	PhotoImage	圖片。於 create_image() 使用

Tkinter 的控制項在各種容器中的位置，我們都可以利用 anchor 常數指定，常用的常數如下表：

▼ anchor (物件在容器中的位置) 的常數

常數	說明
NW	左上
N	上
NE	右上
W	左
CENTER	中央
E	右
SW	左下
S	下
SE	右下

如果還是不懂前頁的表格可以直接看下圖：

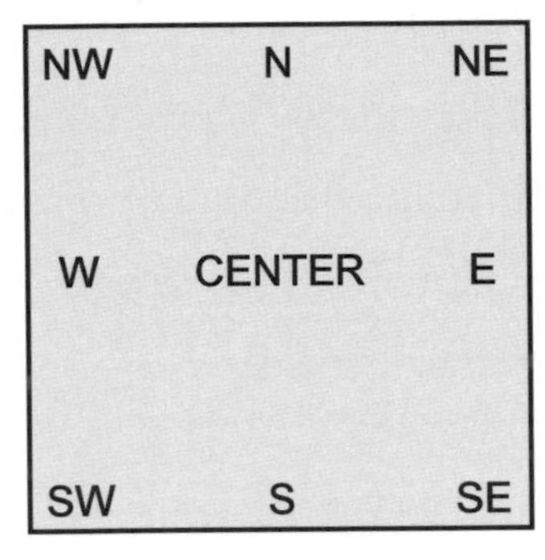

▲ 示意圖

匯入影像

除了可以繪製圖形外，我們還可以**將圖片匯入到畫布中**，以下將建立 1 個匯入影像的 UI，本範例會先匯入影像再建立 UI 物件，本範例程式的名稱為 graphic_ui.py。細節如下：

準備圖片

首先，我們要準備匯入的圖片，將圖片放在程式碼所在的資料夾內 (編註：圖片與程式都在同一層)，這裡示範的圖片為 1 張 80×80 像素的 sample.png。如下圖：

▲ 示範圖片 sample.png

匯入圖片、繪製圖形

準備好圖片後，就可以準備將圖片匯入，做法是利用 Image.open() 開啟圖片所在的路徑，並使用 ImageTk.PhotoImage() 將其轉換為 PhotoImage 物件供後續使用，這樣的方式可以使 Tkinter 匯入常見的圖片格式，此外，也可以利用 Image 的 rotate() 等函式，旋轉圖片或呈現其它效果，將圖片匯入到程式後，只要利用 create_image() 將圖片放進畫布中，就大功告成了。完整的程式碼如下：

IN

```
import tkinter as tk
from PIL import Image, ImageTk ← 匯入處理圖片的相關套件

# 定義影像 UI
class ImageUI(tk.Frame):
  # 初始化
  def __init__(self, master=None):
    tk.Frame.__init__(self, master)

    self.master.title('繪製影像') ← 設定視窗標題

    image = Image.open('sample.png') ← 匯入圖片
    self.images = [] ← 用 list 裝下面兩張圖片
    self.images.append(ImageTk.PhotoImage(image)) ←
                     使用 ImageTk.PhotoImage() 將 Image 轉換為 PhotoImage 物件

    self.images.append(ImageTk.PhotoImage(image.rotate(180))) ←
                          使用 ImageTk.PhotoImage() 將 Image 轉
                          換為 PhotoImage 物件並旋轉 180 度
    # 產生新的畫布元件
    self.c = tk.Canvas(self, width = 240, height = 240, 接下行
    highlightthickness = 0)
    self.c.pack() ← 用來套用畫布的控制項配置
```

```
        self.on_draw() ←— 呼叫更新畫布的函式

    # 更新畫布
    def on_draw(self):
        self.c.delete('all') ←— 先刪除畫布原有圖形, 避免重疊顯示

        self.c.create_image(10, 10, image=self.images[0], anchor= 接下行
        tk.NW) ←— 繪製圖片

        self.c.create_image(10, 100, image=self.images[1], anchor= 接下行
        tk.NW) ←— 繪製顛倒的圖片

# 顯示視窗 UI
f = ImageUI()
f.pack()
f.mainloop()
```

輸出如下圖：

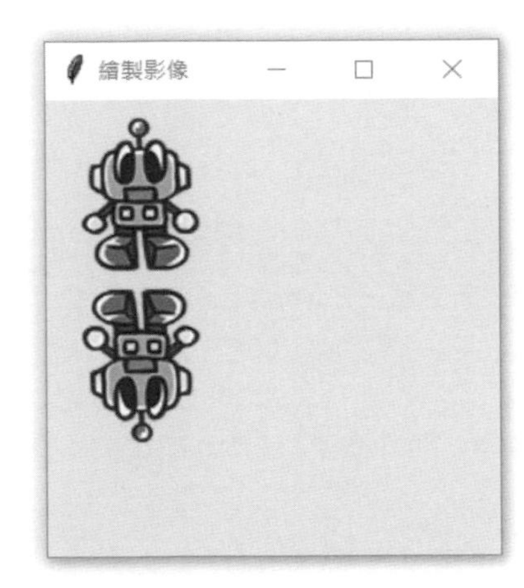

▲ 載入圖片影像並於視窗顯示

編註 PIL 套件的 image.open() 函式支援大多數的圖片格式，您也可以試試載入自己的圖片。

事件處理

繪製完圖形與圖片後，接下來就要想辦法跟畫布上的這些圖形做互動 (編註：這樣才能做下棋的動作)，在 Tkinter 中有個功能可以幫助我們實現，這個功能稱為**事件處理**，以下就來實作 Tkinter 的事件處理。我們先來試做 1 個用滑鼠點擊視窗後，透過事件處理 (也就是處理滑鼠點擊事件) 將點擊位置以座標的方式顯示於畫面中。

想要實現事件處理，首要條件是先建立 1 個事件處理函式，裡面的程式碼決定了當觸發條件 (事件常數) 時會做甚麼事，接著將事件常數與函式進行**綁定**，做法是使用 Tkinter 的 bind (事件常數 , 函數)，本範例使用的事件常數為 <Button-1> 代表「按下滑鼠左鍵」，觸發條件後，會呼叫 on_click() 函式，然後將點擊位置的 x、y 座標利用 on_draw() 繪製成文字框顯示在畫布上。程式如下：

IN

```
import tkinter as tk
from PIL import Image, ImageTk

# 定義事件 UI
class EventUI(tk.Frame):
  # 初始化
  def __init__(self, master=None):
    tk.Frame.__init__(self, master)

    self.master.title('事件處理') ← 設定視窗標題

    # 初始化點擊位置
    self.x = 0
    self.y = 0

    # 產生畫布元件
    self.c = tk.Canvas(self, width = 240, height = 240, 接下行
    highlightthickness = 0) ← 設定尺寸
```

```
    self.c.bind('<Button-1>', self.on_click) ←┐
    self.c.pack()                          綁定事件（點擊滑鼠左鍵
                                           就執行 on_click 函式）
    self.on_draw()    ← 呼叫更新畫布的函式

  # 設定事件處理函式
  def on_click(self, event):
    self.x = event.x    ← 回傳滑鼠點擊時的 x 座標
    self.y = event.y    ← 回傳滑鼠點擊時的 y 座標
    self.on_draw()      ← 更新畫布

  def on_draw(self):
    self.c.delete('all') ← 刪除圖形

    # 顯示文字框                                      設定要輸
    str = '點擊位置 {},{}'.format(self.x, self.y) ← 出的文字
    self.c.create_text(10, 10, text = str, font= 'courier 16', 接下行
    anchor = tk.NW) ← 繪製文字框

# 顯示視窗 UI
f = EventUI()
f.pack()
f.mainloop()
```

輸出如下圖：

▲ 接收「點擊」事件並將點擊位置顯示於視窗

COLUMN

Tkinter 的事件常數

由於本書只會使用到與滑鼠相關的事件常數，至於其它 Tkinter 事件常數，因篇幅關係就請您自行查閱網站說明。滑鼠相關的事件常數如下表所示：

▼ Tkinter 中與滑鼠相關的事件常數

常數	說明
<Button-1>	按下滑鼠左鍵
<Button-2>	按下滑鼠中鍵
<Button-3>	按下滑鼠右鍵
<B1-Motion>	按住滑鼠左鍵並拖曳滑鼠
<B2-Motion>	按住滑鼠中鍵並拖曳滑鼠
<B3-Motion>	按住滑鼠右鍵並拖曳滑鼠
<ButtonRelease-1>	放開滑鼠左鍵
<ButtonRelease-2>	放開滑鼠中鍵
<ButtonRelease-3>	放開滑鼠右鍵
<Double-Button-1>	雙按滑鼠左鍵
<Double-Button-2>	雙按滑鼠中鍵
<Double-Button-3>	雙按滑鼠右鍵
<Enter>	滑鼠指標進入控制項
<Leave>	滑鼠指標離開控制項

7-2 人類與 AI 的對戰

在經過前面所介紹的內容，我們已經建立完虛擬環境，並且熟悉 Tkinter 套件的基本使用方法，接著本節將建立井字遊戲的 UI，並將第 6 章訓練完成的 AI 模型放入 UI 中，實現人類 vs AI 的對戰。

想要完成人機對戰，做法是利用事件處理，將滑鼠左鍵作為觸發的事件常數、下棋作為事件處理函式，詳細過程將會在建立程式時說明，此外為了避免程式變得複雜，將簡化井字遊戲的規則，設定只有人類能下第 1 個棋子，本節建立的程式名稱為 human_play.py。如下圖：

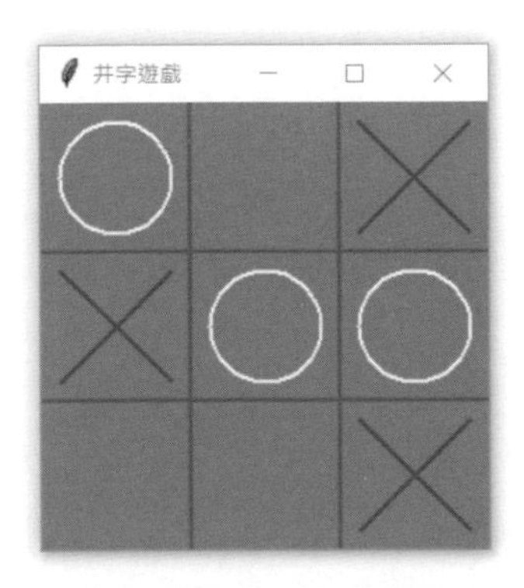

▲「人機對戰」的遊戲畫面

匯入套件

首先，匯入建構人機對戰所需要的套件：

IN 匯入套件

```
from game import State
from pv_mcts import pv_mcts_action
from tensorflow.keras.models import load_model
from pathlib import Path
import tkinter as tk ← 建立 GUI
```

匯入人機對戰所需要的套件，這些套件在第 6 章都用過，你應該不陌生

載入最佳玩家模型

還記得在上一章的部分，有將訓練完成的最佳玩家模型 (best.h5) 給下載下來，這裡就先將模型載入進來。程式碼如下：

IN 載入最佳玩家模型

```
model = load_model('./model/best.h5')
```

定義 Game UI 的方法 (method)

接著，我們要開始製作人機大戰的 UI，這裡先稱呼它為 GameUI，除了要建造代表井字遊戲的 GameUI 以外還要定義幾個方法來協助我們進行遊戲。GameUI 的方法 (method) 如下表所示：

▼ GameUI 的方法 (method)

方法 (method)	說明
__init__(master=None, model=None)	初始化「GameUI」
turn_of_human(event)	輪到人類下棋
turn_of_ai()	輪到 AI 下棋
draw_piece(index, rst_player)	繪製棋子
on_draw()	更新畫布

接下來的部分就會詳細說明每個方法 (method) 在做的事情：

初始化 Game UI

首先在遊戲開始前我們要先初始化 Game UI，做法是利用 __init__() 初始化 Game UI，本例會在初始化的階段準備遊戲局勢 (state)、利用 PV MCTS 選擇動作的函數與畫布元件，最後再更新畫布並顯示初始畫面。程式碼如下：

IN 初始化 Game UI

```
class GameUI(tk.Frame):
  def __init__(self, master=None, model=None):
    tk.Frame.__init__(self, master)
    self.master.title('井字遊戲') ← 設定視窗標題

    self.state = State() ← 產生新的對局

    self.next_action = pv_mcts_action(model, 0.0) ← 產生利用 PV MCTS 選擇動作的函式

    # 產生新的畫布元件
    self.c = tk.Canvas(self, width = 240, height = 240, highlightthickness = 0)
    (width = 240, height = 240 ← 設定畫布尺寸，這裡要請讀者先記住井字遊戲的長跟寬為 240，這跟後續的程式有關連，詳細情形到後面的部分說明)
    self.c.bind('<Button-1>', self.turn_of_human) ← 綁定事件
    (turn_of_human ← 因為本例的井字遊戲經過簡化，只有人類可以下第一手，所以初始化完就先把人類那一方設為先下)
    self.c.pack() ← 套用畫布的控制項配置

    self.on_draw() ← 呼叫更新畫布的函式來更新盤面的 UI
```

輪到人類下棋時的處理

設定完環境後，接著來設定人類下棋時所做的處理，當輪到人類下子時會依序做下面的事情：

01 判斷遊戲是否結束

判斷遊戲是否結束，遊戲結束時將遊戲局勢 (盤面) 回復至初始狀態。

02 判斷是否輪到人類下棋

判斷是否輪到人類下子，如果輪到 AI 下子時，人類不可進行操作。

03 將滑鼠點擊的位置轉換成格子編號

將滑鼠點擊在視窗上的位置 (x、y 座標) 轉換成格子編號 (編註：格子編號就是井字遊戲的 9 個格子)。

04 判斷點擊的位置是否為合法棋步

檢查轉換完的格子編號，若該格子已經有下了棋子就不會重複下子，要點擊合法棋步 (空格)，遊戲才會進行下去。

05 取得下一個局勢 (盤面)

當格子編號為合法棋步時，以 state.next() 做下子並取得下一個局勢 (盤面)，接著更新畫布。

06 轉由 AI 進行下棋 (編註：攻守交換)

當人類完成下子後 (也就是完成上面的 01 ~ 05)，便轉由 AI 進行下棋。

將上述的 6 個步驟寫進 turn_of_human()。程式碼如下：

IN 輪到人類下棋

```
def turn_of_human(self, event):
# Step01 判斷遊戲是否結束
if self.state.is_done(): ← 如果遊戲結束
  self.state = State()   ← 將遊戲局勢 (盤面) 回復至初始狀態
  self.on_draw()         ← 呼叫更新畫布的函式來更新盤面的 UI
  return

# Step02 判斷是否輪到人類下棋
if not self.state.is_first_player():
  return
```

```
# Step03 將點擊的位置轉換成格子編號
x = int(event.x/80)  ← 將 x 的座標除以 80
y = int(event.y/80)  ← 將 y 的座標除以 80
if x < 0 or 2 < x or y < 0 or 2 < y:  ← 先判斷是否有
  return                                 超出畫布範圍
action = x + y * 3  ← 轉換為格子編號

# Step04 判斷點擊的位置是否為合法棋步
if not (action in self.state.legal_actions()):
  return

# Step05 取得下一個局勢 (盤面)
self.state = self.state.next(action)
self.on_draw()  ← 呼叫更新畫布的函式
                  來更新盤面的 UI

# Step06 轉由 AI 進行下棋 (編註：攻守交換)
self.master.after(1, self.turn_of_ai)  ←
```

不知道怎麼轉換的可以參考下方的小編補充

Step05 的更新畫布需要一點時間，由於若直接執行 turn_of_ai()，遊戲局勢(盤面)會來不及做更新，因此利用 master.after() 先延遲 1 毫秒再執行 turn_of_ai()

小編補充 如何將座標轉換成格子編號

要將座標轉換成格子編號，您必須了解 1 件事情，井字遊戲的長跟寬都設定為 240，所以座標 x 跟 y 的值都是 0~240，如果不清楚可以看下圖：

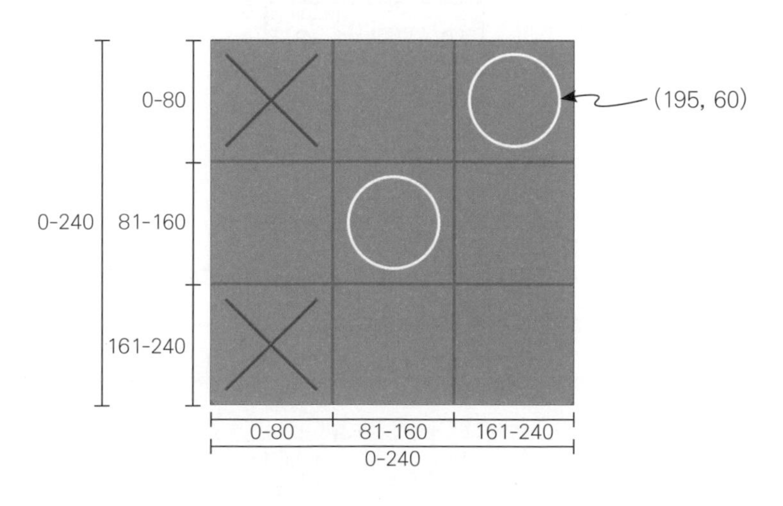

假設滑鼠在視窗上面的點擊位置(以右上的圓圈為例)的座標為(195, 60)，轉換的第 1 個步驟就是先將 x 跟 y 的座標先除以 80，並且將除完的值取整數，對應的程式碼如下：

```
x = int(event.x/80) ← 將 x 的座標除以 80
y = int(event.y/80) ← 將 x 的座標除以 80
```

座標為(195, 60)經過這部分的處理後 x 跟 y 的值會變成(2, 0)，轉換完成後再由下面的判斷式判斷是否有超過井字遊戲的畫布範圍，對應的程式碼如下：

```
if x < 0 or 2 < x or y < 0 or 2 < y: ← 先判斷是否有超出畫布範圍
  return
```

如果沒有超越範圍就可以轉換成格子編號，轉換成格子編號的公式為 x ＋ y ＊ 3，這邊我們將(2, 0)帶進去公式裡面(2 ＋ 0 ＊ 3)可以得到 2，這個 2 就是井字遊戲的格子編號，也就是將盤面轉換成串列的索引，對應的程式碼如下：

```
action = x + y * 3 ← 轉換為格子編號
```

對應的格子編號如下：

0	1	2
3	4	5
6	7	8

我們剛剛從座標(195, 60)換算成格子編號 2，實際位置如上圖所示，在畫布上的所有座標都可以經由這段程式轉換成格子編號。

輪到 AI 下棋時的處理

當人類下完棋子後就會進行攻守交換，輪到 AI 這一方下棋時會依序做下面的事情：

01 判斷遊戲是否結束

判斷遊戲是否結束，遊戲結束時不處理。

02 下子

將局勢 (盤面) 輸入訓練好的 AI 模型，並傳回格子編號 (編註：模型會自動判定是否為合法棋步)。

03 取得下一個局勢 (盤面)

將格子編號輸入 state.next() 取得下一個局勢 (盤面)，並更新畫布。

將上述的 3 個步驟寫進 turn_of_ai()。程式碼如下：

IN 輪到 AI 下棋

```
def turn_of_ai(self):
  # Step01 判斷遊戲是否結束
  if self.state.is_done():
    return

  # Step02 下子
  action = self.next_action(self.state)

  # Step03 取得下一個局勢 (盤面)
  self.state = self.state.next(action)

  self.on_draw() ← 呼叫更新畫布的函式來更新盤面的 UI
```

1 2 3 4 5 6 7 8

繪製棋子

設定好人類與 AI 下子的動作後，接著要來繪製棋子，做法是撰寫 1 個函式 draw_piece()，並且傳入參數協助我們繪製，參數中的 index 為格子編號，first_player 則用於判斷是否為先手 (編註：在繪製棋子時，先手為圈，後手為叉)。程式如下：

IN 繪製棋子

```
def draw_piece(self, index, first_player):
  x = (index%3)*80+10 ← 將下棋的格子編號轉換為 x 座標
  y = int(index/3)*80+10 ← 將下棋的格子編號轉換為 y 座標
  (轉換方式會在下面的小編補充做說明)

  if first_player: ← 以先手判斷是要畫圈還是叉，接著根據轉換完的座標畫圖
    self.c.create_oval(x, y, x+60, y+60, width = 2.0, outline = 接下行
    '#FFFFFF') ← 畫圈
    (圈的畫法已經在 7-1 節說明過了，不清楚的可以參考該節說明)

  (叉的畫法會在下面的小編補充做說明)
  else:
    self.c.create_line(x, y, x+60, y+60, width = 2.0, fill = 接下行
    '#5D5D5D') ← 畫叉 (兩條交叉線)
    self.c.create_line(x+60, y, x, y+60, width = 2.0, fill = 接下行
    '#5D5D5D') ← 畫叉
```

小編補充 **將格子編號換算回 x、y 座標**

接下來說明如何將格子編號再轉換回 x、y 座標進行繪圖，我們一樣會用到剛剛說明的那 2 張圖，如下：

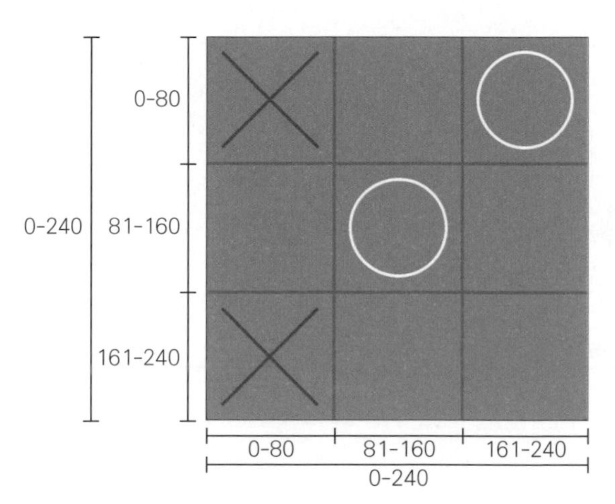

0	1	2
3	4	5
6	7	8

我們直接舉例說明，假如要將格子編號 2(index = 2) 轉換為 x、y 座標，根據下面的程式碼進行換算：

```
x = (index%3)*80+10        ← 將下棋的格子編號轉換為 x 座標
y = int(index/3)*80+10     ← 將下棋的格子編號轉換為 y 座標
```

格子編號 2 經過換算後變成 (170, 10) 這樣就轉換完成了。

小編補充 叉的畫法

在 7-1 節中已經有補充過圈的畫法，現在說明一下叉的畫法，對應的程式碼如下：

```
                   x0 y0  x1     y1
                   ↓  ↓   ↓      ↓
self.c.create_line(x, y, x+60, y+60, width = 2.0, fill = '#5D5D5D') ←
                                                          左上到右下的直線
self.c.create_line(x+60, y, x, y+60, width = 2.0, fill = '#5D5D5D') ←
                                                          右上到左下的直線
```

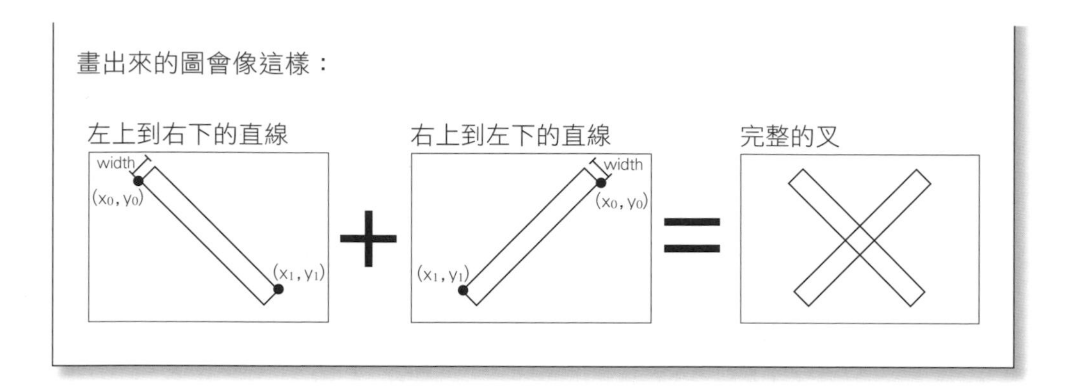

更新畫布

最後還要撰寫 1 個函式 on_draw() 來幫助我們繪製井字遊戲的外框線、內框線以及棋子。程式如下：

IN 更新畫布

```
def on_draw(self):
  self.c.delete('all') ← 將畫布上的東西都刪除 (清乾淨)
  self.c.create_rectangle(0, 0, 240, 240, width = 0.0, fill = '#00A0FF') ← 井字遊戲的外框

  self.c.create_line(80, 0, 80, 240, width = 2.0, fill = '#0077BB')
  self.c.create_line(160, 0, 160, 240, width = 2.0, fill = '#0077BB')
  self.c.create_line(0, 80, 240, 80, width = 2.0, fill = '#0077BB')
  self.c.create_line(0, 160, 240, 160, width = 2.0, fill = '#0077BB')
  ↑ 井字遊戲的內框線 ( 中間的 4 條線 )，線條的畫法已經在 7-1 節説明過了，不清楚的可以參考該節説明

  for i in range(9): ← 逐一檢查井字遊戲的 9 個格子
    if self.state.pieces[i] == 1: ← 如果格子上有人類的棋子
      self.draw_piece(i, self.state.is_first_player()) ← 就在那個格子上畫圈

    if self.state.enemy_pieces[i] == 1: ← 如果格子上有 AI 的棋子
      self.draw_piece(i, not self.state.is_first_player()) ← 就在那個格子上畫叉
```

顯示視窗

將畫布上的元件以及事件處理都設定好以後，將 Game UI 顯示在畫面上。程式如下：

IN 顯示視窗

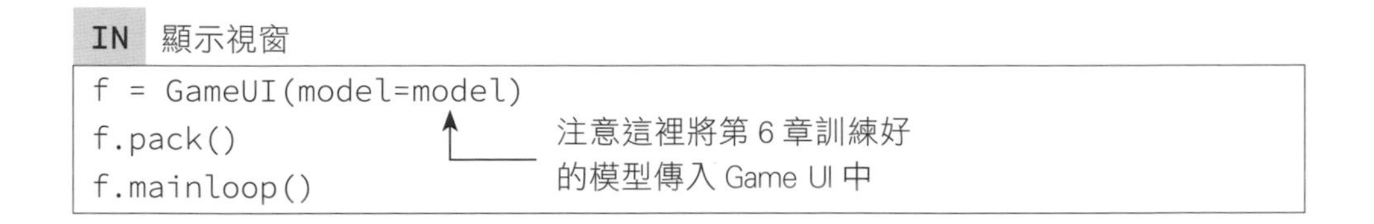


```
f = GameUI(model=model)
f.pack()
f.mainloop()
```

執行人類與 AI 的對戰

本章的最後，要執行人類與 AI 的對戰，請先確保上一章建立的 model 資料夾裡有訓練好的 AI 模型 best.h5，並將 model 資料夾，與 human_play.py 位於同一個資料夾中。如下圖：

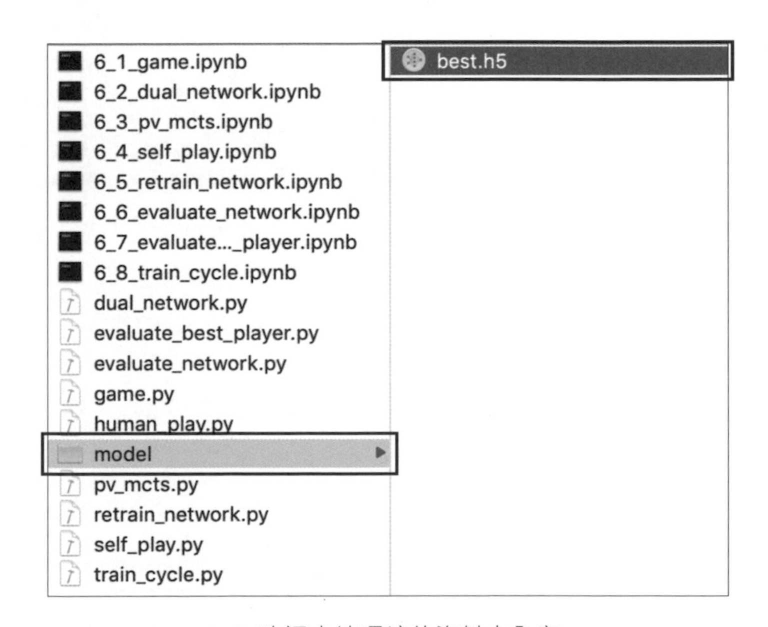

▲ 確認本地環境的資料夾內容

之後只要在虛擬環境的終端機中執行以下命令，便可啟動井字遊戲 (先手：人類、後手：AI) 我們就可實際與第 6 章建立的 AI 模型對戰了。執行的命令如下：

IN 命令提示字元

```
$ python human_play.py
```

執行以上的程式會跑出很多訊息，等待這些訊息跑完就會有井字遊戲的視窗出現，出現後就可以進行「人機大戰」。畫面如右圖：

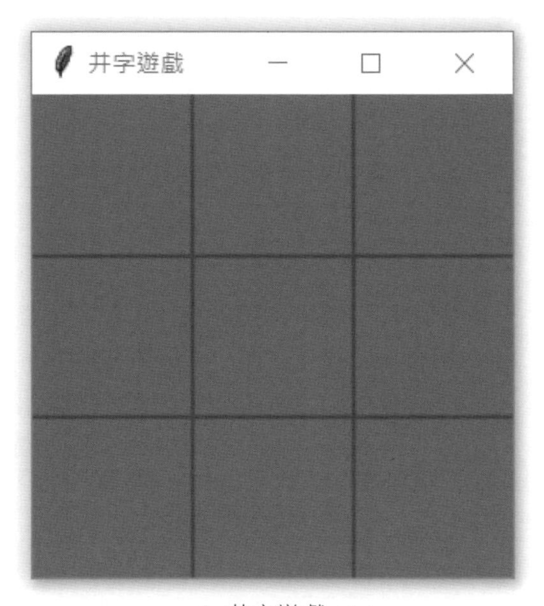

▲ 井字遊戲 UI

小編補充 **執行時出現 ModuleNotFoundError**

如果執行程式時，出現了 ModuleNotFoundError 代表你的虛擬環境中沒有安裝相關的套件，請使用 pip 指令安裝，指令如下：

安裝套件的指令

```
pip install <要安裝的套件名稱> == <要安裝的套件版本>
```

COLUMN

TensorFlow CPU 擴充指令的警告

執行 TensorFlow 時，會出現以下警告：

```
Your CPU supports instructions that this TensorFlow
binary was not compiled to use: AVX2 FMA
```

此警告只是表示「您的 CPU 支援擴充指令，但您目前使用的 TensorFlow 二進位檔案並無法支援」，即使忽略也不會出現問題，若要使用 CPU 的擴充指令，則必須下載以下的程式碼並單獨執行 TensorFlow，如此一來可以讓 TensorFlow 在 CPU 上的處理速度提高約 20%。

- **Build from source | TensorFlow**
  URL https://www.tensorflow.org/install/source

M E M O

CHAPTER

8 將 AlphaZero 演算法套用到不同遊戲上

第 6、7 章已經以井字遊戲為例，利用 AlphaZero 的架構建構 1 個 AI 模型，也實作出可讓人類實際與 AI 對戰的遊戲了，接下來本章將會嘗試建立以其他棋盤遊戲為基礎的對戰遊戲，藉此體驗 AlphaZero 演算法的通用性，只要微調模型架構，就可以應付不同的遊戲任務。

第 1 個範例為「四子棋」，又名屏風式四子棋，此遊戲為井字遊戲的延伸，非常適合做為初步演練。

第 2 個範例則為知名的「黑白棋」，1 種古老而經典的棋盤遊戲，市面上已有許多黑白棋的電腦遊戲，因此玩過的人應該不少。

第 3 個範例是「動物棋」，棋盤上共有 4 種動物，每種動物的走法不同，捕捉敵方的棋子後，可重新放回棋盤當作我方棋子 (持駒)，和前兩個範例相比，規則較複雜。

小編補充 動物棋是從日本將棋簡化而來的棋類遊戲，如果以原版將棋當做範例的話訓練規模過大，此處雖然經過簡化，但仍保有將棋特有的元素，例如：持駒規則等。

由於這 3 個遊戲與井字遊戲相同，都為兩人零和對局，因此第 6 章為了井字遊戲所建立的訓練架構只需配合做部份調整，即可套用到這 3 個遊戲中。

本章目的

- 了解如何將井字遊戲做部份修改並實作出四子棋
- 了解第 6 章所建立的訓練循環，也可以針對知名的黑白棋，製作出對戰實力堅強的 AI

- 將訓練循環應用於棋子動作皆經過簡化的動物棋，並嘗試進行人類 vs 電腦的對戰

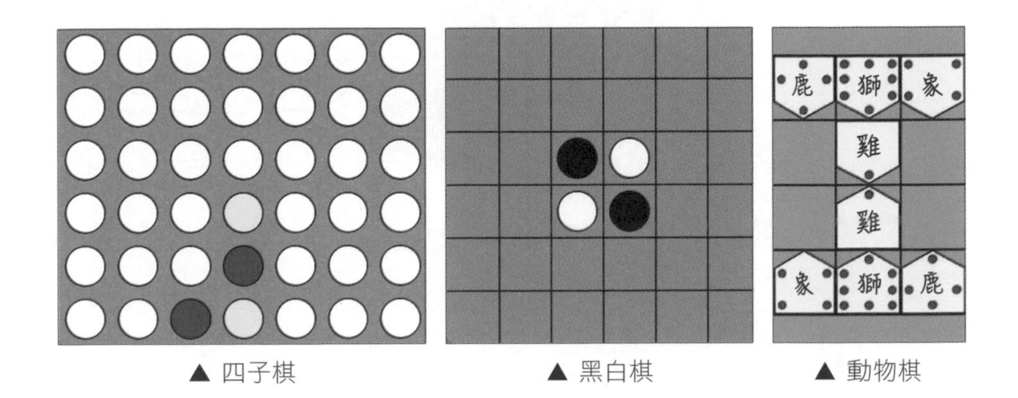

▲ 四子棋　▲ 黑白棋　▲ 動物棋

1
2
3
4
5
6
7
8

8-0 四子棋

本節的內容就是將 6、7 章的遊戲修改為四子棋，由於這款對戰遊戲只比上一章的井字遊戲稍微複雜一些，因此以四子棋作為第 1 個修改的範例而言，應該不難理解。此外和 6、7 章相同，模型訓練的部份將於 Google Colab 上進行 (編註：需要 GPU 的運算效能進行模型的訓練)，遊戲 UI 則會在本地 PC 端上實作。

四子棋的規則簡介

本節要實作的是四子棋，規則是由 2 名玩家將輪流在 7 行 ×6 列的棋盤中，由下而上堆疊棋子，先將 4 枚棋子以縱向、橫向或斜向連成一直線者獲勝，棋盤滿棋時，無任何一方連成 4 子，則平手。四子棋的示意圖如下：

▲ 實際四子棋的棋盤外觀

在四子棋 UI 中，玩家選擇落子在哪一行，是由滑鼠點擊指定。此外，本例也經過簡化，固定由人類下開局的第一手。四子棋 UI 的遊戲畫面如下：

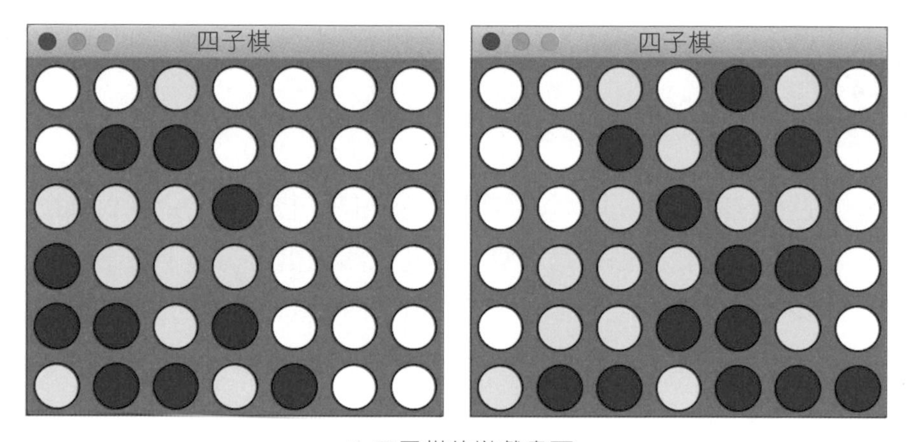

▲ 四子棋的遊戲畫面

四子棋與第 6 章程式碼最大的差別在於遊戲環境 (game.py) 與遊戲介面 (human_play.py)，這 2 個程式因遊戲規則不同而需要全部重新撰寫，對偶網路的部份 (dual_network.py) 只需修改部份參數，而訓練循環的執行程式 (train_cycle.py) 只需刪除「評估最佳玩家」的部份即可。

因本書篇幅有限，以下只針對程式碼有變更的部份進行解說，其他部份的說明請參考第 6、7 章。以下為四子棋 UI 的程式碼列表：

▼ 四子棋的程式碼列表

程式碼	說明	與第 6、7 章之間的差異
game.py	遊戲環境	重新撰寫
dual_network.py	對偶網路	僅修改部份參數
pv_mcts.py	策略價值蒙地卡羅樹搜尋法	無
self_play.py	自我對弈模組	無
train_network.py	訓練模組	無
evaluate_network.py	評估模組	無
train_cycle.py	執行訓練循環	刪除評估最佳玩家
human_play.py	遊戲介面	重新撰寫

四子棋的局勢 (盤面)

修改程式前，我們要先了解如何將四子棋的局勢 (盤面) 轉換為成程式能讀取的形式，如前所述，四子棋的棋盤為 7 行 ×6 列，局勢 (盤面) 會以**我方棋子配置**與**敵方棋子配置**做為表示，因此輸入的盤面會是 7×6 的 2 軸陣列，輸入 shape 為 (7, 6, 2)，設定有棋子時為「1」，否則為「0」。示意圖如下：

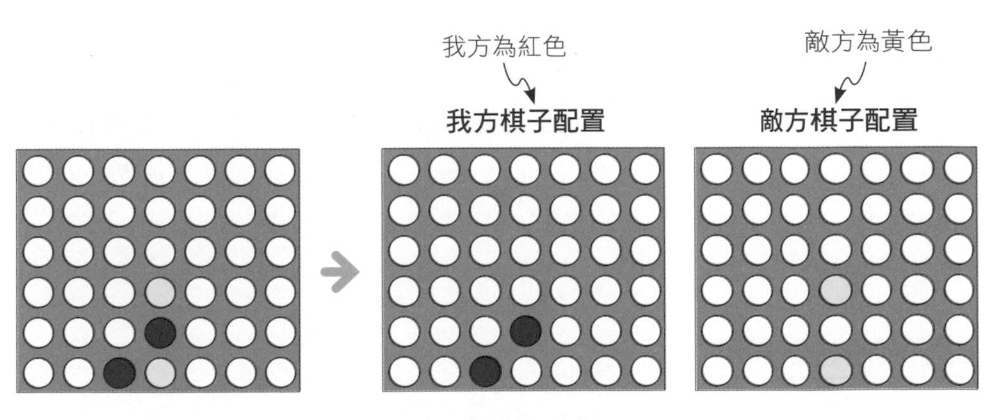

▲ 四子棋的局勢 (盤面)

四子棋的下子 (動作)

除了局勢 (盤面) 以外，我們也必須將下子的動作轉換成程式能夠理解的形式，四子棋的動作就是落子在盤面的某一行，因此我們可以直接將落子的動作用 0~6 來表示配置到哪一行內 (編註：動作數則為 7)，再讓棋子掉落在底部或其他棋子上。示意圖如下：

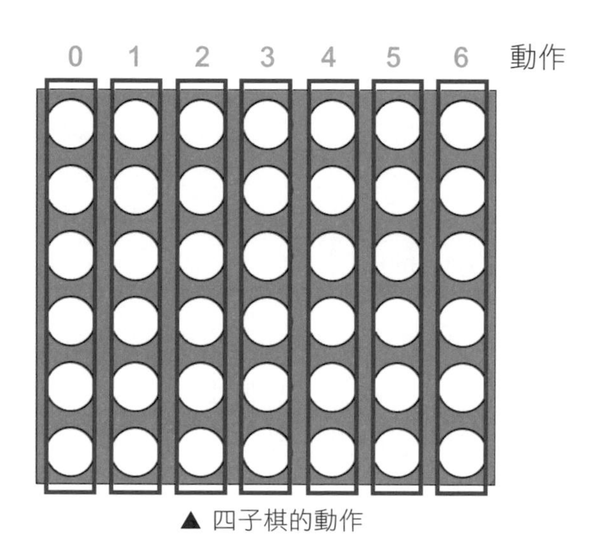

▲ 四子棋的動作

改寫 game.py 遊戲局勢

了解完如何在程式中表達局勢 (盤面) 與下子的動作後，接下來要依照遊戲規則去修改代表遊戲環境的 game.py，因為四子棋與井字遊戲的規則差距太大，所以不能用修改的方式，必須打掉重練，讓我們一步一步來建立四子棋。

四子棋的遊戲局勢

首先，建立 1 個 State 類別代表遊戲局勢，並且建構方法 (method) 協助我們進行四子棋的遊戲流程。State 的方法 (method) 如下所示：

▼ State 的方法 (method)

方法 (method)	說明
__init__(pieces=None, enemy_pieces=None)	初始化遊戲局勢
piece_count(pieces)	取得棋子數量
is_lose()	判斷是否落敗
is_draw()	判斷是否平手
is_done()	判斷遊戲是否結束
next(action)	取得下一個局勢 (盤面)
legal_actions()	取得合法棋步的串列
is_first_player()	判斷是否為先手
__str__()	以字串的形式顯示遊戲結果

接著直接帶您來看程式碼的部份，在講解程式前，我們先依序說明每個方法 (method) 的細節。

初始化遊戲局勢

State 的建構子會初始化遊戲局勢 (盤面)，我方棋子配置與敵方棋子配置會分別儲存於 1 軸陣列 pieces 與 enemy_pieces 當中，2 個陣列的長度皆為「42」(7 行 6 列)，棋子的初始配置為空白 (編註：也就是 0)。程式碼如下：

IN 初始化遊戲局勢

```
# 匯入套件
import random
import math

# 遊戲局勢
class State:

  def __init__(self, pieces=None, enemy_pieces=None):
    self.pieces = pieces if pieces != None else [0] * 42 ←
                                        初始化我方盤面，共需 42 子
    self.enemy_pieces = enemy_pieces if enemy_pieces != 接下行
    None else [0] * 42 ← 初始化敵方棋子
```

取得棋子數量

接下來將定義 1 個函式 piece_count() 用於統計棋子的數量，統計數量的用意為判斷遊戲結果是否為平手。程式碼如下：

IN 取得棋子數量

```
def piece_count(self, pieces):
  count = 0
  for i in pieces:
    if i == 1:
      count += 1
  return count
```

判斷是否落敗

在四子棋中，結束時會有 3 種狀況，輸、贏與平手，這邊先來定義判斷勝負的函式，因為四子棋為兩人零和對局，所以只要判斷其中一方是否落敗就好了 (編註：一方落敗另一方自然勝出)，這邊就定義 1 個判斷落敗的函式 is_lose()。程式碼如下：

IN 判斷是否落敗

```
def is_lose(self):
  # 判斷是否有四子連成一線
  def is_comp(x, y, dx, dy):
    for k in range(4):
      if y < 0 or 5 < y or x < 0 or 6 < x or self.enemy_ 接下行
      pieces[x+y*7] == 0:
        return False
      x, y = x+dx, y+dy
    return True
```

判斷棋子有沒有超出範圍

```
# 判斷是否落敗
for j in range(6):
  for i in range(7):    ①                        ②
    if is_comp(i, j, 1, 0) or is_comp(i, j, 0, 1) or 接下行
      is_comp(i, j, 1, -1) or is_comp(i, j, 1, 1):        ⑤
      return True       ③                        ④
  return False
```

① (i, j, 1, 0) 為判斷是否有水平連線

② (i, j, 0, 1) 為判斷是否有直行連線

③ (i, j, 1, -1) 為判斷是否有**右上到左下**的斜線連線

④ (i, j, 1, 1) 為判斷是否有**左上到右下**的斜線連線

⑤ 這裡判斷落敗的邏輯跟第 5 章的井字遊戲是相同的，只是將 3 x 3 的盤面放大成 7 x 6 的盤面，利用索引 index 和 (x, y) 的對應關係 (也就是 index = x+y*7) 去判斷有無連線，注意這邊也是判斷敵方是否有獲勝 (enemy_pieces)。因篇幅關係如果對此處的邏輯還不是弄得很清楚的話可以回去參考 5 - 0 節的小編補充

判斷是否平手

判斷完勝負後，再來要判斷賽局的第 3 種可能性，也就是平手，這邊定義 1 個函式 is_draw() 用於判斷是否平手。程式碼如下：

IN 判斷是否平手

```
def is_draw(self):
  return self.piece_count(self.pieces) + self.piece_count 接下行
  (self.enemy_pieces) == 42
```

將我方的棋子與敵方的棋子加總，如果棋盤都滿了 (7 x 6 = 42，四子棋最多 42 個棋子) 還沒有分出勝負就是平手

判斷遊戲是否結束

接著將 is_draw 與 is_lose 包裝成函式 is_done() 用於判斷遊戲是否結束。程式碼如下：

IN 判斷遊戲是否結束

```
def is_done(self):
  return self.is_lose() or self.is_draw()
```

取得下一個局勢 (盤面)

接著要來建立取得下一個局勢 (盤面) 的函式 next(action)，用於根據動作 (下子) 取得下一個局勢 (盤面)，做法是先複製棋子配置「pieces」，再將下一步的棋子放置到所選行中最下面的空格，最後傳回下完棋子的局勢 (盤面)。程式碼如下：

IN 取得下一個局勢 (盤面)

```
def next(self, action):
  pieces = self.pieces.copy()  ← 複製棋子的配置
  for j in range(5,-1,-1):
    if self.pieces[action+j*7] == 0 and self.enemy_ 接下行
    pieces[action+j*7] == 0:
      pieces[action+j*7] = 1
      break
  return State(self.enemy_pieces, pieces)
```

判斷棋子在棋盤中的位置，如果不懂可以參考下面的小編補充

小編補充 **判斷棋子在棋盤中的位置**

四子棋的特色就是棋子由最上方處做下子，接著棋子就會根據地心引力往下掉到棋盤的最下面一格，如果下面已經有棋子了就疊加在棋子最上方，所以「取得下一個局勢 (盤面)」這個函式利用了 j 這個變數來判斷棋盤的深度以及下面還有沒有棋子，action 判斷要落在哪一行，接著藉由 j 與 action 計算出棋盤的 index 並判斷是否為 0 (代表沒有人下)，如果為 0 就更改為 1 表示在這格下棋，最後傳回棋盤的 index。如下頁的圖：

→ 接下頁

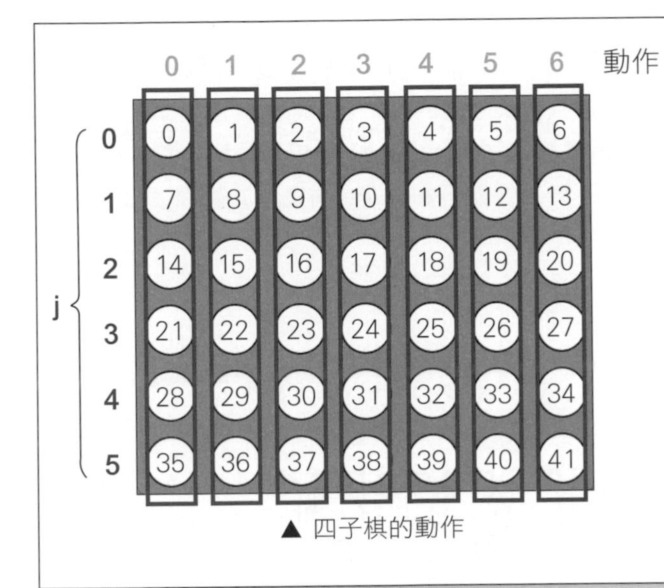

▲ 四子棋的動作

取得合法棋步的串列

接下來，定義 1 個函式 legal_actions() 用於取得合法棋步的串列，幫助我們判斷哪邊還能下棋，由於四子棋的下法為在某一行**投下**棋子，換句話說只要那行還沒有滿就算是合法棋步 (編註：代表還可以投棋子進去)，在程式方面就只要根據最上面一列 (pieces 及 enemy_pieces 的 index 0 ~ 6) 的格子做檢查就行了。總而言之，只要最上面一列還沒被下棋子，那該行就是合法棋步，不懂的可以參考下頁的小編補充。程式碼如下：

IN 取得合法棋步的串列

```
def legal_actions(self):
  actions = []  ← 建立空串列裝合法棋步
  for i in range(7):
    if self.pieces[i] == 0 and self.enemy_pieces[i] == 0:
      actions.append(i)
  return actions
```

判斷 pieces 及 enemy_pieces 的 index 0 ~ 6 是否有棋子

小編補充 **四子棋的合法棋步**

因為四子棋是由上方做下子，所以只要最上面的那一列 (下圖紅色框框的部份，也就是 index 0 ~ 6) 沒有棋子，都還算合法棋步 (但如果如下圖下在第 0 行後，index 0 的位置不能再下，那下一手第 0 行就不會列入合法棋步)。如下圖：

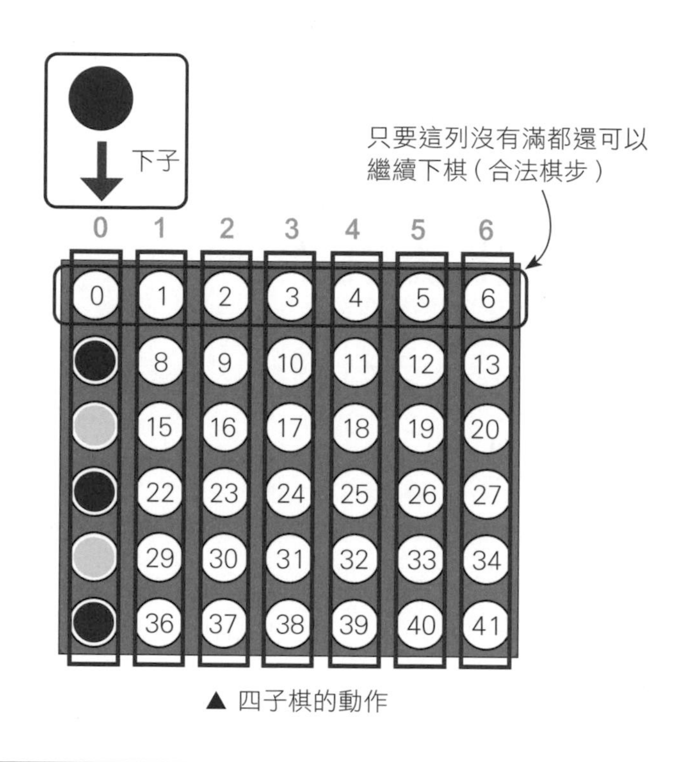

▲ 四子棋的動作

判斷是否為先手

再來，還要定義一個函式 is_first_player() 用於判斷是否為先手，有了這個函式就能幫助我們分辨現在是誰要下棋，做法是統計棋子的數量，如果先手玩家與後手玩家的棋子數目相同的話，就代表換到先手玩家的回合了。程式碼如下：

IN 判斷是否為先手

```
def is_first_player(self):
  return self.piece_count(self.pieces) == self.piece_count 接下行
  (self.enemy_pieces)
```

顯示遊戲結果

接著要定義 1 個函式「__str__()」，將遊戲的結果以文字的形式輸出，四子棋是根據顏色區別雙方的棋子，但在程式裡先暫時用 2 種不同的文字代替雙方的棋子，這裡就先以 O 和 X 做為雙方的棋子，「O」為先手、「X」為後手。程式碼如下：

IN 顯示遊戲結果

```
def __str__(self):
  ox = ('o', 'x') if self.is_first_player() else ('x', 'o')  ← 根據先手、後手，會對調 O 和 X
  str = ''
  for i in range(42):
    if self.pieces[i] == 1:         } 根據我方的配置印出棋子
      str += ox[0]
    elif self.enemy_pieces[i] == 1: } 根據敵方的配置印出棋子
      str += ox[1]
    else:
      str += '-'  ← 沒下棋的地方印出「-」
    if i % 7 == 6:   } 每 7 格就換行
      str += '\n'
  return str
```

編註 這裡只是暫時用「O」和「X」來代替雙方棋子做訓練與測試，到後續設計遊戲 UI 的時候就會改用顏色來區分。

添加單獨測試 game.py 的程式碼

為了方便單獨測試這個功能模組，此處會以隨機下法 vs 隨機下法的對戰程式碼來測試 game.py。程式碼如下：

IN

```
# 隨機選擇動作
def random_action(state):
  legal_actions = state.legal_actions() ← 取得合法棋步
  return legal_actions[random.randint(0, len (legal_actions)-1)]

# 單獨測試                                從合法棋步中隨機挑 1 個
if __name__ == '__main__':
  state = State() ← 產生新賽局

  # 持續循環直到遊戲結束
  while True:
    # 遊戲結束時
    if state.is_done():
      break

    state = state.next(random_action(state)) ← 利用隨機下法
                                                取得下 1 個局
    # 以文字的形式顯示遊戲結果                   勢（盤面）
    print(state)
    print()
```

在 Google Colab 上執行四子棋版本的 game.py

最後為了確認程式是否能夠正常執行，將 game.py 上傳至 Google Colab 並執行程式。上傳的程式碼如下：

IN 上傳 game.py

```
from google.Colab import files
uploaded = files.upload()

!dir ◄── 查看資料夾
```

OUT

```
game.py sample_data
```

如果有 game.py
代表上傳成功

執行的程式碼如下：

IN 執行 game.py

```
!python game.py
```

OUT

```
-------
-------
-------
-------
-------
------o

-------
-------
-------
-------
-------
-x----o
```

```
-------
-------
-------
-------
-o-----
-x----o

-------
-------
-------
-x-----
-o-----
-x----o
```

```
-------
-------
-------
-x-----
-o-----
-x--o-o

-------
-------
-------
-x-----
-o--x--
-x--o-o
```

```
-------
-------
-------
-x--o--
-o--x--
-x--o-o

-------
-------
-------
-x--o--
-o--x--
-x--oxo
```

```
.
.
.
.
.
(略)

-x-oxox
oxxxxoo
oooxoxo
oxxxoxx
xoxoxoo
oxoxoxo
```

修改 dual_network.py

在前半段的部份，我們重新實作了四子棋版本的 game.py，接下來就要繼續修改其他程式，這邊就來修改「dual_network.py」，這部份只需要修改對偶網路的參數即可，請將 DN_INPUT_SHAPE 修改為「(7, 6, 2)」，動作數修改為「7」。修改的程式碼如下：

IN　dual_network.py 修改的部份

```
DN_INPUT_SHAPE = (7, 6, 2) ←— 輸入 shape，7 和 6 為盤面大小，
                              2 表示我方與敵方分開配置
DN_OUTPUT_SIZE = 7 ←— 動作數（配合盤面的配置為 7）
```

修改 train_cycle.py

在 train_cycle.py 的部份，只需要刪除「評估最佳玩家」的程式碼即可，因為在前面的章節已經證明了此架構有 Alpha - beta 剪枝的強度，所以不需要再跟其他演算法作比較。原程式碼如下：

IN　train_cycle.py 原本的版本

```
update_best_player = evaluate_network() ←— 評估網路

# 評估最佳玩家
if update_best_player:
    evaluate_best_player()
```

（程式碼中「update_best_player =」、「if update_best_player:」、「evaluate_best_player()」以刪除線標示）

刪除後會變成以下這樣：

IN　train_cycle.py 刪除後的版本

```
evaluate_network() ←— 評估網路
```

改寫 human_play.py 遊戲介面

關於遊戲介面的部份，因為井字遊戲的 UI 跟四子棋相差太多了，很難透過修改去完成，所以這邊也需要重新撰寫，檔名一樣取為「human_play.py」，讓我們來看看怎麼建立四子棋的遊戲介面吧。

匯入套件

首先，要先匯入建立四子棋 UI 所需要的套件。程式碼如下：

IN 匯入套件

```
from game import State
from pv_mcts import pv_mcts_action
from tensorflow.keras.models import load_model
from pathlib import Path
import tkinter as tk
```

這些套件想必大家已經很熟悉了，如果還有點陌生，可以自行參考 7-2 節的內容

載入最佳玩家模型

這裡的做法與「7-2 節人類與 AI 的對戰」相同，將 Google Colab 中訓練好的模型下載下來放入 model 的資料夾中，再用下面的程式碼給載入進來。程式碼如下：

IN 載入最佳玩家模型

```
model = load_model('./model/best.h5')
```

定義遊戲 UI 的方法 (method)

到這裡就要開始建構代表四子棋的遊戲 UI(GameUI)，除了要建構 UI 以外還要定義幾個方法來協助我們進行遊戲。GameUI 的方法 (method) 如下頁的表格所示：

▼ GameUI 的方法 (method)

方法 (method)	說明
__init__(master=None, model=None)	初始化遊戲 UI
turn_of_human(event)	輪到人類下棋
turn_of_ai()	輪到 AI 下棋
draw_piece(index, first_player)	繪製棋子
on_draw()	更新盤面的 UI

接著直接帶您來看程式碼的部份，在講解程式會依序說明每個方法 (method) 的細節。

初始化遊戲 UI

首先在遊戲開始前我們要先初始化遊戲 UI，做法是利用「__init__()」初始化遊戲 UI，本例會在初始化的階段將「遊戲局勢 (state)」、「利用 PV MCTS 選擇動作的函數」與「畫布元件」進行初始化，最後再更新盤面的 UI 並顯示初始畫面。程式碼如下：

IN　初始化 Game UI

```
class GameUI(tk.Frame):

  def __init__(self, master=None, model=None):
    tk.Frame.__init__(self, master)
    self.master.title('四子棋')  ← 顯示標題

    self.state = State()  ← 產生新的對局 (game.py)

    self.next_action = pv_mcts_action(model, 0.0)  ←
                                    產生利用 PV MCTS 選擇動作的函數
```

```
# 產生新的畫布元件
self.c = tk.Canvas(self, width = 280, height = 240, 接下行
highlightthickness = 0)
self.c.bind('<Button-1>', self.turn_of_human)  ← 綁定事件(點擊滑鼠左鍵，turn_of_human 事件)
self.c.pack()  ← 用來套用控制項的配置

self.on_draw()  ← 更新盤面的UI
```

① 設定寬度、高度、高亮邊框的寬度，注意這裡與井字遊戲的尺寸不同，四子棋的寬為 280、高為 240，不要設錯了！

② 本例的四子棋也經過簡化，固定由人類下第一手，所以初始化完就先把人類那一方設為先手

1

2

3

輪到人類下棋時的處理

4

設定完四子棋的初始化後，接著來設定人類下棋時所做的處理，當輪到人類下子時會依序做下面的事情：

5

01 判斷遊戲是否結束

判斷遊戲是否結束，結束時將遊戲局勢(盤面)回復至初始局勢。

6

02 判斷是否輪到人類下棋

判斷是否輪到人類下子，如果輪到 AI 下子時，人類不可進行操作。

7

03 將滑鼠點擊的位置轉換成「下棋」的動作

將滑鼠點擊在畫布上的位置(編註：只需要判斷 x 座標就可以了)轉換成下棋的動作。

8

04 判斷點擊的位置是否為合法棋步

檢查轉換完的動作，只要不是合法棋步就不進行處理。

05 取得下一個局勢 (盤面)

當轉換完的動作為合法棋步時，以 state.next() 做下子並取得下一個局勢 (盤面)，接著更新盤面的 UI。

06 轉由 AI 進行下棋 (編註：攻守交換)

當人類完成下子後 (也就是完成上面的 01 ~ 05)，便轉由 AI 進行下棋。

將上述的 6 個步驟寫進 turn_of_human()。程式碼如下：

IN 輪到人類下棋

```
def turn_of_human(self, event):
  # Step01 判斷遊戲是否結束
  if self.state.is_done(): ←— 如果遊戲結束
    self.state = State()   ←— 將遊戲局勢 (盤面) 回復至初始局勢
    self.on_draw() ←— 更新盤面的 UI
    return

  # Step02 判斷是否輪到人類下棋
  if not self.state.is_first_player():
    return

  # Step03 將滑鼠點擊的位置轉換成「下棋」的動作
  x = int(event.x/40)  ←—— 用 x 座標的值去判定是哪個動作，
                            細節可以參考下頁的小編補充
  if x < 0 or 6 < x:   ←—— 判斷有無超出範圍，超出範圍就不處理
    return
  action = x

  # Step04 判斷點擊的位置是否為合法棋步
  if not (action in self.state.legal_actions()):
    return

  # Step05 取得下一個局勢 (盤面)
  self.state = self.state.next(action)
```

```
self.on_draw()  ← 更新盤面的 UI

# Step06 轉由 AI 進行下棋 (編註：攻守交換)
self.master.after(1, self.turn_of_ai)
```

Step05 中更新盤面的 UI 需要一點時間，如果直接執行 turn_of_ai()，局勢（盤面）會來不及做更新，因此利用 master.after() 先延遲 1 毫秒再執行 turn_of_ai()

小編補充 **判定動作**

還記得我們在初始化的部份設定了畫布的寬為 280，判定動作和 280 這個值有關係，當我們將 280 除以四子棋的動作數 7 等於 40，所以只要將 x 座標的值除以 40 就能清楚知道滑鼠點擊的位置是哪個動作。如下圖：

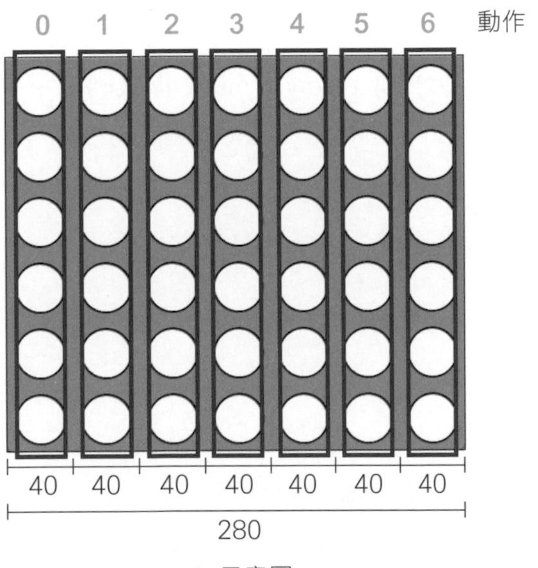

▲ 示意圖

輪到 AI 下棋時的處理

當人類下完棋子後就會進行攻守交換，輪到 AI 這一方下棋時會依序做下面的事情：

01 判斷遊戲是否結束

判斷遊戲是否結束，遊戲結束時不處理。

02 下子

將局勢 (盤面) 輸入訓練好的 AI 模型，並回傳動作 (編註：模型會自動判定是否為合法棋步)。

03 取得下一個局勢 (盤面)

以 state.next() 做下子並取得下一個局勢 (盤面)，最後更新盤面的 UI。

將上述的 3 個步驟寫進 turn_of_ai()。程式碼如下：

IN 輪到 AI 下棋

```
def turn_of_ai(self):
  # Step01 判斷遊戲是否結束
  if self.state.is_done():
    return

  # Step02 下子
  action = self.next_action(self.state)

  # Step03 取得下一個局勢 (盤面)
  self.state = self.state.next(action)

  self.on_draw()  ←— 更新盤面的 UI
```

繪製棋子

設定好人類與 AI 下子的動作後，接著要來繪製棋子，做法是定義一個函式 draw_piece()，依照傳入參數進行繪製，參數中的「index」為串列的編號，「first_player」則用於判斷是否為先手 (在繪製棋子時，將先手繪製為紅色圓圈，後手則為黃色圓圈)。程式碼如下：

IN 繪製棋子

```
def draw_piece(self, index, first_player):
  x = (index%7)*40+5        }①
  y = int(index/7)*40+5
  if first_player:
    self.c.create_oval(x, y, x+30, y+30, width = 1.0, fill = '#FF0000') ②
  else:
    self.c.create_oval(x, y, x+30, y+30, width = 1.0, fill = '#FFFF00') ③
```

① 將 index 轉換為座標的方式與 7-2 節的方式一樣，不清楚的可以參考該節的內容
② 將先手玩家的棋子繪製成紅色圓圈，圓圈的畫法已經在 7-1 節說明過了，不清楚的可以參考該節的內容
③ 將後手玩家的棋子繪製成黃色圓圈

1 2 3 4 5 6 7 8

繪製 UI

最後還要定義 1 個函式 on_draw() 來繪製四子棋的格子以及棋子。此外每下一步棋都會用這個函式更新 1 次盤面。程式碼如下：

IN 繪製 UI

```
def on_draw(self):
  self.c.delete('all') ← 將畫布上的東西都刪除(清乾淨)
  self.c.create_rectangle(0, 0, 280, 240, width = 0.0, fill = 接下行
  '#00A0FF') ← 藍色矩形畫布
  for i in range(42):  ← 繪製 42 個白色的圓圈代表空的格子
    x = (i%7)*40+5
    y = int(i/7)*40+5
```

```
    self.c.create_oval(x, y, x+30, y+30, width = 1.0, fill = 接下行
    '#FFFFFF') ← 白色圓圈

  for i in range(42): ← 逐一檢查四子棋的 42 個格子
    if self.state.pieces[i] == 1: ← 如果格子上有人類的棋子
      self.draw_piece(i, self.state.is_first_player()) ←
                                        就在那個格子上畫紅色圓圈

    if self.state.enemy_pieces[i] == 1: ← 如果格子上有 AI 的棋子
      self.draw_piece(i, not self.state.is_first_player()) ←
                                        就在那個格子上畫黃色圓圈
```

顯示視窗

將畫布上的元件以及事件處理都設定好以後，將 Game UI 顯示在畫面上。程式如下：

IN

```
# 顯示視窗
f = GameUI(model=model)
f.pack()
f.mainloop()        └ 注意這裡將訓練好的模型傳入 Game UI 中
```

訓練四子棋 AI

到這裡為止，我們已經準備好所有四子棋的程式了，現在開始要進行四子棋 AI 的訓練，將範例所有的檔案皆上傳至 Google Colab 並執行，具體執行方法請參考「6 - 7 節執行訓練循環」。要上傳的檔案有：

- game.py
- dual_network.py

- pv_mcts.py
- self_play.py
- train_network.py
- evaluate_network.py
- train_cycle.py

一定要確認上面這些檔案有被上傳到 Google Colab 上，不然執行訓練時會出錯！

上傳的程式碼如下：

IN 上傳

```
from google.Colab import files
uploaded = files.upload()
```

訓練四子棋 AI 的程式碼如下：

IN 執行訓練循環

```
!python train_cycle.py
```

若是以 Google Colab 的 GPU 執行訓練，訓練開始到結束為止需花費約一整天的時間 (編註：經過小編實測，訓練 10 次大概是 6 個多小時，訓練 30 次大概落在 19 個小時左右)，本例在經過 30 次的訓練之後，其四子棋的實力與一般的人類差不多，訓練結束後，下載「best.h5」。下載的程式碼如下：

IN 下載 best.h5

```
from google.Colab import files
files.download('./model/best.h5')
```

由於訓練時間較長，如果想先試試訓練後的成果，可以直接使用本書所附的模型。

執行人類與 AI 的對戰

最後，要執行人類與 AI 的對戰，注意此處必須是要在本地 PC 端上執行，執行前請先將剛剛訓練好的 AI 模型「best.h5」放在 model 資料夾裡，並將 model 資料夾與「human_play.py」放在資料夾的同一層中 (編註：不懂的可以參考 7-2 節的說明)，接著在虛擬環境中的命令提示字元輸入以下命令，便可啟動四子棋。輸入的命令如下：

IN 命令提示字元

```
$ python human_play.py
```

8-1 黑白棋

在經過上節的四子棋後，對於如何依照遊戲規則來修改強化式學習的程式，應該已經非常熟悉了吧，如果還不熟悉沒關係，本節將示範第 2 個修改的範例，製作知名的經典棋盤遊戲「黑白棋」。

黑白棋的規則簡介

首先，我們先來了解一下黑白棋的規則，由 2 名玩家輪流在「6 行 × 6 列」的棋盤上落子，遊戲開始時，棋盤中央會先交叉擺放 4 顆棋子，其中 2 顆是我方，另 2 顆是敵方，當我方棋子在任一直線方向 (水平、垂直和斜線) 夾住敵方的棋子時，便可將敵方被夾住的棋子翻轉成我方棋子的顏色，下子的規則是每回合都必須至少翻轉 1 顆對手的棋子，若沒有辦法翻轉對手棋子就不能下子，將自動棄權 (pass) 1 回合，當雙方接連棄權時，遊戲便結束，此時由棋子較多的一方獲勝。

在黑白棋 UI 中，玩家可直接透過滑鼠點擊要下棋的位置，此外，本例同樣簡化設定，固定由人類開局。

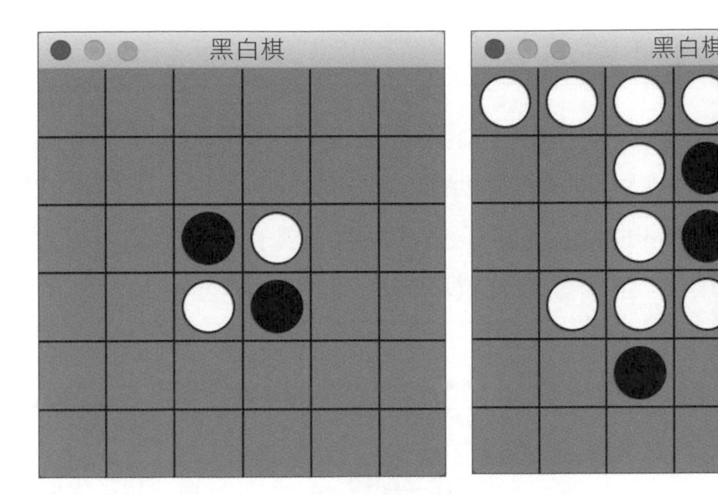

▲ 黑白棋的遊戲畫面

黑白棋與第 6 章程式碼最大的差別在於遊戲環境 (game.py) 與遊戲介面 (human_play.py)，這 2 個程式因遊戲規則不同而需要全部重新撰寫，對偶網路的部份 (dual_network.py) 只需修改部份參數，而訓練循環的執行程式 (train_cycle.py) 只需刪除「評估最佳玩家」的部份即可。

因本書篇幅有限，以下只針對程式碼有變更的部份進行解說。其他部份的說明請參考第 6、7 章。以下為黑白棋 UI 的程式碼列表：

▼ 黑白棋的程式碼列表

程式碼	說明	與第 6、7 章之間的差異
game.py	遊戲環境	重新撰寫
dual_network.py	對偶網路	僅修改部份參數
pv_mcts.py	策略價值蒙地卡羅樹搜尋法	無
self_play.py	自我對弈模組	無
train_network.py	訓練模組	無
evaluate_network.py	評估模組	無
train_cycle.py	執行訓練循環	刪除評估最佳玩家
human_play.py	遊戲介面	重新撰寫

黑白棋的局勢 (盤面)

修改程式之前，一樣要先了解如何將黑白棋的局勢 (盤面) 轉換為成程式能讀取的形式，在黑白棋中盤面的處理與四子棋很像，黑白棋的盤面為 6 行 ×6 列，我們同樣以**我方棋子配置**與**敵方棋子配置**做為表示，因此輸入 shape 為 (6, 6, 2)，設定有棋子時為「1」，否則為「0」。示意圖如下：

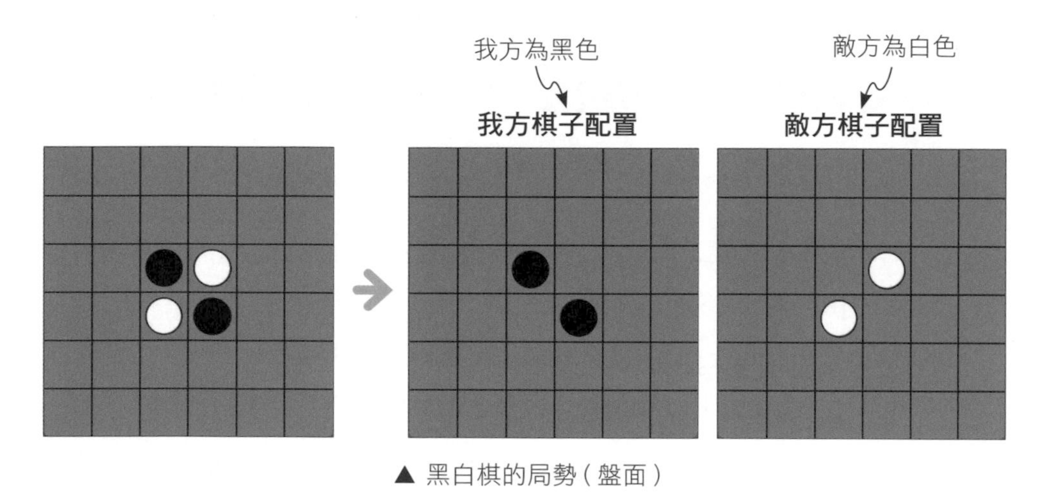

▲ 黑白棋的局勢 (盤面)

> **編註** 黑白棋中間的 4 個棋子為遊戲的初始設定。

黑白棋的下子 (動作)

黑白棋下子時的動作為棋盤的格子位置 (list index 0～35) 及棄權 (36)，當沒有格子可以下的時候，將自動棄權 1 回合，所以動作數為「37」(格子數 (36) + 棄權 (1))。示意圖如下：

0	1	2	3	4	5
6	7	8	9	10	11
12	13	14	15	16	17
18	19	20	21	22	23
24	25	26	27	28	29
30	31	32	33	34	35

棄權：36

▲ 黑白棋的動作

改寫 game.py 遊戲局勢

因為黑白棋與井字遊戲的規則差距太大，所以不能以修改的方式完成，必須打掉重練，接著來建立黑白棋。

黑白棋的遊戲局勢

建立 1 個 State 類別代表遊戲局勢，並且將相關的步驟定義成方法 (method) 以便實現黑白棋的遊戲流程。State 的方法 (method) 如下所示：

▼ State 的方法 (method)

方法 (method)	說明
__init__(pieces=None, enemy_pieces=None, depth=0)	初始化遊戲局勢
piece_count(pieces)	取得棋子數量
is_lose()	判斷是否落敗
is_draw()	判斷是否平手
is_done()	判斷遊戲是否結束
next(action)	取得下一個局勢 (盤面)
legal_actions()	取得合法棋步的串列

→ 接下頁

方法 (method)	說明
is_legal_action_xy()	判斷任意位置是否為合法棋步
is_first_player()	判斷是否為先手
__str__()	以字串的形式顯示遊戲結果

編註 這裡的方法中，比起井字遊戲以及四子棋，多了 1 個函式 is_legal_action_xy()，詳細的作用等到後面會詳細說明。

接著直接帶您來看程式碼的部份，在講解程式會依序說明每個方法 (method) 的細節。

初始化遊戲局勢

我方棋子配置與敵方棋子配置會分別儲存於 1 軸陣列 pieces 與 enemy_pieces 當中，2 個陣列的長度皆為「36」(6 行 × 6 列)，棋子的初始配置與上節不同，四子棋為空白，黑白棋則是要在棋盤中央**以交錯方式放置黑、白各 2 枚棋子**。

此外為了讓遊戲能夠順利進行還需準備 3 個參數：用於表示目前為第幾回合的 depth、表示遊戲因接連棄權而結束的 pass_end，以及表示 8 個方向的方向常數 dxy。

先前我們實作的井字遊戲和四子棋，都是直接計算棋子數量，就可以知道進行多少回合，但黑白棋因有棄權規則而無法以此方式計算，因此必須另外設一個變數 depth 來記錄回合數，以判斷目前輪到哪方下棋。pass_end 在雙方接連棄權時指定為 True，用於提示遊戲結束。dxy 為方向常數，用於判斷我方棋子是否有在 8 個方向上夾住對手棋子。方向常數的示意圖如下：

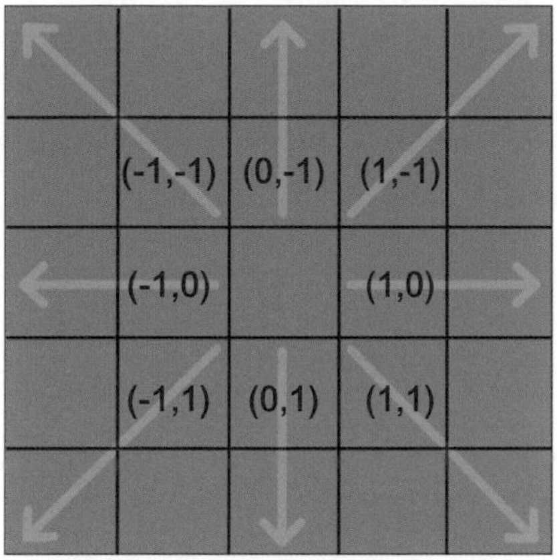

▲ 黑白棋的方向常數

初始化的程式碼如下：

IN 初始化遊戲局勢

```
# 匯入套件
import random
import math

# 遊戲局勢
class State:

  def __init__(self, pieces=None, enemy_pieces=None, depth=0):
    self.dxy = ((1, 0), (1, 1), (0, 1), (-1, 1), (-1, 0), 接下行
    (-1, -1), (0, -1), (1, -1)) ← 方向常數
    self.pass_end = False ← 將 pass_end 預設為 False

    # 傳入雙方的棋子作判斷
    self.pieces = pieces
    self.enemy_pieces = enemy_pieces
    self.depth = depth

    # 若還沒建立盤面，則在棋盤中央以交錯方式放置黑、白各 2 枚棋子
    if pieces == None or enemy_pieces == None:
      self.pieces = [0] * 36
      self.pieces[14] = self.pieces[21] = 1  ← 預先放置 2 枚黑子
      self.enemy_pieces = [0] * 36
      self.enemy_pieces[15] = self.enemy_pieces[20] = 1 ←┐
                                                  預先放置 2 枚白子
```

取得棋子數量

接下來將定義 1 個函式 piece_count() 用於統計棋子的數量，方便最後判斷遊戲結果是輸、是贏或平手。程式碼如下：

IN 取得棋子數量

```
def piece_count(self, pieces):
  count = 0
  for i in pieces:
    if i == 1:
      count += 1
  return count
```

判斷是否落敗

在黑白棋中，結束時一樣會有 3 種情況，輸、贏與平手，這邊先來定義判斷勝負的函式，一樣只要判斷其中一方是否為落敗就好了。程式碼如下：

IN 判斷是否落敗

```
def is_lose(self):    ①                            ②
  return self.is_done() and self.piece_count(self.pieces) < 接下行 ┐
  self.piece_count(self.enemy_pieces)                             ┘③
                ②
```

① 當遊戲結束才要判定勝負，is_done() 函式等等會說明

② 比較雙方棋子的數量 (黑白棋規則)，注意這邊也是判斷自己是否落敗 (pieces < enemy_pieces)

③ 上述兩個條件成立就算落敗

判斷是否平手

再來要判斷平手，定義 1 個函式 is_draw() 用於判斷是否平手。程式碼如下：

IN 判斷是否平手

```
def is_draw(self):       ①                          ②
  return self.is_done() and self.piece_count(self.pieces) == 接下行
  self.piece_count(self.enemy_pieces)
              ②
```

這兩個條件成立才算平手

① 確定遊戲是否結束，is_done() 函式等等會説明

② 如果雙方棋子的數量相同則為平手 (黑白棋規則)

判斷遊戲是否結束

接著將定義 1 個函式用來判斷遊戲是否結束，在黑白棋中遊戲結束的方式有兩種，雙方棋子加起來的數量為 36 或者遊戲因接連棄權而結束 (pass_end 為 True)。程式碼如下：

IN 判斷遊戲是否已結束

```
def is_done(self):
  return self.piece_count(self.pieces) + self.piece_count(self. 接下行
  enemy_pieces) == 36 or self.pass_end
```

取得下一個局勢 (盤面)

接著要來建立取得下一個局勢 (盤面) 的函式 next(action)，只要傳入動作 (格子編號) 就會傳回下一個局勢 (盤面)，做法是先複製 depth 加 1 後的局勢，再以 is_legal_action_xy() 將夾住的棋子翻面 (換顏色)，最後將翻面 (換顏色) 的棋子在 pieces 與 enemy_pieces 之間對調 (0、1 交換)。若格子編號連續 2 次為棄權 (格子編號為 36) 時，則指定 pass_end 為 True，並結束遊戲。action 為動作數，也就是盤面配置 (6×6) + 以及棄權 (1) 用來表示下的位置。程式碼如下：

IN 取得下一個局勢 (盤面)

```
def next(self, action):
  state = State(self.pieces.copy(), self.enemy_pieces.copy(), self.depth+1)   ← ①
  if action != 36:  ← 如果格子編號不是棄權 (36)
    state.is_legal_action_xy(action%6, int(action/6), True)  ← ②
  w = state.pieces
  state.pieces = state.enemy_pieces    ③
  state.enemy_pieces = w

  # 判斷是否連續 2 次棄權
  if action == 36 and state.legal_actions() == [36]:
    state.pass_end = True
  return state
```

① 先複製 depth 加 1 後的局勢，簡單來說就是先複製下一個回合的盤面
② 判斷下的位置是否能夾住棋子，如果能夾住敵方的棋子的話就進行翻面，is_legal_action_xy() 等等會說明，這邊就先記得它的作用就好
③ 將翻面 (換顏色) 的棋子在 pieces 與 enemy_pieces 之間交換

取得合法棋步的串列

再來，定義 1 個函式 legal_actions() 用於取得合法棋步的串列，幫助我們判斷哪邊能下棋，根據黑白棋的規則，合法棋步除了必須是未放置棋子的格子外，還必須能在 8 個方向中至少 1 個方向，夾住敵方棋子，若無合法棋步，則傳回棄權 (36)。程式碼如下：

IN 取得合法棋步的串列

```
def legal_actions(self):
  actions = []
  for j in range(0,6):
    for i in range(0,6):
      if self.is_legal_action_xy(i, j):  ← 這個函式下面會說明
        actions.append(i+j*6)
  if len(actions) == 0:  ← 沒有合法棋步
    actions.append(36)   ← 棄權
  return actions
```

判斷下的位置是否能夾住棋子

根據黑白棋下子的規則，每回合都必須至少翻轉 1 顆對手的棋子，翻轉的前提是你要能夾住對手的棋子，所以定義 1 個 is_legal_action_xy() 來判斷我方棋子是否可在 8 個方向中任意 1 個方向夾住敵方棋子，其中參數「x」及「y」為格子的 X、Y 座標，「flip」則用於表示是否要翻轉被夾住的棋子。程式碼如下：

IN 判斷下的位置是否能夾住棋子

```
def is_legal_action_xy(self, x, y, flip=False):
  # 判斷任意格子的任意方向是否能夾住棋子
  def is_legal_action_xy_dxy(x, y, dx, dy): ← 第 1 步，判斷下的位置附近是否有敵方的棋子，依照方向常數去判斷

    x, y = x+dx, y+dy
    if y < 0 or 5 < y or x < 0 or 5 < x or self.enemy_ 接下行
    pieces[x+y*6] != 1:
      return False                                        ①

    for j in range(6): ← 第 2 步 判斷指定方向的下一格是否為空格
      if y < 0 or 5 < y or x < 0 or 5 < x or (self.enemy_ 接下行
      pieces[x+y*6] == 0 and self.pieces[x+y*6] == 0):
        return False                                      ②
```

① 第 1 步，根據傳來的位置與位置常數，判斷指定方向的下一格是否有敵方的棋子，如果沒有代表沒辦法包夾，就不符合合法棋步

② 第 2 步，根據傳來的位置與位置常數，判斷指定方向的下一格是否為空格，如果是空格的話就沒辦法進行包夾 (中間會空 1 個空格)，就不符合合法棋步

```
      if self.pieces[x+y*6] == 1: ← 判斷為合法棋步後(有夾到敵方的棋子)
        # 將棋子翻面
        if flip:
```

```
          for i in range(6):
            x, y = x-dx, y-dy
            if self.pieces[x+y*6] == 1:
              return True
            self.pieces[x+y*6] = 1
            self.enemy_pieces[x+y*6] = 0
          return True

        # 敵方棋子
        x, y = x+dx, y+dy
      return False

    # 判斷下的格子是不是空格
    if self.enemy_pieces[x+y*6] == 1 or self.pieces[x+y*6] == 1:
      return False

    # 放置棋子
    if flip:
      self.pieces[x+y*6] = 1

    # 判斷 8 個方向是否能夠包夾敵方的棋子
    flag = False
    for dx, dy in self.dxy: ← 判斷 8 個方向
      if is_legal_action_xy_dxy(x, y, dx, dy):
        flag = True
    return flag
```

（第 3 步，確認為合法棋步後，將那個方向上被包夾的敵方棋子全部轉換成我方的棋子）

判斷是否為先手

定義 1 個函式 is_first_player() 用於判斷是否為先手，作用是幫助我們分辨輪到誰要下棋，在黑白棋中，因為棋子的數目會隨著戰況變來變去，所以不能以棋子的數量來判斷，只能用回合數來判斷，做法是將 depth 除以 2 取餘數，如果餘數為 0 就代表換到先手玩家的回合了。程式碼如下：

IN 判斷是否為先手

```
def is_first_player(self):
  return self.depth%2 == 0
```

顯示遊戲結果

定義 1 個函式「__str__()」，將遊戲的結果以文字的形式輸出，黑白棋是根據顏色區別雙方的棋子，但是程式輸出的是文字，跟上節的做法一樣，使用兩種不同的文字代替雙方的棋子，這裡就先以 O 和 X 做為雙方的棋子，「O」為先手、「X」為後手。程式碼如下：

IN 顯示遊戲結果

```
def __str__(self):
  ox = ('o', 'x') if self.is_first_player() else ('x', 'o')  ← 根據先手、後手，會對調 O 和 X
  str = ''
  for i in range(36):
    if self.pieces[i] == 1:          } 根據我方的配置印出棋子
      str += ox[0]
    elif self.enemy_pieces[i] == 1:  } 根據敵方的配置印出棋子
      str += ox[1]
    else:
      str += '-'  ← 沒下棋的地方印出「-」
    if i % 6 == 5:  } 每 6 格就進行換行
      str += '\n'
  return str
```

編註 這裡只是暫時用「O」和「X」來代替雙方棋子做訓練與測試，到後續設計遊戲 UI 的時候就會改用顏色來區分。

添加單獨測試 game.py 的程式碼

為了方便單獨測試這個功能模組，此處會以隨機下法 vs 隨機下法的對戰程式碼，來測試 game.py。程式碼如下：

IN

```
# 隨機選擇動作
def random_action(state):
  legal_actions = state.legal_actions() ← 取得合法棋步
  return legal_actions[random.randint(0, len(legal_actions)-1)] ← 從合法棋步中隨機挑 1 個

# 單獨測試
if __name__ == '__main__':
  state = State() ← 產生新賽局

  # 持續循環直到遊戲結束
  while True:
    # 遊戲結束時
    if state.is_done():
      break

    state = state.next(random_action(state)) ← 利用隨機下法取得下 1 個局勢 ( 盤面 )

    # 以文字的形式顯示遊戲結果
    print(state)
    print()
```

在 Google Colab 上執行黑白棋版本的 game.py

最後為了確認程式是否能夠正常執行，將 game.py 上傳至 Google Colab 並執行程式。上傳的程式碼如下：

IN　上傳 game.py

```
from google.Colab import files
uploaded = files.upload()
!dir ← 查看資料夾
```

OUT

```
game.py sample_data
```

執行的程式碼如下：

IN 執行 game.py

```
!python game.py
```

OUT

```
------
---o--
--oo--
--xo--
------
------


------
--xo--
--xo--
--xo--
------
------
```

```
------
--xo--
--oo--
-ooo--
------
------


------
--xxx-
--oo--
-ooo--
------
------
```

```
-----o
--xxo-
--oo--
-ooo--
------
------


-----o
--xxo-
--ox--
-oox--
---x--
------
```

```
-----o
--xxo-
--ox--
-oox--
---o--
----o-


-----o
--xxo-
--ox--
xxxx--
---o--
----o-
```

```
.
.
.
.
.
(略)


xooooo
oxxoox
xxxoox
xxxxox
xxxxxx
xxxxxx
```

修改 dual_network.py

在前半段的部份，我們重新實作了黑白棋版本的 game.py，接下來一樣繼續修改其他程式，這邊就來修改「dual_network.py」的部份，只需要針對對偶網路的參數做修改即可，請將輸入 shape 修改為「(6, 6, 2)」，動作數修改為「37」。修改的程式碼如下：

IN　dual_network.py 修改的部份

```
DN_INPUT_SHAPE = (6, 6, 2) ←— 輸入 shape，6×6 為盤面大小，
                              2 為我方與敵方的配置
DN_OUTPUT_SIZE = 37 ←— 動作數（盤面配置 (6×6) + 棄權 (1)）
```

修改 train_cycle.py

在 train_cycle.py 的部份，與前面一樣，刪除評估最佳玩家。刪除後的程式碼如下：

IN　train_cycle.py 刪除後的版本

```
evaluate_network() ←— 評估網路
```

改寫 human_play.py 遊戲介面

關於遊戲 UI 的部份也需要重新撰寫，檔名一樣取為 human_play.py，接著講解如何建立黑白棋的遊戲 UI。

匯入套件

首先，要先匯入建立黑白棋 UI 所需要的套件。程式碼如下：

IN 匯入套件

```
from game import State
from pv_mcts import pv_mcts_action
from tensorflow.keras.models import load_model
from pathlib import Path
import tkinter as tk
```

這些套件想必大家已經很熟悉它了，如果還有點陌生的可以自行參考 7-2 節的內容

載入最佳玩家模型

這裡的做法與「7-2 節人類與 AI 的對戰」相同，將 Colab 中訓練好的模型下載下來放入「model」的資料夾中，接著利用下面的程式碼給載入進來。程式碼如下：

IN 載入最佳玩家模型

```
model = load_model('./model/best.h5')
```

定義遊戲 UI 的方法 (method)

到這裡就要開始建構代表黑白棋的遊戲 UI (GameUI)，除了要建構 UI 以外還要定義幾個方法來協助我們進行遊戲。GameUI 的方法 (method) 如下表所示：

▼ GameUI 的方法 (method)

方法 (method)	說明
__init__(master=None, model=None)	初始化遊戲 UI
turn_of_human(event)	輪到人類下棋
turn_of_ai()	輪到 AI 下棋
draw_piece(index, first_player)	繪製棋子
on_draw()	更新盤面的 UI

接著直接帶您來看程式碼的部份，在講解程式會依序說明每個方法 (method) 的細節。

初始化遊戲 UI

首先在遊戲開始前我們要先初始化遊戲 UI，做法是利用「__init__()」初始化遊戲 UI，本例會在初始化的階段將「遊戲局勢 (state)」、「利用 PV MCTS 選擇動作的函數」與「畫布元件」進行初始化，最後再更新盤面的 UI 並顯示初始畫面。程式碼如下：

IN 初始化 Game UI

```
class GameUI(tk.Frame):

  def __init__(self, master=None, model=None):
    tk.Frame.__init__(self, master)
    self.master.title('黑白棋') ← 顯示標題

    self.state = State() ← 產生新的對局 (game.py)

    self.next_action = pv_mcts_action(model, 0.0) ← 產生利用 PV MCTS 選擇動作的函數

    # 產生新的畫布元件
    self.c = tk.Canvas(self, width = 240, height = 240, 接下行
    highlightthickness = 0)  ①
    self.c.bind('<Button-1>', self.turn_of_human) ← 綁定事件（點擊滑鼠左鍵，turn_of_human 事件）
                              ②
    self.c.pack() ← 用來套用控制項的配置

    self.on_draw() ← 更新盤面的 UI
```

① 設定寬度、高度、高亮邊框的寬度

② 本例的黑白棋也經過簡化，只有人類可以下第一手，所以初始化完就先把人類那一方設為先手

輪到人類下棋時的處理

設定完黑白棋的初始化後，接著來設定人類下棋時所做的處理，當輪到人類下子時會依序做下面的事情：

01 判斷遊戲是否結束

判斷遊戲是否結束，結束時將遊戲局勢 (盤面) 回復至初始局勢。

02 判斷是否輪到人類下棋

判斷是否輪到人類下子，如果輪到 AI 下子時，人類不可進行操作。

03 將滑鼠點擊的位置轉換成格子編號

將滑鼠點擊在畫布上的位置 (x、y 座標) 轉換成格子編號。當沒有格子編號時 (編註：代表沒有格子可以下)，將格子編號指定為 36（代表棄權）。

04 判斷點擊的位置是否為合法棋步

檢查轉換完的格子編號，若該格子已經有下了棋子就不進行處理。

05 取得下一個局勢 (盤面)

當格子編號為合法棋步時，以 state.next() 做下子並取得下一個局勢 (盤面)，接著更新盤面的 UI。

06 轉由 AI 進行下棋（編註：攻守交換）

當人類完成下子後 (也就是完成上面的 01 ~ 05)，便轉由 AI 進行下棋。

將上述的 6 個步驟寫進 turn_of_human()。程式碼如下：

IN 輪到人類下棋

```
def turn_of_human(self, event):
  # Step01 判斷遊戲是否結束
  if self.state.is_done(): ←— 如果遊戲結束
    self.state = State()  ←— 將遊戲局勢 (盤面) 回復至初始局勢
    self.on_draw() ←— 更新盤面的 UI
    return

  # Step02 判斷是否輪到人類下棋
  if not self.state.is_first_player():
    return

  # Step03 將點擊的位置轉換成格子編號
  x = int(event.x/40) ←— 將 x 座標除以 40
  y = int(event.y/40) ←— 將 y 座標除以 40
  if x < 0 or 5 < x or y < 0 or 5 < y: ←— 先判斷是否有超出範圍   ①
    return
  action = x + y * 6  ←— 轉換為格子編號

  # Step04 判斷點擊的位置是否為合法棋步
  legal_actions = self.state.legal_actions()
  if legal_actions == [36]:
    action = 36 ←— 棄權
  if action != 36 and not (action in legal_actions):
    return

  # Step05 取得下一個局勢 (盤面)
  self.state = self.state.next(action)
  self.on_draw() ←— 更新盤面的 UI

  # Step06 轉由 AI 進行下棋 (編註：攻守交換) ②
  self.master.after(1, self.turn_of_ai)
```

① 這邊轉換的方式與井字遊戲相同，如果還是不太熟悉的話可以自行參考 7-2 節的內容

② Step05 中更新盤面的 UI 需要一點時間，由於若直接執行 turn_of_ai()，局勢 (盤面) 會來不及做更新，因此利用 master.after() 先延遲 1 毫秒再執行 turn_of_ai()。

輪到 AI 下棋時的處理

當人類下完棋子後就會進行攻守交換，輪到 AI 這一方下棋時會依序做下面的事情：

01 判斷遊戲是否結束

判斷遊戲是否結束，遊戲結束時不處理。

02 下子

將局勢 (盤面) 輸入訓練好的 AI 模型，並回傳格子編號 (編註：模型會自動判定是否為合法棋步)。

03 取得下一個局勢 (盤面)

將格子編號輸入 state.next() 取得下一個局勢 (盤面)，並更新盤面的 UI。

將上述的 3 個步驟寫進 turn_of_ai()。程式碼如下：

IN 輪到 AI 下棋

```
def turn_of_ai(self):
  # Step01 判斷遊戲是否結束
  if self.state.is_done():
    return

  # Step02 下子
  action = self.next_action(self.state)

  # Step03 取得下一個局勢 (盤面)
  self.state = self.state.next(action)

  self.on_draw() ← 更新盤面的 UI
```

繪製棋子

設定好人類與 AI 下子的動作後，接著要來繪製棋子，做法是定義 1 個函式 draw_piece()，並且傳入參數協助我們繪製，參數中的 index 為格子編號，first_player 則用於判斷是否為先手 (在繪製棋子時，先手為黑色圓圈，後手為白色圓圈)。程式碼如下：

IN 繪製棋子

```
def draw_piece(self, index, first_player):
    x = (index%6)*40+5 ← 將下棋的格子編號轉換為 x 座標          ①
    y = int(index/6)*40+5 ← 將下棋的格子編號轉換為 y 座標       ①
    if first_player: ← 以先手判斷是要畫黑色圓圈還是白色圓圈，
                       接著根據轉換完的座標畫圖
        self.c.create_oval(x, y, x+30, y+30, width = 1.0, outline = 接下行
        '#000000', fill = '#000000')                              ②
    else:
        self.c.create_oval(x, y, x+30, y+30, width = 1.0, outline = 接下行
        '#000000', fill= '#FFFFFF')
```

① 這邊轉換的方式與井字遊戲相同，如果還是不太熟悉的話可以自行參考 7-2 節的內容

② 圈的畫法已經在 7-1 節說明過了，如果還是不太熟悉的話可以參考該節的內容

繪製 UI

最後還要定義 1 個函式 on_draw() 來繪製黑白棋棋盤的外框線、內框線以及棋子。此外每下一步棋都會用這個函式更新 1 次盤面。程式碼如下：

IN 更新盤面的 UI

```
def on_draw(self):
    self.c.delete('all') ← 將畫布上的東西都刪除 (清乾淨)
    self.c.create_rectangle(0, 0, 240, 240, width = 0.0,fill = 接下行
    '#C69C6C') ← 黑白棋遊戲的外框
```

```
for i in range(1, 8):
  self.c.create_line(0, i*40, 240, i*40, width = 1.0,fill = 接下行
  '#000000')
  self.c.create_line(i*40, 0, i*40, 240, width = 1.0,fill = 接下行
  '#000000')
```
棋盤的內框線（中間的四條線），線條的畫法已經在 7-1 節說明過了，不清楚的可以參考該節說明

```
for i in range(36):  ← 逐一檢查黑白棋的 36 個格子
  if self.state.pieces[i] == 1:  ← 如果格子上有人類的棋子
    self.draw_piece(i, self.state.is_first_player())  ← 就在那個格子上畫黑色圓圈

  if self.state.enemy_pieces[i] == 1:  ← 如果格子上有 AI 的棋子
    self.draw_piece(i, not self.state.is_first_player())  ← 就在那個格子上畫白色圓圈
```

顯示視窗

將畫布上的元件以及事件處理都設定好以後，將 Game UI 顯示在畫面上。程式如下：

IN
```
# 顯示視窗
f = GameUI(model=model)
f.pack()
f.mainloop()
```
注意這裡將訓練好的模型傳入 Game UI 中

訓練黑白棋 AI

到這裡為止，我們已經準備好所有黑白棋的程式了，現在開始要進行黑白棋 AI 的訓練，將範例所有的檔案皆上傳至 Google Colab 並執行，具體執行方法請參考「6-7 節執行訓練循環」。要上傳的檔案有：

- game.py
- dual_network.py
- pv_mcts.py
- self_play.py
- train_network.py
- evaluate_network.py
- train_cycle.py

上傳的程式碼如下：

IN 上傳

```
from google.Colab import files
uploaded = files.upload()
```

執行訓練循環的程式碼如下：

IN 執行訓練循環

```
!python train_cycle.py
```

若是以 GPU 執行，訓練開始到結束為止需花費整整 1 天的時間 (編註：經過小編實測，訓練 10 次大概是 8 個多小時，訓練 30 次大概落在 25 個小時左右)，本例在經過 30 次的訓練之後，其黑白棋的實力與一般的人類差不多，訓練結束後，下載「best.h5」。下載的程式碼如下：

IN 下載 best.h5

```
from google.Colab import files
files.download('./model/best.h5')
```

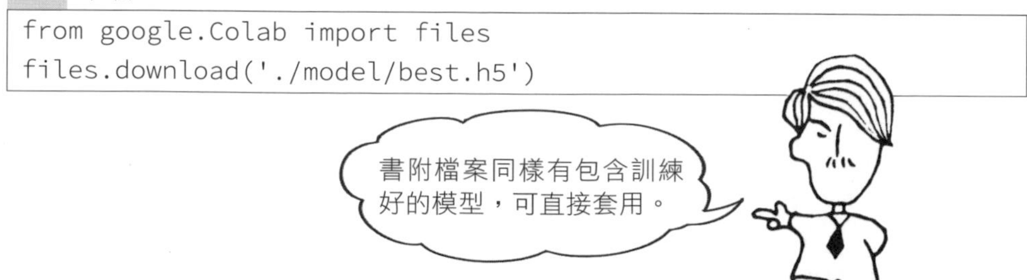

執行人類與 AI 的對戰

最後，執行人類與 AI 的對戰，注意這邊一樣是要在本地 PC 端上執行，執行前請先將剛剛訓練好的 AI 模型「best.h5」放在 model 資料夾裡，並將 model 資料夾與「human_play.py」放在資料夾的同一層中 (編註：不懂可以參考 7-2 節的說明)，接著在虛擬環境中的命令提示字元輸入以下命令，便可啟動黑白棋。輸入的命令如下：

1
2
3
4
5
6
7
8

IN 命令提示字元

```
$ python human_play.py
```

8-2 動物棋

實作完黑白棋後，想必您已經對整個架構非常熟悉了，在本書的最後將挑戰「動物棋」，本節以動物棋示範如何製作複雜規則的遊戲，當中會包含一些之前範例中未出現過的元素，例如可取走敵方棋子再以我方棋子重新放回棋盤中的規則，遊玩起來會有點象棋的味道，規則也不會太難懂，相信讀者很快就能上手。

動物棋的規則簡介

跟前面幾節的做法相同，實作前先來了解一下何謂動物棋以及其遊戲規則，動物棋所使用的棋子有 4 種，分別為獅子、大象、長頸鹿及小雞，棋盤為「3 行 ×4 列」的盤面。動物棋的遊戲畫面如下：

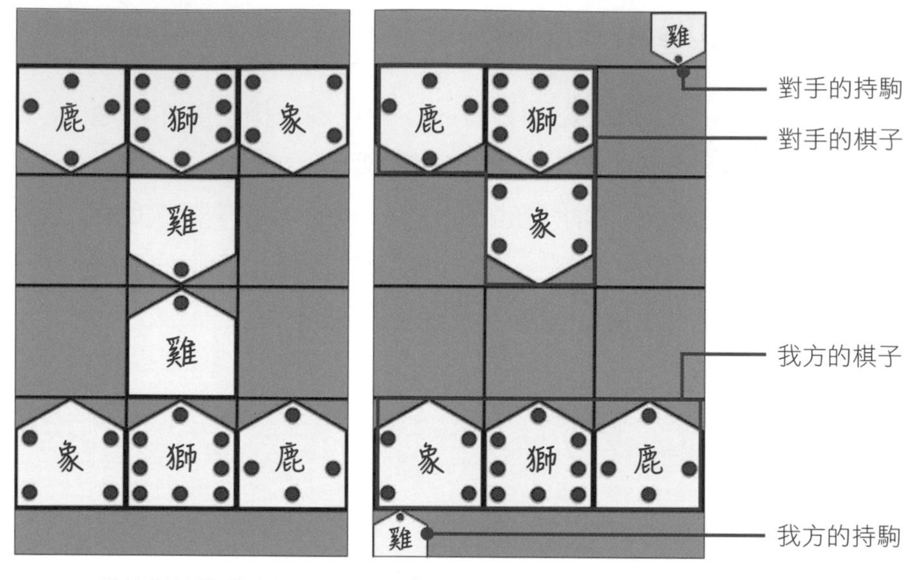

▲ 動物棋的遊戲畫面　　▲「動物棋」的畫面組成元素

遊戲規則是讓 2 位玩家輪流行動，每回合可以選擇移動盤面上的 1 顆我方棋子，或是將我方持駒重新放回棋盤上。

我方棋子前進到「有敵方棋子」的格子時，便可**捕捉**該棋子 (敵方)，使其成為我方的**持駒**，而捕捉到敵方獅子時即獲勝，若下完 300 回合仍無法分出勝負，則平手。

COLUMN

平手的條件

原版 AlphaZero 的論文當中設定西洋棋與日本將棋的平手條件為 512 回合，圍棋則為 722 回合。

在上圖中不同種類的棋子有著數目不同的圓點，這些標示的圓點即為該棋子可移動的方向。下圖為不同棋子可移動的方向：

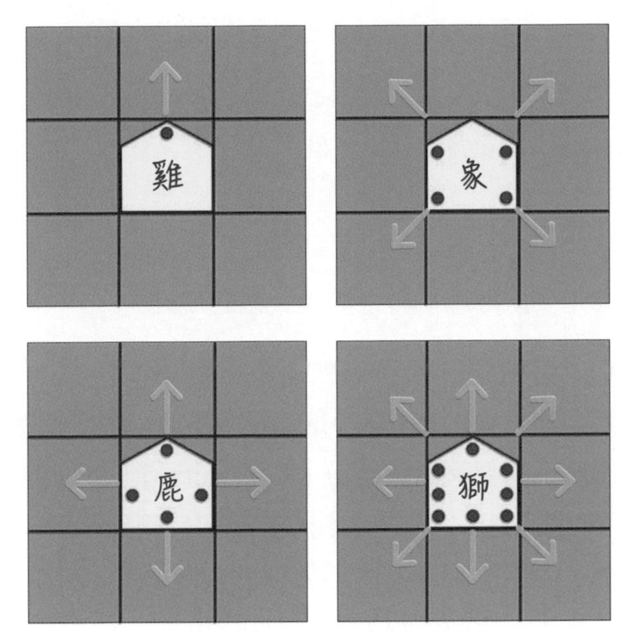

▲ 動物棋中棋子可移動的方向

在動物棋 UI 中，點擊滑鼠即可選擇欲移動的棋子，棋子被點擊時旁邊會出現游標 (紅色框框)，點擊第 2 次則可選擇欲移動之目的地。移動的示意圖如下：

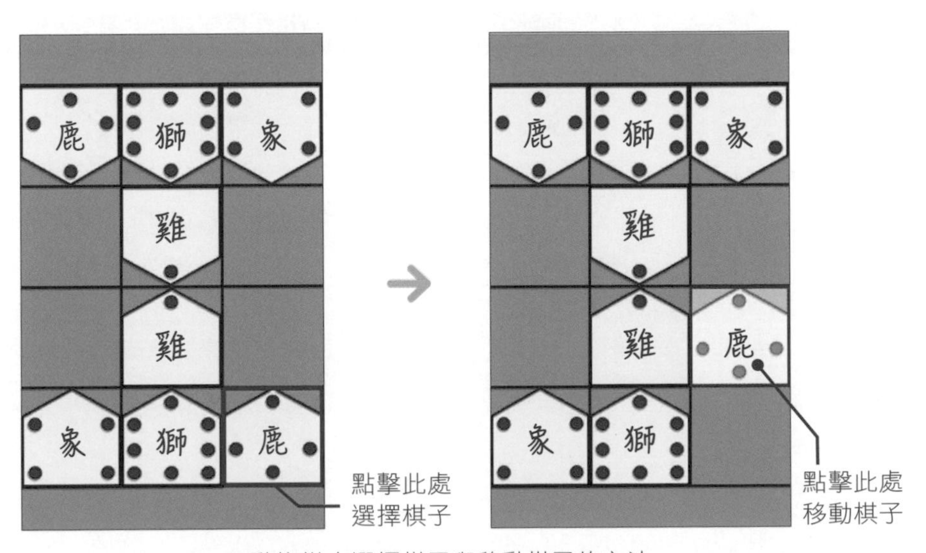

▲ 動物棋中選擇棋子與移動棋子的方法

此外，為了使遊戲規模不要過於複雜導致難以訓練，有將部份的規則簡化。簡化的部份如下：

- 只有人類可當開局第一手。
- 省略了當我方獅子走到敵陣底排時即獲勝的規則。
- 省略了當小雞走到敵陣底排時會變成公雞的規則。

講完了規則的部份後，接下來就要來了解需要修改的部份，遊戲環境 (game.py) 與遊戲介面 (human_play.py) 這兩個程式因遊戲規則不同而需要全部重新撰寫，對偶網路的部份 (dual_network.py) 只需修改部份參數，而訓練循環的執行程式 (train_cycle.py) 只需刪除「評估最佳玩家」的部份即可，此外，由於對偶網路的輸入形態會改變 (編註：為了因應複雜的棋子種類)，因此蒙地卡羅搜尋法 (pv_mcts.py) 及自我對弈部份 (self_play.py) 也需要進行修改。

因本書篇幅有限，以下只針對程式碼有變更的部份進行解說，其他部份的說明請參考第 6、7 章。以下為動物棋的程式碼列表：

▼ 動物棋的程式碼列表

程式碼	說明	與第 6、7 章之間的差異
game.py	遊戲環境	重新撰寫
dual_network.py	對偶網路	僅修改部份參數
pv_mcts.py	策略價值蒙地卡羅樹搜尋法	修改對偶網路的輸入
self_play.py	自我對弈模組	修改對偶網路的輸入
train_network.py	訓練模組	無
evaluate_network.py	評估模組	無
train_cycle.py	執行訓練循環	刪除評估最佳玩家
human_play.py	遊戲介面	重新撰寫

在遊戲 UI 的部份，如果使用 Tkinter 套件畫出動物棋的話，程式碼會過於複雜，所以本例採用圖片的方式呈現動物棋，做法是在程式碼所存放的資料夾 (編註：圖片與程式碼同一層)，準備 80×80 像素的 piece1.png、piece2.png、piece3.png 及 piece4.png，做為棋子的影像。示意圖如下：

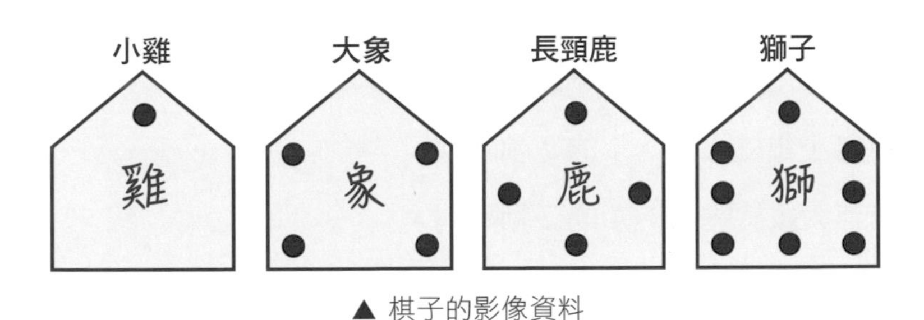

▲ 棋子的影像資料

動物棋的局勢 (盤面)

如同前幾章的步驟，先將動物棋的局勢 (盤面) 轉換為程式能讀取的形式，動物棋的局勢 (盤面) 分為**棋盤上的配置**與**雙方持駒的狀況**，因此本例將使用以下 14 個 3×4 的 2 軸陣列來表示 (小編補充：包含敵我雙方 4 種棋子的配置和 3 種持駒的狀況)，輸入 shape 為 (3, 4, 14)，棋盤上的配置設定有棋子時為「1」，否則為「0」，敵方局勢 (盤面) 是先旋轉 180 度後再儲存，雙方持駒的狀況則設定有持駒時，所有陣列元素皆為「1」；無持駒時，所有陣列元素皆為「0」(編註：這樣做的原因後面會詳細解釋，讀者先記得就好)。陣列的配置如下：

- 我方小雞配置 (3×4 的 2 軸陣列)
- 我方大象配置 (3×4 的 2 軸陣列)
- 我方長頸鹿配置 (3×4 的 2 軸陣列)
- 我方獅子配置 (3×4 的 2 軸陣列)
- 我方有無小雞持駒 (3×4 的 2 軸陣列)

- 我方有無大象持駒 (3×4 的 2 軸陣列)
- 我方有無長頸鹿持駒 (3×4 的 2 軸陣列)
- 敵方小雞配置 (3×4 的 2 軸陣列)
- 敵方大象配置 (3×4 的 2 軸陣列)
- 敵方長頸鹿配置 (3×4 的 2 軸陣列)
- 敵方獅子配置 (3×4 的 2 軸陣列)
- 敵方有無小雞持駒 (3×4 的 2 軸陣列)
- 敵方有無大象持駒 (3×4 的 2 軸陣列)
- 敵方有無長頸鹿持駒 (3×4 的 2 軸陣列)

編註 獅子被吃掉就結束遊戲了，所以沒有獅子持駒。

示意圖如下：

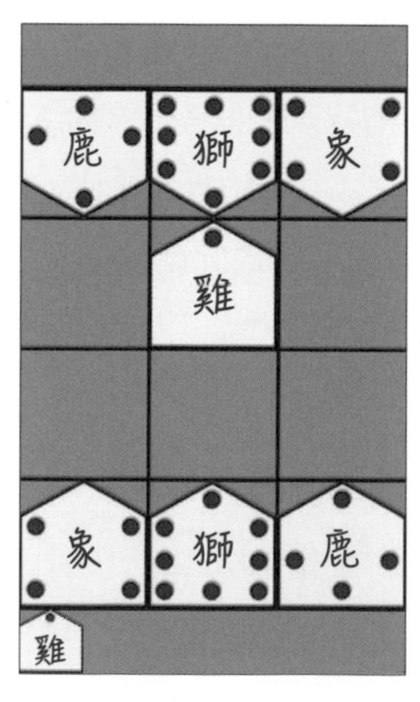

▲ 動物棋對偶網路之輸入

↓

敵方小雞配置

0	0	0
0	0	0
0	0	0
0	0	0

敵方大象配置

0	0	0
0	0	0
0	0	0
1	0	0

敵方長頸鹿配置

0	0	0
0	0	0
0	0	0
0	0	1

敵方獅子配置

0	0	0
0	0	0
0	0	0
0	1	0

敵方小雞持駒

0	0	0
0	0	0
0	0	0
0	0	0

敵方大象持駒

0	0	0
0	0	0
0	0	0
0	0	0

敵方長頸鹿持駒

0	0	0
0	0	0
0	0	0
0	0	0

※ 敵方盤面為180 度反方向

我方小雞配置

0	0	0
0	1	0
0	0	0
0	0	0

我方大象配置

0	0	0
0	0	0
0	0	0
1	0	0

我方長頸鹿配置

0	0	0
0	0	0
0	0	0
0	0	1

我方獅子配置

0	0	0
0	0	0
0	0	0
0	1	0

我方小雞持駒

1	1	1
1	1	1
1	1	1
1	1	1

我方大象持駒

0	0	0
0	0	0
0	0	0
0	0	0

我方長頸鹿持駒

0	0	0
0	0	0
0	0	0
0	0	0

動物棋的下子 (動作)

除了局勢 (盤面) 以外，下子的動作也要轉換成程式能夠理解的形式，動物棋中下子的動作分為**棋子移動目的地**與**棋子移動的方向**，棋子移動目的地為格子位置 (0～11)，棋子移動的方向則表示**棋子是由何方向移動至目的地**，(0～7) 表示從 8 個不同方位的移動 (編註：也就是上、下、左、右、左上、左下、右上、右下，指從出發點移動的方向)，(8～10) 代表不同的動物種類由「持駒區 (存放持駒的地方)」移動至目的地。動作如下：

- 棋子移動目的地 (0～11：格子位置)
- 棋子移動的方向 (0：下、1：左下、2：左、3：左上、4：上、5：右上、6：右、7：右下、8：小雞持駒、9：大象持駒、10：長頸鹿持駒)

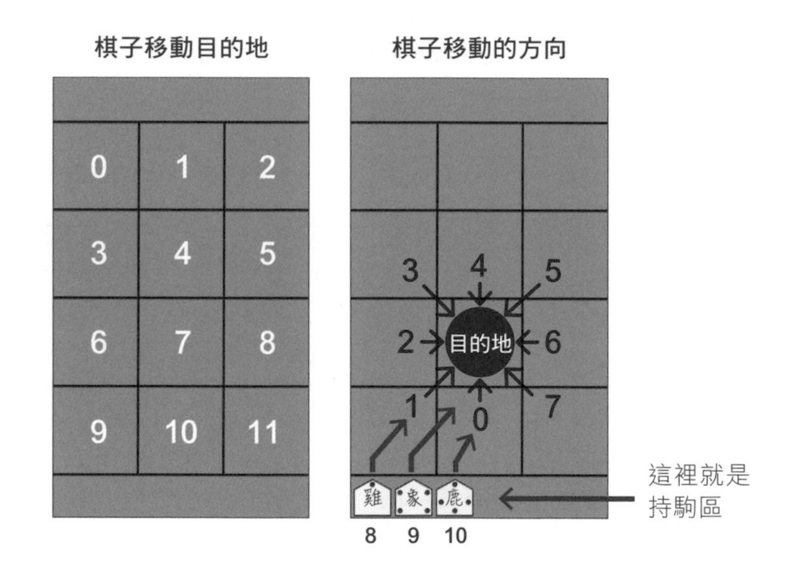

▲ 動物棋棋子移動目的地與棋子移動的方向

接下來，為了方便後續程式的處理，經由以下的公式將這 2 種資訊 (棋子移動目的地、棋子移動的方向) 整合成一個編號，其值稱為「動作」，動作總共有「132」種 (棋子移動的目的地數 (0 ~ 11 = 12) X 棋子移動的方向 (0 ~ 10 = 11))。編號的公式如下：

動作編號公式

動作 = 棋子移動目的地(11) × 11 + 棋子移動的方向(11)

小編補充 上面的公式就是將 132 種不同的動作進行編號，不太理解的人可以參考下圖：

棋子移動的方向 0 ~ 10

棋子移動的目的地 0 ~ 11

0	1	2	…	10
11	12	13	…	21
22	23	24	…	32
⋮	⋮	⋮	⋮	⋮
121	122	123	…	131

編號的原因必須跟後續的程式碼一起看才能夠理解，這邊請讀者先記著就好了。

改寫 game.py 遊戲局勢

了解完如何在程式中表達局勢 (盤面) 與下子的動作後，接下來要依照遊戲規則重新撰寫 game.py，打造全新的動物棋遊戲環境。

動物棋的遊戲局勢

首先，建立 1 個「State」類別代表遊戲局勢，並且建構方法 (method) 協助我們進行「動物棋」的遊戲流程。State 的方法 (method) 如下所示：

▼ State 的方法 (method)

方法 (method)	說明
__init__(pieces=None, enemy_pieces=None, depth=0)	初始化遊戲局勢
is_lose()	判斷是否落敗
is_draw()	判斷是否平手
is_done()	判斷遊戲是否結束
pieces_array()	轉換動物棋的局勢 (盤面)
position_to_action(position, direction)	將棋子移動目的地與移動的方向轉換成動作
action_to_position(action)	將動作轉換成棋子移動目的地與移動的方向
legal_actions()	取得合法棋步的串列
legal_actions_pos(position_src)	取得移動棋子時的合法棋步串列
next(action)	取得下一個局勢 (盤面)
is_first_player()	判斷是否為先手
__str__()	以字串的形式顯示遊戲結果

接著直接帶您來看程式碼的部份，在講解程式會依序說明每個方法 (method) 的細節。

初始化遊戲局勢

我方棋子配置與敵方棋子配置將儲存於長度為「15」(3 行 ×4 列 + 持駒種類數 (3)) 的 1 軸陣列 pieces 與 enemy_pieces 當中，其中索引 12、13 與 14 分別代表小雞、大象與長頸鹿的持駒數量，此 1 軸陣列的索引「0 ～ 11」將以**棋子 ID** 顯示盤面上的資訊。棋子配置的陣列元素如下：

▼ 棋子配置的陣列元素

索引	元素
0	第 0 格的棋子 ID
1	第 1 格的棋子 ID
2	第 2 格的棋子 ID
3	第 3 格的棋子 ID
4	第 4 格的棋子 ID
5	第 5 格的棋子 ID
6	第 6 格的棋子 ID
7	第 7 格的棋子 ID

索引	元素
8	第 8 格的棋子 ID
9	第 9 格的棋子 ID
10	第 10 格的棋子 ID
11	第 11 格的棋子 ID
12	小雞持駒數
13	大象持駒數
14	長頸鹿持駒數

棋子的 ID 如右：

▼ 棋子 ID

棋子 ID	說明
0	無
1	小雞
2	大象
3	長頸鹿
4	獅子
5	小雞持駒
6	大象持駒
7	長頸鹿持駒

光看上頁這 2 個表格，想必還是不太清楚，可以對照下面的遊戲示意圖，會比較清楚。示意圖如下：

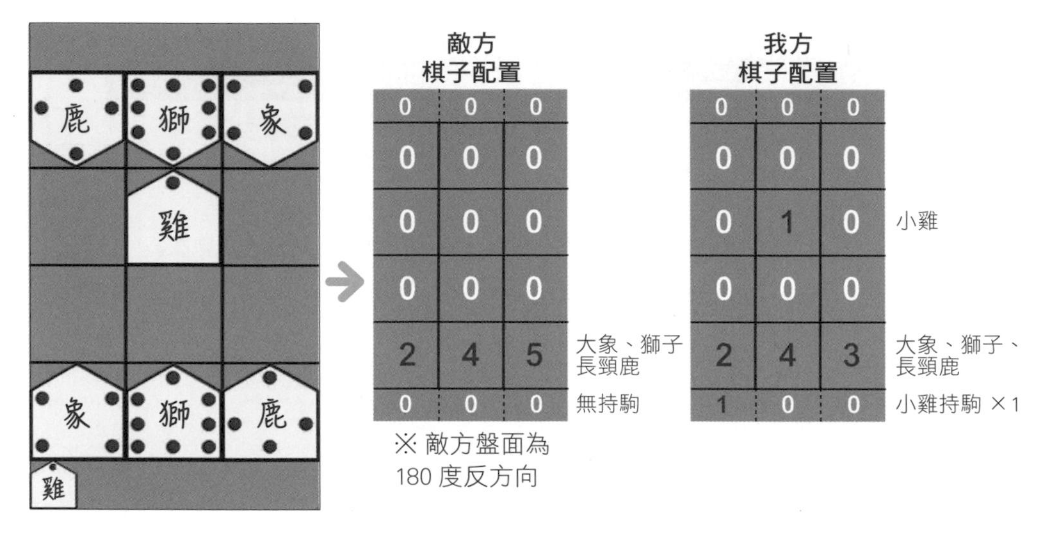

▲ 遊戲局勢（盤面）示例

此外還需準備用於紀錄目前為第幾回合的 depth，以及表示 8 個方向的方向常數 dxy，depth 用來判斷目前是否輪到先手，以及判斷是否已達 300 回合而平手，dxy 用於計算己方棋子能否移動至周圍的 8 個方向上，詳細說明請參考上一節。程式碼如下：

IN 初始化

```
# 匯入套件
import random
import math

# 遊戲局勢
class State:

  def __init__(self, pieces=None, enemy_pieces=None, depth=0):
    self.dxy = ((0, -1), (1, -1), (1, 0), (1, 1), (0, 1), 接下行
    (-1, 1), (-1, 0), (-1,-1)) ← 方向常數

    # 傳入雙方的棋子作判斷
    self.pieces = pieces if pieces != None else [0] * (12+3)
    self.enemy_pieces = enemy_pieces if enemy_pieces != None 接下行
    else [0] * (12+3)
```

```
    self.depth = depth

    # 棋子的初始配置(在這裡才擺放動物)
    if pieces == None or enemy_pieces == None:
      self.pieces = [0, 0, 0, 0, 0, 0, 0, 1, 0, 2, 4, 3, 0, 接下行
      0, 0]
      self.enemy_pieces = [0, 0, 0, 0, 0, 0, 0, 1, 0, 2, 4, 接下行
      3, 0, 0, 0]
```

判斷是否落敗

在動物棋中，結束時一樣會有 3 種狀況，輸、贏與平手，這邊先來定義判斷勝負的函式，一樣只要判斷其中一方是否為落敗就好了。程式碼如下：

IN 判斷是否落敗

```
def is_lose(self):
  for i in range(12): ←— 判斷棋盤上每個格子，不用
                         判斷提駒，因為獅子沒有提駒
    if self.pieces[i] == 4: ←— 判斷獅子的 ID 有沒有在盤
      return False             面上，獅子被吃掉了即落敗
  return True
```

判斷是否平手

再來要判斷平手，這邊定義一個函式 is_draw() 用於判斷是否平手，在動物棋中，若下完 300 回合仍無法分出勝負，則判定為平手。程式碼如下：

IN 判斷是否平手

```
def is_draw(self):
  return self.depth >= 300
```

判斷遊戲是否結束

接著將 is_draw 與 is_lose 包裝成函式 is_done() 用於判斷遊戲是否結束。程式碼如下：

IN 判斷遊戲是否已結束

```
def is_done(self):
  return self.is_lose() or self.is_draw()
```

轉換動物棋的局勢

這裡要先將雙方棋子配置的 1 軸陣列 (pieces 與 enemy_pieces) 轉換成 14 個 2 軸陣列，目的是將局勢 (盤面) 轉換成對偶網路的輸入。程式碼如下：

IN 轉換動物棋的局勢

```
def pieces_array(self):
  # 取得每位玩家的局勢 (盤面)
  def pieces_array_of(pieces):
    table_list = []
    # 棋子 ID「1」：雞、棋子 ID「2」：象、棋子 ID「3」：鹿、棋子 ID「4」：獅
    for j in range(1, 5):
      table = [0] * 12
      table_list.append(table)
      for i in range(12):
        if pieces[i] == j:
          table[i] = 1

      # 棋子 ID「5」：雞持駒、棋子 ID「6」：象持駒、棋子 ID「7」：鹿持駒
      for j in range(1, 4):
        flag = 1 if pieces[11+j] > 0 else 0
        table = [flag] * 12
        table_list.append(table)
      return table_list
```

```
  # 組合成對偶網路的輸入的 (2 軸陣列)
  return [pieces_array_of(self.pieces), pieces_array_of(self.接下行
  enemy_pieces)]
```

將棋子移動目的地與移動的方向轉換成動作

在動物棋中下棋的動作，是先用滑鼠點擊棋子，再點想要移動到的格子上，接下來就是要將這個過程定義成函式「position_to_action(position, direction)」，做法是將所選的棋子位置 (position) 跟移動的方位 (direction)，根據之前提到的動作公式計算出動作。程式碼如下：

IN 將棋子移動目的地與移動的方向轉換成動作

```
def position_to_action(self, position, direction):
  return position * 11 + direction ← 動作公式
```

將動作轉換成棋子移動目的地與移動的方向

接下來還要定義另 1 個函式「action_to_position(action)」用於將動作編號轉換成棋子移動目的地與棋子移動的方向，做法就是將動作編號公式反推回去。公式如下：

動作公式

棋子移動目的地 = 動作 / 11
棋子移動的方向 = 動作 % 11

程式碼如下：

IN 將動作轉換成棋子移動目的地與起始地

```
def action_to_position(self, action):
  return (int(action/11), action%11)
```

建立合法棋步的串列

接下來，定義 1 個函式 legal_actions() 用於建立合法棋步的串列，幫助我們判斷哪邊還能下棋，做法是取得每一格在**移動棋子時** (編註：就是在盤面上移動棋子) 與**放回持駒時** (編註：從持駒區拿取持駒放回棋盤上) 的合法棋步，若選取到格子中有我方棋子，則以 legal_actions_pos() 計算合法棋步 (編註：等等會說明 legal_actions_pos())，若選取到空格時，則在合法棋步中加入持駒。程式碼如下：

IN　取得合法棋步的串列

```
def legal_actions(self):
  actions = []
  for p in range(12):
    # 移動棋子
    if self.pieces[p] != 0: ← 檢查是否有選取到棋子
      actions.extend(self.legal_actions_pos(p)) ←①

    # 放回持駒
    if self.pieces[p] == 0 and self.enemy_pieces[11-p] == 0: ←②
      for capture in range(1, 4):
        if self.pieces[11+capture] != 0: ←③
          actions.append(self.position_to_action(p, 8-1+capture)) ←④
  return actions
```

① 將移動棋子時的合法棋步加到串列，等等會說明 legal_actions_pos() 函式
② 檢查要將持駒放回棋盤上的格子，如果格子上沒有棋子才做後續處理
③ 檢查自己的持駒區中有沒有可以下的持駒
④ 有的話就利用 position_to_action() 轉換成動作並存到合法棋步串列中

取得移動棋子時的合法棋步

再來說明一下剛剛跳過的函式 legal_actions_pos()，legal_actions_pos() 用於取得移動棋子時的合法棋步，做法是判斷每個棋子可移動的方向 (編註：每個棋子有不同的移動方式)，並於確定可移動時將其加入合法棋步。程式碼如下：

IN 取得移動棋子時的合法棋步串列

```
def legal_actions_pos(self, position_src):
  actions = []

  # 先區分每個棋子移動的方向
  piece_type = self.pieces[position_src]
  if piece_type > 4: piece_type-4
  directions = []
  if piece_type == 1: # 小雞
    directions = [0]  ← 小雞只能往前移動
  elif piece_type == 2: # 大象
    directions = [1, 3, 5, 7]  ← 大象只能斜線移動
  elif piece_type == 3: # 長頸鹿
    directions = [0, 2, 4, 6]  ← 長頸鹿只能十字移動
  elif piece_type == 4: # 獅子
    directions = [0, 1, 2, 3, 4, 5, 6, 7]  ← 獅子可以斜線也
                                              可以十字移動
  # 區分完每個棋子的方向後，利用公式取得合法棋步
  for direction in directions:
    # 利用棋子的起始地計算出 p，p 代表著棋盤的索引
    x = position_src%3 + self.dxy[direction][0]
    y = int(position_src/3) + self.dxy[direction][1]
    p = x + y * 3
```

編註： 此處可以試著將棋子的起始地 (position_src)、棋子可移動的方向 (direction) 及方向常數帶進去這裡的程式。例如：以小雞為例，假設小雞的起始地為 7、小雞的可移動方向只有 0 (代表往前)，對應方向常數得到 x = 1、y = 1，最後根據 x + y * 3 計算出來 p = 4 也就是棋盤上的索引，如果這個位置上面沒有棋子，那就把索引 4 加入合法棋步

```
      # 可移動時加入合法棋步
      if 0 <= x and x <= 2 and 0<= y and y <= 3 and self. 接下行
      pieces[p] == 0:
        actions.append(self.position_to_action(p, direction))
  return actions
```

取得下一個局勢 (盤面)

接著要來建立取得下一個局勢 (盤面) 的函式 next(action)，可以根據動作 (格子編號) 傳回下一個局勢 (盤面)，做法是先複製當前的局勢，並把 depth 加上 1，之後將動作轉換成選擇的棋子與移動的資訊，最後再傳回棋子移動後的局勢 (編註：下完棋就是下一個局勢了)。程式碼如下：

IN 取得下一個局勢 (盤面)

```
def next(self, action):
# 透過複製上一個的局勢 (盤面) 建立下一個局勢 (盤面) 並把 depth 加上 1
state = State(self.pieces.copy(), self.enemy_pieces.copy(),
self.depth+1)

  # 將動作透過 action_to_position(action) 轉換成 (移動目的地, 移動起始地)
  position_dst, position_src = self.action_to_position(action)

  # 移動棋子
  If position_src < 8: ←— 用索引來判斷要移動棋子還是要放
                            回持駒，索引 8~10 代表持駒區
    # 利用棋子的目的地及方向常數計算棋子的移動起始地
    x = position_dst%3 - self.dxy[position_src][0]
    y = int(position_dst/3) - self.dxy[position_src][1]
    position_src = x + y * 3

    # 移動棋子，將棋子移到目的地的索引，然後將起始地歸零
    state.pieces[position_dst] = state.pieces[position_src] ←┐
                                                   將棋子移到目的地上
```

```
  state.pieces[position_src] = 0 ← 將起始地歸零，代表沒有棋子

  # 若目的地上有敵方的棋子就取走變成我方的持駒
  piece_type = state.enemy_pieces[11-position_dst] ←┐
                                判斷被吃掉的棋子是什麼動物
  if piece_type != 0:
    if piece_type != 4: ← piece_type = 4 代表獅子，
                          獅子被吃就代表遊戲結束
      state.pieces[11+piece_type] += 1 ← 將吃掉的動物加
                                         到我方的持駒中
    state.enemy_pieces[11-position_dst] = 0 ←┐
                                將被吃掉的棋子所在格子變成零
# 放回持駒（將我方持有的持駒放回盤面上）
else:
  capture = position_src-7 ← 判斷是哪個動物，例如 8 - 7 = 1
                             代表是小雞（棋子 ID）
  state.pieces[position_dst] = capture
  state.pieces[11+capture] -= 1 ← 將持駒起始地的位置
                                  用減 1 的方式歸零
# 攻守交換，因為視角會轉換（我方、敵方），所以也要將棋子配置跟著轉換
w = state.pieces
state.pieces = state.enemy_pieces
state.enemy_pieces = w
return state
```

判斷是否為先手

定義 1 個函式 is_first_player() 用於判斷是否為先手，作用是幫助我們分辨輪到誰要下棋，在動物棋中，一樣用回合數來判斷，做法與上節相同，將 depth 除以 2 取餘數，如果餘數為 0 就代表換到先手玩家的回合了。程式碼如下：

IN 判斷是否為先手

```
def is_first_player(self):
  return self.depth%2 == 0
```

顯示遊戲結果

接著要定義 1 個函式「__str__()」，將遊戲的結果以文字的形式輸出，由於在動物棋中每個棋子都是不同的種類，所以各棋子由以下字串表示，並且以大小寫區分前、後手，其中字串被 [] 圍住的棋子為持駒。棋子的表示方式如下表所示：

▼棋子的表示方式

對應字串	說明
H	先手的雞
Z	先手的象
K	先手的鹿
R	先手的獅

▼棋子的表示方式

對應字串	說明
h	後手的雞
z	後手的象
k	後手的鹿
r	後手的獅

程式碼如下：

IN　顯示遊戲結果

```
def __str__(self):
  # 根據先手、後手，會對調我方與敵方
  pieces0 = self.pieces if self.is_first_player() else self. 接下行
  enemy_pieces
  pieces1 = self.enemy_pieces if self.is_first_player()else 接下行
  self.pieces
  hzkr0 = ('', 'H', 'Z', 'K', 'R') ←代表先手的串列
  hzkr1 = ('', 'h', 'z', 'k', 'r') ←代表後手的串列

  # 後手的持駒區 (在盤面上面所以要先建立)
  str = '['
  for i in range(12, 15):
    if pieces1[i] >= 2: str += hzkr1[i-11]
    if pieces1[i] >= 1: str += hzkr1[i-11]
  str += ']\n'
```

用於區分持駒的種類，有可能相同的棋子會同時出現在持駒區，所以要判斷相同的棋子是 2 顆還 1 顆，例如我方的持駒中可能會有 2 個雞的棋子 (編註：某一方含持駒會有 2 個雞，若這 2 個都敵方被吃掉，敵方就會有 2 個雞的持駒)

```
# 盤面
for i in range(12):
  if pieces0[i] != 0:
    str += hzkr0[pieces0[i]]          根據先後手印出
  elif pieces1[11-i] != 0:            相對應的棋子
    str += hzkr1[pieces1[11-i]]
  else:
    str += '-'    ← 沒下棋的地方印出「-」
  if i % 3 == 2:  ← 每 3 格就進行換行
    str += '\n'

# 先手的持駒區 (在盤面下面所以要最後建立)
str += '['
for i in range(12, 15):
  if pieces0[i] >= 2: str += hzkr0[i-11]
  if pieces0[i] >= 1: str += hzkr0[i-11]
str += ']\n'
return str
```

1 2 3 4 5 6 7 8

編註 這裡只是暫時用文字的形式來代替雙方棋子做訓練與測試，到後續設計遊戲 UI 的時候就會改用動物棋的圖片來表示棋子。

添加單獨測試 game.py 的程式碼

為了方便單獨測試這個功能模組，此處會以隨機下法 vs 隨機下法的對戰程式碼，來測試 game.py。程式碼如下：

IN

```
# 隨機選擇動作
def random_action(state):
  legal_actions = state.legal_actions()
  return legal_actions[random.randint(0, len(legal_ 接下行
  actions)-1)]
```

```
# 單獨測試
if __name__ == '__main__':
  state = State() ◀— 產生新賽局

  while True: ◀——— 持續循環直到遊戲結束
    if state.is_done(): ◀— 遊戲結束時跳出
      break

    state = state.next(random_action(state)) ◀— 利用隨機下法取得
                                                下一個局勢（盤面）
    # 以文字的形式顯示遊戲結果
    print(state)
    print()
```

在 Google Colab 上執行動物棋版本的 game.py

最後為了確認程式是否能夠正常執行，將 game.py 上傳至 Google Colab 並執行程式。上傳的程式碼如下：

IN 上傳 game.py

```
from google.Colab import files
uploaded = files.upload()

!dir ◀— 確認資料夾
```

OUT

```
game.py sample_data
```

執行的程式碼如下：

IN 執行 game.py

```
!python game.py
```

OUT

```
[]
krz
-h-
RH-
Z-K
[]

[]
k-z
-hr
RH-
Z-K
[]
```

```
[]
k-z
-hr
-H-
ZRK
[]

[]
-kz
-hr
-H-
ZRK
[]
```

```
[]
-kz
-Hr
---
ZRK
[H]

[]
k-z
-Hr
---
ZRK
[H]
```

```
[]
kHz
-Hr
---
ZRK
[]

[h]
-kz
-Hr
---
ZRK
[]
```

```
.
.
.
.
.
(略)

[h]
--z
k-r
-h-
Z-K
[]
```

編註 可以多跑幾次程式把動物棋的規則弄懂後再進行後續的章節。

修改 dual_network.py

在前半段的部份，我們重新實作了動物棋版本的 game.py，接下來一樣繼續修改其他程式，這邊就來修改「dual_network.py」的部份，只需要針對對偶網路的參數做修改即可，請將輸入 shape 修改為「(3, 4, 14)」，動作數為「132」。修改的程式碼如下：

IN dual_network.py 修改的部份

```
DN_INPUT_SHAPE = (3, 4, 14)  ← 輸入 shape，3x4 為盤面大小，
                                14 為我方與敵方的配置
DN_OUTPUT_SIZE = 132  ← 動作數
```

修改 pv_mcts.py

在動物棋版本的 game.py 中，我們將 1 軸陣列 (pieces 與 enemy_pieces) 轉換成 14 個 2 軸陣列 (state.pieces_array())，所以在 pv_mcts.py 的部份，需修改對偶網路的輸入型態，將 [state.pieces, state.enemy_pieces] 修改為「state.pieces_array()」。修改的程式碼如下：

IN pv_mcts.py 原本的版本

```
x = np.array([state.pieces, state.enemy_pieces])
```

修改後會變這樣：

IN pv_mcts.py 修改後的版本

```
x = np.array(state.pieces_array())
```

這個函式是撰寫在動物棋版本的 game.py 裡面，忘記的趕快回去 8-60 頁複習一下

修改 self_play.py

接著，在 self_play.py 的部份，也需修改對偶網路的輸入型態，將 [state.pieces, state.enemy_pieces] 修改為 state.pieces_array()。修改的程式碼如下：

IN self_play.py 原本的版本

```
history.append([[state.pieces, state.enemy_pieces], policies, None])
```

修改後會變這樣：

IN self_play.py 修改後的版本

```
history.append([state.pieces_array(), policies, None])
```

修改 train_cycle.py

在 train_cycle.py 的部份，與前面幾節一樣，刪除評估最佳玩家。刪除後的程式碼如下：

IN train_cycle.py 刪除後的版本

```
evaluate_network() ←— 評估網路
```

改寫 human_play.py

關於遊戲 UI 的部份也需要重新撰寫，檔名一樣取為 human_play.py，接著講解如何建立動物棋的遊戲 UI。

匯入套件

首先，要先匯入建立動物棋 UI 所需要的套件。程式碼如下：

IN 匯入套件

```
from game import State
from pv_mcts import pv_mcts_action
from tensorflow.keras.models import load_model
from pathlib import Path
import tkinter as tk
from PIL import Image, ImageTk ←— 匯入圖片用
```

載入最佳玩家模型

做法與前幾節相同，將 Google Colab 中訓練好的模型下載下來放入「model」的資料夾中，接著利用下面的程式碼載入進來。程式如下：

IN 載入最佳玩家模型

```
model = load_model('./model/best.h5')
```

定義遊戲 UI 的方法 (method)

到這裡就要開始建構代表動物棋的遊戲 UI (GameUI)，除了要建構 UI 以外還要定義幾個方法來協助我們進行遊戲。GameUI 的方法 (method) 如下表所示：

▼ GameUI 的方法 (method)

方法 (method)	說明
__init__(master=None, model=None)	初始化遊戲 UI
turn_of_human(event)	輪到人類下棋
turn_of_ai()	輪到 AI 下棋
draw_piece(index, first_player)	繪製棋子
on_draw()	更新盤面的 UI

接著直接帶您來看程式碼的部份，在講解程式會依序說明每個方法 (method) 的細節。

初始化遊戲 UI

首先在遊戲開始前我們要先初始化遊戲 UI，做法是利用「__init__()」初始化遊戲 UI，本例會在初始化的階段將「遊戲局勢 (state)」、「利用 PV MCTS 選擇動作的函數」、「圖片」與「畫布元件」進行初始化，最後再更新盤面的 UI 並顯示初始畫面。程式碼如下：

IN 初始化 Game UI

```
class GameUI(tk.Frame):
  def __init__(self, master=None, model=None):
  tk.Frame.__init__(self, master) ← 繼承「Frame」的框架
  self.master.title('動物棋') ← 顯示標題

  self.state = State() ← 產生新的對局
  self.select = -1 ← 選擇游標（－1：無、0～11：格子、12～14：持駒）

  self.dxy = ((0, -1), (1, -1), (1, 0), (1, 1), (0, 1), 接下行
  (-1, 1), (-1, 0), (-1,-1)) ← 方向常數

  self.next_action = pv_mcts_action(model, 0.0) ← 產生利用 PV MCTS 選擇動作之函數

  # 準備圖片作為動物棋
  self.images = [(None, None, None, None)]
  for i in range(1, 5):
  image = Image.open('piece{}.png'.format(i)) ← 用 for 迴圈的方式匯入圖片
  self.images.append((
  ImageTk.PhotoImage(image), ← 我方棋子 (盤面)
  ImageTk.PhotoImage(image.rotate(180)), ← 敵方棋子 (盤面)，反轉 180 度
  ImageTk.PhotoImage(image.resize((40, 40))), ← 我方持駒，指定較小的尺寸
  ImageTk.PhotoImage(image.resize((40, 40)).rotate(180)))) ← 敵方持駒，指定較小的尺寸，並且反轉 180 度

  # 產生新的畫布元件
  self.c = tk.Canvas(self, width = 240, height = 400, 接下行
  highlightthickness = 0)
  self.c.bind('<Button-1>', self.turn_of_human) ← 綁定事件（點擊滑鼠左鍵，turn_of_human 事件）
  self.c.pack() ← 用來套用控制項的配置

  self.on_draw() ← 更新盤面的 UI
```

輪到人類下棋時的處理

設定完動物棋的初始化後，接著來設定人類下棋時所做的處理，當輪到人類下子時會依序做下面的事情：

01 判斷遊戲是否結束

判斷遊戲是否結束，結束時將遊戲局勢 (盤面) 回復至初始局勢。

02 判斷是否輪到人類下棋

判斷是否輪到人類下子，如果輪到 AI 下子時，人類不可進行操作。

03 取得持駒的種類

利用 state.pieces 取得持駒的種類。

04 計算選擇的棋子與移動的位置

由滑鼠點擊位置計算出選擇的棋子與移動的位置。

05 將選擇的棋子與移動的位置轉換成動作

將選擇的棋子與移動的位置轉換成動作。

06 當下棋非合法棋步時

當由選定的棋子與移動位置轉換而來的動作非合法棋步時，解除棋子的選擇 (編註：不顯示游標)。

07 取得下一個局勢 (盤面)

當下棋為合法棋步時，以 state.next() 做下子並取得下一個局勢 (盤面)，接著更新盤面的 UI。

(08) 轉由 AI 進行下棋 (編註：攻守交換)

當人類完成下子後 (也就是完成上面的 (01) ~ (07))，便轉由 AI 進行下棋。

將上述的 8 個步驟寫進 turn_of_human()。程式碼如下：

IN 輪到人類下棋

```
def turn_of_human(self, event):
  # Step01 判斷遊戲是否結束
  if self.state.is_done(): ← 如果遊戲結束
    self.state = State()  ← 將遊戲局勢 (盤面) 回復至初始局勢
    self.on_draw() ← 更新盤面的 UI
    return

  # Step02 判斷是否輪到人類下棋
  if not self.state.is_first_player():
    return

  # Step03 利用 state.pieces 取得持駒的種類
  captures = []
  for i in range(3):
    if self.state.pieces[12+i] >= 2: captures.append(1+i) } ①
    if self.state.pieces[12+i] >= 1: captures.append(1+i) }

  # Step04 計算選擇的棋子與移動的位置
  p = int(event.x/80) + int((event.y-40)/80) * 3          }
  if 40 <= event.y and event.y <= 360:                    }
    select = p                                            }
  elif event.x < len(captures) * 40 and event.y > 360:    } ②
    select = 12 + int(event.x/40)                         }
  else:                                                   }
    return                                                }
```

① 有可能相同的棋子會同時出現在持駒區，所以要判斷相同的棋子是 2 顆還 1 顆

② 利用座標跟公式去計算選擇的棋子與移動的位置（0～11：格子、12～14：持駒）

```
# 選擇棋子 (select < 0 才要做的處理)
if self.select < 0:
  self.select = select
  self.on_draw()
  return

# Step05 將選擇的棋子與移動的位置轉換成動作
action = -1
if select < 12:
  # 移動棋子時
  if self.select < 12:
    action = self.state.position_to_action(p, self.position_ 接下行
    to_direction(self.select, p))                                  ③
  # 放回持駒時
  else:
    action = self.state.position_to_action(p,8-1+captures 接下行
    [self.select-12])                                              ④

# Step06 當下棋非合法棋步時
if not (action in self.state.legal_actions()):
  self.select = -1
  self.on_draw()        ⑤
  return

# Step07 取得下一個局勢 (盤面)
self.state = self.state.next(action)
self.select = -1
self.on_draw()  ← 更新盤面的 UI

# Step08 轉由 AI 進行下棋 (編註：攻守交換)
self.master.after(1, self.turn_of_ai)  ←⑥
```

③ 可以做的動作有兩種 (移動棋子、放回持駒)，這裡在做的事是移動棋子，其中的 position_to_direction 請參考下面的說明，position_to_action 在之前的 game.py 就說明過了，如果還不熟悉可以回去複習一下

④ 這裡做的是放回持駒，簡單來說就是將棋子從持駒區放回棋盤中

⑤ 藉由剛剛計算出來的動作去判定，如果非合法棋步時，解除選擇的棋子 (不顯示游標)

⑥ Step09 更新盤面的 UI 需要一點時間，由於若直接執行 turn_of_ai()，局勢 (盤面) 會來不及做更新，因此利用 master.after() 先延遲 1 毫秒再執行 turn_of_ai()

計算並傳回棋子移動方向

來講解一下 position_to_direction() 的用途，這個函式會取棋子的起始位置和目的位置的編號做運算，分別計算出水平和垂直移動的方向，再傳回對應的方向常數，幫助程式判斷怎麼移動棋子。程式如下：

IN 計算並傳回棋子移動方向

```
def position_to_direction(self, position_src, position_dst):
  dx = position_dst%3-position_src%3
  dy = int(position_dst/3)-int(position_src/3)
  for i in range(8):
    if self.dxy[i][0] == dx and self.dxy[i][1] == dy: return i
  return 0
```

dx、dy 兩行：藉由棋子的起始地與棋子的目的地去計算 dx 與 dy

for 行：有 8 個方向 (上、下、左、右、左上、左下、右上、右下)

if 行：藉由 dx 與 dy 判斷棋子從哪個方向移動過來

輪到 AI 下棋時的處理

當人類下完棋子後就會進行攻守交換，輪到 AI 這一方下棋時會依序做下面的事情：

01 判斷遊戲是否結束

判斷遊戲是否結束，遊戲結束時不處理。

02 取得動作

將局勢 (盤面) 輸入訓練好的 AI 模型，並回傳動作 (編註：模型會自動判定是否為合法棋步)。

03 取得下一個局勢 (盤面)

根據取得的動作輸入 state.next() 取得下一個局勢 (盤面)，並更新盤面的 UI。

將上述的 3 個步驟寫進 turn_of_ai()。程式碼如下：

IN 輪到 AI 下棋

```
def turn_of_ai(self):
  # Step01 判斷遊戲是否結束
  if self.state.is_done():
    return

  # Step02 取得動作
  action = self.next_action(self.state)

  # Step03 取得下一個局勢 (盤面)
  self.state = self.state.next(action)

  self.on_draw()  ← 更新盤面的 UI
```

繪製棋子

設定好人類與 AI 下子的動作後，接著要來繪製棋子，做法是定義 1 個函式 draw_piece()，並且傳入參數協助我們繪製，參數中的 index 為格子編號，first_player 則用於判斷是否為先手 (先手及後手的棋子方向相反，所以需要做判斷)。程式如下：

IN 繪製棋子

```
def draw_piece(self, index, first_player, piece_type):
  x = (index%3)*80  ← 將格子編號轉換為 x 座標
  y = int(index/3)*80+40  ← 將格子編號轉換為 y 座標
  index = 0 if first_player else 1
  self.c.create_image(x, y, image=self.images[piece_type] 接下行
  [index], anchor=tk.NW)
                      ↑ 根據 0 或 1 去繪製我方的棋子或敵方的棋子
```

繪製持駒

繪製完棋盤上面的棋子後，接下來要繪製持駒，做法是定義「draw_capture(first_player, pieces)」用於繪製持駒，參數中的 first_player 用於判斷是否為先手，pieces 則為棋子的配置，pieces 中的「12～14」為持駒個數。

IN 繪製持駒

```
def draw_capture(self, first_player, pieces):
  index, x, dx, y = (2, 0, 40, 360) if first_player else (3, 200, -40, 0)
  captures = []                                          ①
  for i in range(3):
    if pieces[12+i] >= 2: captures.append(1+i) ⎫
    if pieces[12+i] >= 1: captures.append(1+i) ⎭ ②
  for i in range(len(captures)):
    self.c.create_image(x+dx*i, y, image=self.images 接下行
    [captures[i]][index],anchor=tk.NW)
          ③
```

① 因為我方跟敵方的持駒區不同，我方持駒區在棋盤下面所以用 (3, 200, -40, 0) 這組數字代表我方持駒區的位置，敵方的持駒區在棋盤的上面，所以位置用 (2, 0, 40, 360)

② 有可能相同的棋子會同時出現在持駒區，所以要判斷相同的棋子是 2 顆還 1 顆

③ 根據計算出來的持駒種類 (captures) 去繪製持駒

繪製游標

再來，我們要來繪製 1 個游標 (編註：就是選擇棋子時旁邊會出現的紅色框框)，有了游標以後，玩家會比較清楚自己目前所選的棋子是哪 1 個，因此這裡我們要定義一個 draw_cursor(x, y, size) 函式來繪製游標，傳入的參數中的 x 和 y 為畫布元件上座標，size 則為游標的寬度及高度 (單位為像素)。程式如下：

IN 繪製游標

```
def draw_cursor(self, x, y, size):
  self.c.create_line(x+1, y+1, x+size-1, y+1, width = 4.0, 接下行
  fill = '#FF0000')
  self.c.create_line(x+1, y+size-1, x+size-1, y+size-1, width = 接下行
  4.0, fill ='#FF0000')
  self.c.create_line(x+1, y+1, x+1, y+size-1, width = 4.0, 接下行
  fill = '#FF0000')
  self.c.create_line(x+size-1, y+1, x+size-1, y+size-1, width = 接下行
  4.0, fill ='#FF0000')
```

繪製 UI

最後還要定義 1 個函式 on_draw() 來繪製動物棋的棋盤、棋子、持駒以及游標。此外每下一步棋都會用這個函式更新一次盤面。程式如下：

IN 更新盤面的 UI

```
def on_draw(self):
  # 繪製棋盤
  self.c.delete('all') ←— 將畫布上的東西都刪除 (清乾淨)
  self.c.create_rectangle(0, 0, 240, 400, width = 0.0, fill = 接下行
  '#EDAA56') ←— 棋盤外框
  for i in range(1,3): ←— 內框線的垂直線，共 2 條
    self.c.create_line(i*80+1, 40, i*80, 360, width = 2.0, 接下行
    fill = '#000000')
  for i in range(5):    ←— 內框線的橫線，共 5 條
    self.c.create_line(0, 40+i*80, 240, 40+i*80, width = 2.0, 接下行
    fill = '#000000')
```

```
# 棋子
for p in range(12):
  p0, p1 = (p, 11-p) if self.state.is_first_player() else 接下行
  (11-p, p)
    if self.state.pieces[p0] != 0:
    self.draw_piece(p, self.state.is_first_player(), self. 接下行
    state.pieces[p0])
    if self.state.enemy_pieces[p1] != 0:
    self.draw_piece(p, not self.state.is_first_player(), 接下行
    self.state.enemy_pieces[p1])
                                                          ①

# 持駒
self.draw_capture(self.state.is_first_player(), self. 接下行
state.pieces)
self.draw_capture(not self.state.is_first_player(), self. 接下行
state.enemy_pieces)
                                                          ②

# 游標
if 0 <= self.select and self.select < 12: ← 選擇棋子
  self.draw_cursor(int(self.select%3)*80, int(self.select/3)*80+40, 80)
elif 12 <= self.select: ← 選擇持駒
  self.draw_cursor((self.select-12)*40, 360, 40)
                                                          ③
```

① 逐一檢查棋盤中的格子，如果是我方的棋子，就根據動物的 ID 放置對應的圖片上去，如果是敵方的棋子，也根據動物的 ID 放置對應的圖片上去，並且反轉 180 度

② 根據剛剛的 draw_capture() 繪製我方及敵方的持駒

③ 游標的選擇分為兩種，棋盤上的游標跟持駒的游標，因為棋子的大小跟持駒的大小不同，所以游標就要跟著改變大小，這邊在做的事情就是先判斷是棋子還是持駒，接著畫出相對應位置以及大小的游標

顯示視窗

將畫布上的元件以及事件處理都設定好以後，將 Game UI 顯示在畫面上。程式如下：

IN

```
# 顯示視窗
f = GameUI(model=model)
f.pack()
f.mainloop()
```

注意這裡將訓練好的模型傳入 Game UI 中

訓練動物棋 AI

到這裡為止，我們已經準備好所有動物棋的程式了，現在開始要進行動物棋 AI 的訓練，將範例所有的檔案皆上傳至 Google Colab 並執行，具體執行方法請參考「6-7 節執行訓練循環」。要上傳的檔案有：

- game.py
- dual_network.py
- pv_mcts.py
- self_play.py
- train_network.py
- evaluate_network.py
- train_cycle.py

上傳的程式如下：

IN 上傳

```
from google.Colab import files
uploaded = files.upload()
```

執行訓練循環的程式碼如下：

IN 執行訓練循環

```
!python train_cycle.py
```

若是以 GPU 執行，則到訓練結束為止需花費整整 1 天的時間 (編註：經過小編實測，訓練 10 次大概是 9 個多小時，訓練 30 次大概落在 28 個小時左右)，本例在經過 30 個循環的訓練之後，實力將可追上剛學會動物棋規則的人類 (編註：動物棋規模 比較複雜)，訓練結束後，下載「best.h5」。下載的程式碼如下：

IN 下載 best.h5

```
from google.Colab import files
files.download('./model/best.h5')
```

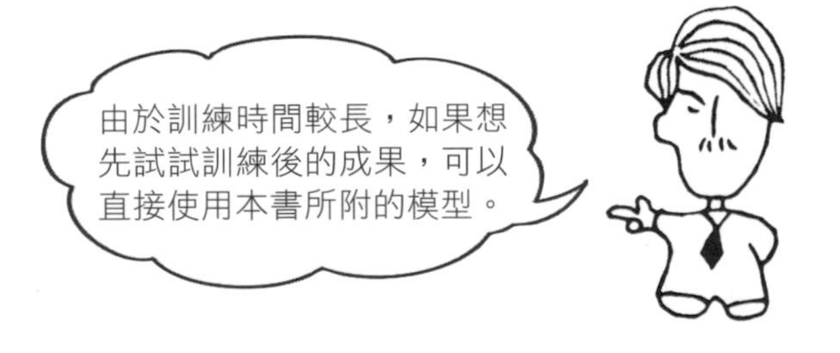

執行人類與 AI 的對戰

最後，要執行人類與 AI 的對戰，這邊一樣是要在本地 PC 端上執行，執行前請先將剛剛訓練好的 AI 模型「best.h5」放在 model 資料夾裡，並將 model 資料夾與「human_play.py」放在資料夾的同一層中 (編註：不懂得可以參考 7-2 節的說明)，接著在虛擬環境中的命令提示字元輸入以下命令，便可啟動動物棋。輸入的命令如下：

IN 命令提示字元

```
$ python human_play.py
```

- FB 官方粉絲專頁:旗標知識講堂
- 旗標「線上購買」專區:您不用出門就可選購旗標書!
- 如您對本書內容有不明瞭或建議改進之處,請連上旗標網站,點選首頁的 聯絡我們 專區。

  若需線上即時詢問問題,可點選旗標官方粉絲專頁留言詢問,小編客服隨時待命,盡速回覆。

  若是寄信聯絡旗標客服 email, 我們收到您的訊息後,將由專業客服人員為您解答。

  我們所提供的售後服務範圍僅限於書籍本身或內容表達不清楚的地方,至於軟硬體的問題,請直接連絡廠商。

  學生團體　訂購專線:(02)2396-3257 轉 362
  　　　　　傳真專線:(02)2321-2545

  經銷商　服務專線:(02)2396-3257 轉 331
  　　　　將派專人拜訪
  　　　　傳真專線:(02)2321-2545

國家圖書館出版品預行編目資料

強化式學習:打造最強 AlphaZero 通用演算法 /
布留川英一作;王心薇譯. -- 初版. -- 臺北市:
旗標, 2021.01　面;　公分
譯自:AlphaZero 深層学習・強化学習・探索 人工知能プログラミング実践入門

ISBN 978-986-312-651-5(平裝)

1. Python(電腦程式語言)　2. 機器學習　3. 人工智慧

312.32P97　　109016330

作　　者/布留川 英一

翻譯著作人/旗標科技股份有限公司

發 行 所/旗標科技股份有限公司

台北市杭州南路一段15-1號19樓

電　　話/(02)2396-3257(代表號)

傳　　真/(02)2321-2545

劃撥帳號/1332727-9

帳　　戶/旗標科技股份有限公司

監　　督/陳彥發

執行企劃/林志軒

執行編輯/林志軒

美術編輯/林美麗

封面設計/古鴻杰

校　　對/林志軒、張根誠、留學成

新台幣售價: 780 元

西元 2021 年 10 月 初版 2 刷

行政院新聞局核准登記-局版台業字第 4512 號

ISBN 978-986-312-651-5

ALPHA ZERO SHINSOGAKUSHU
KYOKAGAKUSHU TANSAKU JINKOCHINO
PROGRAMMING JISSEN NYUMON